普通高等教育"十一五"国家级规划教材

微机原理与接口技术

(第二版)

主　编　龚尚福

副主编　朱　宇　郭秀才

参　编　秋兴国　温乃宁　张坤鳌

　　　　王文东　张晓峰

主　审　王忠民

U0343095

西安电子科技大学出版社

内 容 简 介

本书是在第一版的基础上,根据高等学校教学需求精心修编而成的,并被评为"十一五"国家级规划教材。

本书以 Intel80x86～Pentium 系列微机为平台,系统地阐述了现代微机的基本结构、原理、接口技术及其应用。内容主要包括微机组成原理及数制与码制、微处理器的基本结构和功能、Intel80x86～Pentium指令系统和寻址方式、汇编语言程序设计、微处理器总线时序和系统总线、内存储器结构与组织、输入和输出技术、中断技术、可编程定时/计数器接口电路、可编程并串行接口电路、开关量和模拟量接口技术、人机交互接口以及微型机应用系统的设计与实现方法等。本书内容丰富,选材广泛,图文并茂。涉及的技术全面新颖,反映了现代微机技术发展的最新水平和趋势。

本书可作为高等院校计算机和电气信息类专业本科生及非计算机专业研究生"微机原理与接口技术"课程的教材,还可以作为计算机及相关专业大专和各类培训班的教材或参考书,对工程技术人员也具有一定的指导意义和参考价值。

★本书配有电子教案,有需要的教师可登录出版社网站,免费下载。

图书在版编目(CIP)数据

微机原理与接口技术 / 龚尚福主编. —2 版.

—西安:西安电子科技大学出版社,2008.8(2017.4 重印)

普通高等教育"十一五"国家级规划教材

ISBN 978-7-5606-1276-8

Ⅰ. 微… Ⅱ. 龚… Ⅲ. ① 微型计算机—理论—高等学校—教材 ② 微型计算机—接口—高等学校—教材 Ⅳ. ① TP36

中国版本图书馆 CIP 数据核字(2008)第 105977 号

策 　　划　马武装

责任编辑　马武装

出版发行　西安电子科技大学出版社(西安市太白南路 2 号)

电 　　话　(029)88242885　88201467　　邮 　编　710071

网 　　址　www.xduph.com　　　　电子邮箱　xdupfxb001@163.com

经 　　销　新华书店

印刷单位　陕西大江印务有限公司

版 　　次　2008 年 8 月第 2 版　　2017 年 4 月第 16 次印刷

开 　　本　787 毫米×1092 毫米　1/16　印张 26.5

字 　　数　624 千字

印 　　数　75 001～79 000 册

定 　　价　45.00 元

ISBN 978 - 7 - 5606 - 1276 - 8/TP

XDUP 1547022-16

* * * 如有印装问题可调换 * * *

本社图书封面为激光防伪覆膜,谨防盗版。

第 二 版 前 言

随着科学技术的发展和人类社会的进步，微型计算机的应用日益渗透到国防、工业、农业、企事业和人们日常生活的各个领域。近年来，由于微电子技术及软件技术的快速发展，在微处理器、接口技术以及微机操作平台方面，新的技术也在不断涌现。因此无论是工程技术人员还是大专院校学生，学习与掌握微机系统原理及接口技术就显得尤其重要。

本书为《普通高等教育"十一五"国家级规划教材》之一，是在原有《微机原理与接口技术》教材的基础上修订编写的。

"微机原理及接口技术"课程是高等院校计算机专业和电气信息类专业本科学生的必修课，具有特别重要的专业基础地位。本教材适用面很广，既可以作为高等院校计算机及电子信息类各专业"微机原理及接口技术"类课程的教科书，也可以作为对微机有兴趣者的学习指导书以及微机系统设计工程技术人员的参考书。

由于微机发展速度太快，结构也越来越复杂，因而关于"微机原理及接口技术"这类课程应该讲授什么内容、教材如何编写、知识如何更新、如何更加便于教师教学和读者学习，是我们修订编写考虑的重点。编写本书第二版的理念是：既要展现新技术，也不能削弱基础知识和基本原理；要强调基础，更需要加强实践应用。我们的目的是：让学生在掌握微机基本原理的基础上更好地了解微机的新技术和发展动态，培养学生理论联系实际、触类旁通的能力。

本书的特点是教材内容充实，基本原理清楚，综合性和实用性强。与第一版相比，我们在第二版作了较多的修改并添加了新内容，如增加了第 12 章和 1.5、3.4、6.5 等小节等。本书主要有以下特点：

(1) 注重基础性、系统性、实用性和新颖性。

编者结合长期教学实践，力求在微机硬软件技术结合上做到循序渐进、深入浅出地阐述其组织结构、工作原理与应用方法，增加了微机系统的最新发展动态和相关的接口新技术，如微处理器、指令系统、存储器扩充、人机交互等内容。

(2) 以原理为主线，案例为引导，掌握应用为目的。

根据本科生培养要求，教材侧重于对学生在微机接口的分析、设计、开发、调试和应用能力等方面的培养。在介绍基本原理的基础上，以大量的应用实例加以引导和启发，并通过加强习题练习和实验的训练，使学生在牢固掌握微机原理的基础上，具有一定的微机接口设计能力和较强的接口系统应用能力。

(3) 重点突出、难点分散、由浅入深。

教材遵循面向应用的教学目标，重点突出，难点分散，在硬、软件技术的结合上由浅入深、循序渐进，对内容的选取、概念的引入、文字叙述、例题和习题的设计等进行了精心的策划和实施。

(4) 全书风格良好、适用面广。

本书每章开头都有问题的引入和本章的主要内容摘要，每章后有一定数量的习题和思考题。本书文字简练、风格统一、图文并茂，例举的程序均在机器上调试通过。作为配套教材，本教材同时编写出版了《微机原理与接口技术习题解析和实验指导》一书，可供教学与学习过程中采用。

全书由 13 章和两个附录组成。第 1 章介绍计算机概念与基础知识；第 2 章介绍了 Intel 系列微处理器结构与功能；第 3 章介绍了 Intel8086～Pentium 指令系统和寻址方式；第 4 章介绍了汇编语言程序设计的基础与方法；第 5 章介绍了微处理器总线时序和系统总线；第 6 章介绍了内存储器及其组织结构；第 7 章介绍了输入输出的概念及其技术；第 8 章介绍了中断概念及其技术；第 9 章介绍了定时/计数器接口电路；第 10 章介绍了并行和串行接口电路；第 11 章介绍了开关量与模拟量接口技术；第 12 章介绍了微机常用外部设备及其接口技术；第 13 章从实际应用出发，详细介绍了微机应用系统设计与实现的方法。书中提供了大量例题，每章之后均附有若干习题，便于读者复习及检查学习效果。本教材适用面较宽，为了能适应各类专业的不同要求，各章之间相互配合又自成体系，便于删减使用。

本书作为计算机科学与电气信息类专业"微机原理与接口技术"课程的教材，建议课内 84 学时，其中讲课 64 学时，上机实践 20 学时。教学内容为第 1 章～第 11 章，其中第 3、4 章的部分内容和第 12、13 章应结合实验由学生自学并上机实践。

参加本书编写的有多年在"汇编语言程序设计"、"微机原理与接口技术"、"计算机控制技术"等课程教学和实验教学第一线的有经验的教师，也有多年从事微机体系结构研究的教师，龚尚福教授任主编。龚尚福、郭秀才编写了第 1、3、4、7、8、13 章；朱宇、王文东编写了第 2、5 章和附录；温乃宁、秋兴国编写了第 6、9、10 章；张坤鳌、张晓峰编写了第 11、12 章；全书由龚尚福统稿修订。畅亮、王建军对书中例程进行了上机验证，研究生尚辉、许佳、王丽雯、吴燕妮做了大量插图和校对工作，在此表示感谢。

由于微型计算机发展迅速，应用领域广泛，限于篇幅与编者水平，书中缺憾与疏漏之处，殷切希望得到广大同仁和读者的批评指正。

编者
2008.8 于西安

第一版前言

近年来，随着微电子技术的飞速发展，微型计算机(简称微机)性能指标不断上升，价格逐年下降，使得微机的应用日益渗透到国防、工业、农业、企事业和人们日常生活的各个领域，成为科学技术发展水平的主要标志之一。由于微机在过程控制、数据处理和仪器仪表等方面用途十分广泛，因而掌握微机系统原理及接口技术就显得尤为重要。同时，在微处理器、微机接口以及微机操作平台方面，新的技术也在不断涌现，因此，无论是工程技术人员还是大专院校学生，都应该对微机新技术有所了解。

微机原理与接口技术是高等院校计算机科学与技术专业的必修课，具有特别重要的专业基础地位。微机原理强调的是计算机内部体系结构的组织与实现、微机工作原理及其应用的一般方法。接口技术从广义的概念上指具有独立功能的单元或部件之间的相互连接技术，这种技术的目的是通过连接的手段，使具有不同功能的单元组成一个系统。接口技术并不关心单元内部的构造原理以及技术细节，而仅关心单元的功能和连接部分的界面，它考察单元的功能，研究并实现单元之间的连接要求与连接设施，最终完成单元之间的相互连接。

微型计算机原理与接口的标准是随着计算机技术的发展而建立和完善的。由于计算机的体系结构从纯硬件的裸机到操作系统、应用软件等，分为若干个层次，因此，按照接口所在的不同层次，也就有了位于各个层次的独立功能单元与接口技术。本书编写的目的是，通过全面、系统介绍微型计算机接口的知识，帮助读者掌握接口的分析、设计和应用技术。

本书不仅可供高等院校及大、中专院校作为"微机原理与接口技术"课程的教材使用，同时也适合于初学者使用。

全书由 12 章和两个附录组成。第 1 章介绍了微型计算机的基本概念与数制、码制；第 2 章介绍了 Intel 系列微处理器结构与功能；第 3 章介绍了 8088/8086 指令系统和寻址方式；第 4 章介绍了汇编语言程序设计的基本知识与方法；第 5 章介绍了微处理器总线时序和系统总线；第 6 章介绍了主存储器及其组织；第 7 章介绍了输入和输出的概念及其技术；第 8 章介绍了中断概念及其技术；第 9 章介绍了可编程定时/计数器接口电路；第 10 章介绍了并行和串行接口电路；第 11 章介绍了开关量和模拟量接口电路与技术；第 12 章从实际应用出发，详细介绍了微机应用系统设计与实现的方法；附录 1 给出了汇编语言常用出错信息；附录 2 为动态调试工具软件 DEBUG 命令表。书中提供了大量例题，每章之后均附有若干习题，便于读者复习及检查学习效果。本教材的适用面比较宽，为了能适应各类专业的不同要求，各章之间相互配合而又自成体系，便于使用。

本书作为计算机科学与电子信息类专业"微机原理与接口技术"课程的教材，建议课内 84 学时，其中讲课 64 学时，上机实践 20 学时。教学内容为第 1 章～第 11 章，其中第 4 章的部分内容和第 12 章则结合实验由学生自学并上机实践。

参加本书编写的有多年在"微机原理"、"接口技术"等课程教学和实验教学第一线的经验丰富的教师，也有多年从事微机体系结构研究的教师。全书由龚尚福教授组织编写。

第 1、2 章由王文东和王建军编写；第 5、7 章由高晔编写；第 8、9 章由张晓峰编写；第 6、10、11 章由朱宇编写；第 4 章由朱宇和李贵民编写；第 3、12 章由龚尚福编写；附录 1、附录 2 由龚尚福、朱宇编写。梁荣和桑亚群作了大量插图和校对工作，在此表示感谢。

西安邮电学院王忠民博士审阅了全稿，并提出了宝贵意见。

由于计算机技术发展迅速，限于编者水平，难免会有不足之处，殷切希望得到广大同仁和读者的批评指正。

编者

2003.5 于西安

目　　录

第 1 章　概　　述

　　电子数字计算机是 20 世纪人类科学最杰出的发明与贡献之一,因而引发了信息技术与信息社会的到来。微型计算机作为其典型代表,大大推广和普及了计算机及其技术在各个领域的应用。本章主要介绍计算机的数制及其转换;数与字符编码;微型计算机系统结构及工作过程;微型计算机系统指标与分类、多媒体计算机及其相关技术。

1.1　计算机的数制及其转换

　　计算机内部的信息分为两大类:控制信息和数据信息。控制信息是一系列的控制命令,用于指挥计算机如何操作;数据信息是计算机操作的对象,一般又可分为数值数据和非数值数据。数值数据用于表示数量的大小,它有确定的数值;非数值数据没有确定的数值,它主要包括字符、汉字、逻辑数据等等。

　　对计算机而言,不论是控制命令还是数据信息,它们都要用"0"和"1"两个基本符号(即基 2 码)来编码表示,这是由于以下三个原因:

　　(1) 基 2 码在物理上最容易实现。例如,用"1"和"0"表示高、低两个电位,或表示脉冲的有、无,还可表示脉冲的正、负极性,等等,可靠性都较高。

　　(2) 基 2 码用来表示二进制数,其编码、加减运算规则简单。

　　(3) 基 2 码的两个符号"1"和"0"正好与逻辑数据"真"与"假"相对应,为计算机实现逻辑运算带来了方便。

　　因此,不论是什么信息,在输入计算机内部时,都必须用基 2 码编码表示,以方便存储、传送和处理。

1.1.1　数与数制

　　进位计数制是一种计数的方法。在日常生活中,人们使用各种进位计数制。例如,六十进制(1 小时=60 分,1 分=60 秒),十二进制(1 英尺=12 英寸,1 年=12 月)等。但最熟悉和最常用的是十进制计数。

　　如前所述,在计算机中使用的是二进制计数。另外,为便于人们阅读及书写,常常还要用到八进制计数及十六进制计数来表示二进制计数。

　　十进制数的特点是"逢十进一,借一当十",需要用到的数字符号为 10 个,分别是 0~9。

　　二进制数的特点是"逢二进一,借一当二",需要用到的数字符号为 2 个,分别是 0、1。

　　八进制数的特点是"逢八进一,借一当八",需要用到的数字符号为 8 个,分别是 0~7。

十六进制数的特点是"逢十六进一，借一当十六"，需要用到的数字符号为 16 个，分别是 0～9、A～F。

任意一个十进制数可以用位权表示，位权就是某个固定位置上的计数单位。在十进制数中，个位的位权为 10^0，十位的位权为 10^1，百位的位权为 10^2，千位的位权为 10^3，而在小数点后第一位上的位权为 10^{-1}，小数点后第二位的位权为 10^{-2} 等等。因此，如果有十进制数 234.13，则百位上的 2 表示两个 100，十位上的 3 表示三个 10，个位上的 4 表示四个 1，小数点后第一位上的 1 表示一个 0.1，小数点后第二位上的 3 表示三个 0.01，用位权表示为

$$(234.13)_{10} = 2 \times 10^2 + 3 \times 10^1 + 4 \times 10^0 + 1 \times 10^{-1} + 3 \times 10^{-2}$$

同理，任意一个二进制数、八进制数和十六进制数也可用位权表示。例如：

$$(101.11)_2 = 1 \times 2^2 + 0 \times 2^1 + 1 \times 2^0 + 1 \times 2^{-1} + 1 \times 2^{-2}$$

$$(124.36)_8 = 1 \times 8^2 + 2 \times 8^1 + 4 \times 8^0 + 3 \times 8^{-1} + 6 \times 8^{-2}$$

$$(AC.B5)_{16} = A \times 16^1 + C \times 16^0 + B \times 16^{-1} + 5 \times 16^{-2}$$

1.1.2 不同数制之间的转换

1. 十进制数与二进制数之间的转换

1) 十进制整数转换成二进制整数

方法：除 2 取余数，结果倒排列。

具体做法：将十进制数除以 2，得到一个商和一个余数；再将商除以 2，又得到一个商和一个余数；继续这一过程，直到商等于 0 为止。每次得到的余数(必定是 0 或 1)就是对应的二进制数的各位数字。

注意：第一次得到的余数为二进制数的最低位，最后得到的余数为二进制数的最高位。

【例 1-1】 将十进制数 97 转换成二进制数。其过程如下：

```
2 ┃          97      余数为1,       即 A₀=1
  2 ┃        48      余数为0,       即 A₁=0
    2 ┃      24      余数为0,       即 A₂=0
      2 ┃    12      余数为0,       即 A₃=0
        2 ┃   6      余数为0,       即 A₄=0
          2 ┃ 3      余数为1,       即 A₅=1
            2 ┃ 1    余数为1,       即 A₆=1
          商为   0    余数为0,       结束
```

最后结果为

$$(97)_{10} = (A_6 A_5 A_4 A_3 A_2 A_1 A_0)_2 = (1100001)_2$$

2) 十进制小数转换成二进制小数

方法：乘 2 取整数，结果顺排列。

具体做法：用 2 乘以十进制小数，得到一个整数和一个小数；再用 2 乘以小数部分，又得到一个整数和一个小数；继续这一过程，直到余下的小数部分为 0 或满足精度要求为止；最后将每次得到的整数部分(必定是 0 或 1)按先后顺序从左到右排列，即得到所对应的

二进制小数。

【例1-2】将十进制小数 0.6875 转换成二进制小数。其过程如下：

$$0.6875$$
$$\times \quad 2$$

1.3750　　　　整数部分为 1，即 $A_{-1}=1$

0.3750　　　　余下的小数部分继续乘 2

$$\times \quad 2$$

0.7500　　　　整数部分为 0，即 $A_{-2}=0$

0.7500　　　　余下的小数部分继续乘 2

$$\times \quad 2$$

1.5000　　　　整数部分为 1，即 $A_{-3}=1$

0.5000　　　　余下的小数部分继续乘 2

$$\times \quad 2$$

1.0000　　　　整数部分为 1，即 $A_{-4}=1$

0.0000　　　　余下的小数部分为 0，结束

最后结果为

$$(0.6875)_{10} = (0.A_{-1}A_{-2}A_{-3}A_{-4})_2 = (0.1011)_2$$

为了将一个既有整数又有小数部分的十进制数转换成二进制数，可以将其整数部分和小数部分分别进行转换，然后再组合起来。例如把 97.6875 转换成对应二进制数的过程如下：

$$(97)_{10} = (1100001)_2$$
$$(0.6875)_{10} = (0.1011)_2$$

由此可得：

$$(97.6875)_{10} = (1100001.1011)_2$$

3) 二进制数转换成十进制数

方法：按位权展开后相加求和。

【例1-3】 将二进制数 111.11 转换成十进制数。其过程如下：

$$(111.11)_2 = 1 \times 2^2 + 1 \times 2^1 + 1 \times 2^0 + 1 \times 2^{-1} + 1 \times 2^{-2}$$
$$= 4 + 2 + 1 + 0.5 + 0.25$$
$$= (7.75)_{10}$$

2. 十进制与八进制之间的转换

1) 十进制整数转换成八进制整数

方法：除 8 取余数，结果倒排列。

具体做法：将十进制数除以 8，得到一个商和一个余数；再将商除以 8，又得到一个商和一个余数；继续这一过程，直到商等于 0 为止。每次得到的余数(必定是小于 8 的数)就是对应八进制数的各位数字。第一次得到的余数为八进制数的最低位，最后一次得到的余数为八进制数的最高位。

【例1-4】 将十进制数 97 转换成八进制数。其过程如下：

$$
\begin{array}{r|l}
8 & 97 \\
\hline
8 & 12 \\
\hline
8 & 1 \\
\hline
& 商为 0
\end{array}
\qquad
\begin{array}{l}
余数为 1，\quad 即 A_0=1 \\
余数为 4，\quad 即 A_1=4 \\
余数为 1，\quad 即 A_2=1 \\
余数为 0，\quad 结束
\end{array}
$$

最后结果为

$$(97)_{10} = (A_2\,A_1\,A_0)_8 = (141)_8$$

2) 十进制小数转换成八进制小数

方法：乘 8 取整数，结果顺排列。

具体做法：用 8 乘以十进制小数，得到一个整数和一个小数；再用 8 乘以小数部分，又得到一个整数和一个小数；继续这一过程，直到余下的小数部分为 0 或满足精度要求为止；最后将每次得到的整数部分(必定是小于 8 的数)按先后顺序从左到右排列，即得到所对应的二进制小数。

【例1-5】 将十进制小数 0.6875 转换成八进制小数。其过程如下：

$$
\begin{array}{r}
0.6875 \\
\times \qquad 8 \\
\hline
5.5000 \\
0.5000 \\
\times \qquad 8 \\
\hline
4.0000 \\
0.0000
\end{array}
$$

整数部分为 5，即 $A_{-1}=5$
余下的小数部分继续乘 8
整数部分为 4，即 $A_{-2}=4$
余下的小数部分为 0，结束

最后结果为

$$(0.6875)_{10} = (0.A_{-1}A_{-2})_8 = (0.54)_8$$

同理，一个八进制数可分解成整数和小数部分，分别转换后合成即可。

3) 八进制数转换成十进制数

方法：按位权展开后相加求和。

【例1-6】 将八进制数 141.54 转换成十进制数。其过程如下：

$$(141.54)_8 = 1 \times 8^2 + 4 \times 8^1 + 1 \times 8^0 + 5 \times 8^{-1} + 4 \times 8^{-2}$$
$$= 64 + 32 + 1 + 0.625 + 0.0625$$
$$= 97.6875$$

最后结果为

$$(141.54)_8 = (97.6875)_{10}$$

3. 十进制与十六进制之间的转换

1) 十进制整数转换成十六进制整数

方法：除 16 取余数，结果倒排列。

具体做法：将十进制数除以 16，得到一个商和一个余数；再将商除以 16，又得到一个商和一个余数；继续这一过程，直到商等于 0 为止。每次得到的余数(必定是小于 F 的数)就是对应十六进制数的各位数字。第一次得到的余数为十六进制数的最低位，最后一次得到的余数为十六进制数的最高位。

【例 1-7】 将十进制数 97 转换成十六进制数。其过程如下：

$$16 \underline{|\ 97} \qquad 余数为 1, \qquad 即 A_0=1$$
$$16 \underline{|\ 6} \qquad 余数为 6, \qquad 即 A_1=6$$
$$商为 0 \qquad 余数为 0, \qquad 结束$$

最后结果为

$$(97)_{10} = (A_2\ A_1\ A_0)_{16} = (61)_{16}$$

2) 十进制小数转换成十六进制小数

方法：乘 16 取整数，结果顺排列。

具体做法：用 16 乘以十进制小数，得到一个整数和一个小数；再用 16 乘以小数部分，又得到一个整数和一个小数；继续这一过程，直到余下的小数部分为 0 或满足精度要求为止；最后将每次得到的整数部分(必定是小于 F 的数)按先后顺序从左到右排列，即得到所对应的十六进制小数。

【例 1-8】 将十进制小数 0.6875 转换成十六进制小数。其过程如下：

$$0.6\,875$$
$$\times \qquad 16$$
$$\overline{11.\,0000} \qquad 整数部分为 11，即 A_{-1}=B$$
$$0.\,0000 \qquad 余下的小数部分为 0，结束$$

最后结果为

$$(0.6875)_{10} = (0.A_{-1})_{16} = (0.B)_{16}$$

3) 十六进制数转换成十进制数

方法：按位权展开后相加求和。

【例 1-9】 将十六进制数 61.B 转换成十进制数。其过程如下：

$$(61.B)_8 = 6 \times 16^1 + 1 \times 16^0 + B \times 16^{-1}$$
$$= 96 + 1 + 11 \times 16^{-1}$$
$$= 97 + 0.6875$$
$$= 97.6875$$

最后结果为

$$(61.B)_{16} = (97.6875)_{10}$$

4. 二进制与八进制、十六进制数之间的转换

因为 $2^3=8$，所以每三位二进制数对应一位八进制数；$2^4=16$，所以每四位二进制数对应一位十六进制。表 1-1 列出了十进制、二进制、八进制、十六进制最基本数字的对应关系，这些对应关系在后面的二进制、八进制、十六进制相互转换中要经常用到。

1) 二进制数转换成八进制数

方法：从小数点所在位置分别向左、向右每三位一组进行划分。若小数点左侧的位数不是 3 的整数倍，在数的最左侧补零；若小数点右侧的位数不是 3 的整数倍，则在数的最右侧补零。然后参照表 1-1，将每三位二进制数转换成对应的一位八进制数，排列后即为二进制数对应的八进制数。

表 1-1   十、二、八、十六进制数码的对应关系

十进制	二进制	八进制	十六进制
0	0000	0	0
1	0001	1	1
2	0010	2	2
3	0011	3	3
4	0100	4	4
5	0101	5	5
6	0110	6	6
7	0111	7	7
8	1000	10	8
9	1001	11	9
10	1010	12	A
11	1011	13	B
12	1100	14	C
13	1101	15	D
14	1110	16	E
15	1111	17	F

【例 1-10】   直接将二进制数 11110.11 转换成八进制数。其过程如下：

$$011 \quad\quad 110 \; . \quad 110$$
$$3 \quad\quad\quad 6 \quad . \quad 6$$

所以

$$(11110.11)_2 = (36.6)_8$$

2) 八进制数转换二进制数

方法：参照表 1-1，将每一位八进制数分解成对应的三位二进制数，排列后即为八进制数对应的二进制数。

【例 1-11】   直接将八进制数 35.6 转换成二进制数。其过程如下：

$$3 \quad\quad\quad 5 \quad . \quad 6$$
$$011 \quad\quad 101 \; . \quad 110$$

所以

$$(35.6)_8 = (11101.11)_2$$

3) 二进制数转换成十六进制数

方法：从小数点所在位置分别向左、向右每四位一组进行划分。若小数点左侧的位数不是 4 的整数倍，在数的最左侧补零；若小数点右侧的位数不是 4 的整数倍，在数的最右侧补零。然后参照表 1-1，将每四位二进制数转换成对应的一位十六进制数，排列后即为二进制数对应的十六进制数。

【例 1-12】   直接将二进制 11110.11 转换成十六进制数。其过程如下：

$$0001 \quad\quad 1110 \; . \quad 1100$$
$$1 \quad\quad\quad E \quad . \quad C$$

所以

$$(11110.11)_2 = (1E.C)_{16}$$

4) 十六进制数转换二进制数

方法：参照表 1-1，将每一位十六进制数转换成对应的四位二进制数，排列后即为十六

进制数对应的二进制数。

【例 1-13】　　直接将十六进制数 EF.C 转换成二进制数。其过程如下：

$$\begin{array}{ccc} E & F & . & C \\ 1110 & 1111. & 1100 \end{array}$$

所以

$$(EF.C)_{16} = (11101111.11)_2$$

由以上方法可以看出，$(25)_{10}=(11001)_2=(19)_{16}=(31)_8$，$(0.5)_{10}=(0.1)_2=(0.8)_{16}=(0.4)_8$。在计算机里，通常用数字后面跟一个英文字母来表示该数的数制，十进制数用 D(Decimal)、二进制数用 B(Binary)、八进制数用 O(Octal)、十六进制数用 H(Hexadecimal)来表示。由于英文字母 O 容易和零混淆，所以也可以用 Q 来表示八进制数。另外，在计算机操作中一般默认使用十进制数，所以十进制数可以不标进制。

例如，25D=11001B=19H=31Q，0.5D=0.1B=0.8H=0.4Q。当然，也可以用这些字母的小写形式来表示数制。例如：25d=11001b=19h=31q，0.5d=0.1b=0.8h=0.4q。本书约定采用大写字母形式。

八进制数和十六进制数主要用来简化二进制数的书写，因为具有 $2^3=8$，$2^4=16$ 的关系，所以使用八进制数和十六进制数表示的二进制数较短，便于记忆。IBM-PC 机中主要使用十六进制数表示二进制数和编码，所以必须十分熟悉二进制数与十六进制数的对应关系。

1.2　计算机中数与字符的编码

由前述可知，任何数据在计算机中都必须用基 2 码来编码表示，数据又有数值数据和非数值数据之分，下面讨论数值数据和非数值数据在计算机中的编码方法。

1.2.1　数值数据的编码及其运算

1. 二进制数据的编码及运算

在二进制数制中，数据的正负号可以用一位二进制的"0"和"1"两个状态来表示，这样，二进制数值数据在计算机中就能方便表示了。为了尽可能简化对二进制数值数据实现算术运算的规则，机器将二进制数值数据进行编码表示，常用的编码有原码、反码和补码。由于补码编码有许多优点，因此大多数微机数字与字符采用补码编码。

为了讨论方便，有必要引入两个概念：机器数和机器数的真值(简称真值)。

● 机器数：带符号的二进制数值数据在计算机内部的编码。

● 真值：机器数所代表的实际值。

一般机器数的最高有效位用来表示数的正负号，"0"表示正数，"1"表示负数。

1) 二进制数原码编码方法

原码编码的方法如下：

设真值为 X，机器字长为 n 位，则当 X≥0 时，$[X]_原$的最高位填 0，其余 n-1 位填 X 的各数值位的位值。例如，n=8 时，$[+0]_原$=0 0000000，$[+1]_原$=0 0000001，$[+127]_原$=0 1111111。当 X≤0 时，$[X]_原$的最高位填 1，其余 n-1 位填 X 的各数值位的位值。例如，n=8 时，$[-0]_原$=1 0000000，$[-1]_原$=1 0000001，$[-127]_原$=1 1111111。

结论：二进制正、负数的原码就是符号化的机器数真值本身。

注意：在原码的表示中，真值 0 的原码可表示为两种不同的形式，+0 和–0。

原码表示法的优点是简单易于理解，与真值间的转换较为方便。它的缺点是进行加减运算时较麻烦，既要考虑是做加法还是做减法运算，还要考虑数的符号和绝对值的大小。这不仅使运算器的设计较为复杂，而且降低了运算器的运算速度。

若有二进制数 $X=X_{n-1}X_{n-2}\cdots X_1X_0$，则原码表示法的定义为

$$[x]_{原} = \begin{cases} X & 2^{n-1} > X \geq 0 \\ 2^{n-1} - X = 2^{n-1} + |X| & 0 \geq X > -2^{n-1} \end{cases}$$

2）二进制数反码编码方法

反码编码的方法如下：

设真值为 X，机器字长为 n 位，则当 X≥0 时，$[X]_{反}$的最高位填 0，其余 n–1 位填 X 的各数值位的位值，即采用符号—绝对值表示。例如，n=8 时，$[+0]_{反}$=0 0000000，$[+1]_{反}$=0 0000001，$[+127]_{反}$=0 1111111。当 X≤0 时，$[X]_{反} = 2^n - 1 + X$ (MOD 2^n)。例如，n=8 时，$[-0]_{反}$=11111111，$[-1]_{反}$=1 1111110，$[-127]_{反}$=1 0000000。

结论：二进制正数的反码就是其原码。二进制负数的反码就是机器数符号位保持不变，其余按位取反。

注意：在反码的表示中，真值 0 的反码也可表示为两种不同的形式，+0 和–0。

若二进制数 $X=X_{n-1}X_{n-2}\cdots X_1X_0$，则反码表示法的定义为

$$[x]_{反} = \begin{cases} X & 2^{n-1} > X \geq 0 \\ (2^n - 1) + X & 0 \geq X > -2^{n-1} \end{cases}$$

3）二进制数补码编码方法

补码编码的方法如下：

设真值为 X，机器字长为 n 位，则当 X≥0 时，$[X]_{补}$的最高位填 0，其余 n–1 位填 X 的各数值位的位值，即采用符号—绝对值表示。例如，n=8 时，$[+0]_{补}$=0 0000000，$[+1]_{补}$=0 0000001，$[+127]_{补}$=0 1111111。当 X≤0 时，$[X]_{补} = 2^n - |X|$ (MOD 2^n)。例如，n=8 时，$[-0]_{补}$=0 0000000，$[-1]_{补}$=1 1111111，$[-127]_{补}$=1 0000001。

结论：二进制正数的补码就是其原码。二进制负数的补码就是机器数符号位保持不变，其余位取反码后末位加 1。

求负数的补码有一种更简便的方法：当 X≤0 时，$[X]_{补}$的最高位填 1，其余 n–1 位填 X 的各数值位按位取反(0 变 1，1 变 0)后在末位加 1 的数值。

注意：

① 在补码表示法中，0 只有一种表示，即 000···000。

② 对于 10000000 这个补码编码，其真值被定义为–128。

【例 1-14】 机器字长 n = 8 位，X = +48D，求$[X]_{补}$。

首先将+48D 转换为二进制数：+110000B。

因为机器字长是 8 位，其中符号占了 1 位，所以数值只占 7 位。将+110000B 写成 +0110000B，$[+48]_{补}$ = 0 0110000B，写成十六进制数为 30H，即$[+48]_{补}$ = 30H。

【例 1-15】 机器字长 n = 8 位，X = –48D，求$[X]_{补}$。

首先将 –48D 转换为二进制数：–110000B。

因为机器字长是 8 位，其中符号占了 1 位，所以数值只占 7 位。将 –110000B 写成 –0110000B。再将数值位 0110000B 按位求反后为 1001111B，末位加 1 后为 1010000B。所以，[–48]$_{补}$ = 1 1010000B，写成十六进制数为 0D0H，即 [–48]$_{补}$ =0D0H。

注意：在汇编语言中，为了区别指令码和数据，规定以 A~F 开始的数据前面加零，如 0D0H。

【例 1-16】　机器字长 n = 16 位，X = + 48D，求[X]$_{补}$。

+48D 转换为二进制数：+110000B。

因为机器字长是 16 位，其中符号占了一位，所以数值占 15 位。将+110000B 写成 +000 0000 0011 0000B，[+48]$_{补}$ = 0 000 0000 0011 0000B，写成十六进制数为 0030H，即 [+48]$_{补}$ =0030H。

【例 1-17】　机器字长 n = 16 位，X =– 48D，求[X]$_{补}$。

–48D 转换为二进制数：–110000B。

因为机器字长是 16 位，其中符号占了 1 位，所以数值占 15 位。将–110000B 写成 –000 0000 0011 0000B。0 000 0000 0110 000B 按位求反后为 1 111 1111 1100 1111B，末位加 1 后为 1 111 1111 1101 0000B。所以，[–48]$_{补}$ = 1 111 1111 1101 0000B，写成十六进制数为 0FFD0H，即 [–48]$_{补}$ =0FFD0H。

由此可看出，补码数要扩展时，正数是在符号的前面补 0，负数是在符号的前面补 1。也就是说，补码数扩展实际上是符号扩展。

已知补码求真值的方法是：当机器数的最高位(符号位)为 0 时，表示真值是正数，其值等于其余 n–1 位的值；当机器数的最高位(符号位)为 1 时，表示真值是负数，其值等于其余 n–1 位按位取反后末位加 1 的值。

例如：若[X]$_{补}$ = 0 1111111，则 X = (+1111111)$_2$ = (+127)$_{10}$。
　　　　若[X]$_{补}$ = 1 1111111，则 X = (–0000001)$_2$ = (–1)$_{10}$。

下面讨论补码表示数的范围。

一般来说，如果机器字长为 n 位，则补码能表示的整数范围是–2^{n-1}≤N≤2^{n-1}–1。

例如，当 n=8 时，–128≤N≤+127，其二进制补码数范围如表 1-2 所示。

表 1-2　8 位二进制补码数范围

补码编码(机器数)	十进制数(真值)
0 1111111	+127
0 1111110	+126
⋮	⋮
0 0000010	+2
0 0000001	+1
0 0000000	0
1 1111111	–1
1 1111110	–2
⋮	⋮
1 0000010	–126
1 0000001	–127
1 0000000	–128

当 n=16 时，N 的数据取值范围是：$-32\,768 \leqslant N \leqslant +32\,767$。

4) 二进制数补码的运算

补码的运算规则是：

$$[X+Y]_{补} = [X]_{补} + [Y]_{补}$$

$$[X-Y]_{补} = [X]_{补} + [-Y]_{补}$$

已知$[Y]_{补}$，求$[-Y]_{补}$的方法是将$[Y]_{补}$各位按位取反(包括符号位在内)末位加1。

现举例说明以上两个公式的正确性。

【例 1-18】 设 X1 = + 0001100   X2 =- 0001100
                      Y1 = + 0000101   Y2 =- 0000101
则

$[X1]_{补} = 00001100$　　　　　$[X2]_{补} = 11110100$
$[Y1]_{补} = 00000101$　　　　　$[Y2]_{补} = 11111011$

① 计算 X1 + Y1。

```
   + 0001100    X1           0 0001100    [X1]补
+)  + 0000101    Y1       +)  0 0000101    [Y1]补
   + 0010001    X1+Y1        0 0010001    [X1]补+[Y1]补
```

因为：

$$[X1+Y1]_{补} = [+0010001]_{补} = 0\,0010001 = [X1]_{补}+ [Y1]_{补}$$

所以：

$$[X1+Y1]_{补} = [X1]_{补} + [Y1]_{补}$$

② 计算 X1- Y1。

```
   + 0001100       X1           0 0001100    [X1]补
-)  + 0000101       Y1       +)  1 1111011    [-Y1]补
   + 0000111       X1-Y1      1 0 0000111    [X1]补+[-Y1]补
                              自然丢失____▲
```

因为：

$$[X1-Y1]_{补} = [+0000111]_{补} = 0\,0000111 = [X1]_{补}+ [-Y1]_{补}$$

所以：

$$[X1-Y1]_{补} = [X1]_{补} + [-Y1]_{补}$$

③ 计算 X2 + Y2。

```
 - 0001100    X2                1 1110100    [X2]补
+)-0000101    Y2            +)  1 1111011    [Y2]补
 - 0010001    X2+Y2         1  1 1101111    [X2]补+[Y2]补
               自然丢失 ____▲
```

因为：

$$[X2+ Y2]_{补} = [-0010001]_{补} = 1\,1101111 = [X2]_{补}+ [Y2]_{补}$$

所以：

$$[X2 + Y2]_{补} = [X2]_{补} + [Y2]_{补}$$

④ 计算 X2 - Y2。

```
 - 0001100    X2                1 1110100    [X2]补
-)- 0000101    Y2           +)  0 0000101    [-Y2]补
 - 0000111    X2-Y2            1 1111001    [X2]补+[-Y2]补
```

因为：

$$[X2-Y2]_{补} = [-0000111]_{补} = 1\,1111001 = [X2]_{补} + [-Y2]_{补}$$

所以：

$$[X2-Y2]_{补} = [X2]_{补} + [-Y2]_{补}$$

由此可看出，计算机引入了补码编码后，带来了以下几个优点：

(1) 减法转化成了加法，这样大大简化了运算器硬件电路的设计，加减法可用同一硬件电路进行处理。

(2) 运算时，符号位与数值位同等对待，都按二进制数参加运算，符号位产生的进位丢掉不管，其结果是正确的。这大大简化了运算规则。

运用以上两个公式时，要注意以下两点：

(1) 公式成立有个前提条件，就是运算结果不能超出机器数所能表示的范围，否则运算结果不正确，按"溢出"处理。

例如，设机器字长为 8 位，则 $-128 \leqslant N \leqslant +127$，计算 $(+64)+(+65)$。

```
    + 64              0 1000000
+)  + 65          +)  0 1000001
   +129            1 0000001 → -127
```

显然这个结果是错误的。究其原因是：$(+64)+(+65)= +129 > +127$，超出了字长为 8 位所能表示的最大值，产生了"溢出"，所以结果值出错。

再如，计算 $(-125)+(-10)$。

```
   - 125              1 0000011
+)  - 10          +)  1 1110110
   - 135          1 0 1111001 → +121
```

　　　　　　　　　自然丢失 ——↑

显然，计算结果也是错误的。其原因是：$(-125)+(-10)=-135 < -128$，超出了字长为 8 位所能表示的最小值，产生了"溢出"，所以结果出错。

(2) 采用补码运算后，结果也是补码，欲得运算结果的真值，还需进行转换。

2. 无符号整数的编码及运算规则

在某些情况下，计算机要处理的数据全是正数，此时机器数再保留符号位就没有意义了。这时，将机器数最高有效位也作为数值位处理，也就是说，假设机器字长为 n 位，则有符号整数的编码可表示为

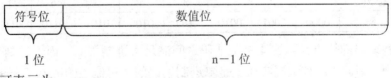

无符号整数的编码可表示为

数值位
n 位

无符号整数的表示范围是：$0 \leqslant N \leqslant 2^n - 1$。

例如，当 n=8 位时，表示范围是：$0 \leqslant N \leqslant 255$；当 n=16 位时，表示范围是：$0 \leqslant N \leqslant 65\,535$。

计算机中最常见的无符号整数是地址，另外，双字长数据的低位字也是无符号整数。

要注意的是，计算机本身不论是对有符号数还是无符号数，总是按照补码的运算规则做运算。例如，机器做这样一个运算：

$$
\begin{array}{r}
1 0 0 0 1 0 1 0 \\
+) \ 0 0 0 0 0 1 1 1 \\
\hline
1 0 0 1 0 0 0 1
\end{array}
$$

可以把它看作是两个无符号整数相加：

$$
\begin{array}{r}
1 3 8 \\
+) \quad 7 \\
\hline
0 1 4 5
\end{array}
$$

也可以把它看作是两个有符号整数相加：

$$
\begin{array}{r}
-1 1 8 \\
+) \quad 7 \\
\hline
-1 1 1
\end{array}
$$

也就是说，不论把二进制数解释成有符号数还是无符号数，其结果都是正确的。因此，机器采用补码编码以后，不必针对无符号数和有符号数设计两套不同的电路，无符号数和有符号数的运算是兼容的。这也是采用补码后带来的一大优点。

3. 十进制数的编码及运算

人们在日常生活中习惯使用十进制数，而在计算机内，采用二进制表示和处理数据更方便。因此，计算机在输入和输出数据时，要进行十→二和二→十的进制数转换。但是，在某些特定的应用领域中(如商业统计)，数据的运算很简单，但数据的输入和输出量很大，这样，进制转换所占的时间比例就会很大。从提高计算机的运行效率考虑，可以采用在计算机内部直接用十进制表示和处理数据的方法。以下介绍在计算机内部的十进制数的编码方法及运算方法。

十进制数的每一个数位的基为10，但到了计算机内部，必须用基2码对每个十进制数位进行编码，所需要的最少的基码的位数为 lb 10(即 $\log_2 10$)，取整数为4。4 位基2码有16种不同的组合，怎样从中选择出 10 个组合来表示十进制数位的 0～9，有非常多的方案，最常见的是 8421 码。8421 码是指 4 个基2码的位权从高到低分别为 8、4、2、1，选择的是 0000，0001，0010，…，1001 这 10 种组合，用来表示 0～9 这 10 个数位，如表 1-3 所示。

表 1-3　BCD 码表

十进制数码	0	1	2	3	4	5	6	7	8	9
8421 码	0000	0001	0010	0011	0100	0101	0110	0111	1000	1001

这种编码的特点是：这 4 个基2码之间满足二进制规则，而十进制数位之间是十进制计数规则。因此，这种编码实质上是二进制编码的十进制数(Binary Coded Decimal)，因此，简称 BCD 码或二—十进制码。

【例 1-19】　将十进制数 67.9 转换成 BCD 码。其过程如下：

$$
\begin{array}{ccc}
6 & 7 & . \quad 9 \\
0110 & 0111 & . \quad 1001
\end{array}
$$

所以

$$(67.9)_{10}=(01100111.1001)_{BCD}$$

【例1-20】 将BCD码10010110.0110转换成十进制数，其过程如下：

$$1001\ 0110\ .\ \ \ 0110$$
$$9\quad\ 6\quad .\quad\ 6$$

所以

$$(10010110.0110)_{BCD}=(96.6)_{10}$$

BCD码的运算规则：BCD码是十进制数，而运算器对数据做加减运算时，都是按二进制运算规则进行处理的。这样，当将BCD码传送给运算器进行运算时，其结果需要修正。修正的规则是：当两个BCD码相加，如果和等于或小于1001(即9H)，不需要修正；如果相加之和在1010到1111(即0AH~0FH)之间，则需加6H进行修正；如果相加时本位产生了进位，也需加6H进行修正。这样做的原因是，机器按二进制相加，所以4位二进制数相加时，是按"逢十六进一"的原则进行运算的，而实质上是2个十进制数相加，应该按"逢十进一"的原则相加，16与10相差6，所以当和超过9或有进位时，都要加6进行修正。下面举例说明。

【例1-21】 计算1+8的值。

如果将1和8送给机器进行加法运算，其运算过程如下：

```
      0  0  0  1
 +)   1  0  0  0
      1  0  0  1
```

结果是1001，即十进制数9，1+8=9正确。

【例1-22】 需要修正BCD码运算值的举例。

① 计算5+7的值。

```
      0  1  0  1
 +)   0  1  1  1
      1  1  0  0    结果大于9
 +)   0  1  1  0    加6修正
    1  0  0  1  0
```

结果是0010，即十进制数2，还产生了进位。5+7=12，结论正确。

② 计算9+9的值。

```
      1  0  0  1
 +)   1  0  0  1
    1  0  0  1  0
 +)   0  1  1  0    加6修正
    1  1  0  0  0
```

结果是1000，即十进制的8，还产生进位，故加6修正。9+9=18，结论正确。

若做减法运算，其修正规则为：当两个BCD码相减，如果差等于或小于1001，不需要修正；如果相减时本位产生了借位，则应减6H加以修正。原因是：如果有借位，机器将这个借位当十六看待，而实际上应该当十看待，因此，应该将差值再减6H才是BCD码的正确结果值。下面举例说明。

【例1-23】 需要修正BCD码运算值的举例。

① 计算9-7的值。

```
      1  0  0  1
 -)   0  1  1  1
      0  0  1  0
```

结果值是 0010，即十进制数 2。9-7=2，结论正确。

② 计算 7-9 的值。   → 发生借位

```
      1 0 1 1 1
  -)  1 0 0 1
      1 1 1 0
  -)  0 1 1 0      减 6 修正
      1 0 0 0
```

结果值是 1000，即十进制数 8，有借位。7-9=8，结论正确。(8 是 -2 以 10 为模的补码，在机器中，负数都以补码形式表示)

在计算机中 BCD 码有两种格式：压缩 BCD 码和非压缩 BCD 码：

(1) 非压缩 BCD 码：1 字节(8 位二进制)中仅表示一位 BCD 数，例如：$(00000110)_{BCD}=6$。

(2) 压缩 BCD 码：1 字节中仅表示两位 BCD 数，例如：$(01100110)_{BCD}=66$。

另外，BCD 码除了采用上述方法调整以外，也可以在交付计算机运算之前，先将 BCD 码转换为二进制数，然后交付计算机运算，运算以后再将二进制结果转换为 BCD 码。

1.2.2 非数值数据的二进制编码

现代计算机不仅要处理数值数据，而且还要处理大量的非数值数据，像英文字母、标点符号、专用符号、汉字等等。前面已说过，不论什么数据，都必须用基 2 码编码后才能存储、传送及处理，非数值数据也不例外。下面分别讨论常见的非数值数据的二进制编码方法。

1. 字符编码

使用最多、最普遍的是 ASCII 字符编码，即美国标准信息交换代码(American Standard Code for Information Interchange)，具体见表 1-4。

表 1-4 ASCII 字符编码

$B_6B_5B_4$ $B_3B_2B_1B_0$	0 0 0 (0)	0 0 1 (1)	0 1 0 (2)	0 1 1 (3)	1 0 0 (4)	1 0 1 (5)	1 1 0 (6)	1 1 1 (7)
0 0 0 0(0)	NUL	DLE	SP	0	@	P	`	p
0 0 0 1(1)	SOH	DC1	!	1	A	Q	a	q
0 0 1 0(2)	STX	DC2	"	2	B	R	b	r
0 0 1 1(3)	ETX	DC3	#	3	C	S	c	s
0 1 0 0(4)	EOT	DC4	$	4	D	T	d	t
0 1 0 1(5)	ENQ	NAK	%	5	E	U	e	u
0 1 1 0(6)	ACK	SYN	&	6	F	V	f	v
0 1 1 1(7)	BEL	ETB	'	7	G	W	g	w
1 0 0 0(8)	BS	CAN	(	8	H	X	h	x
1 0 0 1(9)	HT	EM	)	9	I	Y	i	y
1 0 1 0(A)	LF	SUB	*	:	J	Z	j	z
1 0 1 1(B)	VT	ESC	+	;	K	[	k	{
1 1 0 0(C)	FF	FS	,	<	L	\	l		
1 1 0 1(D)	CR	GS	−	=	M	]	m	}
1 1 1 0(E)	SO	RS	.	>	N	^	n	~
1 1 1 1(F)	SI	US	/	?	O	_	o	DEL

ASCII 码表有以下几个特点:

(1) 每个字符用 7 位基 2 码表示,其排列次序为 $B_6 B_5 B_4 B_3 B_2 B_1 B_0$。实际上,在计算机内部,每个字符是用 8 位(即一个字节)表示的。一般情况下,将最高位置为 "0",即 B_7 为 "0"。需要奇偶校验时,最高位用做校验位。

(2) ASCII 码共编码了 128 个字符,它们分别是:

➢ 32 个控制字符,主要用于通信中的通信控制或对计算机设备的功能控制,编码值为 0～31(十进制)。

➢ 间隔字符(也称空格字符)SP,编码值为 20H。

➢ 删除控制码 DEL,编码值为 7FH。

➢ 94 个可印刷字符(或称有形字符)。这 94 个可印刷字符编码有如下两个规律:

① 字符 0～9 这 10 个数字符的高 3 位编码都为 011,低 4 位为 0000～1001,屏蔽掉高 3 位的值,低 4 位正好是数据 0～9 的二进制形式。这样编码的好处是既满足正常的数值排序关系,又有利于 ASCII 码与二进制码之间的转换。

② 英文字母的编码值满足 A～Z 或 a～z 正常的字母排序关系。另外,大小写英文字母编码仅是 B_5 位值不相同,B_5 为 1 是小写字母,这样编码有利于大、小写字母之间的编码转换。

2. 汉字的编码

计算机在处理汉字时,汉字字符也必须用基 2 码编码表示,一般汉字编码采用两个字节即 16 位二进制数。但由于汉字的特殊性,在汉字的输入、存储、输出过程中所使用的汉字编码是不一样的,输入时有输入编码,存储时有汉字机内码,输出时有汉字字形编码。

1) 汉字输入编码

为了能把汉字这种象形文字通过西文标准键盘输入到计算机内,就必须对汉字用键盘已有的字符设计编码,这种编码称为汉字的输入编码。同一汉字有不同的输入编码,这取决于用户采用哪种输入法。不同的输入法对同一汉字有不同的编码方案。常见的有数字码、音码、形码及混合码。

2) 汉字机内码

汉字机内码也称汉字内部码,简称内码,它是机器存储和处理汉字时采用的统一编码。每个汉字的机内码是惟一的,用两个字节表示。为了避免与西文字符的 ASCII 码之间产生二义性,汉字机内码中两个字节的最高位均规定为 "1"。

3) 汉字字形码

汉字字形码也叫汉字字模点阵码,是汉字输出时的字形点阵代码,是一串基 2 码编码。

3. 逻辑数据的编码

逻辑数据是用来表示 "是" 与 "否",或称 "真" 与 "假" 两个状态的数据。在计算机中,用 "1" 表示 "真" 或 "是",用 "0" 表示 "假" 或 "否"。需要注意的是,这里的 "1" 和 "0" 没有数值和大小概念,只有逻辑意义。

对逻辑数据只能进行逻辑运算,例如,逻辑非、逻辑加、逻辑乘等基本逻辑运算和由基本逻辑运算构成的各种组合逻辑运算,运算结果仍是逻辑数据。下面介绍一下基本逻辑运算的运算规则。

1) "与"运算(AND)

"与"运算又称逻辑乘，用符号·或∧表示。其运算规则为

$$0 \cdot 0 = 0$$
$$0 \cdot 1 = 0$$
$$1 \cdot 0 = 0$$
$$1 \cdot 1 = 1$$

当两个逻辑变量取值均为 1 时，它们"与"的结果才为 1。

2) "或"运算(OR)

"或"运算又称逻辑加，用符号 + 或∨表示。其运算规则为

$$0 + 0 = 0$$
$$0 + 1 = 1$$
$$1 + 0 = 1$$
$$1 + 1 = 1$$

当两个逻辑变量的取值只要一个为 1，它们"或"的结果就会为 1。

3) "非"运算(NOT)

"非"运算用符号⁻来表示。其运算规则为

$$\bar{1} = 0$$
$$\bar{0} = 1$$

4) "异或"运算(XOR)

"异或"运算用符号⊕或∨来表示。其运算规则为

$$0 \oplus 0 = 0$$
$$0 \oplus 1 = 1$$
$$1 \oplus 0 = 1$$
$$1 \oplus 1 = 0$$

当两个逻辑变量取值不相同时，它们"异或"的结果才为 1。

要注意的是，一个逻辑数据用一位基 2 码表示，这样，8 个逻辑数据用 8 位基 2 码表示，这 8 位基 2 码可存放在一个字节中。反过来说，一个 32 位的字就可以表示 32 个逻辑数据。

逻辑运算关系如表 1-5 所示。

表 1-5 逻辑数运算规则

逻辑与	逻辑或	逻辑非	逻辑异或	备注
$0 \cdot 0 = 0$	$0+0 = 0$	$\bar{1} = 0$	$0 \oplus 0 = 0$	
$0 \cdot 1 = 0$	$0+1 = 1$	$\bar{0} = 1$	$0 \oplus 1 = 1$	
$1 \cdot 0 = 0$	$1+0 = 1$		$1 \oplus 0 = 1$	
$1 \cdot 1 = 1$	$1+1 = 1$		$1 \oplus 1 = 0$	

下面举例说明逻辑运算方法。

例如，X=00F0H，Y=7777H，求 X∧Y，X∨Y，X∨Y。其运算结果如下：

X∧Y=0070H，X∨Y=77F7H，X∨Y=7787H

1.3 微型计算机系统组成

微型计算机系统是由硬件和软件组成的，仅由硬件构成的计算机称为"裸机"，裸机是不能够直接运行和处理事务的。因此，硬件系统还必须配备相应的软件系统才能够正常工作。下面介绍微型计算机的硬件系统、软件系统及其工作过程。

1.3.1 微型计算机硬件系统组成

微型计算机主要由以下几个部分组成：微处理器或称中央处理单元(CPU)、内部存储器(简称内存)、输入/输出接口(简称 I/O 接口)及系统总线。当微型计算机配备上相应的输入/输出设备和软件，就构成了一套完整的微型计算机系统。

一台微型计算机硬件系统结构如图 1.1 所示。在这里我们将简单介绍微型计算机的硬件组成及各部分的基本功能，至于各部分的细节，将在本书后续章节详细介绍。

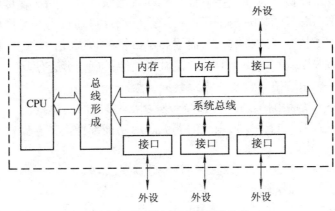

图1.1 微型计算机的硬件结构

1. 中央处理单元 CPU

中央处理单元 CPU(Central Processing Unit)是微型计算机的心脏，它包含了早期计算机中的运算器、控制器和其他功能部件，它是用来解释执行指令并进行运算的部件。

CPU 是一块超大规模集成电路，它集成了成千上万的逻辑门阵列电路，这些逻辑门阵列电路组成了用于进行运算的加法器、算术逻辑单元、译码器、数据选择器、触发器、寄存器、计数器等基本运算单元。无论多么复杂的工作，都是由计算机程序来完成的，而计算机高级语言程序被一级一级地最终翻译成机器认识的由"0"和"1"组成的二进制机器码，这些机器码就是由上述基本运算单元进行处理的，所以人们把计算机又称为"电脑"，实际指的就是 CPU 的功能。

目前生产微机 CPU 的最大的代表厂商是美国的 Intel 公司和 AMD 公司。早期的 8086、80286、80386 到近期的 Pentium、Pentium-Ⅱ、Pentium-Ⅲ、Pentium-4 等就是 Intel 公司的主导产品。

在评价 CPU 的指标时，最主要的是看它的主频，主频越高，其运算速度越快；字长代表了 CPU 对数据处理的能力和精度；其次还要看 CPU 的缓存有多大，一般来讲，缓存的大小也对 CPU 的运算速度有很大的影响；当然工作温度也很重要，温度涉及到 CPU 的工作寿命。

2. 内存

存储器的主要任务是临时或永久性保存计算机的软件资源。存储器分为内存储器和外存储器，内存储器指内存，用于临时性保存软件资源，而外存储器则包括了硬盘、软盘、光驱、磁带机等许多设备，用来永久性保存软件资源。

在现代微机中内存用内存条的形状提供，在计算机主板上有一个一个的内存扩展插槽，内存条就是插在这些内存扩展槽上的，内存条现在常用的有 128 MB、256 MB、512 MB 和 1 GB 甚至更大容量。每台计算机有多个内存扩展槽，每个内存扩展槽又可以插入不同容量的内存条，可见一台机器的内存配置是可由用户自己决定的。如果想提高机器的运行速度，并且资金充裕，则可以配置大的内存，反之，内存也可以配置小一点，并可以根据实际需要，随时扩充内存。

3. 系统总线

目前，微型计算机硬件连接都采用总线结构。所谓总线，是指能为多个功能部件服务的一组公用通信线路。借助总线连接，计算机在各系统部件之间实现传送地址、数据和控制信息的操作。采用总线结构有两个优点：一是各部件可通过总线交换信息，相互之间不必直接连线，减少了传输线的根数，从而提高了微机的可靠性；二是在扩展微机功能时，只需把要扩展的部件连接到总线上即可，使微机功能扩展十分方便。

一个微型计算机系统中的总线，大致分为三类：

(1) 内部总线：CPU 内部连接各寄存器及运算部件之间的总线。

(2) 系统总线：CPU 同计算机系统的其他高速功能部件，如存储器、通道等互相连接的总线。

(3) I/O 总线：中、低速 I/O 设备之间互相连接的总线。

系统总线一般由三部分组成：

(1) 数据总线(DB)：一般是三态逻辑控制的若干位(如 8、16 等)数据线宽的双向数据总线。用以实现微处理器、存储器及 I/O 接口间的数据交换。

(2) 地址总线(AB)：用于微处理器输出地址，以确定存储器单元地址及 I/O 接口部件地址。一般都是三态逻辑控制的若干位(如 16、24 等)线宽的单向传送地址总线。

(3) 控制总线(CB)：控制总线用来传送保证计算机同步和协调地定时、控制信号，使微机各部件协调动作，从而保证正确地通过数据总线传送各项信息的操作。其中有些控制信号由微处理器向其他部件输出，如读写等信号；另一些控制信号则由其他部件输入到微处理器中，如中断请求、复位等信号。控制总线不需用三态逻辑。

4. 接口

一般而言，接口泛指任何两个系统之间的交接部分，或两个系统间的连接部分。在计算机系统里，接口指中央处理机与外部设备之间的连接通道及有关的控制电路。

微型计算机要对性能各异的外设进行操作与控制，实现彼此之间的信息交换，就必须在主机与外设之间设置一组中间部件，该部件将 CPU 发出的控制信号和数字信号转换成外设所能识别的数字符号或执行的具体命令，或将外设发送给 CPU 的数据和状态信息转换成 CPU 所能接受的数字信息。这组位于主机和外部设备之间的缓冲电路就是接口。微机接口技术包括接口电路和相关编程技术。

1.3.2　微型计算机软件系统组成

　　仅具备硬件的计算机还是无法使用的，要使计算机能正确地运行以解决各种问题，必须给它编制各种计算程序。为了运行、管理和维护计算机所编制的各种程序的总和就称为软件。软件的种类很多，各种软件发展的目的都是为了扩大计算机的功能和方便用户，使用户编制解决各种问题的源程序更为方便、简单和可靠。通常软件系统分为系统软件、应用软件和支撑软件。

1. 系统软件

　　在计算机发展的初期，人们是用机器指令码(二进制编码)来编写程序的，这就是机器语言。机器语言无明显的特征，不易理解和记忆，也不便于学习，在编制程序时易出错，因此，人们就用助记符代替操作码，用符号来代替地址，这就是汇编语言阶段。汇编语言使指令易理解记忆，便于交流，大大前进了一步。但是，机器还是只认识机器码，所以用汇编语言写的源程序在机器中还必须经过翻译，变成用机器码表示的程序(称为目标程序——Object Program)，机器才能识别和执行。起初，这种翻译工作是程序员用手工完成的，逐渐地，人们就编一个程序让机器来完成上述的翻译工作，具有这样功能的程序就称为汇编程序(Assembler)。但是汇编语言的语句与机器指令是一一对应的，程序的语句数仍然很多，编程仍然是一件十分繁琐、困难的工作，而且用汇编语言编写程序必须对机器的指令系统十分熟悉，即不能脱离具体的机器，因而汇编语言的程序还不能在不同的机器上通用。

　　为了使用户编程更容易，程序中所用的语句与实际问题更接近，而且使用户可以不必了解具体的机器，就能编写程序，同时这样的程序的通用性更强，于是就出现了各种高级语言(High level language)，例如：BASIC、FORTRAN、PASCAL、COBOL、C 等。高级语言易于理解、学习和掌握；用户用高级语言编程也就方便多了，大大减少了工作量。但是计算机在执行时，仍必须把用高级语言编写的源程序翻译成用机器指令表示的目标程序才能执行，这样就需要有各种解释程序(Interpreter)(针对 BASIC)或编译程序(Compiler)(针对FORTRAN、C、COBOL)等。

　　随着计算机本身的发展(更快速，容量更大)，以及计算机应用的普及，计算机的操作也由手工操作方式(用户直接通过控制台操作运行机器)，过渡到多道程序成批地在计算机中自动运行，于是就出现了控制计算机中的所有资源(CPU、存储器、输入/输出设备以及计算机中的各种软件)、使多道程序能成批地自动运行，且充分发挥各种资源的最大效能的操作系统(Operating System)。

　　以上这些都是由机器的设计者提供的，为了使用和管理计算机的软件，统称为系统软件。系统软件包括：

　　(1) 各种语言和它们的汇编或解释、编译程序。

　　(2) 机器的监控管理程序(Moniter)、调试程序(Debug)、故障检查和诊断程序。

　　(3) 程序库。为了扩大计算机的功能，便于用户使用，机器中设置了各种标准子程序，这些子程序的总和就形成了程序库。

　　(4) 操作系统。

2. 应用软件

用户利用计算机以及它所提供的各种系统软件，编制解决用户各种实际问题的程序，这些程序、数据和资料就称为应用软件。应用软件也可以逐步标准化、模块化，逐步形成了解决各种典型问题的应用程序的组合，称其为应用软件包(Package)。

3. 支撑(或称为支持)软件

随着计算机硬件和软件的发展，计算机在信息处理、情报检索以及各种管理系统中的应用越来越普及。计算机需要处理大量的数据，检索和建立大量的各种表格，而且这些数据和表格应按一定规律组织起来，使得检索更迅速，处理更方便，也更便于用户使用，于是就建立了数据库。为便于用户根据需要建立自己的数据库，查询、显示、修改数据库的内容，输出打印各种表格等，就建立了数据库管理系统(Data Base Management System)等支撑软件。

上述都是各种形式的程序，它们存储在各种存储介质中，例如磁盘、磁带、光盘等，统称为计算机的软件。

总之，计算机的硬件建立了计算机应用的物质基础；而各种软件激活了计算机且扩大了计算机的功能，扩大了它的应用范围，以便于用户使用。硬件与软件的结合才是一个完整的计算机系统。

1.3.3　微型计算机的工作过程

微型计算机必须在硬件和软件的相互配合下才能工作。每种型号的 CPU 都有自己的指令系统，每条指令一般都由指令操作码(规定指令的操作类型)和操作数(规定指令的操作对象)两部分组成。用户根据要完成的任务预先分解成一系列的基本动作(又称为算法)并且编好程序，再通过输入设备(如键盘)将程序送入存储器中。微型计算机开始工作后，首先将该程序在存储器中的起始地址送入微处理器中的程序计数器(PC)中，微处理器根据 PC 中的地址值找到对应的存储单元，并取出存放在其中的指令操作码送入微处理器中的指令寄存器(IR)中，由指令译码器(ID)对操作码进行译码，并由微操作控制电路发出相应的微操作控制脉冲序列去取出指令的剩余部分(如果指令不止 1 个字节的长度)，同时执行指令赋予的操作功能。在取指过程中，每取出 1 个单元的指令，PC 自动加 1，形成下一个存储单元的地址。以上为一条指令的执行过程，如此不断重复上述过程，直至执行完最后一条指令的动作为止。

综上所述，微型计算机的基本工作过程是执行程序的过程，也就是 CPU 自动从程序存放的第 1 个存储单元起，逐步取出指令、分析指令，并根据指令规定的操作类型和操作对象，执行指令规定的相关操作。如此周而复始，直至执行完程序的所有指令，从而实现程序的基本功能，这就是微型计算机的基本工作过程。

1.4　微型计算机的性能指标及分类

1.4.1　微型计算机的性能指标

一台微型机性能的优劣，主要由它的系统结构、硬件组织、指令系统、外设配置以及软件配置等因素来决定。具体体现在以下几个主要技术指标上。

1. 位(bit)、字节(Byte)和字长(Word)

位(bit)是计算机内部数据储存的最小单位，表示数据"1"或"0"，音译为"比特"，习惯上用小写字母的"b"表示。

字节(Byte)是计算机中数据处理的基本单位，习惯上用大写字母"B"表示。计算机中以字节为单位存储和解释信息，规定 1 个字节由 8 个二进制位构成，即 1 个字节等于 8 个比特(1 Byte=8 bit)。八位二进制数最小为 00000000，最大为 11111111；通常 1 个字节可以存入一个 ASCII 码，2 个字节可以存放一个汉字国标码。

字长(Word)是指微处理器内部一次可以并行处理二进制代码的位数。它与微处理器内部寄存器以及 CPU 内部数据总线宽度是一致的，字长越长，所表示的数据精度就越高。在完成同样精度的运算时，字长较长的微处理器比字长较短的微处理器运算速度快。大多数微处理器内部的数据总线与微处理器的外部数据引脚宽度是相同的。

字长是微型机重要的性能指标，也是微型机分类的主要依据之一。如把微型机分为 8 位、16 位、32 位、64 位机等。

2. 存储容量

存储容量是衡量微机内部存储器能够存储二进制信息量大小的一个技术指标。内存储器由若干个存储单元组成，每个单元分配一个固定的地址并且存放一个字节的数据，存储单元的地址数由 CPU 的地址总线条数决定，同时也确定了内存的容量大小。存储器容量一般以字节为最基本的计量单位。一个字节记为 1 B，1024 个字节记为 1 KB(千字节，KiloByte)，1024 KB 字节记为 1 MB(兆字节，MegaByte)，1024 MB 字节记为 1 GB(吉字节，GigaByte)，而 1024 GB 字节记为 1 TB(太字节，TeraByte)。

3. 指令系统

任何一种 CPU 在设计时就确定了它能够完成的各种基本操作，也就是说指令系统被确定了。让计算机完成某种基本操作的命令被称作指令，CPU 所固有的基本指令集合，称为该计算机的指令系统。一台计算机的指令系统一般有几十到几百条。

一般来说，计算机能够完成的基本操作种类越多，也就是指令系统的指令数越多，说明其功能越强。

4. 运算速度

运算速度(也称指令执行时间)是指计算机执行一条指令所需的平均时间，其长短反映了计算机运行速度的快慢。它一方面决定于微处理器工作时钟频率，另一方面又取决于计算机指令系统的设计、CPU 的体系结构等。目前，人们用微处理器工作时钟频率来表示运算速度，以兆赫兹(MHz)为单位，主频越高，表明运算速度越快。微处理器指令执行速度指标一般以每秒运行多少百万条指令 MIPS(Millions of Instructions Per Second)来评价。

5. 系统总线

系统总线是连接微机系统各功能部件的公共数据通道。其性能直接关系到微机系统的整体性能，主要表现为它所支持的数据传送位数和总线工作时钟频率。数据传送位数越宽，总线工作时钟频率越高，则系统总线的信息吞吐率就越高，微机系统的性能就越强。微机系统采用了多种系统总线标准，如 ISA、EISA、VESA、PCI 和 USB 总线等。

6．外部设备配置

在微机系统中，外部设备占据了重要的地位。计算机信息输入、输出、存储都必须由外设来完成。微机系统一般都配置了键盘、鼠标、显示器、打印机、网卡等外设。微机系统所配置的外设，其速度快慢、容量大小、分辨率高低等技术指标都影响着微机系统的整体性能。

7．系统软件配置

系统软件也是计算机系统不可缺少的组成部分。微机硬件系统，仅是一个裸机，它本身并不能运行，若要运行必须有基本的系统软件支持，如 Windows、Linux 等操作系统。系统软件配置是否齐全，软件功能是否强大，以及是否支持多任务、多用户操作等都是微机硬件系统性能是否得到充分发挥的重要因素。

1.4.2 微型计算机的分类

微型计算机的品种繁多，性能各异，通常有以下几种分类方法。

1．按微处理器的位数分类

按微处理器的位数分为 4 位机、8 位机、16 位机、32 位机、64 位机，即分别以 4 位、8 位、16 位、32 位、64 位 CPU 为核心的微型计算机。

2．按微型计算机的用途分类

按微型计算机的用途分为通用机和专用机两类，通用机一般指微型计算机系统，而专用机则指工业控制机、单板机和单片机等。

3．按微型计算机的档次分类

按微型计算机的档次可分为低档机、中档机和高档机。计算机的核心部件是它的微处理器，也可以根据所使用的微处理器档次将微型计算机分为 8086 机、286 机、386 机、486 机、586(Pentium)机、Pentium II 机、Pentium III 机和 Pentium 4 机等。

4．按微型计算机的组装形式和系统规模分类

按微型计算机的组装形式和系统规模可分为单片机、单板机、个人计算机和微机网络。

单片机是将微型计算机的主要部件如微处理器、存储器、输入/输出接口等集成在一片大规模集成电路芯片上形成的微型计算机，它具有完整的微型计算机功能。单片机具有体积小、可靠性高、成本低等特点，广泛应用于智能仪器、仪表、家用电器、工业控制等领域。

单板机是将微处理器、存储器、输入/输出接口、简单外设等部件安装在一块印刷电路板上形成的微型计算机。单板机具有结构紧凑、使用简单、成本低等特点，常常应用于工业控制和实验教学等领域。

个人计算机也就是人们常说的 PC 机，它是将一块主机板(包括微处理器、内存储器、输入/输出接口等芯片)和若干接口卡、外部存储器、电源等部件组装在一个机箱内，并配置显示器、键盘、鼠标等外部设备和系统软件而构成的微型计算机系统。PC 机具有功能强、配置灵活、软件丰富、使用方便等特点，是最普及、应用最广泛的微型计算机。

1.5 多媒体计算机

1.5.1 多媒体与多媒体技术

在计算机领域中，媒体指的是一种信息表示和传播的载体，如文本、图形、图像、声音、动画等。把多种感觉媒体如声、图、文结合在一起形成一种新的信息表示、处理和传播的集成形式，称为多媒体。多媒体具有以下基本要素。

1. 文本媒体

文本媒体包含数字和文字，是最常见的媒体，也是计算机最容易表示和处理的信息形式。文本媒体的信息量小，在计算机内的存储容量也小。

2. 图形媒体

图形媒体指用线条勾画出来的图案。例如几何图形、网络图形、建筑图形、工程零件图、地图、示意图等，它们仅记录所表示对象的轮廓，在计算机上可以用程序来实现，存储容量较小。

3. 图像媒体

图像媒体指静态图像。例如绘画、相片、图片等，它们能记录所表示对象的细节部分，通常采用"位映射"编码。图像的信息量大，在计算机中的存储容量也大。

4. 视频媒体

视频媒体指动态图像。例如录像、电视、电影、VCD 等。视频能记录对象在时间和空间上的信息变化特征，因此信息量比图像媒体大，存储容量也大。

5. 声音媒体

声音媒体指数字化了的音频。例如语言、音乐和声响等。声音媒体的存储量比图像媒体小。

6. 动画媒体

动画媒体指由一系列静态图像或图形按顺序快速播放以产生运动的感觉。动画与视频的区别是：动画中的每一帧图像是人工产生的，而影像视频中的每一帧图像是实时获取的自然景物。

7. 虚拟现实媒体

虚拟现实媒体指利用立体图像和立体声音形成的三维虚拟空间。虚拟现实可以体验人的各种感觉，可以使人获得身临其境的感觉。

多媒体技术就是把声、图、文等媒体信息通过计算机集成在一起的技术，是人与计算机交互技术发展的产物。即使用计算机把文本、图形、图像、声音、动画和视频等多种媒体综合一体化，使之建立起逻辑连接，并对它们进行采样量化、编码压缩、编辑修改、存储传送和重建显示等处理。多媒体技术具有信息媒体多样化、媒体处理方式多样化、集成性、交互性和实时性等特点。

1.5.2　多媒体计算机的基本特征

具有多媒体处理功能的计算机称为多媒体计算机。目前多媒体计算机的主机基本上都采用微机系列，所以多媒体计算机又称为 MPC (Multimedia Personal Computer)。

计算机软、硬件技术和多媒体技术是支撑多媒体计算机的两项关键技术。它们目前得到了快速的发展，因而多媒体计算机也随之日新月异地更新换代。多媒体计算机一般具有以下基本特征。

1. 具有光盘驱动器

多媒体计算机所处理的音频和视频信息数据量大。例如一幅真彩色、分辨率为 640×480 的图像的信息数据量约为 0.9 MB，而播放 1 秒钟 PAL 制式视频需 22.5 MB 的视频信息数据。如此大的数据量存储只有硬盘是远远不够的，必须另外配备具有大存储容量的 CD-ROM 驱动器。

2. 具有对音频和视频的处理功能

多媒体计算机具有集声音、图形、文本、图像于一体的信息处理能力，即对音频和视频具有采集、数字化、存储、检索、分析、综合、压缩、解压缩等信息处理能力。

3. 具有图文并茂的展示功能

多媒体计算机可以使用多种媒体来表征一个事物的各个侧面的特性，使计算机展示事物更全面、更生动。并具有文字、声音和图像同步产生的功能，可以播放全屏幕、全动态的声像节目。

4. 具有高质量的多媒体板卡

为了在多媒体计算机上处理音频和视频信息，必须配置多种功能的板卡，如声频卡、视频卡、图像加速卡、电视卡、解压缩卡、VGA/Video 转换卡以及视频信号捕捉卡等。

5. 具有多媒体操作系统软件

多媒体操作系统与普通操作系统相比，在一般操作系统原有功能的基础上扩充了对声音、图形、图像、视频信息的处理功能，即对它们进行获取、编辑、压缩、还原、播放、存储、检索等处理。同时可以对声像结合在一起进行综合处理，使播放图像的同时也输出声音和文本。

6. 具有通信、传输设备

用于多媒体通信传输的设备有调制解调器、摄像机、数码照相机、彩色打印机、图像扫描仪等。

习 题 1 ✍

1.1　计算机中为什么采用二进制？二进制数有什么特点？

1.2　把下列十进制数转换成二进制数、八进制数、十六进制数。

　　①　6.25　　　　　②　5.75　　　　　③　0.875　　　　　④　254

1.3　把下列二进制数转换成十进制数。

　　① 1101.01　　　② 111001.00011　③ 111.001　　　④ 1010.1

1.4　把下列八进制数转换成十进制数。

　　① 776.07　　　② 72.73　　　　③ 235.6　　　　④ 123.45

1.5　把下列十六进制数转换成十进制数。

　　① A6.DC　　　② 9AC.BD　　　③ B4A.8D　　　④ 1AC.0A

1.6　把下列英文单词转换成 ASCII 编码的字符串。

　　① WATER　　　② GREAT　　　③ GOOD　　　④ AFTER

1.7　写出回车键、空格键的 ASCII 代码及其功能。

1.8　求下列带符号十进制数的 8 位二进制补码。

　　① +127　　　　② –1　　　　　③ –128　　　　④ +1

1.9　求下列带符号十进制数的 16 位二进制补码。

　　① +655　　　　② –1　　　　　③ –3212　　　④ +1000

1.10　在计算机中，一个汉字使用几位二进制位进行编码？

1.11　计算机的硬件由哪几部分组成？各部分的作用是什么？

1.12　计算机软件系统的作用是什么？包括哪几方面？

1.13　简述计算机中的位、字节和字长各自的定义和相互关系。

1.14　简述计算机的分类方法和特点。

1.15　什么是多媒体技术？简述多媒体计算机的基本特征。

第2章 微处理器结构

    20多年来，微处理器技术和性能发展变化最为迅速，从8086到Pentium 4，目前已演进到双核技术的时代。各微处理器的生产厂家都在发展集成密度更高、功能更强、速度更快和功耗更低的CPU产品。本章重点介绍Intel系列微处理器的发展、功能结构、寄存器组织等知识，并在此基础上较详细地介绍8086/8088、80486和Pentium微处理器的功能和结构特点。

2.1 微处理器的发展概况

2.1.1 微处理器的发展

    由于集成电路工艺和计算机技术的发展，20世纪60年代末和70年代初，袖珍计算机得到了普遍的应用。1971年10月，美国Intel公司首先推出Intel 4004微处理器。这是实现4位并行运算的单片处理器，构成运算器和控制器的所有元件都集成在一片大规模集成电路芯片上。这是世界上第一片微处理器。

1. 微处理器的发展历史

    从1971年第一片微处理器推出至今30多年的时间里，微处理器经历了四代的发展。

    第一代，1971年开始，是4位微处理器和低档8位微处理器的时期。典型产品有：1971年10月，Intel 4004(4位微处理器)；1972年3月，Intel 8008(8位微处理器)，集成度为2000管/片，采用PMOS工艺，10 μm光刻技术。

    第二代，1973年开始，是8位微处理器的时期。典型产品有：1973年，Intel 8080(8位微处理器)；1974年3月，Motorola的MC6800；1975～1976年，Zilog公司的Z80；1976年，Intel 8085。其中Intel 8080的集成度为5400管/片，采用NMOS工艺，6 μm光刻技术。

    第三代，1978年开始，是16位微处理器的时期。典型产品有：1978年，Intel 8086；1979年，Zilog公司的Z8000；1979年，Motorola的MC68000，集成度为68 000管/片，采用HMOS工艺，3 μm光刻技术。

    第四代，1981年开始，是32位微处理器的时期。典型产品有：1983年，Zilog公司的Z80000；1984年，Motorola的MC68020，集成度为17万管/片，采用CHMOS工艺，2 μm光刻技术；1985年，Intel 80386，集成度为27.5万管/片，采用CHMOS工艺，1.2 μm光刻技术。

    自Intel 80386芯片推出以来，又出现了许多高性能的32位及64位微处理器，如

Motorola 的 MC68030 、MC68040，AMD 公司的 K6-2、K6-3、K7 以及 Intel 的 80486、Pentium、Pentium Ⅱ、Pentium Ⅲ、Pentium 4 等。

2. 微处理器的发展趋势

目前微型计算机基本上是沿着两个方向发展：一是生产性能更好的单片机及 4 位、8 位微型计算机，主要是面向要求低成本的家电、传统工业改造及普及教育等，其特点是专用化、多功能、可靠性好；二是发展 16 位、32 位、64 位微型计算机，面向更加复杂的数据处理、OA、DA 科学计算等，其特点是大量采用最新技术成果，在 IC 技术、体系结构等方面，向高性能、多功能的方向发展。下面主要介绍一下高档微处理器技术发展的一些趋势。

1) 多级流水线结构

在一般的微处理器中，在一个总线周期(或一个机器周期)未执行完以前，地址总线上的地址是不能更新的。在流水线结构情况下，如 80286 以上的总线周期中，当前一个指令周期正执行命令时，下一条指令的地址已被送到地址线，这样从宏观来看两条指令执行在时间上是重叠的。这种流水线结构可大大提高微处理器的处理速度。

2) 芯片上存储管理技术

该技术是把存储器管理部件与微处理器集成在一个芯片上。目前把数据高速缓存、指令高速缓存与 MMU(存储器管理单元)结合在一起的趋势已十分明显，这样可以减少 CPU 的访问时间，减轻总线的负担。例如，摩托罗拉的 MC68030 将 256 个字节的指令高速缓存、256 个字节的数据高速缓存与 MMU 做在一起构成 Cache/Memory Unit。

3) 虚拟存储管理技术

该技术已成为当前微处理器存储器管理中的一个重要技术，它允许用户将外存看成是主存储器的扩充，即模拟一个比实际主存储器大得多的存储系统，而且它的操作过程是完全透明的。

4) 并行处理的哈佛(HarVard)结构

为了克服 MPU 数据总线宽度的限制，尤其是在单处理器情况下，进一步提高微处理器的处理速度，采用高度并行处理技术——HarVard 结构已成为引人注目的趋势。哈佛结构的基本特性是：采用多个内部数据/地址总线；将数据和指令缓存的存取分开；使 MMU 和转换后援缓冲存储器(TLB)与 CPU 实现并行操作。该结构是一种非冯·诺依曼结构。

5) RISC 结构

所谓 RISC 结构就是简化指令集的微处理器结构。其指导思想是在微处理器芯片中，将那些不常用的由硬件实现的复杂指令改由软件来实现，而硬件只支持常用的简单指令。这种方法可以大大减少硬件的复杂程度，并显著地减少处理器芯片的逻辑门个数，从而提高处理器的总性能。这种结构更适合于当前微处理器芯片新半导体材料的开发和应用，例如，用砷化镓(GaAs)取代硅半导体材料制成的微处理器，具有抗辐射、对温度不敏感、功耗低等优点。在恶劣环境下，性能良好，并且可以获得非常高的运算速度。但是，这种材料与硅相比，其加工技术难于掌握，技术还不成熟，芯片的集成度还远远满足不了传统的复杂指令系统计算机(CISC)的要求。

6) 整片集成技术(Wafer scale Integration)

目前高档微处理器已基本转向 CMOS VLS 工艺，集成度已突破千万晶体管大关。一个令人瞩目的动向是新一代的微处理器芯片已将更多的功能部件集成在一起，并做在一个芯片上。目前在一个 MPU 的芯片上已实现了芯片上的存储管理、高速缓存、浮点协处理器部件、通信 I/O 接口、时钟定时器等。同时，单芯片多处理器并行处理技术也已由不少厂家研制出来。

另外，从微型计算机系统角度来看，采用多机系统结构、增强图形处理能力、提高网络通信性能等方面都是当前微型计算机系统所追求的目标。

2.1.2　微处理器简介

1. Intel 8086 微处理器

8086 微处理器是美国 Intel 公司 1978 年推出的一种高性能的 16 位微处理器，它采用硅栅 HMOS 工艺制造，在 1.45 cm^2 单个硅片上集成了 29 000 个晶体管。它一问世就显示出了强大的生命力，以它为核心组成的微机系统，其性能已达到中、高档小型计算机的水平。它具有丰富的指令系统，采用多级中断技术、多重寻址方式、多重数据处理形式、段式存储器结构和硬件乘除法运算电路，增加了预取指令的队列寄存器等，使其性能大为增强。与其他几种 16 位微处理器相比，8086 的内部结构规模较小，仍采用 40 引脚的双列直插式封装。8086 的一个突出特点是具有多重处理能力，用 8086 CPU 与 8087 协处理器以及 8089I/O 处理器组成的多处理器系统，可大大提高其数据处理和输入/输出能力。另外，与 8086 配套的各种外围接口芯片非常丰富，方便用户开发各种系统。

2. Intel 80386 微处理器

1985 年，Intel 公司推出了第一个 32 位微处理器 80386DX，它是对 8086~80286 微处理器的彻底改进，它的数据总线和内存地址都是 32 位的，寻址空间可达 4 GB。1988 年，Intel 公司推出了外部总线为 16 位的微处理器 80386SX，寻址空间为 16 MB，含 16 位数据总线和 24 位地址总线。80386 还有一些版本，如 80386SL/80386SLC，寻址空间为 16 MB，含 16 位数据总线和 25 位地址总线，80386SLC 还包含了一个内部高速缓冲存储器，以便于高速处理数据。1995 年，Intel 公司推出了 80386EX，也叫嵌入式 PC，它在一个集成芯片上包囊了 AT 类 PC 的所有部件，它还有 24 根输入/输出数据线、26 位的地址总线、16 位的数据总线、一个 DRAM 刷新控制器，以及可编程的芯片选择逻辑。

80386 的指令系统和早期 8086、8088、80286 的指令系统是向下兼容的，附加的指令涉及到 32 位的寄存器，还可以管理内存系统。

3. Intel 80486 微处理器

80486 是 Intel 公司 1989 年推出的一种与 80386 完全兼容但功能更强的 32 位微处理器，它采用了一系列新技术来增强微处理功能。如，对 80386 核心硬件进行改进，采用 RISC(精简指令系统计算机)技术来加快指令的执行速度；增强总线接口部件，加快 CPU 从主存中存取信息的速度；把浮点运算协处理器部件、高速缓存及其控制器部件集成到主处理器芯片内加快信息的传送与处理性能。由于在上述功能上的各种改进，使得 80486 微处理器的性能要比带一个 80387 浮点运算协处理器的 80386DX 微处理器速度提高近 4 倍。

在 Intel 80486 微处理器系列中，拥有不同档次的产品：

(1) Intel 80486DX。它是 Intel 80486 微处理器系列的一个最初成员，具有 80486 微处理器体系结构的各种基本特点。该芯片除包含 CPU 部件外，还集成了一个浮点运算协处理器部件、一个 8 KB 的高速缓冲存储器部件及高速缓存控制器部件。

(2) Intel 80486SX。它是 80486 系列的一个低价格微处理器芯片，内部结构与 80486DX 基本相同，但不包含浮点运算协处理器部件，外部数据总线引脚也只有 16 位。

(3) Intel 80486DX2。它是一个增强型 80486 芯片，内部结构与 80486DX 相同，但内部采用了单倍频时钟技术，使得微处理器能以外部时钟振荡器频率速度来工作(而以前则以分频速度工作)。这一技术使 80486DX2 的工作频率比 80486DX 提高了近一倍。

(4) Intel 80486DX4。它也是一个增强型的 80486 芯片。它不但以 80486DX 的 4 倍工作频率来运行，而且采用了容量更大的片内高速缓冲存储器(16 KB)，芯片的工作电压也降低为 3.3 V。这样使得 80486 的运行速度更快，Cache 的命中率更高，CPU 与主存信息的交换速度更快，而芯片功耗则大大降低。

4. Intel 奔腾(Pentium)微处理器

Pentium 微处理器是 Intel 公司 1993 年推出的 80x86 系列微处理器的第五代产品，其性能比它的前一代产品又有较大幅度的提高，但它仍保持与 8086、80286、80386、80486 兼容。Pentium 微处理器芯片规模在 80486 芯片的基础上大大提高，除了基本的 CPU 电路外，还集成了 16 KB 的高速缓存和浮点协处理器，集成度高达 310 万个晶体管。芯片管脚增加到 270 多条，其中外部数据总线为 64 位，在一个总线周期内，数据传输量比 80486 增加了一倍；地址总线为 36 位，可寻址的物理地址空间可达 64 GB。

Pentium 微处理器具有比 80486 更快的运算速度和更高的性能。微处理器的工作时钟频率可达 66～200 MHz。在 66 MHz 频率下，指令平均执行速度为 112MIPS，与相同工作频率下的 80486 相比，整数运算性能提高一倍，浮点运算性能提高近 4 倍。常用的整数运算指令与浮点运算指令采用硬件电路实现，不再使用微码解释执行，使指令的执行速度进一步加快。

Pentium 微处理器是第一个实现系统管理方式的高性能微处理器，它能很好地实现 PC 机系统的能耗与安全管理。Pentium 微处理器之所以有如此高的性能，在于该微处理器体系结构采用了一系列新的设计技术，如双执行部件、超标量体系结构、集成浮点部件、64 位数据总线、指令动态转移预测、回写数据高速缓存、错误检测与报告等。

5. Intel PentiumⅡ微处理器

PentiumⅡ系列 CPU 是 Intel 公司在推出 Pentium MMX 系列后又一个新的系列产品，它是 Pentium Pro 的改进型，它的核心其实就是 Pentium Pro+MMX，它支持 MMX 技术，同时将 L1 Cache 提高到 32 KB，并采用了独立双重总线结构，在速度上大幅度提高了运行频率。PentiumⅡ另外一个重大改进是抛弃了原来的 Socket7 接口，采用了新的 Slot1 插槽接口、SEC 板卡封装，这不但使其获得了更大的内部总线宽度，也使其他产品无法与其兼容。PentiumⅡCPU 内部的电路板上装有 CPU 核心芯片、L2 Cache 和 Cache 控制器，其 L2 Cache 的工作频率为主频的一半，这使其性能受到一点损失。PentiumⅡ采用 0.25 μm、2.0 V 核心电压、4.4 ns Cache 和 100 MHz 总线等设计。其主频多是 350～450 MHz。

6. Intel PentiumⅢ微处理器

Pentium Ⅲ CPU 是 Intel 公司 1999 年第一季度新产品，首批产品代号为"Katmai"，

产品设计上仍保持了 0.25 μm、半速 512 KB Cache 和 Slot1 接口技术。它最重要的改进是采用了 SSE(Streaming SIMD Extensions，数据流单指令多数据扩展)指令，以增强三维和浮点的运算能力，并在设计中考虑了互联网的应用。它的另一个特点是处理器中包含了序列号，每个 Pentium Ⅲ处理器都有一个特定的号码，用户既可以用它对机器进行认证，也可以用它进行加密，以提高应用的保密性。

1999 年 10 月，Intel 公司正式发布了代号为"Coppermine"的新一代 Pentium Ⅲ处理器，在继"Katmai"CPU 特性的基础上，扩展并提高了一些新的功能。Coppermine 采用了 0.18 μm 设计，降低了发热和功耗，提高了系统的效率。由于采用新工艺，Coppermine 的集成度大大的提高，其内置有 2800 万个晶体管，而 Katmai 只有 900 万个，Coppermine 采用 133 MHz 前端总线设计，扩展了系统带宽，它内置 256 KB 全速 L2Cache，并采用了先进的缓存转换架构。总之，Coppermine 在结构技术和速度性能上都有很大的提高。

进入 2000 年后，Intel 发布了新一代代号为"Willamette"的 IA-32 系列终极处理器：该系列 CPU 采用 0.18 μm 铜技术制造工艺，其 L1 Cache 为 64 KB，L2 Cache 从 256 到 512 KB 不等，其主频可达 1.5 GHz。Willamette 的最大改进是使用了 SSE2 指令集。这是第一款使用 SSE2 的 CPU。此外，Intel 出于成本和面向低端市场的考虑，还推出了以 Coppermine 为核心的 FC-PGA 封装的 Socket370 处理器。这种处理器采用 100 MHz 总线频率，使用了与 Celeron Socket370 结构类似的接口，但并不兼容 Celeron Socket370 接口，需用一个特殊的连接器转接后才能使用。

7. Intel Pentium 4 微处理器

Intel 公司于 2000 年 11 月 20 日正式推出 Pentium 4 微处理器。Pentium 4 的运行速度为 1.4 GHz 或 1.5 GHz，目前已提升到 3.0 GHz 以上。Pentium 4 采用 0.18 μm 工艺的半导体制造技术，晶体管数为 4200 万个，是 Pentium Ⅲ的 1.5 倍。这种新型的处理器主要是针对互联网应用而设计的，其 L1 Cache 为 8 KB，L2 Cache 为 256 KB，采用 423 针的新型 PC-BGA 封装。

Pentium 4 处理器第一次改变了自 Pentium Pro 以来 Pentium Ⅱ、Pentium Ⅲ、Celeron 等处理器一直采用的"P6"结构，而采用了被称为"Net Burst"的新结构。其流水线(Pipe Line) 的级数(Stage)增加到 20 级(Pentium Ⅲ为 10 级)，使速度极限大大提高。其内部的算术逻辑运算电路(ALU)的工作频率为 CPU 内核频率的两倍，通过使整数运算指令以两倍于 CPU 内核的速度运行，提高了执行时的吞吐量，缩短了等待时间。Pentium 4 新增加了 144 条称为 SSE2 的指令集，使浮点运算的准确度提高了一倍。Pentium 4 的总线速度可达到 400 MHz，而 PentiumⅢ仅为 133 MHz，由于总线速度的提升可加速处理器与内存之间的数据传输，因此，Pentium 4 可以提供更好的视频、音频及三维图形功能。

2.2　微处理器的功能结构

2.2.1　微处理器的典型结构

一个典型的也是原始意义上的微处理器的结构如图 2.1 所示。由图可见，微处理器主要由三部分组成，它们是：

(1) 运算器：包括算术逻辑单元(ALU)，用来对数据进行算术和逻辑运算，运算结果的一些特征由标志寄存器储存。

(2) 控制器：包括指令寄存器、指令译码器以及定时与控制电路。根据指令译码的结果，以一定时序发出相应的控制信号，用来控制指令的执行。

(3) 寄存器阵列：包括一组通用寄存器和专用寄存器。通用寄存器用来临时存放参与运算的数据，专用寄存器通常有指令指针 IP(或程序计数器 PC)和堆栈指针 SP 等。

在微处理器内部，这三部分之间的信息交换是采用总线结构来实现的，总线是各组件之间信息传输的公共通路，这里的总线称为"内部总线"(或称"片内总线")，用户无法直接控制内部总线的工作，因此内部总线是透明的。

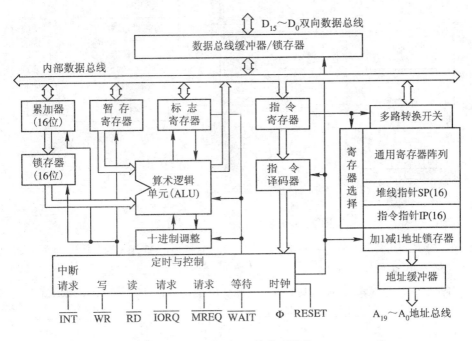

图 2.1 微处理器的典型结构

2.2.2 Intel 8086 微处理器功能结构

1. 8086 CPU 的内部结构

8086 CPU 内部结构如图 2.2 所示。按功能可分为两部分：总线接口单元(BIU，Bus Interface Unit)和执行单元(EU，Execution Unit)。

1) 总线接口单元(BIU)

BIU 是 8086 CPU 在存储器和 I/O 设备之间的接口部件，负责对全部引脚的操作，即 8086 对存储器和 I/O 设备的所有操作都是由 BIU 完成的。所有对外部总线的操作都必须有正确的地址和适当的控制信号，BIU 中的各部件主要是围绕这个目标设计的。它提供了 16 位双向数据总线、20 位地址总线和若干条控制总线，其具体任务是：负责从内存单元中预取指令，并将它们送到指令队列缓冲器暂存。CPU 执行指令时，总线接口单元要配合执行单元，从指定的内存单元或 I/O 端口中取出数据传送给执行单元，或者把执行单元的处理结果传送到指定的内存单元或 I/O 端口中。

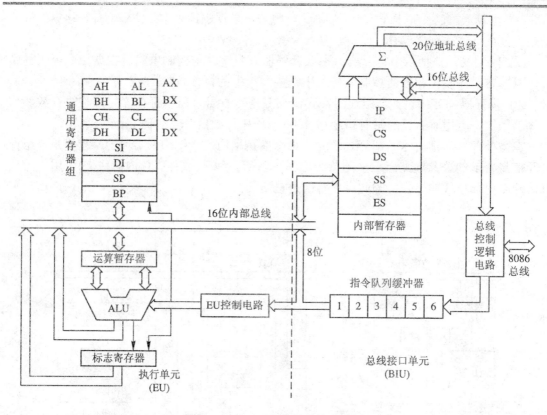

图 2.2　8086 CPU 内部结构示意图

BIU 由 20 位地址加法器、4 个段寄存器、16 位指令指针 IP、指令队列缓冲器和总线控制逻辑电路等组成。

(1) 地址加法器和段寄存器。8086 CPU 的 20 位地址线可直接寻址 1 MB 存储器物理空间，但 CPU 内部寄存器均为 16 位的寄存器。那么，16 位的寄存器如何实现 20 位地址寻址呢？它是由专门地址加法器将有关段寄存器内容(段的起始地址)左移 4 位后，与 16 位偏移地址相加，形成了 20 位的物理地址，以对存储单元寻址。例如，在取指令时，由 16 位指令指针(IP)提供一个偏移地址(逻辑地址)，在地址加法器中与代码段寄存器(CS)内容相加，形成实际的 20 位物理地址，送到总线上实现取指令的寻址。图 2.3 就表现了这一物理地址的形成过程。

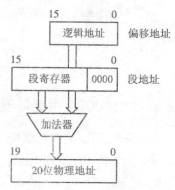

图 2.3　物理地址形成过程

(2) 16 位指令指针 IP(Instruction Pointer)。指令指针 IP 用来存放下一条要执行指令在代码段中的偏移地址，它只有和 CS 相结合，才能形成指向指令存放单元的物理地址。在程序运行中，IP 的内容由 BIU 自动修改，使它总是指向下一条要取的指令在现行代码段中的偏移地址。程序没有直接访问 IP 的指令，但通过某些指令可以修改它的内容。例如，转移指令可将转移目标的偏移地址送入 IP，来实现程序的转移。

(3) 指令队列缓冲器。当 EU 正在执行指令，且不需占用总线时，BIU 会自动地进行预取指令操作，将所取得的指令按先后次序存入一个 6 字节的指令队列寄存器，该队列寄存器按"先进先出"的方式工作，并按顺序取到 EU 中执行。其操作遵循下列原则：

① 每当指令队列缓冲器中存满一条指令后，EU 就立即开始执行。

② 每当 BIU 发现队列中空了两个字节时，就会自动地寻找空闲的总线周期进行预取指令操作，直到填满为止。

③ 每当 EU 执行一条转移、调用或返回指令后，则要清除指令队列缓冲器，并要求 BIU 从新的地址开始取指令，新取的第一条指令将直接经指令队列缓冲器送到 EU 去执行，并在新地址基础上再作预取指令操作，实现程序段的转移。

由于 BIU 和 EU 是各自独立工作的，在 EU 执行指令的同时，BIU 可预取下面一条或几条指令。因此，在一般情况下，CPU 执行完一条指令后，就可立即执行存放在指令队列中的下一条指令，而不需要像以往的 8 位 CPU 那样，采取先取指令，后执行指令的串行操作方式。

(4) 总线控制逻辑电路。总线控制逻辑电路将 8086 CPU 的内部总线和外部总线相连，是 8086 CPU 与内存单元或 I/O 端口进行数据交换的必经之路。它包括 16 位数据总线、20 位地址总线和若干条控制总线，CPU 通过这些总线与外部取得联系，从而构成各种规模的 8086 微型计算机系统。

2) 执行单元 EU

执行单元中包含 1 个 16 位的运算器 ALU、8 个 16 位的寄存器、1 个 16 位标志寄存器 FLAGS、1 个数据暂存寄存器和执行单元的控制电路，也就是说它已经包含了微处理机的三个基本部件。这个单元进行所有指令的解释和执行，同时管理上述有关的寄存器。

(1) 算术逻辑运算单元(ALU)。它是 1 个 16 位的运算器，可用于 8 位、16 位二进制算术和逻辑运算，也可按指令的寻址方式计算寻址存储器所需的 16 位偏移量。

(2) 标志寄存器(FLAGS)。它是 1 个 16 位的寄存器，用来反映 CPU 运算的状态特征和存放某些控制标志。

(3) 运算暂存器。它协助 ALU 完成运算，暂存参加运算的数据。

(4) 通用寄存器组。它包括 4 个 16 位的数据寄存器 AX、BX、CX、DX 和 4 个 16 位指针与变址寄存器 SP、BP 与 SI、DI。

(5) EU 控制电路。它负责从 BIU 的指令队列缓冲器中取指令，并对指令译码，根据指令要求向 EU 内部各部件发出控制命令，以完成各条指令规定的功能。

执行单元中的各部件通过 16 位的 ALU 总线连接在一起，在内部实现快速数据传输。值得注意的是，这个内部总线与 CPU 外接的总线之间是隔离的，即这两个总线可以同时工作而互不干扰。EU 对指令的执行是从取指令操作码开始的，它从总线接口单元的指令队列缓冲器中每次取一个字节。如果指令队列缓冲器中是空的，那么 EU 就要等待 BIU 通过外部总线从存储器中取得指令并送到 EU，通过译码电路分析，发出相应控制命令，控制 ALU 数据总线中数据的流向。如果是运算操作，操作数据经过运算暂存器送入 ALU，运算结果经过 ALU 数据总线送到相应寄存器，同时标志寄存器 FLAGS 根据运算结果改变状态。在指令执行过程中常会发生从存储器中读或写数据的事件，这时就由 EU 单元提供寻址用的 16 位有效地址，在 BIU 单元中经运算形成一个 20 位的物理地址，送到外部总线进行寻址。

2. 8086 CPU 的内部寄存器

8086 微处理器内部共有 14 个 16 位寄存器，包括通用寄存器、指针与变址寄存器、段寄存器、指令指针和标志寄存器。8086 CPU 内部寄存器如图 2.4 所示。

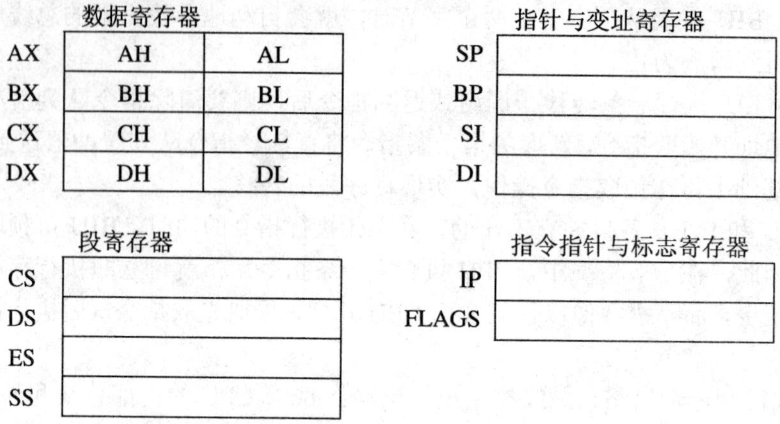

数据寄存器				指针与变址寄存器	
AX	AH	AL		SP	
BX	BH	BL		BP	
CX	CH	CL		SI	
DX	DH	DL		DI	

段寄存器		指令指针与标志寄存器	
CS		IP	
DS		FLAGS	
ES			
SS			

图 2.4　8086 CPU 内部寄存器

1) 通用寄存器

通用寄存器又称数据寄存器，既可作为 16 位数据寄存器使用，也可作为 2 个 8 位数据寄存器使用。当用作 16 位时，称为 AX、BX、CX、DX。当用作 8 位时，AH、BH、CH、DH 存放高字节，AL、BL、CL、DL 存放低字节，并且可独立寻址。这样，4 个 16 位寄存器就可当作 8 个 8 位寄存器来使用。

2) 段寄存器

8086 CPU 有 20 位地址总线，它可寻址的存储空间为 1MB。而 8086 指令给出的地址编码只有 16 位，指令指针和变址寄存器也都是 16 位的，所以 CPU 不能直接寻址 1 MB 空间。为此采用分段管理，即 8086 用一组段寄存器将这 1 MB 存储空间分成若干个逻辑段，每个逻辑段长度小于等于 64 KB，用 4 个 16 位的段寄存器分别存放各个段的起始地址(又称段基址)，8086 的指令能直接访问这 4 个段寄存器。不管是指令还是数据的寻址，都只能在划定的 64 KB 范围内进行。寻址时还必须给出一个相对于分段寄存器值所指定的起始地址的偏移值(也称为有效地址)，以确定段内的具体地址。对物理地址的计算是在 BIU 中进行的，它先将段地址左移 4 位，然后与 16 位的偏移值相加。

段寄存器共有 4 个(CS、DS、SS、ES)。代码段寄存器 CS 表示当前使用的指令代码可以从该段寄存器指定的存储器段中取得，相应的偏移值则由 IP 提供；堆栈段寄存器 SS 指定当前堆栈的起始地址；数据段寄存器 DS 指示当前程序使用的数据所存放段的起始地址；附加段寄存器 ES 则指出当前程序使用附加段地址的起始位置，该段一般用来存放原始数据或运算结果。

3) 地址指针与变址寄存器

参与地址运算的主要是地址指针与变址寄存器组中的 4 个寄存器，地址指针与变址寄存器都是 16 位寄存器，一般用来存放地址的偏移量(即相对于段起始地址的距离)。在 BIU 的地址器中，与左移 4 位后的段寄存器内容相加产生 20 位的物理地址。堆栈指针 SP 用以指出在堆栈段中当前栈顶的地址。入栈(PUSH)和出栈(POP)指令由 SP 给出栈顶的偏移地址。

基址指针 BP 指出要处理的数据在堆栈段中的基地址，故称为基址指针寄存器。变址寄存器 SI 和 DI 用来存放当前数据段中某个单元的偏移量。

4) 指令指针与标志寄存器

指令指针 IP 的功能跟 Z80 CPU 中的程序计数器 PC 的功能类似。正常运行时，IP 中存放的是 BIU 要取的下一条指令的偏移地址。它具有自动加 1 功能，每当执行一次取指令操作时，它将自动加 1，使它指向要取的下一内存单元，每取一个字节后 IP 内容加 1，而取一个字后 IP 内容则加 2。某些指令可使 IP 值改变，某些指令还可使 IP 值压入堆栈或从堆栈中弹出。

标志寄存器 FLAGS 是 16 位的寄存器，8086 共使用了 9 个有效位，标志寄存器格式如图 2.5 所示。其中的 6 位是状态标志位，3 位为控制标志位。状态标志位是当一些指令执行后，表征所产生数据的一些特征。而控制标志位则可以由程序写入，以达到控制处理机状态或程序执行方式的表征。

D_{15}	D_{14}	D_{13}	D_{12}	D_{11}	D_{10}	D_9	D_8	D_7	D_6	D_5	D_4	D_3	D_2	D_1	D_0
				OF	DF	IF	TF	SF	ZF		AF		PF		CF

图 2.5 标志寄存器格式

(1) 6 个状态标志位的功能分别叙述如下：

CF(Carry Flag)——进位标志位。当执行一个加法(或减法)运算，使最高位产生进位(或借位)时，CF 为 1；否则为 0。

PF(Parity Flag)——奇偶标志位。该标志位反映运算结果中 1 的个数是偶数还是奇数。当指令执行结果的低 8 位中含有偶数个 1 时，PF=1；否则 PF=0。

AF(Auxiliary carry Flag)——辅助进位标志位。当执行一个加法(或减法)运算，使结果的低 4 位向高 4 位有进位(或借位)时，AF=1；否则 AF=0。

ZF(Zero Flag)——零标志位。若当前的运算结果为零，ZF=1；否则 ZF=0。

SF(Sign Flag)——符号标志位。它和运算结果的最高位相同。

OF(Overflow Flag)——溢出标志位。当补码运算有溢出时，OF=1；否则 OF=0。

(2) 3 个控制标志位用来控制 CPU 的操作，由指令进行置位和复位。

DF(Direction Flag)——方向标志位。它用以指定字符串处理时的方向，当该位置"1"时，字符串以递减顺序处理，即地址以从高到低顺序递减。反之，则以递增顺序处理。

IF(Interrupt enable Flag)——中断允许标志位。它用来控制 8086 是否允许接收外部中断请求。若 IF=1，8086 能响应外部中断，反之则不响应外部中断。

注意：IF 的状态不影响非屏蔽中断请求(NMI)和 CPU 内部中断请求。

TF(Trap Flag)——跟踪标志位。它是为调试程序而设定的陷阱控制位。当该位置"1"时，8086 CPU 处于单步状态，此时 CPU 每执行完一条指令就自动产生一次内部中断。当该位复位后，CPU 恢复正常工作。

3. 8086 CPU 的存储器和 I/O 端口

1) 8086 的存储器组织及其寻址

8086 CPU 能寻址 1 MB 的存储单元，在此存储空间中是以 8 位为一个字节顺序排序存放的。每一字节用惟一的一个地址码标识，地址码是一个不带符号的整数，其地址范围为

$0\sim2^{20}-1$，但习惯用十六进制数表示，即 00000H～FFFFFH。将存储器空间按字节地址号顺序排列的方式称"字节编址"。

字数据是将连续存放的 2 个字节数据构成一个 16 位的字数据。规定字的高 8 位字节存放在高地址单元，字的低 8 位字节存放在低地址单元。同时规定将低位字节的地址作为这个字的地址。通常，一个字数据总是位于偶地址，即偶地址对应低位字节，奇地址对应高位字节，符合这种规则存放的字数据称为"规则字"。双字数据要占用 4 个字节，用以存放连续的两个字。在存放低位字或高位字时，高位字节位于高地址，低位字节位于低地址，以最低位字节地址作为它的地址。

图 2.6 所示为 8086 系统的存储器结构。1 MB 存储器分为两个库，每个库的容量都是 512 KB。其中和数据总线 $D_{15}\sim D_8$ 相连的库全部由奇地址单元组成，称为高位字节库或奇地址库，利用 $\overline{BHE}$ 信号低电平作为此库的选择信号；另一个库和数据总线 $D_7\sim D_0$ 相连，由偶地址单元组成，称为低位字节库或偶地址库，利用地址线 $A_0=0$(低电平)作为此库的选择信号。所以只有 $A_{19}\sim A_1$ 共 19 个地址线用来作为两个库内的存储单元的寻址信号。表 2-1 给出 $\overline{BHE}$ 与 A_0 相配合可能进行的操作。

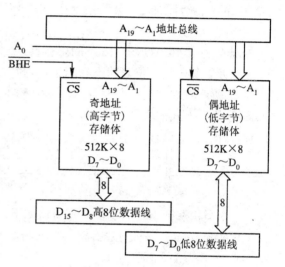

图 2.6　8086 系统的存储器结构

表 2-1　　$\overline{BHE}$ 和 A_0 的代码组合对应的存取操作

$\overline{BHE}$	A_0	操　作	数据引脚
0	0	从偶地址开始读/写一个字(规则字)	$AD_{15}\sim AD_0$
1	0	从偶地址开始读/写一个字节	$AD_7\sim AD_0$
0	1	从奇地址开始读/写一个字节	$AD_{15}\sim AD_8$
0	1	从奇地址开始读写一个字(非规则字)，第一总线周期高 8 位数据有效，第二总线周期低 8 位数据有效	$AD_{15}\sim AD_8$
1	0		$AD_7\sim AD_0$

当在偶数地址中存取一个数据字节时，CPU 从低位库中经数据线 $AD_7\sim AD_0$ 存取数据。由于被寻址的是偶数地址，所以地址位 $A_0=0$，由于 A_0 是低电平所以才能在低位库中实现数据的存取。而指令中给出的是在偶地址中存取一个字节，$\overline{BHE}$ 信号应为高电平，故不能从高位库中读出数据。相反，当在奇数地址中存取一个字节数据时，应经数据线的高 8 位($AD_{15}\sim AD_8$)传送。此时，指令应指出是从高位地址(奇数地址)寻址，$\overline{BHE}$ 信号为低电平有效状态，故高位库能被选中，即能对高位库中的存储单元进行存取操作。由于是高位地址寻址，故 $A_0=1$ 低位库存储单元不会被选中。如表 2-1 所示，8086 CPU 也可以一次在两个库中同时各存取一个字节，完成一个字的存取操作。

规则字的存取操作可以在一个总线周期中完成。由于地址线 $A_{19}\sim A_1$ 是同时连接在两个库上的，只要 $\overline{BHE}$ 和 A_0 信号同时有效，就可以一次实现在两个库中对一个字(高低两字节)完成存取操作。对字的存取操作所需的 $\overline{BHE}$ 及 A_0 信号是由字操作指令给出的。

对非规则字的存取操作就需要两个总线周期才能完成：在第一个总线周期中，CPU 是在高位库中存取数据(低位字节)，此时 $A_0=1$，$\overline{BHE}=0$。然后再将存储器地址加 1，使 $A_0=0$，选中低位库；在第二个总线周期中，是在低位库中存取数据(高位字节)，此时 $A_0=0$，$\overline{BHE}=1$。

2) 存储器的分段结构和物理地址的形成

(1) 存储器的分段结构。8086 CPU 为了寻址 1 MB 的存储空间，采用了分段的形式，即将 1 MB 的存储空间分成若干个逻辑段，而 4 个当前逻辑段的基地址设置在 CPU 内的 4 个段寄存器中，即代码段寄存器 CS、数据段寄存器 DS、堆栈段寄存器 SS 和附加段寄存器 ES。逻辑段之间可以是连续的、分开的、部分重叠或完全重叠的。一个程序可使用一个逻辑段或多个逻辑段。

(2) 物理地址的形成。物理地址是指 CPU 和存储器进行数据交换时实际所使用的地址，而逻辑地址是程序使用的地址。物理地址由两部分组成：段基址(段起始地址高 16 位)和偏移地址。前者由段寄存器给出，后者是指存储单元所在的位置离段起始地址的偏移距离。当 CPU 寻址某个存储单元时，先将段寄存器的内容左移 4 位，然后加上指令中提供的 16 位偏移地址而形成 20 位物理地址。在取指令时，CPU 自动选择代码段寄存器 CS，左移 4 位后，加上指令提供的 16 位偏移地址，计算出要取指令的物理地址。堆栈操作时，CPU 自动选择堆栈段寄存器 SS，将其内容左移 4 位后，加上指令提供的 16 位偏移地址，计算出栈顶单元的物理地址。每当存取操作数时，CPU 会自动选择数据段寄存器(或附加段寄存器 ES)，将段基值左移 4 位后加上 16 位偏移地址，得到操作数在内存的物理地址。

3) 8086 的 I/O 端口

8086 系统和外部设备之间都是由 I/O 接口电路来联系的，每个 I/O 接口都有一个端口或几个端口。在微机系统中给每个端口分配一个地址，称为端口地址。一个端口通常为 I/O 接口电路内部的一个寄存器或一组寄存器。

8086 CPU 利用地址总线的低 16 位作为对 8 位 I/O 端口的寻址线，8086 系统访问的 8 位 I/O 端口最多有 65 536(64 KB)个。两个编号相邻的 8 位端口可以组合成一个 16 位的端口。一个 8 位的 I/O 设备既可以连接在数据总线的高 8 位上，也可以连接在数据总线的低 8 位上，为便于数据总线的负载相平衡，接在高 8 位和低 8 位上的设备数目最好相等。当一个 I/O 设备接在数据地址总线低 8 位($AD_7 \sim AD_0$)上时，这个 I/O 设备所包括的所有端口地址都将是偶数地址(即 $A_0=0$)；若一个 I/O 设备是接在数据地址总线的高 8 位($AD_{15} \sim AD_8$)，那么此设备包含的所有端口地址都是奇数地址(即 $A_0=1$)。如果某种特殊 I/O 设备既可使用偶地址又可使用奇地址，那么 A_0 就不能作为这个 I/O 设备内部端口的地址选择线使用。此时 A_0 和 $\overline{BHE}$ 这两个信号必须结合起来作为 I/O 设备选择线，用以防止对 I/O 设备的错误操作。

IBM-PC 系统只使用了 $A_9 \sim A_0$ 10 条地址线作为 I/O 端口的寻址线，故最多可寻址 2^{10}(1024)个端口地址。

2.2.3　Intel 80486 微处理器功能结构

1. 80486 CPU 的基本结构

80486 芯片的内部结构由总线接口、高速缓存、指令预取、指令译码、控制和保护测试、算术逻辑运算、浮点运算、分段和分页九大部件组成。这些部件可重叠工作，并构成

五级流水线的指令处理，如图 2.7 所示。

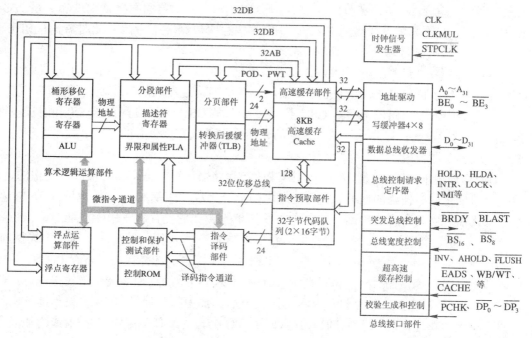

图 2.7   80486 内部结构

1) 总线接口部件

总线接口部件负责微处理器的内部单元与外部数据总线之间的信息交换(如取指令、数据传送)，并产生相应的总线周期控制信号。在内部，它通过三个 32 位内部总线与指令预取部件和高速缓存部件相互通信；在外部，它负责微处理器的内部单元与外部数据总线之间的信息交换，并产生总线周期的各种控制信号。此外，总线接口部件还支持突发总线读周期，即一次总线操作从主存中读取连续四个 32 位数据或指令块，这样可以加快主存储器信息的读取。另外，总线接口部件还设置了存放四个 32 位数据的写缓冲器，支持存储器写总线周期。若外部总线处于忙状态，微处理器内部单元就不必等待外部总线周期结束，而把要输出的数据存放在总线接口部件的写缓冲存储器中，当外部总线空闲时，总线接口部件才把写缓冲器内的内容输出。

2) 高速缓存部件

80486 微处理器芯片内部集成了一个 8 KB 容量的高速缓冲存储器(Cache)，它用来存放 CPU 最近要使用的指令和数据，其结构为四路组相联 Cache。这个片内 Cache 既可存放数据，又可存放指令，加快了微处理器访问主存的速度，并减轻了系统总线的负载。

3) 指令预取部件

指令预取部件负责从高速缓存中取出指令并放入指令队列，使微处理器的其他部件无需等待地，即可从队列中取出指令进行处理。当系统总线空闲时，指令预取部件就从高速缓存存储器中取出下几条将要运行的指令，并依次存放在指令预取部件的队列缓冲区内，直到装满为止。该缓冲区容量为 32 字节。当预取队列的一条指令被指令译码器取走后，队列指针便改变到下一条指令的位置。一旦队列有空字节单元产生，指令预取部件将在取得总线部件的控制权后，再次从高速缓存存储器中取出指令去装满队列。

4) 指令译码部件

指令译码部件负责从指令预取队列中取出指令进行译码，并转换成指令的微码入口地址和指令寻址信息，存放在译码器的队列中，直到控制器部件把它们取走为止。译码器队列可同时存放三条指令的译码信息。当指令的译码信息从译码器队列取出后，微码地址送控制器，而寻址信息送存储器管理部件。

5) 控制和保护测试部件

控制和保护测试部件负责从指令译码器队列中取出指令微码地址，并解释执行该指令微码。控制器内的控制 ROM 包含着微处理器指令的微码，它们是一组常驻在微处理器内部 ROM 的低级命令，用来产生对各部件实际操作所需的一系列控制信号。微处理器的每一条指令都有一组相应的微码，译码器产生的微码入口地址就是指向该组命令的地址。例如：指令 ADD AX,CX 具有如下微码：将 AX 和 CX 寄存器的内容装入运算逻辑部件(ALU)，命令 ALU 产生这两个数的和，再将结果存入 AX 寄存器。当该指令执行完毕后，控制器部件又从译码器接收下一条指令执行，不断地重复此过程。

6) 算术逻辑运算部件

算术逻辑运算部件负责执行控制器所规定的算术与逻辑运算。它包括运算逻辑单元ALU、8 个通用寄存器、若干个专用寄存器和一个桶形移位寄存器。算术逻辑运算部件可以通过内部的 64 位数据总线与高速缓存部件、浮点运算部件、分段部件进行信息交换。桶形移位寄存器单元可加快移位指令、乘除运算指令的执行。

7) 浮点运算部件

浮点运算部件是专门用来完成实数和复杂运算的处理单元。它不但能处理一般的实数运算，还能完成对数、指数、三角几何等复杂函数运算。浮点运算部件集成在芯片内部，可以与其他单元部件互相通信，而且还能与算术逻辑运算部件并行操作。

8) 分段部件与分页部件

在 80486 微处理器芯片内设有一个存储器管理部件 MMU，它由分段部件与分页部件组成。分段部件用来把指令给出的逻辑地址转换成线性地址，并对逻辑地址空间进行管理，实现多任务之间存储器空间的隔离和保护，同时也实现了指令和数据区的再定位。分页部件用来把线性地址转换成物理地址，并对物理地址空间进行管理，实现虚拟存储器。分页部件内还有一个称为后援缓冲器(TLB)的超高速缓存，TLB 存有 32 个最新使用页的表项内容(线性页号和物理页号)，它作为页地址变换机构的快表。

2. 80486 CPU 的内部寄存器

80486 CPU 的内部寄存器包括了 80386 和 80387 的全部寄存器，并且兼容以前的 8086、80286 的寄存器。80486 寄存器可分为三大类，如表 2-2 所示。

表 2-2　80486 寄存器的分类

基本结构寄存器组	系统级寄存器组	浮点寄存器组
通用寄存器	系统地址寄存器	数据寄存器
指令指针寄存器	控制寄存器	标记字寄存器
标志寄存器	测试寄存器	指令和数据指针寄存器
段寄存器	调试寄存器	控制字寄存器

基本结构寄存器组和浮点寄存器组可由应用程序访问，而系统级寄存器组仅能由系统程序访问，并且它的特权级必须为零级。

1) 通用寄存器

80486 共有 8 个 32 位的通用寄存器，包括累加器 EAX、基址寄存器 EBX、计数寄存器 ECX、数据寄存器 EDX、源变址寄存器 ESI、目的变址寄存器 EDI、基址指针寄存器 EBP 和堆栈指针寄存器 ESP，这些通用寄存器用于保存数据或地址位移量。它们作为 32 位寄存器来使用时，寄存器分别命名为：EAX、EBX、ECX、EDX、ESI、EDI、EBP 和 ESP。这些寄存器的低 16 位又可单独访问，命名为 AX、BX、CX、DX、SI、DI、BP 和 SP，功能同 8086 的通用寄存器。16 位寄存器 AX、BX、CX、DX 又可分为高、低字节单独访问，它们分别为 AH、BH、CH、DH(高字节)和 AL、BL、CL、DL(低字节)。

2) 指令指针寄存器

指令指针寄存器是一个 32 位寄存器，命名为 EIP。它用于保存下一条指令相对于段基址的偏移值。EIP 的低 16 位也是一个 16 位指令指针寄存器，命名为 IP，提供给 16 位寻址使用。

3) 标志寄存器

标志寄存器是一个 32 位的寄存器，命名为 EFLAGS，如图 2.8 所示。EFLAGS 的状态位用来反映 80486 算术逻辑运算结果的特征状态，控制位则用来控制指令的执行操作。EFLAGS 的低 16 位命名为 FLAGS，各位的意义与 8086 的 FLAGS 基本相同。这里仅对 80486 新增加的标志位进行说明。

D_{31}	...	D_{19}	D_{18}	D_{17}	D_{16}	D_{15}	D_{14}	D_{13}	D_{12}	D_{11}	D_{10}	D_9	D_8	D_7	D_6	D_5	D_4	D_3	D_2	D_1	D_0
			AC	VM	RF		NF	IOPL		OF	DF	IF	TF	SF	ZF		AF		PF		CF

图 2.8　标志寄存器 EFLAGS

AC——对准标志位。当该位被置为 1，并且 CR_0 寄存器的 AM 位也置为 1 时，CPU 将在访问存储器操作数时，对其地址按字、双字或 4 字进行对准检查。若 CPU 发现在访问存储器操作数未按边界对准，则产生一个异常中断 17 错误报告。AC 位为 0 时，则不进行对准检查。

VM——虚拟 8086 方式标志位。在保护模式下，当 VM 被置 1 时，微处理器工作方式转换为虚拟 8086 方式。若该标志位清零，则微处理器将返回到正常保护方式。

RF——恢复标志位。它与调试寄存器的断点一起使用，以保证不重复处理断点。当 RF 被置为 1 时，则使遇到断点或调试故障均被忽略。一旦成功地执行一条指令后，RF 位自动被复位(IRET、POPF、JMP、CALL、INT 指令除外)。

NF——任务嵌套标志位。用来表示当前的任务是否嵌套在另一任务内。当 NF 被置为 1 时，表明当前任务嵌套在前一个任务中，如果执行 IRET 指令，则转换到前一个任务；否则，表明无任务嵌套。

IOPL——I/O 特权级标志位。这两位用于保护方式，取值范围为 0、1、2 和 3 共四个值，它规定了执行 I/O 指令的四个特权级。

4) 段寄存器

与 8086 相比，80486 除具有 CS、DS、SS、ES 寄存器外，又增加了 FS 和 GS 两个新的 16 位寄存器，以支持对附加数据段的访问。这样，80486 在任一时刻可以访问代码段、数据段、堆栈段和三个附加数据段的六个当前存储段。

80486 对存储器段的访问不再用 8086 简单的段管理机制，而采用较复杂的段描述符管理机制。80486 为每个存储段都定义了一个 8 字节长的数据结构，用来说明段的基址、段的界限长度和段的访问控制属性，该数据结构称为段描述符。系统把有关的段描述符放在一起并构成一个系统表，该表称为段描述符表。CPU 若要访问存储段内的信息，首先要从系统的段描述符表中取得该段的描述符，然后根据描述符提供的段基址、段界限和段访问控制属性等信息去访问段内数据，如图 2.9 所示。

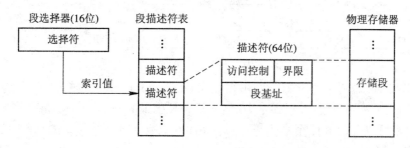

图 2.9　段描述符存储管理

为了能标识一个段描述符是在哪一个段描述符表中，其索引号为多少，它的特权级为多少，80486 为每个段定义了一个 16 位的段选择符。CS、DS、SS、ES、FS 和 GS 寄存器则用来存放每个当前段的选择符，因此，CS、DS、SS、ES、FS 和 GS 寄存器在 80486 中称为段选择器，而 80486 的段寄存器则由 16 位的段选择器和与之对应的 64 位描述符寄存器构成。

在 80486 段寄存器中，段选择器是程序可访问的，描述符寄存器则是程序不能访问的。描述符寄存器用来存放段的描述符信息(如段的 32 位基地址、20 位界限和 12 位属性)。每当一个段寄存器中的选择器值确定以后，80486 硬件会自动地根据段选择器的索引值，从系统的描述符表中取出一个 8 字节(64 位)的描述符，装入到相应的段描述符寄存器中。以后每当出现对该段寄存器的访问时，就可直接使用相应的描述符寄存器中的段基址作为线性地址计算的一个元素，而不需在内存中查表得到段基址。这样，可加快存储器物理地址的形成。

5) 系统地址寄存器

80486 有四个系统地址寄存器，它们用来保存系统描述符表所在存储段的基址、界限和段属性信息。系统描述符表主要有如下四种：

(1) 全局描述符表 GDT(Global Descriptor Table)：用于存放操作系统和各任务公用的描述符。如公用的数据和代码段描述符、各任务的 TSS 描述符和 LDT 描述符等。

(2) 局部描述符表 LDT(Local Descriptor Table)：用于存放各个任务私有的描述符，如本任务的代码段描述符和数据段描述符等。

(3) 中断描述符表 IDT(Interrupt Descriptor Table)：用于存放系统中断描述符。

(4) 任务状态段 TSS(Task State Segment)：用来存放各个任务的私有运行状态信息描述符。

这些系统描述符表在存储器中的段基地址和界限(大小)由系统地址寄存器指定，如图 2.10 所示。

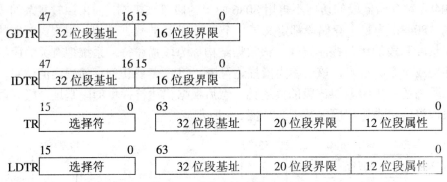

图 2.10 系统地址寄存器

GDTR 和 IDTR 这两个寄存器分别用来保存 GDT 和 IDT 所在段的 32 位基地址以及 16 位的界限值。GDT 和 IDT 的界限都是 16 位，即表长度最大为 64 KB，每个描述符为 8 个字节，故每个表可以存放 8 K 个描述符。由于 80486 只有 256 个中断，IDT 表中最多为 256 个中断描述符。

LDTR 寄存器用来存放当前任务的 LDT 所在存储段的选择符及其段描述符。TR 寄存器用来存放当前任务的 TSS 所在存储段的选择符及其段描述符。局部描述符表 LDT 和任务状态段 TSS 是面向任务的，它们所在的段不是由这些表本身决定，而是由任务来决定的，即由任务给出的选择符决定。当 LDTR 的选择器加载选择符时，以此为索引从 GDT 表中选取一个 LDT 描述符(描述要访问的 LDT 表所在段的基地址、段限界和属性)，并将其自动加载到 LDTR 的描述符寄存器。当 TR 的选择器加载选择符时，以此为索引从 GDT 表中选取一个 TSS 描述符(描述要访问的任务状态段 TSS 所在段的基地址、段限界和属性)，并将其自动加载到 TR 的描述符寄存器。

6) 控制寄存器

80486 有四个 32 位的控制寄存器 $CR_0 \sim CR_3$，它们的作用是保存全局性的机器状态和设置控制位，如图 2.11 所示。

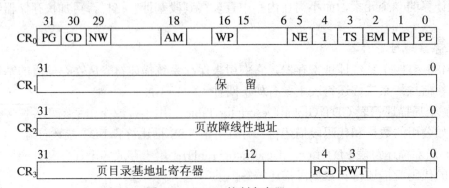

图 2.11 80486 控制寄存器

(1) CR$_0$ 控制寄存器。CR$_0$ 的低 16 位也称为机器的状态字 MSW，与 80286 的 MSW 保持兼容。CR$_0$ 的所有控制状态位可分为如下几类：

① 工作模式控制位：PG、PE。

② 片内高速缓存控制位：CD、NW。

③ 浮点运算控制位：TS、EM、MP、NE。

④ 对准控制位：AM。

⑤ 页的写保护控制位：WP。

下面对这些控制位的功能进行简要说明：

PE——保护方式允许位。当该位被置 1 时，CPU 将转移到保护方式工作，允许给段实施保护。若 PE 位被清 0，则 CPU 返回到实地址方式工作。

MP——监视协处理器控制位。当该位被置 1 时，表示有协处理器。否则，表示无协处理器。

EM——仿真协处理器控制位。当该位被置 1 时，表示用软件仿真协处理器，而这时 CPU 遇到浮点指令，则产生故障中断 7。如果 EM=0，浮点指令将被执行。

TS——任务转换控制位。每当进行任务转换时，由 CPU 自动将 TS 置 1。

NE——数字异常中断控制位。当该位被置 1 时，若执行浮点指令时发生故障，则进入异常中断 16 处理。否则，进入外部中断处理。

WP——写保护控制位。当该位被置 1 时，将对系统程序读取的专用页进行写保护。

AM——对准屏蔽控制位。当该位被置 1 时，并且 EFLAGS 的 AC 位有效时，将对存储器操作进行对准检查。否则，不进行对准检查。

NW——通写控制位。当该位被清 0 时，表示允许 Cache 通写，即所有命中 Cache 的写操作不仅要写 Cache，同时也要写主存储器。否则，禁止 Cache 通写。

CD——高速缓存允许控制位。当该位被置 1，高速缓存未命中时，不允许填充高速缓存。否则，高速缓存未命中时，允许填充高速缓存。

PG——允许分页控制位。当该位被置 1 时，允许分页。否则，禁止分页。

(2) CR$_1$ 控制寄存器。CR$_1$ 保留给将来的 Intel 微处理器使用。

(3) CR$_2$ 控制寄存器。CR$_2$ 为页故障线性地址寄存器，它保存的是最后出现页故障的 32 位线性地址。

(4) CR$_3$ 控制寄存器。CR$_3$ 中的高 20 位为页目录表的基地址寄存器，CR$_3$ 中的 PWT 和 PCD 位是与高速缓存有关的控制位，它们用来确定以页为单位进行高速缓存的有效性。

7) 测试寄存器

80486 有 5 个测试寄存器，TR$_3$～TR$_5$ 用于高速缓存的测试操作(测试数据、测试状态、测试控制)，TR$_6$～TR$_7$ 则用于页部件的测试操作(测试控制、测试状态)。

8) 调试寄存器

80486 有 8 个 32 位的调试寄存器，这 8 个调试寄存器支持 80486 微处理器的调试功能。其中，DR$_0$～DR$_3$ 用来设置 4 个断点的线性地址，DR$_6$ 用来存放断点的状态，DR$_7$ 用于设置断点控制，而 DR$_4$ 和 DR$_5$ 则是 Intel 公司保留以后使用。

80486 CPU 内部除了上面介绍的几类寄存器外，还包含有关浮点运算的寄存器。如数据寄存器、标记寄存器、指令和数据指针寄存器、控制字寄存器等。这些寄存器的具体内容，请参阅有关文献。

2.2.4 Pentium 微处理器功能结构

1. Pentium 微处理器基本结构

Pentium 微处理器的功能结构框图如图 2.12 所示。

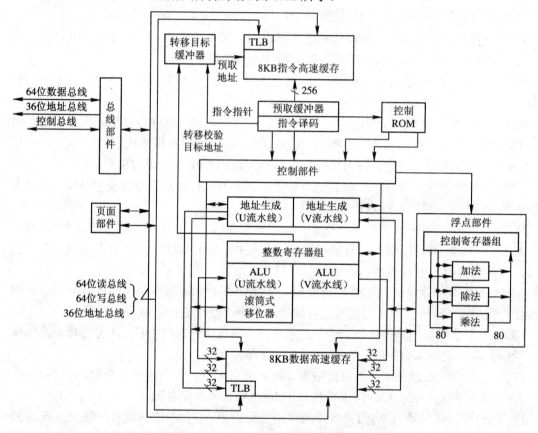

图 2.12 Pentium 微处理器的功能结构框图

1) 超标量体系结构

Pentium 微处理器具有三条指令执行流水线：两条独立的整数指令流水线(分别称为 U 流水线与 V 流水线)与一条浮点指令流水线。两条整数指令流水线都拥有它们独立的算术逻辑运算部件、地址生成逻辑和高速数据缓存接口。每一个时钟周期可以同时执行两条指令，因而相对同一频率下工作的 80486 来说，其性能几乎提高了一倍。把这种能一次同时执行多条指令的处理器结构称为超标量体系结构。

Pentium 微处理器的整数指令流水线与 80486 相似，也具有指令预取、指令译码、生成地址和取操作数、指令执行、写操作数五级。每一级处理需要一个时钟周期。当流水线装满时，指令流水线以每个时钟周期一条指令的速度执行。

2) 浮点指令流水线与浮点指令部件

浮点指令流水线具有 8 级, 实际上它是 U 流水线的扩充。U 流水线的前 4 级用来准备一条浮点指令, 浮点部件中的后 4 级执行特定的运算操作并报告执行错误。此外, 在浮点部件中, 对常用的浮点指令(加、减、乘、除)采用专用硬件电路执行, 而不像其他指令一样由微码来执行。因此, 大多数浮点指令都可以在一个时钟周期内完成, 这比相同频率下的 80486 浮点处理性能提高了 4 倍。

3) 指令转移预测部件

程序指令的执行在大多数情况下是一条指令接着一条指令顺序执行的。指令流水线正是利用了这个特点, 在同一时刻内, 多个部件同时操作并形成流水线, 这样可提高指令执行的吞吐量。但在程序中也有转移执行情况, 即下一条指令需从另一存储区取指令执行, 转移执行指令会冲掉流水线已有的内容, 并重新装载指令流水线, 这样会降低流水线效率和指令执行速度。如果微处理器知道何时发生转移和跳转的目标地址, 就可不暂停流水线的操作, 处理器的执行速度才不会降低。

Pentium 处理器提供了一个小型的 1 KB 高速缓存(称为转移目标缓冲器 BTB), 用来预测指令转移, 记录正在执行的程序最近所发生的几次转移, 这就尤如一张指令运行路线图, 指明转移指令很可能会引向何处。BTB 将进入流水线的新指令与它所存储的有关转移的信息进行比较, 以确定是否将再次执行转移。如果找到一次匹配(BTB 的特征位命中), 就产生一个目标地址, 提前指出要发生的转移。如果预测正确, 就立即执行程序转移, 这样就不需要计算下一个指令的地址, 而且可防止指令流水线停顿。反之, 如果预测错误, 将冲掉流水线中的内容重新取入正确的指令, 但这会有四个时钟周期的延迟。由于程序局部性原则, 指令的历史本身会经常地重复, 因而使得转移预测部件在大多数情况下预测是正确的, 从而大大提高了微处理器的性能。

4) 数据和指令高速缓存

Pentium 芯片内部有两个超高速缓冲存储器 Cache。一个是 8 KB 的数据 Cache, 另一个是 8KB 的指令 Cache, 它们可以并行操作。这种分离的高速缓存结构可减少指令预取和数据操作之间可能发生的冲突, 提高微处理器的信息存取速度。

数据 Cache, 除具有 80486 Cache 的通写方式外, 还增加了数据回写方式, 即 Cache 数据修改后, 不是立即写回主存, 而是推迟到以后写入。这种延迟写入主存的方式有一个好处, 它可有助于提高微处理器的性能。因为存储器的写周期需要较长的时间, 微处理器可利用这段时间去进行别的操作, 只有当必须写入主存时才进行数据的修改, 这样可让处理器在数据回写方式下, 完成更多的其他工作。回写方式的另一个好处是减少了片内高速缓存与主存信息交换占用系统总线的时间, 这对于多处理器共享一个公共的主存特别有价值。当然, 具有回写方式的数据 Cache 需要有更复杂的 Cache 控制器。

2. Pentium 微处理器内部寄存器

Pentium 微处理器对 80486 的寄存器作了一些扩充。EFLAGS 标志寄存器增加了两位: VIF(位 19)、VIP(位 20), 它们用于控制 Pentium 虚拟 8086 方式扩充部分的虚拟中断。控制寄存器 CR_0 的 CD 位和 NW 位被重新定义以控制 Pentium 的片内高速缓存, 并新增了 CR_4 控制寄存器对 80486 结构的扩充。此外, 还增加了几个模式专用寄存器, 用于控制可测试性、执行跟踪、性能监测和机器检查错误等功能。

习 题 2 ✎

2.1 试述微处理器的发展历史。

2.2 8086 微处理器由哪几部分组成？各部分的功能是什么？

2.3 简述 8086 CPU 的寄存器组织。

2.4 试述 8086 CPU 标志寄存器各位的含义与作用。

2.5 在 8086 中，存储器为什么采用分段管理？

2.6 什么是逻辑地址？什么是物理地址？如何由逻辑地址计算物理地址？

2.7 在 8086 中，CPU 实际利用哪几条地址线来访问 I/O 端口？最多能访问多少个端口？

2.8 80x86 微处理器的指令队列的作用是什么？

2.9 在 80486 中，什么是描述符？描述符表寄存器有什么作用？

2.10 80486 如何实现段页式存储器管理？

第 3 章 指令系统和寻址方式

计算机系统主要由硬件和软件两部分组成。硬件是组成计算机的物理装置，而软件则是为便于用户使用计算机而编写的各种程序和数据的集合，它实际上是由一系列的机器指令组成。指令就是让计算机完成不同动作的操作命令，各种不同功能的指令集合构成了计算机的指令系统。不同的处理器都有着不同的指令系统，学习和掌握指令系统的使用对于编程和控制计算机操作至关重要。本章将重点讨论 16 位微处理器 Intel 8086/8088 指令系统及其寻址方式，以及 32 位微处理器 80X86 和 Pentium CPU 扩充和增加的指令系统和寻址方式。

3.1 指令系统概述

程序是指令的有序集合，指令是程序的组成元素，通常一条指令对应着一种基本操作。一台计算机能执行什么样的操作，能做多少种操作，是由该计算机的指令系统决定的。一台计算机的指令集合，就是该计算机的指令系统。每种计算机都有自己固有的指令系统，互不兼容。但是，同一系列的计算机其指令系统是向上兼容的。

每条指令由两部分组成：操作码字段和地址码字段，格式如图 3.1 所示。

操作码	操作数(地址码)

图 3.1　指令格式

操作码字段：用来说明该指令所要完成的操作。

地址码字段：用来描述该指令的操作对象。一般是直接给出操作数，或者给出操作数存放的寄存器编号，或者给出操作数存放的存储单元的地址或有关地址的信息。

根据地址码字段所给出地址的个数，指令格式可分为零地址、一地址、二地址、三地址和多地址指令格式。大多数指令需要双操作数，分别称两个操作数为源操作数和目的操作数，指令运算结果存入目的操作数的地址中。这样，目的操作数的原有数据将被取代。Intel 8086/8088 的双操作数运算指令就采用这种二地址指令。

指令中用于确定操作数存放地址的方法，称为寻址方式。如果地址码字段直接给出了操作数，这种寻址方式叫立即寻址；如果地址码字段指出了操作数所在的寄存器编号，叫寄存器寻址；如果操作数存放在存储器中，则地址码字段通过各种方式给出存储器地址，叫存储器寻址。

指令有机器指令和汇编指令两种形式。前一种形式由基 2 码(二进制)组成，它是机器所能直接理解和执行的指令。但这种指令不好记忆，不易理解，难写难读。因此，人们就用一些助记符来代替这种基 2 码表示的指令，这就形成了汇编指令。汇编指令中的助记符通常用英文单词的缩写来表示，如加法用 ADD、减法用 SUB、传送用 MOV 等等，这些符号化了的指令使得书写程序、阅读程序、修改程序变得简单方便了。但计算机不能直接识别和执行汇编指令，在把它交付给计算机执行之前，必须翻译成计算机所能识别的机器指令。汇编指令与机器指令是一一对应的，本书中的指令都使用汇编指令形式书写，便于读者学习和理解。

3.2　8088/8086 CPU 的寻址方式

寻找和获得操作数、操作数存放地址或指令转移地址的方法称为寻址方式。8088/8086 CPU 的寻址分为两类，即数据寻址和指令寻址。

3.2.1　数据寻址方式

机器执行指令的目的就是对指定的操作数完成规定的操作，将操作结果存入规定的地方。因此，如何获得操作数的存放地址及操作结果的存放地址就是一个很关键的问题。8088/8086 CPU 有多种方法来获取操作数的存放地址及操作结果的存放地址，这些方法统称为数据寻址方式。

操作数及操作结果存放的地点有三处：存放在指令的地址码字段中；存放在寄存器中；存放在存储器的数据段、堆栈段或附加数据段中。与其对应的三种操作数是：立即操作数、寄存器操作数和存储器操作数。寻找这些操作数有三种基本寻址方式，立即寻址方式、寄存器寻址方式和存储器寻址方式。其中，存储器寻址又包括多种寻址方式。下面分别介绍这些寻址方式。

1. 立即寻址方式

立即寻址方式寻找的操作数紧跟在指令操作码之后。这种寻址方式在汇编语言格式中表示为

操作码　数字表达式

其中，这个数字表达式的值可以是一个 8 位整数，也可以是一个 16 位整数。

例如：　　　MOV　　AX，267

MOV　　AL，10010011B AND 0FEH

MOV　　AL，PORT1

MOV　　AX，DATA1

其中，"267"是数字；"10010011B AND 0FEH"是一个数字表达式；PORT1 是一个用 EQU 定义的变量名，属于常数；DATA1 是定义的段名，实际上就是段地址，是一常数。这些都是立即寻址方式。

汇编立即寻址方式时，汇编程序首先计算出数字表达式的值，然后将其写入指令的地址码字段，这称为立即数。

【例 3-1】　MOV　AL，0FFH

MOV　AX，1234H

两条指令的操作分别如图 3.2 和图 3.3 所示。

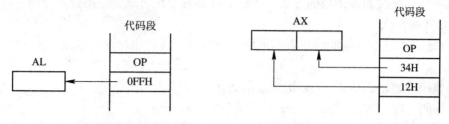

图 3.2　8 位立即寻址操作示意图　　　　图 3.3　16 位立即寻址操作示意图

由此看出，这种寻址方式不需要访问存储器而是立即从指令中取得操作数。这正是立即寻址方式名称的含义所在。

由于立即寻址方式中操作数是指令的一部分，不能修改，而一般情况下，指令所处理的数据都是在不断变化的，比如下一个操作数是上一条指令的执行结果，因此，这种寻址方式只能适用于操作数固定的情况。通常用于给某一寄存器赋初值或给某存储单元提供常数等。

另外要注意，这种寻址方式不能用于单操作数指令；若用于双操作数指令，也只能用于源操作数字段，不能用于目的操作数字段。

2. 寄存器寻址方式

寄存器寻址是指寻找的操作数在某个寄存器中。这种寻址方式在汇编语言格式中表示为

操作码　寄存器名

寄存器如 AL，BX，CX，DS 等等。

例如：　　　MOV　AX，BX

MOV　AL，BL

其中，AX、BX、AL、BL 就是寄存器寻址方式。

【例 3-2】　　MOV　AL，BL

操作过程如图 3.4 所示。

图 3.4　寄存器寻址操作示意图

汇编这种寻址方式时，汇编程序将寄存器的地址编号写入指令的地址码字段。当机器执行含有这种寻址方式的指令时，根据地址码字段的编号访问到寄存器，继而访问到操作数。这种寻址方式的优点是：寄存器数量一般在几个到几十个，比存储器单元少很多，因此它的地址码短，从而缩短了指令长度，节省了程序存储空间；另一方面，从寄存器里取数比从存储器里取数的速度快得多，从而提高了指令执行速度。

3. 存储器寻址方式

当操作数放在存储器中的某个单元时，CPU 要访问存储器才能获得该操作数。如果存

储器的存储单元地址是 20 位，把通过各种方法算出段内偏移地址(有效地址)，结合段地址形成 20 位物理地址找到操作数的方法，统称为存储器寻址方式。下面分别介绍。

1) 直接寻址方式

直接寻址方式是指寻找的操作数的地址在指令中直接给出。这种寻址方式在汇编格式中表示为

① 操作码　地址表达式　(或[地址表达式])

② 操作码　[数字表达式]

例如，假设 TABLE 是在数据段定义的一个字节数组的首地址标号(变量名)，其偏移地址为 1000H，则指令

　　　　　　MOV　AL，TABLE

或　　　　　MOV　AL，[TABLE]

或　　　　　MOV　AL，[1000H]

是等效的。其中"TABLE"、"[TABLE]"、"[1000H]"都是直接寻址方式。

　　　　　　MOV　AL，TABLE+2

或　　　　　MOV　AL，[TABLE+2]

或　　　　　MOV　AL，[1000H+2]

也是等效的。其中"TABLE+2"、"[TABLE+2]"、"[1000H+2]"都是直接寻址方式。

【例 3-3】　　MOV　AX，[1000H]

假设(DS)=3000H，(31000H)=12H，(31001H)=34H，指令执行完以后，(AX)=3412H。操作的示意图如图 3.5 所示。

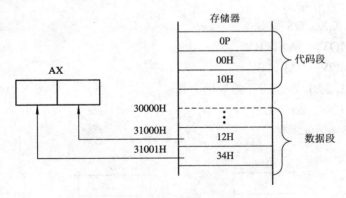

图 3.5　直接寻址操作示意图

由此看出，这种寻址方式默认的段寄存器是 DS。IBM-PC 机允许在汇编指令中指定除 DS 寄存器以外的段寄存器作为操作数的段地址，这就是段超越前缀，其汇编格式为

　　　　　　段寄存器名：地址表达式　　　　或　　　　段寄存器名：数字表达式

或　　　　段寄存器名：[地址表达式]　　　　或　　　　段寄存器名：[数字表达式]

【例 3-4】　　假设 TABLE 是在附加数据段定义的一个字节数组的首地址标号，其偏移地址为 1000H，则指令

　　　　　　MOV　AL，ES：TABLE

或　　　　　MOV　AL，ES：[TABLE]

或　　　　MOV　AL，ES：1000H

或　　　　MOV　AL，ES：[1000H]

是等效的，都表示将字节数组的第一个数组元素送入 AL 寄存器中。

2) 寄存器间接寻址方式

在计算机中通常将 BX、BP 称为基址寄存器，SI、DI 称为变址寄存器，寻址时操作数的地址被放在这些寄存器中。

寄存器间接寻址方式在汇编格式中表示为

　　　操作码　[基址寄存器名或变址寄存器名]

例如：　　　　MOV　　AX，[BX]

　　　　　　　MOV　　AX，[SI]

其中，[BX]、[SI]都是寄存器间接寻址方式。

汇编寻址这种方式时，汇编程序将 BX、SI、DI 或 BP 寄存器的地址编号写入指令的地址码字段，当机器执行含有这种寻址方式的指令时，依据地址码字段的值访问得到寄存器的值，将该值作为操作数的偏移地址。如果指令中指定的寄存器是 BX、SI、DI，则操作数默认在数据段中，取 DS 寄存器的值作为操作数的段地址值；如果指令中指定的寄存器是 BP，则操作数默认在堆栈段中，取 SS 寄存器的值作为操作数的段地址值，从而算得操作数的 20 位物理地址，继而访问到操作数。

【例 3-5】　　MOV　　AX，[BX]

假设(DS)=3000H，(BX)=1010H，(31010H)=12H，(31011H)=24H，则操作数的 20 位物理地址=30000H+1010H=31010H。操作的示意图如图 3.6 所示。

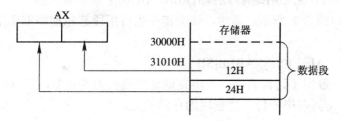

图 3.6　寄存器间接寻址操作图

指令执行完以后，(AX)=2412H。

这种寻址方式也允许指定段超越前缀来取得其他段中的数据。

例如：　　MOV　AX，ES：[BX]

该指令表示将附加数据段偏移量(BX)处的字数据送到 AX 寄存器中去。

这种寻址方式一般用于访问表格，执行完一条指令后，通过修改 SI、DI、BX 或 BP 的内容就可访问到表格的下一数据项的存储单元。

3) 寄存器相对寻址

操作数的偏移地址是指定寄存器的值与一个整数之和。这种寻址方式在汇编格式中表示为

①　操作码　变量名[基址寄存器名或变址寄存器名]

或　操作码　[变量名+基址寄存器名或变址寄存器名]

②　操作码　符号名[基址寄存器名或变址寄存器名]

或   操作码   [基址寄存器名或变址寄存器名+符号名]

③   操作码   [基址寄存器名或变址寄存器名±数字表达式]

例如，TABLE 是在数据段定义的一个字节数组的首地址标号(也称变量名)，则：

   MOV   SI，5

   MOV   AL，TABLE[SI]

其中，"TABLE[SI]"是寄存器相对寻址方式，也可写成：

   MOV   AL，[TABLE+SI]

汇编这种寻址方式时,汇编程序将 BX 或 SI 或 DI 或 BP 寄存器的地址编号写入指令的地址码字段，并且将变量名的偏移地址或符号名的数值或数字表达式的计算结果值作为位移量也写入指令的地址码字段。当机器执行含有这种寻址方式的指令时，依据地址码字段的编号访问得寄存器的值，将其与位移量相加(或相减)，和(差)作为操作数的偏移地址。如果指令中指定的寄存器是 BX、SI、DI，则操作数默认在数据段中，取 DS 寄存器的值作为操作数的段地址值；如果指令中指定的寄存器是 BP，则操作数默认在附加数据段中，取 ES 寄存器的值作为操作数的段地址值，从而算得操作数的 20 位物理地址，继而访问到操作数。

【例 3-6】 TABLE 是数据段中定义的一个变量，假设它在数据段中的偏移地址为 0100H，有指令：

   MOV   AX，TABLE[SI]

若(DS)=2000H，(SI)=00A0H，(201A0H)=12H，(201A1H)=34H，则源操作数的 20 位物理地址=20000H+0100H+00A0H=20000H+01A0H=201A0H

操作的示意图如图 3.7 所示。当然，该类指令也可用段超越前缀重新指定段寄存器，例如：

   MOV   AL，ES：TABLE[SI]

这种寻址方式一般用于访问表格，表格首地址可设置为变量名，通过修改 SI 或 DI 或 BX 或 BP 的内容来访问表格的任一数据项的存储单元。

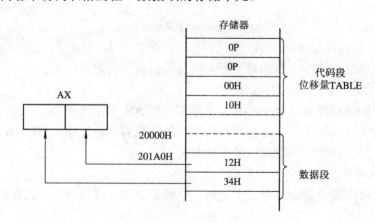

图 3.7   寄存器相对寻址操作图

4) 基址变址寻址

操作数的偏移地址是两个指定寄存器的值之和。这种寻址方式在汇编格式中表示为

　　　　　　　　[基址寄存器名][变址寄存器名]
或　　　　　[基址寄存器名+变址寄存器名]
　　例如，指令 MOV　AX，[BX] [SI](或写为 MOV　AX，[BX+SI])
其中，[BX][SI]、[BX+SI]都是基址变址寻址方式。

　　当机器执行含有这种寻址方式的指令时，依据地址码字段的值访问得到基址寄存器和变址寄存器的值，将其相加，和作为操作数的偏移地址。

　　【例 3-7】　MOV　AX，[BX] [SI](或写为 MOV　AX，[BX+SI])
　　若

$$(DS)=2000H，(BX)=0500H，(SI)=0010H$$

则

$$偏移地址=0500H+0010H=0510H$$

那么　　　　　　　20 位物理地址=20000H+0510H
$$=20510H$$

　　假设(20510H)=12H，(20511H)=34H，则(AX)=3412H。操作的示意图如图 3.8 所示。

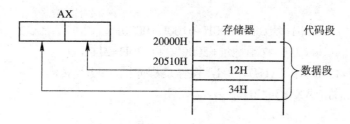

图 3.8　基址变址寻址操作示意图

　　当然，也可用段超越前缀重新指定段寄存器，例如：
　　　　MOV　AL，ES：[BX][SI]
　　这种寻址方式同样用于访问表格或数组。将表格或数组首地址存入基址寄存器，通过修改变址寄存器内容可访问到表格或数组的任一数据项的存储单元。由于这种寻址方式两个寄存器内容都可修改，因此它比寄存器相对寻址更灵活。

　　5) 相对基址变址寻址
　　操作数偏移地址是指定寄存器的值与相对偏移量之和。汇编格式表示为
　　① 变量名[基址寄存器名][变址寄存器名]
或　　变量名[基址寄存器名+变址寄存器名]
或　　[变量名+基址寄存器名+变址寄存器名]
　　② 符号名[基址寄存器名][变址寄存器名]
或　　符号名[基址寄存器名+变址寄存器名]
或　　[符号名+基址寄存器名+变址寄存器名]
　　③ [基址寄存器名+变址寄存器名±数字表达式]
　　例如，指令 MOV　AL，TABLE[BX][SI]
其中"TABLE [BX][SI]"是相对基址变址寻址方式，也可写成：
　　　　MOV　AL，TABLE[BX+SI]

或　　　　MOV　AL，[TABLE+BX+SI]

汇编这种寻址方式时，汇编程序将基址寄存器的地址编号和变址寄存器的地址编号分别写入指令的地址码字段，并且将变量名的偏移地址、符号名的数值或数字表达式的计算结果值作为偏移量也写入指令的地址码字段。当机器执行含有这种寻址方式的指令时，依据地址码字段的值访问得到基址寄存器和变址寄存器的值以及偏移量，将三者相加，和作为操作数的偏移地址。如果指令中指定的基址寄存器是 BX，则操作数默认在数据段中，取 DS 寄存器的值作为操作数的段地址值；如果指令中指定的基址寄存器是 BP，则操作数默认在附加数据段中，取 ES 寄存器的值作为操作数的段地址值，从而算得操作数的 20 位物理地址，访问到操作数。

【例 3-8】　TABLE 是数据段中定义的一个符号地址，假设它在数据段中的偏移地址是 1000H。则指令

　　　　MOV　AX，TABLE[BX][DI]

若

　　　　　　　　(DS)=2000H，(BX)=0100H，(DI)=0020H

则

　　　　　　　偏移地址=1000H+0100H+0020H=1120H

　　　　　　20 位物理地址=20000H+1120H=21120H

假设(21120H)=12H，(21121H)=34H，操作过程如图 3.9 所示。

执行完指令以后，(AX)=3412H。

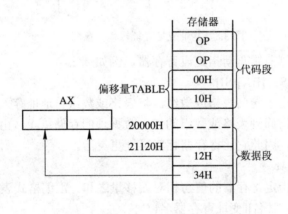

图 3.9　相对基址变址寻址操作示意图

3.2.2　指令寻址方式

指令寻址方式是指确定下一条要执行指令的地址的方法。这里只介绍有关转移指令及调用指令的指令寻址方式。

1. 段内直接寻址

这种寻址方式的汇编格式有三种：

① 指令名　SHORT　转移目标地址标号

② 指令名　转移目标地址标号

③ 指令名 NEAR PTR 转移目标地址标号

指令中直接指明了要转移的目标地址，因此叫直接寻址；又因为这种指令只改变 IP 寄存器的值而不改变 CS 寄存器的值，因此又叫段内寻址。汇编这种指令寻址方式时，汇编程序计算转移目标地址标号与本条指令的下一条指令的地址的差值，将其补码称为位移量，写入指令的地址码字段。

位移量可以是一个带符号的 8 位数，也可以是一个带符号的 16 位数。它表示了转移地址偏移本条指令的下一条指令的字节数。其中负数表示要向当前指令的后面跳转；正数表示要向当前指令的前面跳转。在汇编格式中，如果符号地址前加了 SHORT，表示位移量被强制为 8 位，跳转距离为-128～+127；如果符号地址前加 NEAR PTR，表示位移量被强制为 16 位，跳转距离为-32 768～+32 767；什么都没加，机器默认成 16 位。

当执行这种寻址方式的转移指令时，机器取出位移量，与当前(IP)相加，和送入 IP 寄存器中，CS 寄存器内容保持不变，从而实现转移，如图 3.10 所示。

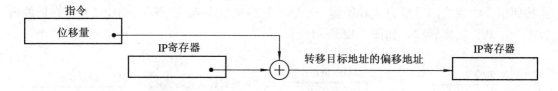

图 3.10　段内直接寻址示意图

由此可看出，这种寻址方式实现的是相对转移。相对转移有个优点，就是位移量不会随程序加载到不同的内存区域而改变，因此，不管程序加载到哪段内存区域，这种指令都能正确转移到目的地址。所以，使用这种转移指令可实现程序重定位。

位移量不同，转移范围不同。当位移量为 8 位时，只允许转移到与本条指令的下一条指令相距 -128～+127 范围内的存储单元。当位移量为 16 位时，允许转移到当前代码段内任何地方。

要注意的是：条件转移指令的位移量只能是 8 位，而无条件转移的指令可以是 8 位，也可以是 16 位。8 位叫短跳转，16 位叫近跳转。

2. 段间直接寻址

这种寻址方式的汇编格式有以下两种形式：

① 指令名　　FAR　PTR　转移地址标号
② 指令名　　　段地址：段内偏移地址

指令中直接指明了要转移的目标地址，此转移地址或用地址标号或用数值地址表示，因此叫直接寻址；又因为这种指令不仅改变 IP 寄存器的值而且改变 CS 寄存器的值，因此又叫段间寻址。汇编这种指令寻址方式时，汇编程序将转移地址标号所在段的段值及段内偏移地址值写入指令的地址码字段。

当执行这种寻址方式的转移指令时，机器取指令操作码之后的第一个字，把它送入 IP 寄存器中，取操作码之后的第二个字把它送入 CS 寄存器中，从而实现转移，如图 3.11 所示。

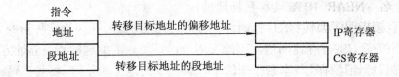

图 3.11　段间直接寻址示意图

3. 段内间接寻址

这种寻址方式的汇编格式为

① 指令名　　16 位寄存器名

② 指令名　　WORD　PTR 存储器寻址方式

转移的目标地址放在寄存器或存储器中，因此叫寄存器间接寻址。这种指令只改变 IP 寄存器的值而不改变 CS 寄存器的值，因此又叫段内寻址。汇编这种指令寻址方式时，汇编程序按格式中规定的寻址方式填写地址码字段。当执行这种寻址方式的转移指令时，机器按照指令中规定的寻址方式寻址到一个字，然后把它送入 IP 寄存器中，CS 寄存器的内容不变，从而实现转移，如图 3.12 所示。

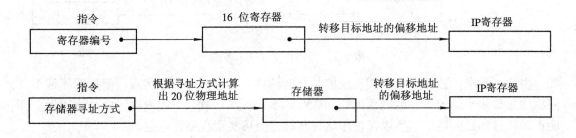

图 3.12　段内间接寻址示意图

4. 段间间接寻址

这种寻址方式的汇编格式为

指令名　　DWORD　PTR 存储器寻址方式

转移的目标地址放在存储器中，称作间接寻址。这种指令不仅改变 IP 寄存器的值，而且改变 CS 寄存器的值，因此又叫段间寻址。汇编这种指令寻址方式时，汇编程序按格式中规定的寻址方式填写地址码字段。当执行这种寻址方式的转移指令时，机器按照指令中规定的寻址方式寻址到存储器中相继的两个字，把第一个字送入 IP 寄存器中，把第二个字送入 CS 寄存器，从而实现转移，如图 3.13 所示。

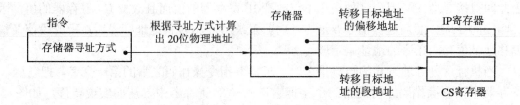

图 3.13　段间间接寻址示意图

在微机指令系统中，JMP 类和 CALL 类指令通常使用上述寻址方式，使程序从当前执行的位置跳转到指令寻址方式指定的地方继续运行，或是从指定的位置调用一个子程序。

3.3 8088/8086 CPU 的指令系统

3.3.1 数据传送指令

8086/8088 有四类传送指令，分别是：通用传送指令、累加器专用传送指令、地址传送指令和标志传送指令。

1. 通用传送指令

通用传送指令如表 3-1 所示。

表 3-1 通用传送指令

操作码	MOV	PUSH	POP	PUSHF	POPF	XCHG
功能	数据传送	数据入栈	数据出栈	标志入栈	标志出栈	数据交换

1) 最基本的传送指令 MOV

可实现寄存器之间、寄存器和存储器之间传送数据，还可实现将立即数送至寄存器或存储单元的操作。

汇编格式：MOV 目的操作数，源操作数

执行的操作：(目的操作数)←源操作数

功能：将源操作数存入目的操作数的寄存器或存储单元中去。

注意：

① 目的操作数不能是立即寻址方式。

② 源操作数与目的操作数不能同时为存储器寻址方式，即两个内存单元之间不能直接传送数据。

③ 立即数不能直接送段寄存器，即段寄存器只能通过寄存器或存储单元传送数据。

④ 两个段寄存器之间不允许直接传送数据。

⑤ 不允许给 CS、IP、PSW 三个寄存器传送数据，即这 3 个寄存器的值用户无权改变。

⑥ 源操作数和目的操作数必须字长相等。

⑦ MOV 指令不影响标志位。

【例 3-9】 DATA 是用户定义的一个数据段的段名。则：

      MOV   AX，DATA

      MOV   DS，AX

两条指令完成对 DS 段寄存器的赋值。若写成：

      MOV   DS，DATA

则是错误的。

如果把 CPU 内部的寄存器细分为段寄存器和寄存器的话，则 MOV 指令有九种形式：

① 从寄存器到寄存器；② 从寄存器到段寄存器；③ 从寄存器到存储器；④ 从段寄存器到寄存器；⑤ 从存储器到寄存器；⑥ 从段寄存器到存储器；⑦ 从存储器到段寄存器；

⑧ 从立即数到寄存器；⑨ 从立即数到存储器。MOV 指令的九种形式如图 3.14 所示。

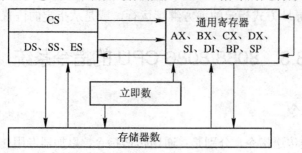

图 3.14　MOV 指令的九种形式

说明：寄存器寻址有直接、间接、相对、基址变址和相对基址变址五种存储器寻址方式。

2) 数据进栈指令 PUSH 及出栈指令 POP

堆栈是由若干个连续存储单元组成的"后进先出"或"先进后出"存储区域，它的段地址存于 SS 寄存器中，它只有一个数据出入口，堆栈指针寄存器 SP 任何时候都指向当前的栈顶，入栈出栈都必须通过 SP 来确定。如果有数据 PUSH 压入或 POP 弹出，SP 必须及时修改，以保证(SP)始终指向当前的栈顶位置。

在子程序调用和中断处理过程中，分别需要保存返回地址和断点地址，即将当前 CS 和 IP 的值压栈；在进入子程序和中断处理后，还需要保存通用寄存器的值；子程序和中断处理程序将要返回时，则要恢复通用寄存器的值；子程序和中断处理程序返回时，要将返回地址或断点地址出栈。这些功能都要通过堆栈指令来实现。

① PUSH 指令

汇编格式：PUSH 源操作数

执行的操作：(SP)←(SP)–2　　　　　　先修改指针

　　　　　　((SP)+1，(SP))←操作数

功能：将 16 位寄存器、段寄存器、16 位存储单元数据压入堆栈。

② POP 指令

汇编格式：POP　目的操作数

执行操作：(操作数)←((SP)+1，(SP))

　　　　　　(SP)←(SP)+2　　　　　　后修改指针

功能：将堆栈中的 16 位数据送入 16 位寄存器、段寄存器、16 位存储单元中。

说明：

① 在 8086/8088 中，PUSH、POP 指令的操作数不能使用立即寻址方式。POP 指令的操作数还不能使用 CS 寄存器。

② 堆栈中数据的压入、弹出必须以字为单位，所以 PUSH 和 POP 指令只能作字操作。

③ 这两条堆栈指令不影响标志位。

【例 3-10】　MOV　AX，1234H

　　　　　　　PUSH　AX

设指令执行前(SS)=2000H，(SP)=00FEH，则指令执行过程如图 3.15 所示，执行后

(SS)=2000H, (SP)=00FCH。

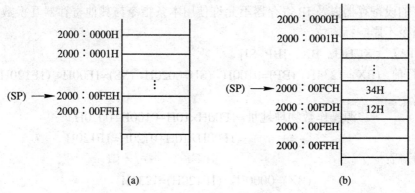

图 3.15 压栈操作示意图

(a) 指令执行前情况；(b) 指令执行后情况

3) 标志入栈指令 PUSHF

汇编格式：PUSHF

执行的操作：(SP)←(SP)–2

$\qquad$((SP)+1，(SP))←PSW

功能：将标志寄存器内容压入堆栈。

4) 标志出栈指令 POPF

汇编格式：POPF

执行的操作：(PSW)←((SP)+1，(SP))

$\qquad$(SP)←(SP)+2

功能：将 16 位堆栈数据弹出送入标志寄存器中。

说明：8086/8088 指令系统中没有设置改变 TF 标志位的指令。若要改变 TF 值，先用 PUSHF 指令将标志压栈，然后设法改变对应 TF 标志位的位值，再用 POPF 指令弹出送给 PSW，即可完成改变 PSW 中 TF 标志位的值。

【例 3-11】 若想设置 TF=1，程序段如下：

```
PUSHF
POP   AX
OR    AH，01H  ；修改 TF 位
PUSH AX
POPF
```

5) 数据交换指令 XCHG

数据交换指令 XCHG 可以实现字互换或字节互换。互换可以在寄存器之间进行，也可以在寄存器和存储单元之间进行。

汇编格式：XCHG 目的操作数，源操作数

执行的操作：互换源、目的两个操作数的存放位置。

说明：

① 源、目的操作数的寻址方式不允许是立即寻址方式。

② 两个寻址方式中，必须有一个是寄存器寻址，即两个存储单元之间不能直接互换

数据。

③ 所有的段寄存器以及 IP 寄存器不允许使用本条指令与其他寄存器互换数据。

④ 此指令不影响标志位。

【例 3-12】　XCHG　BX，[BP+SI]

指令执行前，(BX)=1234H，(BP)=0100H，(SI)=0020H，(SS)=1F00H，(1F120H)=0000H，则

$$源操作数物理地址=1F00H×10H+0100H+0020H$$
$$=1F00H×10H+0120H=1F120H$$

指令执行后：

$$(BX)=0000H，(1F120H)=1234H$$

2. 累加器专用传送指令

这类指令仅限于 I/O 端口或存储单元与累加器 AL(AX)之间传送数据。具体包括 IN 输入指令、OUT 输出指令和 XLAT 换码指令。

1) IN 输入指令

汇编格式：IN AL，I/O 口地址表达式

或　　　　　IN AX，I/O 口地址表达式

执行的操作：

　　　　AL←(I/O 口地址表达式)

或　　　　AX←(I/O 口地址表达式+1)，(I/O 口地址表达式)

说明：

① 该指令的目的操作数仅限于累加器，即 8 位操作采用 AL，16 位操作采用 AX。

② 如果 I/O 寻址的口地址号在 8 位数以内，可以采用直接寻址；如果 I/O 寻址的口地址号在 16 位数以内，则必须采用间接寻址，即把 16 位地址数装入 DX 中。

2) OUT 输出指令

汇编格式：OUT　地址表达式，AL

或　　　　　OUT　地址表达式，AX

执行的操作：

　　　　I/O 口地址←(AL)

或　　　　(I/O 口地址+1)，(I/O 口地址)←(AX)

说明：同 1)。

3) XLAT 换码指令

汇编格式：XLAT 或 XLAT　地址标号

执行的操作：(AL)←((BX)+(AL))

说明：

① XLAT 指令是将 AL 的内容替换成存储单元中的一个数，往往用于代码转换，例如，把字符的扫描码转换成 ASCII 码或者把十六进制数 0～F 转换成七段数码管显示代码。使用此指令前，先在数据段建立一个表格，表格首地址存入 BX 寄存器，欲取代码的表内位移量存入 AL 寄存器中。XLAT 指令将(AL)值扩展成 16 位，与(BX)相加形成一个段偏移地址，段地址取(DS)，据此读出代码送入 AL 寄存器。

② 该指令有两种格式，第二种格式中的地址标号是指代码表的表首地址。它只是为提高程序可读性而设置的，指令执行时只使用预先存入 BX 中的代码表首地址，而并不用汇编格式中指定的地址标号。

③ (AL)是一个 8 位无符号数，所以表格中最多只能存放 256 个代码。

④ 此指令的执行结果不影响标志位。

【例 3-13】 一个七段 LED 显示代码转换表存于 TABLE 开始的存储区，则程序段

```
MOV AL，4
MOV BX，OFFSET  TABLE
XLAT
```

将完成把 4 的 BCD 码转换成 4 的七段 LED 显示代码的工作。

3. 地址传送指令

这组指令都是将地址送到指定的寄存器中，具体有三条，如表 3-2 所示。

表 3-2　地址传送指令

操作码	LEA	LDS	LES
功能	取偏移地址	取偏址和数据段地址	取偏址和附加数据段地址

1) LEA 偏移地址送寄存器指令

汇编格式：LEA　16 位寄存器名，存储器寻址方式

执行的操作：(16 位寄存器)←源操作数的偏移地址

说明：

① 这条指令常用在初始化程序段中使一个寄存器成为指针。

② 16 位寄存器不包括段寄存器。

③ 这条指令不影响标志位。

【例 3-14】 LEA　BX，TABLE

TABLE 是数据段中定义的地址标号，指令执行前，如果(BX)=0000H，(DS)=2000H，TABLE=20020H，则指令执行后，(BX)=0020H。

2) LDS 指针送指定寄存器和 DS 寄存器指令

汇编格式：LDS　16 位寄存器名，存储器寻址方式

执行的操作：将寻址到的存储单元的第一个源操作数(字)送 16 位寄存器，第二个源操作数(字)送 DS 寄存器。

说明：① 本条指令中的 16 位寄存器不允许是段寄存器。

② 本条指令不影响标志位。

【例 3-15】 LDS　AX，TABLE[SI]

假设 (20050H)=12345678H，指令执行前，如果 (AX)=0000H，(DS)=2000H，TABLE=20020H，(SI)=0030H，则物理地址=20020+0030H=20050H；指令执行后，(AX)=5678H，(DS)=1234H。

3) LES 指针送指定寄存器和 ES 寄存器指令

汇编格式：LES　16 位寄存器名，存储器寻址方式

执行的操作：将寻址到的存储单元的第一个源操作数(字)送 16 位寄存器，第二个源操

作数(字)送 ES 寄存器。

说明：

① 16 位寄存器不允许是段寄存器。

② 本条指令不影响标志位。

4. 标志传送指令

这组指令包括 LAHF 标志送 AH 和 SAHF AH 送标志寄存器。

1) LAHF 标志送 AH 指令

汇编格式：LAHF

执行的操作：(AH)←(PSW 的低 8 位)

说明：此指令具体操作如图 3.16 所示。

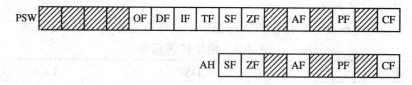

图 3.16   LAHF 指令操作

2) SAHF AH 送标志寄存器指令

汇编格式：SAHF

执行的操作：(PSW 的低 8 位)←(AH)，该指令是 LAHF 指令的逆操作。

3.3.2   算术运算指令

算术运算指令包括二进制数的运算及十进制数的运算指令。算术运算指令用来执行加、减、乘、除算术运算，它们有双操作数指令，也有单操作数指令，单操作数指令不允许使用立即寻址方式。乘法和除法指令的目的操作数采用隐含寻址方式，汇编指令只指定源操作数，源操作数不允许使用立即寻址方式。双操作数指令不允许目的操作数为立即寻址，不允许两个操作数同时为存储器寻址。另外，不论是双操作数还是单操作数，都不允许使用段寄存器。段寄存器只能被传送、压栈、出栈。特别要强调的是，当汇编程序无法确定指令中操作数的长度时，必须用 BYTE PTR、WORD PTR、DWORD PTR 伪指令来指定操作数的长度。

1. 加法指令

加法指令包括三条指令，如表 3-3 所示。

表 3-3   加法指令

操作码	ADD	ADC	INC
功能	相加	带进位相加	增量

1) ADD 加法指令

汇编格式：ADD   目的操作数，源操作数

执行的操作：(目的操作数)←源操作数+目的操作数

2) ADC 带进位加法指令

汇编格式：ADC　目的操作数，源操作数

执行的操作：(目的操作数)←源操作数+目的操作数+CF

3) INC 增量指令

汇编格式：INC　操作数

执行的操作：(操作数)←操作数+1

以上三条指令都可作字或字节运算，除 INC 指令不影响 CF 标志位外，其他标志位都受指令操作结果的影响。

PSW 中的标志位共有 9 位，其中最主要的是 ZF、SF、CF、OF 四位。ZF 表示结果是否为零，SF 表示结果的符号位，CF 表示最高有效位是否有向更高位的进位，OF 表示结果是否溢出。对加法指令来讲，如果操作数是无符号数，则最高有效位有向更高位的进位说明运算结果超出了机器位数所能表示的最大数。因此，CF 标志位实质上是表示无符号数有无溢出。而 OF 标志位表示有符号数有无溢出。

【例 3-16】　完成双字长相加，被加数存放在 DX 与 AX 中，加数放在 BX 与 CX 中，和放在 DX 与 AX 中。程序段如下：

```
ADD       AX，CX
ADC       DX，BX  ；高位运算时要考虑低位的进位
```

2. 减法指令

减法指令包括五条指令，如表 3-4 所示。

表 3-4　减法指令

操作码	SUB	SBB	DEC	NEG	CMP
功能	减法	带借位减法	减量	求补	比较

1) SUB 减法指令

汇编格式：SUB　目的操作数，源操作数

执行的操作：(目的操作数)←目的操作数 – 源操作数

2) SBB 带借位减法指令

汇编格式：SBB　目的操作数，源操作数

执行的操作：(目的操作数)←目的操作数–源操作数 – CF

3) DEC 减量指令

汇编格式：DEC　操作数

执行的操作：(操作数)←操作数 – 1

4) NEG 求补指令

汇编格式：NEG　操作数

执行的操作：(操作数)←0 – 操作数

说明：

① 0 – 操作数= – 操作数，在微型计算机中，带符号的二进制数值数据都采用补码编码，因此，此处的操作数是补码，所以求 – 操作数实质上是求补操作。

② 只有当操作数为 0 时求补运算的结果使 CF=0，其他情况则均为 1；只有当操作数

为 –128 或 –32 768 时使 OF=1，其他情况则均为 0。

5) CMP 比较指令

汇编格式：CMP　目的操作数，源操作数

执行的操作：目的操作数–源操作数。

说明：本条指令相减结果不保存，只是根据结果设置标志位。在实际应用中，CMP 指令后往往跟着一个条件转移指令，根据比较结果产生不同的分支。

以上五条指令都可作字或字节运算。另外，除 DEC 指令不影响 CF 标志位外，其他指令都对标志位有影响。减法指令对标志位的影响与加法指令类似，所不同的是 CF 位。前面说过，CF 表示机器的最高有效位有向更高位的进位。对减法指令来讲，恰好相反，若机器最高有效位没有向更高位的进位时，CF=1，否则 CF=0。对用户来讲，减数大于被减数，此时有借位则 CF=1，否则 CF=0。

【例 3-17】　完成双字长相减操作，被减数存放在 DX 与 AX 中，减数存放在 BX 与 CX 中，差放在 DX 和 AX 中。程序段如下：

```
SUB      AX，CX
SBB      DX，BX
```

3. 乘法指令

乘法指令可对字节、字进行操作，且可对有符号数整数或无符号数整数进行操作。两个 8 位数相乘，结果为 16 位数；两个 16 位数相乘，结果为 32 位数。乘法指令有两条。

1) MUL 无符号数乘法指令

汇编格式：MUL　源操作数

执行的操作：若为字节操作　(AX)←(AL)×源操作数

　　　　　　若为字操作　(DX)，(AX)←(AX)×源操作数

2) IMUL 有符号数乘法指令

汇编格式：IMUL　源操作数

执行的操作：与 MUL 相同，只是处理的数据是有符号数，而 MUL 处理的数据是无符号数。

说明：

① 在乘法指令中，被乘数(即目的操作数)隐含在 AX(字运算)或 AL(字节运算)中，乘数(即源操作数)由指令寻址，其寻址方式可以是除立即寻址方式之外的任何数据寻址方式，它同时也决定了乘法是字运算还是字节运算。两个 8 位数相乘其积是 16 位，存放在 AX 中；两个 16 位数相乘其积是 32 位，存放在 DX、AX 中，其中 DX 存放高位字，AX 存放低位字。

② 乘法指令对除 CF 和 OF 以外的标志位无定义(即这些标志位的状态是不定的)。对于 MUL 指令，如果乘积的高一半为 0，则 CF 和 OF 均为 0；否则 CF 和 OF 均为 1。对 IMUL 指令，如果乘积的高一半是低一半的符号扩展，则 CF 和 OF 均为 0；否则均为 1。测试这两个标志位，可知道乘积的高位字节或高位字是否是有效数字。

【例 3-18】　MUL　　　CL

　　　　　　　IMUL　　　DL

```
           MUL      BYTE    PTR [BX]
           IMUL     NUMR                    ; NUMR 是变量名
```

4. 除法指令

与乘法指令一样，除法指令也可对字节、字数据进行操作，而且这些数可以是有符号数整数或无符号数整数。除法指令要求被除数的长度必须是除数的两倍，也就是说，字节除法是用 16 位数除以 8 位数；字除法是用 32 位数除以 16 位数。除法指令也有两条。

1) DIV 无符号数除法指令

汇编格式：DIV　源操作数

执行的操作：若为字节操作：　　(AL)←(AX)/源操作数的商
　　　　　　　　　　　　　　　(AH)←(AX)/源操作数的余数

　　　　　　　　若为字操作：　(AX)←(DX、AX)/源操作数的商
　　　　　　　　　　　　　　　(DX)←(DX、AX)/源操作数的余数

商和余数均为无符号数。

2) IDIV 有符号数除法指令

汇编格式：IDIV　源操作数

执行的操作：与 DIV 相同，只是操作数是有符号数，商和余数均为有符号数，余数符号同被除数符号。

说明：

① 在除法中，被除数(即目的操作数)隐含在 AX(字节运算)或 DX，AX(字运算)中，除数(即源操作数)由指令寻址，其寻址方式可以是除立即寻址方式之外的任何数据寻址方式，寻址方式同时也决定了除法是字节运算还是字运算。16 位数除以 8 位数，商是 8 位，存放在 AL 中，余数是 8 位，存放在 AH 中；32 位数除以 16 位数，商是 16 位，存放在 AX 中，余数是 16 位，存放在 DX 中。

② 一条除法指令可能导致两类错误：一类是除数为零；另一类是除法溢出。当被除数的绝对值大于除数的绝对值时，商就会产生溢出。如，(AX)=2000 被 2 除，由于 8 位除法的商将存于 AL 中，而结果 1000 无法存入 AL 中，导致除法溢出。当产生这两类除法错误时，微处理器就会产生除法错中断警告。

③ 除法指令对所有标志位无定义。

【例 3-19】　DIV CL　　　　　　; AX 的内容除以 CL 的内容，无符号商存于 AL，余数存于 AH
　　　　　　　IDIV DL　　　　　　; AX 的内容除以 DL 的内容，带符号商存于 AL，余数存于 AH
　　　　　　　DIV BYTE PTR[BP]　　; AX 的内容除以堆栈段中由 BP 寻址的字节存储单元的
　　　　　　　　　　　　　　　　　　; 内容，无符号的商存于 AL 中，余数存于 AH 中
　　　　　　　IDIV WORD PTR[AX]　; DX，AX 的内容除以数据段中由 AX 寻址的字存储单元的
　　　　　　　　　　　　　　　　　　; 内容，带符号的商存于 AX 中，余数存于 DX 中

5. 符号扩展指令

由于乘法指令要求字运算时，被乘数必须为 16 位；除法指令要求字节运算时，被除数必须为 16 位，字运算时，被除数必须为 32 位。因此，往往需要用扩展的方法获得所需长度的操作数，而完成这一转换，对无符号数和带符号数是不同的。对无符号数来说，必须

进行零扩展，也就是说，AX 的高 8 位必须清零或 DX 必须清零。对带符号数来说，必须用下面介绍的两条符号扩展指令来扩展。

1) CBW 字节转换为字指令

汇编格式：CBW

执行的操作：将(AL)的符号扩展到(AH)中去。如果(AL)的最高有效位为 0，则(AH)=00H；如(AL)的最高有效位为 1，则(AH)=0FFH。

2) CWD 字转换为双字指令

汇编格式：CWD

执行的操作：将(AX)的符号扩展到(DX)中去。如果(AX)的最高有效位为 0，则(DX)=0000H；如(AX)的最高有效位为 1，则(DX)=0FFFFH。

这两条指令都不影响标志位。

【例 3-20】　使 NUMB 字节存储单元的内容除以 NUMB1 字节存储单元的内容，将商存于 ANSQ 字节单元中，余数存于 ANSR 字节单元中。程序段如下：

```
MOV     AL, NUMB
CBW
DIV     NUMB1
MOV     ANSQ, AL
MOV     ANSR, AH
```

6. 十进制调整指令

计算机不但能进行二进制运算，还能进行十进制运算。进行十进制运算时，首先将十进制数据编码为 BCD 码，然后用前面介绍的二进制算术运算指令进行运算，之后再进行十进制调整，即可得正确的十进制结果。

BCD 码有两种存储格式：压缩和非压缩。压缩 BCD 码指每个字节存储两个 BCD 码；非压缩 BCD 码指每个字节存储一个 BCD 码，其中低 4 位存储数字的 BCD 码，高 4 位为 0。数字 0~9 的 ASCII 码是一种准非压缩 BCD 码，即低四位为 BCD 值，高四位有数值，处理掉高四位的数值即为非压缩 BCD 码。

下面分压缩和非压缩两种情况来讨论十进制调整指令。

1) 压缩的 BCD 码调整指令

● DAA 加法的十进制调整指令

汇编格式：　DAA

执行的操作：调整(AL)中的二进制 BCD 码的和。调整方法如下：

若 AF=1 或者(AL)的低 4 位是在 AH~FH 之间，则(AL)加 06H，且自动置 AF=1；

若 CF=1 或者(AL)的高 4 位是在 AH~FH 之间，则(AL)加 60H，且自动置 CF=1。

说明：

① 本条指令对 PSW 中的 OF 标志无定义，会影响所有其他标志位。

② 使用本条指令之前，需将十进制数先用 ADD 或 ADC 指令相加，和存入 AL 中。

【例 3-21】　编写程序段完成 1234H+3099H 的操作。程序段如下：

```
MOV     DX, 1234H
```

```
MOV        BX，3099H
MOV        AL，BL
ADD        AL，DL
DAA
MOV        CL，AL
MOV        AL，BH
ADC        AL，DH
DAA
MOV        CH，AL
```

● DAS 减法的十进制调整指令

汇编格式：DAS

执行的操作：调整(AL)中的差。调整方法如下：

若 AF=1，则(AL)减 06H；

若 CF=1，则(AL)减 60H。

说明：

① 本条指令对 PSW 中的 OF 标志无定义，会影响其他所有标志位。

② 使用本条指令之前,需将十进制数 BCD 码用 SUB 或 SBB 指令相减,差存入(AL)中。

【例 3-22】 编写程序段完成 1234H – 3099H 的操作。

只需将上例中的 ADD、ADC 分别改为 SUB、SBB，将 DAA 改为 DAS 即可。我们来分析一下程序的执行过程：

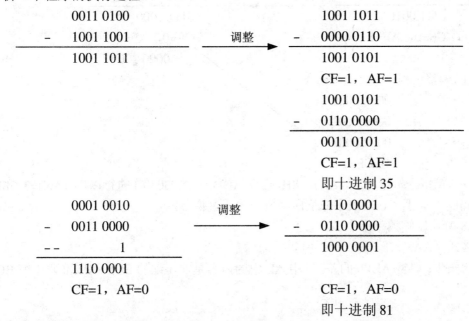

所以计算机算得：1234 – 3099=8135，CF=1。乍看此结果好象有错，1234 – 3099 应该为 – 1865。其实，结果是对的，8135 是 – 1865 的十进制补码。即[– 1865]$_{补}$=10^4– 1865=8135。CF=1 表示有借位。

2) 非压缩的 BCD 码调整指令

❋ AAA 加法的非压缩调整指令

汇编格式：AAA

执行的操作：调整(AL)中的和，其中和是非压缩 BCD 码或准非压缩 BCD 格式。

调整步骤：

(1) 若 AF=1 或者(AL)的低 4 位在 AH~FH 之间，则(AL)+06H，(AH)←(AH)+1，置 AF=1。

(2) 清除(AL)的高 4 位。

(3) CF←AF。

说明：

① 本条指令除影响 AF 和 CF 标志位外，对其余标志位均无定义。

② 使用本条指令前，先将非压缩 BCD 码的和存入 AL 中。

【例 3-23】   符号 9 的 ASCII 与 9 的 ASCII 相加，求出 ASCII 码的和。

```
MOV      AX，39H
ADD      AL，39H
AAA
ADD      AX，3030H
```

分析：(AL)的调整过程：

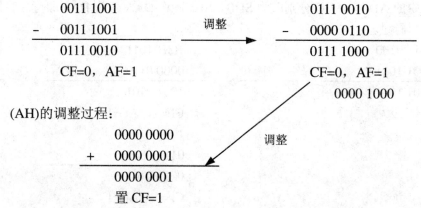

(AH)的调整过程：

所以，AAA 指令执行以后，(AX)=18H，指令 ADD   AX，3030H 执行以后，(AX)=3138H，即 ASCII 码的 18，且 CF=1 表示低位向高位产生了进位。

● AAS 减法压缩调整指令

汇编格式：AAS

执行的操作：调整(AL)中的差，其中 AL 中的内容是非压缩的 BCD 码或准非压缩 BCD 格式。

调整步骤：

(1) 若 AF=1，则(AL)-06H，(AH)←(AH)-1。

(2) 清除(AL)高 4 位。

(3) CF←AF。

说明：

① 本条指令除影响 AF 和 CF 标志位外，对其余标志位均无定义。

② 使用本条指令之前，先将非压缩 BCD 码的差存入 AL 中。

● AAM 乘法的非压缩调整指令

汇编格式：AAM

执行的操作：将(AL)÷0AH

(AH)←商，   (AL)←余数

说明：

① 本条指令根据(AL)设置 SF、ZF、PF。对 OF、CF、AF 位无定义。

② 使用本指令之前，先用 MUL 指令将两个非压缩的一位 BCD 码相乘(要求其高 4 位为 0)，结果存入 AL 寄存器中。

【例 3-24】   求 7×9 的乘积。运算程序如下。

```
MOV     AL，07H
MOV     BL，09H
MUL     BL
AAM
```

分析：执行 MUL 后，(AL)=3FH

执行 AAM 后，(AH)=06H，(AL)=03H，即 7×9=63

● AAD 除法的非压缩调整指令

汇编格式：AAD

执行的操作：调整(AX)中的二位非压缩 BCD 码(每个字节的高 4 位为 0)为二进制数，并存放在 AL 中。

调整步骤是：(AL)←(AH)×10+(AL)；(AH)←0

说明：

① 本条指令根据 AL 寄存器的结果设置 SF、ZF、PF。对 OF、CF、AF 无定义。

② 在进行二位十进制数除以一位十进制数时，先将二位十进制数的非压缩格式存入 AX 中，其中 AH 中存放高位，AL 中存放低位，各自的高 4 位必须均为 0。然后用本条 AAD 指令将 AX 中的内容转换成二进制数，存放入 AL 中，再用 DIV 指令相除。

【例 3-25】   编写程序段，使

     C←B/A 的商

     R←B/A 的余数

其中，B 字单元中存放着用非压缩 BCD 码表示的二位十进制数；A 字单元中存放着用非压缩 BCD 码表示的一位十进制数，程序如下：

```
MOV AX，WORD    PTR B
AAD
DIV       BYTE     PTR A      ；余数在 AH 中，商在 AL 中
MOV BYTE     PTR R，AH
AAM
MOV WORD    PTR R，AX
```

3.3.3 逻辑运算和移位指令

1. 逻辑运算指令

逻辑运算指令可对 8 位数或 16 位数进行逻辑运算。逻辑运算是按位操作的,如表 3-5 所示。

表 3-5　逻辑运算指令

操作码	AND	OR	NOT	XOR	TEST
操作功能	与	或	求反	异或	测试

AND、OR、XOR 和 TEST 四条指令的使用形式很相似,都是双操作数指令,操作数的寻址方式的规定与算术运算指令相同,对标志位的影响也相同,使 CF=0,OF=0,AF 位无定义,SF、ZF、PF 根据运算结果设置。

1) AND 逻辑与指令

汇编格式:AND　目的操作数,源操作数

执行的操作:(寻址到的目的地址)←目的操作数∧源操作数

说明:

① 符号"∧"表示逻辑与操作。

② 本条指令通常用于使某个操作数中的若干位维持不变,而使另外若干位为 0 的操作,也称屏蔽某些位。要维持不变的位必须和"1"相"与",而要置为 0 的位必须和"0"相"与"。

【例 3-26】　屏蔽(AL)中的高 4 位。

　　　AND　　AL,00001111B

此指令执行前后,(AL)无变化,但执行后使标志位发生了变化,即 CF=0,OF=0。

2) OR 逻辑或指令

汇编格式:OR　　目的操作数,源操作数

执行的操作:(寻址到的目的地址)←目的操作数∨源操作数

说明:

① 符号"∨"表示逻辑或操作。

② 本条指令通常用于使某个操作数中的若干位维持不变,而使另外若干位置 1 的场合。要维持不变的位必须和"0"相"或",而要置为 1 的位必须和"1"相"或"。

【例 3-27】　OR　AL,10000000B

若执行前(AL)=0FH,则执行后(AL)=8FH。

指令执行前后,(AL)不变,但执行后标志位发生了变化,即 CF=0,OF=0。

3) XOR 逻辑异或指令

汇编格式:XOR　目的操作数,源操作数

执行的操作:(寻址到的目的地址)←目的操作数∨̲源操作数

说明:

① 符号∨̲表示异或操作。

② 本条指令通常用于使某个操作数清为零,同时使 CF=0;或常用于判断两个数是否相等;也可用于使操作数中的若干位维持不变,而使另外若干位取反的操作。维持不变的

这些位与"0"相"异或",而要取反的那些位与"1"相"异或"。

【例 3-28】 XOR   AL，AL

指令执行后，(AL)=0，CF=0，OF=0。

这种方法常用于检测数值是否匹配。

【例 3-29】 使(AL)中的最高位和最低位取反，其他位保持不变。

    XOR   AL，10000001B

4) TEST 测试指令

汇编格式：TEST 目的操作数，源操作数

执行的操作：目的操作数∧源操作数

说明：

① 本条指令中两操作数相与的结果不保存。

② 本条指令通常用于在不改变原有操作数的情况下，用来检测某一位或某几位的条件是否满足，用于条件转移指令的先行指令。不检测的那些位与"0"相"与"，即将不检测的位屏蔽掉；检测的那些位与"1"相"与"，保持不变。

【例 3-30】 检测(AL)的最高位是否为 1，若为 1 则转移，否则顺序执行。

    TEST   AL，10000000B

    JNZ   AA

        ⋮

    AA:

        ⋮

5) NOT 逻辑非指令

汇编格式：NOT 目的操作数

执行的操作：(寻址到的地址)←$\overline{(操作数)}$

说明：

① 寻址方式不允许为立即寻址方式及段寄存器。

② 本条指令不影响标志位。

【例 3-31】 NOT   AL

若执行前(AL)=00111100B，则执行后(AL)=11000011B。

6) 逻辑运算指令对标志位的影响

由于逻辑运算操作是按位进行的，所以对标志位的影响不同于算术运算操作，对标志位的具体影响见表 3-6。

表 3-6 逻辑运算指令对标志位的影响

指令	OF	CF	SF	PF	ZF	AF
AND	=0	=0	0 或 1	0 或 1	0 或 1	无定义
OR	=0	=0	0 或 1	0 或 1	0 或 1	无定义
XOR	=0	=0	0 或 1	0 或 1	0 或 1	无定义
TEST	=0	=0	0 或 1	0 或 1	0 或 1	无定义
NOT	不影响	不影响	不影响	不影响	不影响	不影响

2. 移位指令

这组指令可以对 8 位或 16 位操作数进行操作，按移位方式分为三种。如图 3-17 所示。

1) 逻辑移位指令

● SHL 逻辑左移指令

汇编格式：SHL   除立即数及段寄存器之外的操作数，移位次数

执行的操作：将操作数逻辑左移指定次数，如图 3.17(a)所示。

说明：移位次数可以指定为 1 或大于 1 的数。若大于 1 次，则在该移位指令之前把移位次数存入 CL 寄存器中，而在移位指令中的移位次数写为 CL 即可。移位次数的规定同样适用于以下所有的移位指令。

● SHR 逻辑右移指令

汇编格式：SHR   除立即数及寄存器之外的操作数，移位次数

执行的操作：将操作数逻辑右移指定次数，如图 3.17(b)所示。

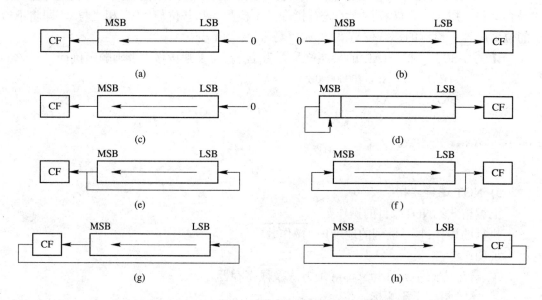

图 3.17   循环移位指令操作示意图

(a) 逻辑左移指令；(b) 逻辑右移指令；(c) 算术左移指令；

(d) 算术右移指令；(e) 小循环左移指令；(f) 小循环右移指令；

(g) 大循环左移指令；(h) 大循环右移指令

2) 算术移位指令

● SAL 算术左移指令

汇编格式：SAL   除立即数及段寄存器之外的操作数，移位次数

执行的操作：将操作数算术左移指定次数，如图 3.17(c)所示。

由上可看出，SAL 和 SHL 执行的操作一样。

● SAR 算术右移指令

汇编格式：SAR   除立即数及段寄存器之外的操作数，移位次数

执行的操作：将寻址到的操作数算术右移指定次数，如图 3.17(d)所示。

上述两类移位指令对标志位的影响是一样的：CF 位根据各条指令的移动结果设置；

OF 位只有当移动次数为 1 时才是有效的，当移位前后最高有效位的值发生了变化，则置 OF=1，否则置 OF=0；SF、ZF、PF 位则根据移位后的结果而设置。

上述两类移位指令的处理对象有所不同：逻辑移位适用于对无符号数的处理，算术移位适用于对有符号数的处理。每左移一位相当于乘以 2，每右移一位相当于除以 2。

3) 小循环移位指令

循环移位按是否与"进位"位 CF 一起循环的情况，又分为小循环(自身循环)和大循环(包括 CF 一起)两种。

● ROL 循环左移指令

汇编格式：ROL　除立即数和段寄存器之外的操作数，移位次数

执行的操作：操作数循环左移指定次数，如图 3.17(e)所示。

● ROR 循环右移指令

汇编指令：ROR　除立即数和段寄存器之外的操作数，移位次数

执行的操作：操作数循环右移指定次数，如图 3.17(f)所示。

4) 大循环移位指令

● RCL 带进位循环左移指令

汇编格式：RCL　除立即数和段寄存器之外的操作数，移位次数

执行的操作：操作数循环左移指定次数，如图 3.17(g)所示。

● RCR 带进位循环右移指令

汇编格式：RCR　除立即数和段寄存器之外的操作数，移位次数

执行的操作：操作数循环右移指定次数，如图 3.17(h)所示。

循环移位指令只影响 CF 和 OF 标志位，具体规则同移位指令，不影响其他标志位。

这类指令一般用于实现循环式控制、高低字节互换或与算术、逻辑移位指令一起实现双倍字长或多倍字长的移位。

【例 3-32】　将(AX)乘以 10。

十进制数 10 的二进制形式为 1010，即权为 2 和权为 8 的位为 1，故采用 2×(AX)+8×(AX)，结果为 10×(AX)。程序段如下：

```
SHL     AX, 1
MOV     BX, AX
SHL     AX, 1
SHL     AX, 1
ADD     AX, BX
```

上例说明，左移一位相当于乘 2，右移一位相当于除 2，意味着利用移位指令可以完成乘除运算。由于利用移位做乘除运算的程序运行速度大大快于乘除运算指令的执行速度，所以，移位指令适用于乘除运算的程序设计。

3.3.4　串操作指令

有关串操作的指令有五条，分别为：MOVS、LODS、STOS、CMPS 和 SCAS。

这五条串操作指令又可分为两类：串传送指令 MOVS、LODS、SOTS 及串比较指令 CMPS、SCAS。下面分别来介绍。

1. 串传送指令

每条串传送指令都可传送一个字节或一个字。如果加上前缀 REP 可实现重复传送，传送一个字节块或一个字块，具体格式如下：

　　　　REP　MOVS/LODS/STOS

执行的操作：

(1) 如(CX)=0，则退出本条指令的执行，否则继续执行。

(2) (CX)←(CX) – 1。

(3) 执行 REP 之后的串传送指令。

(4) 重复(1)~(3)。

1) MOVS 指令

汇编格式 1：MOVSB

汇编格式 2：MOVSW

汇编格式 3：MOVS　目的操作数，源操作数

格式说明：汇编格式 1、2 中明确注明了是传送字节还是字。若使用汇编格式 3，则在操作数的寻址方式中(除数据段定义的变量名外)应表明是传送字还是字节。例如：

MOVS　ES：BYTE　PTR[DI]，DS：[SI]

因为 MVOS 的源操作数及目的的操作数的存放地点是隐含规定好了的(这在下面的介绍中可以看出)，所以第 1 种格式中的源目的操作数只供汇编程序作类型检查用。

执行的操作：

(1) ((ES)：(DI))←((DS)：(SI))

(2) 若传送字节是：(SI)←(SI)±1，(DI)←(DI)±1 时，则当方向标志位 DF=0 时用"+"，DF=1 时用"–"；若传送字是：(SI)←(SI)±2，(DI)←(DI)±2 时，则方向标志位 DF=0 时用"+"，DF=1 时用"–"。

说明：

① 本条指令不影响标志位。

② MOVS 指令采用隐含寻址方式，实现将数据段中由(SI)指向的一个字节或字传送到附加数据段中由(DI)指向的一个字节或字存储单元中去，然后根据 DF 和字或字节的规定对 SI 和 DI 指针进行修改。一般情况下源操作数在数据段，目的操作数在附加段。如果同段数据传送，允许源操作数使用段超越前缀来修改所在段，也可以采用两段合一的方法，即 DS 和 ES 同时指向同一数据段。

③ 若想实现传送一个字节块或一个字块，必须先把传送字或字节的长度送 CX 寄存器中去，MOVS 指令加前缀 REP。

指令在操作之前必须做好以下初始化工作：

(1) 把存放于数据段中的源数据串的首地址(如反向传送则应是末地址)存入(SI)。

(2) 把将要存放于附加段中的目的数据串的首地址(如反向传送则应是末地址)存入(DI)。

(3) 把数据串长度存入(CX)。

(4) 设置方向标志位 DF 的值(CLD 指令使 DF=0，STD 指令使 DF=1)。

2) LODS 指令

汇编格式 1：LODSB

汇编格式 2：LODSW

汇编格式 3：LODS　　源操作数存储器寻址方式

执行的操作：

(1) 若字节：　AL←((DS)：(SI))

　　若　字：　AX←((DS)：(SI))

(2) 若字节：　(SI)←(SI) ±1 (DF=0 用 "+"，否则用 "-")

　　若　字：　(SI)←(SI) ±2 (DF=0 用 "+"，否则用 "-")

说明：

① 本条指令不影响标志位。

② 本条指令是隐含寻址，将数据段中(SI)指向的一个字或字节送入 AL 或 AX，格式 3 中的源操作数只供汇编程序作类型检查。

③ 本条指令一般不与 REP 联用。

3) STOS 指令

汇编格式 1：STOSB

汇编格式 2：STOSW

汇编格式 3：STOS 目的操作数

执行的操作：

(1) 若字节：　((ES)：(DI))←AL

　　若　字：　((ES)：(DI))←AX

(2) 若字节：　(DI)←(DI) ±1 (DF=0 用 "+"，否则用 "-")

　　若　字：　(DI)←(DI) ±2 (DF=0 用 "+"，否则用 "-")

说明：

① 本条指令不影响标志位。

② 与上两条指令相同，汇编格式 3 中的目的操作数只供汇编程序作类型检查。

③ 本条指令可与 REP 联合使用，一般用来实现清除内存某一区域。

2. 串比较指令

每条串比较指令都可比较两个字或字节操作数的大小，但不保存结果。若加上重复前缀 REPE/REPZ 或 REPNE/REPNZ，可按一定条件重复比较。

● REPE/REPZ

该前缀的含义是：当相等/为零时重复比较。

汇编格式：REPE/REPZ　CMPS/SCAS

执行的操作：

(1) 当(CX)=0(即数据串比较完成)或 ZF=0(即某次比较结果不相等)时退出，否则(即 (CX)≠0 且 ZF=1)往下执行。

(2) (CX)←(CX) - 1。

(3) 执行其后的串比较指令。

(4) 执行(1)~(3)。

说明：

① REPE 与 REPZ 是完全相同的，只是表达式不同而已。与 REP 相比，退出重复执行的条件除(CX)=0 外，还增加了 ZF=0 的条件，也就是说，只要两数相等就可继续比较，如果遇到两数不相等可提前结束比较操作。

② (CX)的递减不影响标志位。

● REPNE/REPNZ

该前缀的含义是：当不相等/不为零时重复比较。

汇编格式：REPNE/REPNZ CMPS/SCAS

执行的操作：除退出条件为(CX)=0 或 ZF=1 外，其他操作与 REPE/REPZ 相同。也就是说，只要两数不相等就可继续比较，如果遇到两数相等可提前结束比较操作。

下面介绍两条串比较指令。

1) CMPS 指令

汇编格式 1：CMPSB

汇编格式 2：CMPSW

汇编格式 3：CMPS   源操作数存储器寻址方式，目的操作数存储器寻址方式

执行的操作：

(1) ((DS)：(SI))－((ES)：(DI))

(2) 若字节是(SI)←(SI) ±1, (DI)←(DI) ±1 时，则方向标志位 DF=0 用"＋"，否则用"－"；若字是(SI)←(SI)±2(DI)(DI) ±2 时，则方向标志位 DF=0 用"＋"，否则用"－"。

说明：

① 本条指令执行后，根据两操作数相减结果置标志位，但不保存结果。

② 本条指令与 REPE/REPNE 相联合可实现两个数据串的比较。

2) SCAS 指令

汇编格式 1：SCASB

汇编格式 2：SCASW

汇编格式 3：SCAS 目的操作数

执行的操作：

(1) 若字节是：(AL)-((ES)：(DI))

    若字：(AX)-((ES)：(DI))

(2) 若字节是(DI)←(DI) ±1 时，则方向标志位 DF=0 用"＋"，否则用"－"；

    若字是(DI)←(DI) ±2 时，则方向标志位 DF=0 用"＋"，否则用"－"。

说明：

① 本指令根据相减结果置标志位。

② 本指令与 REPE/REPNE 相联合可实现从一个字符串中查找一个指定的字符的功能。

【例 3-33】   假设有一起始地址为 BLOCK，长度为 100 个字节的存储区，现要对这一存储区进行测试，看其中是否有内容为 00H 的存储单元。

        MOV   DI, OFFSET BLOCK

```
        CLD
        MOV      CX，100
        XOR      AL，AL
        REPNE    SCASB
        JZ       FOUND
        ⋮
    FOUND：
        ⋮
```

【例 3-34】 检查两个存储区的内容是否匹配。

```
        MOV      SI，OFFSET  LINE
        MOV      DI，OFFSET  TABLE
        CLD
        MOV      CX，10
        REPE       CMPSB
        JZ       MATCH
        ⋮
    MATCH：
        ⋮
```

3.3.5 控制转移指令

控制转移指令中包括四类指令：无条件转移和条件转移指令；子程序调用和返回指令；循环控制指令；中断指令及中断返回指令。

转移指令是一种主要的程序控制指令，其中无条件转移指令使编程者能够跳过程序的某些部分转移到程序的任何分支去。条件转移指令可使编程者根据测试结果来决定转移到何处去。测试的结果保存在标志位中，然后又被条件转移指令检测。

1. 无条件转移指令 JMP

JMP 指令的功能就是无条件地转移到指令指定的地址去执行从该地址开始的指令序列。它在实际使用中有以下四种格式。

1) 段内直接转移

(1) 段内直接短转移。

汇编格式：JMP SHORT 转移地址标号

机器指令的格式：如图 3.18 所示。

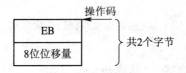

图 3.18 段内直接短转移指令格式

执行的操作：(IP)←(当前 IP)+8 位位移量

转移的范围：转到本条指令的下一条指令的 - 128～+127 个字节的范围内。

功能：无条件转移到指定的地址标号处开始往下执行指令。

注意：短转移的位移量是一个由 - 128～+127 之间 1 字节带符号数所表示的距离，当执行短转移指令时,位移量被符号扩展并与指令指针(IP)相加生成一个当前代码段中转移的目的地址，然后转移到这一新地址继续执行下一条指令。另外，从上面的执行过程可看出，短转移又属于相对转移，因为它转移的目标地址是相对当前位置偏移了若干字节，故它又是可重定位的。这是因为，若将代码段移到存储器中一个新地方，转移指令与转移目标地址指令之间的差保持不变，因此，可简单地用移位代码来实现对它的重定位。

【例3-35】 设有一段程序如表 3-7 所示，假定(CS)=1000H。

表 3-7 例 3-35 的程序

汇 编 语 句		机器指令		偏移地址	段地址 CS
	XOR BX，BX	33	DB	0000	1000
	JMP SHORT NEXT	EB	04	0002	1000
	ADD AX，BX	03	C3	0004	1000
	MOV BX，AX	8B	D8	0006	1000
NEXT：	MOV AX，1	B8	0001	0008	1000

执行 JMP 指令时，算得

转移地址偏移地址=当前(IP)+位移量=0004H+0004H=0008H

转移地址段地址=当前(CS)=1000H

这样，机器就转移到 1000：0008H 处，即 20 位物理地址=10000H+0008H=10008H 处，正是 NEXT 处。如图 3.19 所示。

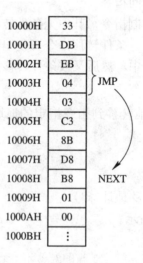

图 3.19 段内直接短转移指令执行示意图

(2) 段内直接近转移。

汇编格式 1：JMP NEAR PTR   转移地址标号

汇编格式 2：JMP   数值偏移地址

机器指令格式：如图 3.20 所示。

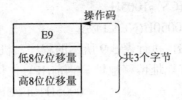

图 3.20 段内直接近转移指令格式

执行的操作：(IP)←(IP)+16 位位移量

功能：无条件转移到指令指定的地址标号处并往下执行。可转移到当前代码段中的任何地方。

注意：近转移与短转移相似，也是相对转移，可重定位，只是转的距离更远些。

【例 3-36】 程序段同上例，只是(CS)=1003H。

           JMP   SHORT   NEXT

改为   JMP   NEAR   PTR NEXT

执行 JMP 指令时，算得

$$转移地址偏移地址 = 当前(IP)+位移量$$
$$= 0005H + 0004H = 0009H$$
$$转移地址段地址 = 当前(CS) = 1003H$$

这样，机器就转移到 1003H：0009H 处，即 20 位物理地址=10030H+0009H=10039H 处。

【例 3-37】 设有一段程序如表 3-8 所示，(CS)=1005H。

表 3-8 例 3-37 的程序

汇 编 语 句	机器指令	偏移地址
NEXT: MOV BX，AX	8B D8	0000
JMP WORD PTR NEXT	E9 FB FF	0002
XOR BX，BX	33 DB	0005

程序执行到 JMP 指令时如图 3.21 所示。

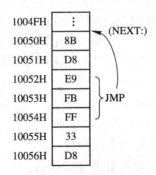

图 3.21 段内直接近转移指令执行示意图

$$转移地址偏移地址 = 当前(IP)+位移量$$
$$= 0005H + FFFBH$$
$$= 0000H$$

转移地址段地址=当前(CS)=1005H

转移 1005H：0000H 处即 10050H(NEXT)处。

【例 3-38】　设 CS=1000H，执行表 3-9 所示的程序，机器执行到 JMP 指令后，算得

$$转移地址偏移地址 = 当前(IP)+位移量$$

$$= 0005H+0FFBH$$

$$= 1000H$$

$$转移地址取段地址 = 当前(CS) = 1000H$$

则转移到 1000H：1000H 处，即本段的 1000H 处。

表 3-9　例 3-38 的程序

汇 编 语 句		机 器 指 令			偏移地址
NEXT: XOR	BX, BX	33	DB		0000
JMP	1000H	E9	FB	0F	0002

2) 段内间接转移

汇编格式1：JMP　16 位寄存器名

机器指令格式：如图 3.22 所示。

执行的操作：(IP)←16 位寄存器的内容

功能：无条件转移到当前段的指定偏移地址处。

【例 3-39】　MOV　　AX，1000H

　　　　　　　JMP　　AX

JMP 指令执行的结果同上例，即转移到本段的 1000H 处。

● 汇编格式 2：JMP　WORD　PTR　　存储器寻址方式

　　　（或：JMP　　存储器寻址方式)

执行的操作：(IP)←寻址到的存储单元的一个字

功能：无条件转移到当前段的指定偏移地址处。

【例 3-40】　如果 TABLE 是数据段中定义的一变量名，偏移地址为 0010H，(DS)=1000H，(10015H)=12H，(10016H)=34H，有指令

　　　　　　JMP　　WORD　PTR TABLE[BX] (或 JMP　TABLE[BX])

执行时若(BX)=0005H，则执行后，(IP)=3412H，即程序转移到本段 3412H 处。

3) 段间直接转移

● 汇编格式 1：JMP　FAR PTR 转移地址标号

执行的操作：(IP)←转移地址标号的偏移地址

　　　　　　　(CS)←转移地址标号的段地址

功能：无条件转移到指定标号地址处并往下执行。

● 汇编格式 2：JMP 段地址值：偏移地址

执行的操作：(IP)←偏移地址值

　　　　　　　(CS)←段地址值

功能：无条件转移到指定段的指定偏移地址处并往下执行。

机器指令格式：如图 3.23 所示。

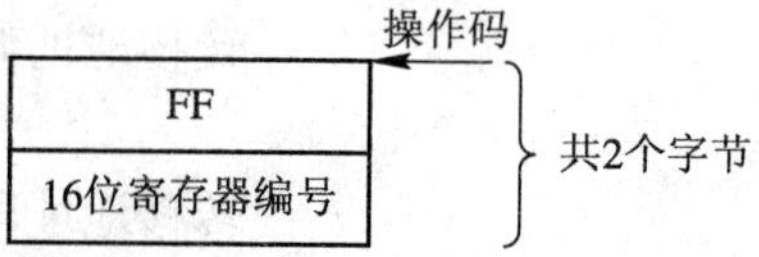

图 3.22 段内间接转移指令格式

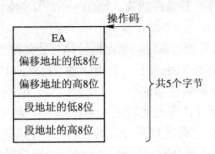

图 3.23 段间直接转移指令格式

【例 3-41】 段间直接转移。

```
P1          SEGMENT
            ⋮
            JMP      FAR      PTR NEXT1
            ⋮
P1          ENDS
P2          SEGMENT
            ⋮
NEXT1:
            ⋮
P2          ENDS
```

4) 段间间接转移

汇编格式：JMP　DWORD PTR　存储器寻址方式

执行的操作：(IP)←寻址到的存储单元的第一个字

(CS)←寻址到的存储单元的第二个字

功能：无条件转移到指定段的指定偏移地址处。

【例 3-42】 如果 TABLE 是数据段中定义的一变量，偏移地址为 0010H，(DS)=1000H，(10015H)=12H，(10016H)=34H，(10017H)=56H，(10018H)=78H，有指令

```
     JMP     DWORD    PTR TABLE[BX]
```

或 　　　　JMP　　DWORD　　PTR [TABLE+BX]

执行时若(BX)=0005H，则执行后，(IP)=3412H，(CS)=7856H，即程序转移到 7856H：3412H 处。

另外要说明的是，所有 JMP 指令都不影响状态标志位。

2. 条件转移指令

条件转移指令比较多，总结起来，有如下特点：

(1) 所有条件转移指令的寻址方式都是段内直接短寻址，8 位位移量，因此都是相对转移，可重定位。

(2) 所有条件转移指令的共同特点为

汇编格式：指令名　　　转移地址标号

执行的操作：先测试条件，若条件成立，则(IP)←(IP)+8 位位移量；若条件不成立，则
(IP)保持不变。

功能：满足测试条件就转移到当前段的指定地址标号处并往下执行，否则顺序往下执行。

转移范围：转移到相距本条指令的下一条指令的 –128～+127 个字节的范围之内。

(3) 所有条件转移指令不影响标志位。

(4) 转移指令中，有一部分指令是比较两个数的大小，然后根据比较结果决定是否转
移。对于某个二进制数据，将它看成有符号数或无符号数，其比较后会得出不同的结果。
比如，11111111 和 00000000 这两个数，如果将它们看成无符号数，那么分别为 255 和 0，
比较结果是前者大于后者；如果将它们看成有符号数，那么分别为 –1 和 0，比较之后会得
到一个相反的结论，前者小于后者。为此，为了做出正确的判断，指令系统分别为有符号
数和无符号数比较大小提供了两组不同的指令。无符号数比较时，用"高于"或"低于"
的概念来做判断依据；对于有符号数，用"大于"或"小于"的概念来做判断依据。

(5) 转移指令中，大部分指令可以用两种不同的助记符来表示。比如，一个数低于另
一个数和一个数不高于也不等于另一个数结论是等同的，即条件转移指令 JB 和 JNAE 是等
同的。但实际编程时，较繁琐的助记符不常被使用。

下面我们分四组来讨论条件转移指令。

(1) 根据某一个标志位的值来决定是否有转移的指令，测试的标志位有 S、Z、C、P
和 O 等 5 个，每个标志位有两个可能取值"0"和"1"，因此，这组指令有 10 条，每条对
应每个标志位的一种可能值。这组指令一般适用于测试某一次运算的结果，并根据不同的
结果作不同的处理的情况，如表 3-10 所示。

表 3-10 简单条件转移指令表

汇编语言指令名	测试条件	操 作
JZ(或 JE)	ZF=1	结果为零(或相等)则转移
JNZ(或 JNE)	ZF=0	结果不为零(不相等)则转移
JS	SF=1	结果为负则转移
JNS	SF=0	结果为正则转移
JO	OF=1	结果溢出则转移
JNO	OF=0	结果无溢出则转移
JP(或 JPE)	PF=1	奇偶位为 1 则转移
JNP(或 JPO)	PF=0	奇偶位为 0 则转移
JC(或 JNAE 或 JB)	CF=1	有进位则转移
JNC(或 JAE 或 JNB)	CF=0	无进位则转移

【例3-43】   比较两个数，若两数相等则转移，否则顺序执行。
⋮
         CMP   AX，BX
         JZ   SS2
   SS1:
         ⋮

```
SS2:
        ⋮
```

(2) 比较两个无符号数的大小，并根据比较结果转移的指令见表 3-11。两个无符号数据比较大小时，机器根据 CF 标志位来判断大小。具体讲，两个无符号数相减，若不够减，则最高位有借位，CF=1；否则，CF=0。所以，当 CF=1 时，说明被减数低于减数；当 CF=0 且 ZF=0 时，说明被减数高于减数；当 CF=0 且 ZF=1 时说明被减数等于减数。

表 3-11　无符号数比较条件转移指令表

汇编语言指令名	测试条件	操　作
JB(或 JNAE 或 JC)	CF=1	低于，或不高于或等于，或进位为 1 则转移
JNB(或 JAE 或 JNC)	CF=0	不低于，或高于或等于，或进位位为 0 则转移
JA(或 JNBE)	CF∨ZF=0	高于，或不低于或等于则转移
JNA(或 JBE)	CF∨ZF=1	不高于，或低于或等于则转移

【例 3-44】　变量 TABLE 中存放了一个偏移地址，当无符号数 X 小于、等于或大于此偏移地址时，应去执行下面三个不同的程序段。

```
        MOV     BX，TABLE
        MOV     AX，X
        CMP     AX，BX
        JA      SS3
        JZ      SS2
SS1:    ⋮              ；低于程序段
SS2:    ⋮              ；等于程序段
SS3:    ⋮              ；高于程序段
```

(3) 比较两个有符号数，并根据比较结果转移的指令见表 3-12。两个有符号数比较大小时，机器根据 SF 标志位来判断大小，即若被减数小于减数，差值为负，则 SF=1；否则 SF=0。但这个判断规则有个前提条件，那就是结果无溢出，OF=0，若结果超出了表示范围，则产生溢出，OF=1。此时，SF 标志位显示的正负性正好与应该得的正确结果值的正负性一致。也就是说，SF=1 表示被减数小于减数；SF=0，表示被减数大于减数。因此，当 OF=0 且 SF=1 或者 OF=1 且 SF=0 时，即 SF∨OF=1，表示被减数一定小于减数；当 OF=0 且 SF=0 且 ZF=0 或 OF=1 且 SF=1 时(此时 ZF=0)，前数一定大于后数，即测试大于的条件为(SF∨OF)∨ZF=0。

表 3-12　有符号数比较条件转移指令

汇编语言指令名	测试条件	操　作
JL(或 JNGE)	SF∨OF=1	小于，或不大于或等于则转移
JNL(或 JGE)	SF∨OF=0	不小于，或大于或等于则转移
JG(或 JNLE)	(SF∨OF)∨ZF=0	大于，或不小于或等于则转移
JNG(或 JLE)	(SF∨OF)∨ZF=1	不大于，或小于或等于则转移

(4) 测试 CX 的值为 0 则转移的指令。

指令格式：JCXZ 地址标号

功能：若 CX 寄存器的内容为零则转移到指定地址标号处。

测试条件：(CX)=0

3. 子程序调用和返回指令

程序员在编写程序时，为便于模块化程序设计，往往把程序中某些具有独立功能的部分编写成独立的程序模块，称之为子程序。子程序可由调用指令 CALL 调用。调用子程序的程序称为主程序或调用程序。子程序通过执行返回指令 RET 又返回主程序的调用处继续往下执行。由于子程序与调用程序可以在一个段中，也可以不在同一段中，因此调用指令 CALL 和返回指令 RET 在具体使用时有如下两种格式。

1）CALL 调用指令

（1）段内直接调用。

汇编格式：CALL NEAR　PTR　　子程序名

　　　　　（或 CALL　　　子程序名）

机器指令格式：同段内直接近转移一样，是一条三字节指令，一个字节的操作码之后紧存着两个字节的 16 位的位移量。

执行的操作：(SP)←(SP)-2

　　　　　　　((SP)+1，(SP))←(IP)

　　　　　　　(IP)←(IP)+16 位位移量

子程序名就是子程序的名称，它等于子程序段的第一条指令的地址标号，也叫子程序的入口地址。16 位位移量是子程序入口地址与 CALL 指令的下一条指令地址的差值的补码。

可以看出，这条指令的第一步操作是把子程序的返回地址(也称断点)，即 CALL 指令的下一条指令的地址压入堆栈中。第二步操作则是转向子程序的入口地址，然后执行子程序的第一条指令。

【例 3-45】　段内直接调用示例。

　　　1000：1000H　CALL　NEAR　PTR PROC1(或 CALL　PROC1)

　　　1000：1003H

　　　⋮

　　　1000：1200H　PROC1：

　　　⋮

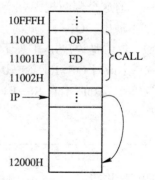

图 3.24　段内直接调用示意图

此指令在代码段中的存储情况如图 3.24 所示。执行 CALL 指令把此指令的下一条指令的偏移地址(IP)=1003H 压栈，然后与 16 位位移量相加，得 1200H，放入 IP 中，此时 (IP)=1200H，程序就转移到 PROC1 处继续执行。

（2）段间直接调用。

汇编格式：CALL　FAR　PTR　　子程序名

机器指令格式：同段间直接转移一样，是一条 5 字节指令，1 个字节的操作码之后紧存着子程序入口地址的偏移地　址及段地址。

执行的操作：(SP)←(SP)-2

　　　　　　　((SP)+1，(SP))←(CS)

$(SP) \leftarrow (SP) - 2$

$((SP)+1，(SP)) \leftarrow (IP)$

$(IP) \leftarrow$ 子程序入口地址的偏移地址(指令的第 2、3 字节)

$(CS) \leftarrow$ 子程序入口地址的段地址(指令的第 4、5 字节)

【例 3-46】 段间直接调用示例。

             P1   SEGMENT

                 ⋮

1000：1000H   CALL   FAR PTR PROC2

                 ⋮

             P1   ENDS

             P2   SEGMENT

                 ⋮

3000：1000H   PROC2：

                 ⋮

             P2   ENDS

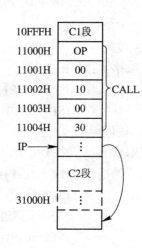

图 3.25   CALL 指令的执行过程

此指令在代码段中的存储情况如图 3.25 所示。执行 CALL 指令把此指令的下一条指令的段地址(CS)=1000H 压栈，偏移地址(IP)=1003H 压栈，然后取指令的第 2、3 字节放入 IP 中，此时(IP)=1000H，取指令的第 4、5 字节放入 CS 中，此时(CS)=3000H，程序就转移到 PROC2 处继续执行。

(3) 段内间接调用。

汇编格式 1： CALL   16 位寄存器名

汇编格式 2： CALL   WORD PTR 存储器寻址方式

机器指令格式：同段内间接转移一样，操作码之后紧跟着操作数的寻址方式。

执行的操作：$(SP) \leftarrow (SP) - 2$

             $((SP)+1，(SP)) \leftarrow (IP)$

             $(IP) \leftarrow$ 16 位寄存器内容或寻址到的存储单元的一个字

【例 3-47】 段内间接调用示例。

    CALL   BX

    CALL   WORD   PTR   TABLE   ；TABLE 是数据段定义的变量名

    CALL   WORD   PTR   [BP][SI]

    CALL   WORD   PTR   ES：[SI]

(4) 段间间接调用。

汇编格式：CALL DWORD   PTR 存储器寻址方式

机器指令格式：同段间间接转移一样，操作码之后紧跟着操作数的寻址方式。

执行的操作：$(SP) \leftarrow (SP) - 2$

             $((SP)+1，(SP)) \leftarrow (CS)$

             $(SP) \leftarrow (SP) - 2$

$$((SP)+1，(SP))←(IP)$$
$$(IP)←寻址到的存储单元的第一个字$$
$$(CS)←寻址到的存储单元的第二个字$$

【例 3-48】 段间间接调用示例。

CALL	DWORD PTR	[BX]	
CALL	DWORD PTR	TABLE	；TABLE 是数据段定义的变量名
CALL	DWORD PTR	[BP][SI]	
CALL	DWORD PTR	ES: [SI]	

2) RET 返回指令

(1) 段内返回

汇编格式：   RET

执行的操作：$(IP)←((SP)+1，(SP))$

$(SP)←(SP)+2$

(2) 段间返回

汇编格式：   RET

执行的操作：$(IP)←((SP)+1，(SP))$

$(SP)←(SP)+2$

$(CS)←((SP)+1，(SP))$

$(SP)←(SP)+2$

(3) 段内带立即数返回

汇编格式：   RET 表达式

执行的操作：$(IP)←((SP)+1，(SP))$

$(SP)←(SP)+2$

$(SP)←(SP)+16$ 位表达式的值

可以看出，此指令允许返回后修改堆栈指针，这就便于调用程序在用 CALL 指令调用子程序以前把子程序所需要的参数入栈，以便子程序运行时使用这些参数。当子程序返回后，这些参数不再有用，就可以通过修改堆栈指针使其指向参数入栈以前的值。

(4) 段间带立即数返回

汇编格式：   RET 表达式

执行的操作：$(IP)←((SP)+1，(SP))$

$(SP)←(SP)+2$

$(CS)←((SP)+1，(SP))$

$(SP)←(SP)+2$

$(SP)←(SP)+16$ 位表达式的值

由上可看出，CALL 和 RET 执行的操作恰好相反。CALL 指令和 RET 指令都不影响标志位。

4. 循环控制指令

循环控制指令共有三条：LOOP、LOOPZ/LOOPE 和 LOOPNZ/LOOPNE。

汇编格式：指令名　循环入口的地址标号

执行的操作：

(1) (CX)←(CX) – 1。

(2) 判断测试条件，若条件成立，则(IP)←(IP)+8 位位移量；若条件不成立，则(IP)保持不变。

其中 8 位位移量等于循环入口地址与本条循环指令的下一条指令地址的差值的补码。当测试条件成立，则转移到本条指令的下一条指令的 – 128～+127 个字节的范围内，否则顺序执行。可见，循环指令用的是段内直接寻址法，是相对转移指令。

三条循环指令的测试条件如表 3-13 所示。

表 3-13　循环指令测试条件

指 令 名	测试条件	功　　能
LOOP	(CX)≠0	无条件循环
LOOPZ/LOOPE	(CX)≠0 且 ZF=1	当为零或相等时循环
LOOPNZ	(CX)≠0 且 ZF=0	当不为零或不相等时循环

【例 3-49】　循环指令应用于软件延时。

```
DS5MS   PROC
        PUSH    CX
        MOV     CX，500
NEXT:   NOP
        NOP
        LOOP    NEXT
        RET
        POP     CX
DS5MS   ENDP
```

5. 中断指令和中断返回指令

有时当程序运行期间，会遇到某些特殊情况需要处理，这时计算机会暂停程序的运行，转去执行一组专门的服务子程序，处理完毕又返回断点处继续往下执行，这个过程称为中断(INTERRUPT)，所执行的这组服务子程序称为中断服务子程序或中断程序。

中断和中断返回类似于子程序调用和子程序返回，当 CPU 响应中断时，也要把(IP)和(CS)保存入栈。除此之外，为了能全面地保存现场信息，还需要把反映现场状态的标志寄存器的内容即程序状态字(PSW)保存入栈，然后转到中断服务子程序中去。当从中断返回时，除要恢复(IP)和(CS)外，还要恢复(PSW)。涉及中断及中断返回的三条指令见表 3-14。

中断指令的汇编格式为

　　　　INT　n

其中，INT 是助记符，n 是一个 8 位的无符号整数，称为中断类型号，取值范围是 0～225，因此，中断类型号共有 256 个。每个中断类型号对应一个中断服务子程序。n 可以写成常数，也可以写成表达式。

表 3-14 中断指令

指令	INT	INTO	IRET
名称	中断指令	溢出中断	中断返回
汇编格式	INT n	INTO	IRET
执行操作	(SP)←(SP) – 2 ((SP)+1，(SP))←(PSW) IF=0，TF=0 (SP)←(SP) – 2 ((SP)+1，(SP))←(CS) (SP)←(SP) – 2 ((SP)+1，(SP))←(IP) (IP)←(n×4) (CS)←(n×4+2)	若 OF=1 则： (SP)←(SP) – 2 ((SP)+1，(SP))←(PSW) IF=0，TF=0 (SP)←(SP) – 2 ((SP)+1，(SP))←(CS) (SP)←(SP) – 2 ((SP)+1，(SP))←(IP) (IP)←(0010H) (CS)←(0012H)	(IP)←((SP)+1，(SP)) (SP)←(SP)+2 (CS)←((SP)+1，(SP)) (SP)←(SP)+2 (PSW)←((SP)+1，(SP)) (SP)←(SP)+2
说明	本条指令除把IF和TF位置0外，不影响其余的标志位	本条指令除把IF和TF位置0外，不影响其余的标志位	

3.3.6 处理器控制指令

1. 标志设置指令

这组指令除了改变指定标志位的位值外，不影响其他标志位，各条指令功能和格式见表 3-15 所示。

表 3-15 标志设置指令

指令格式	指令功能	执行的操作
CLC	进位位置 0 指令	CF←0
STC	进位位置 1 指令	CF←1
CMC	进位位求反指令	CF←$\overline{\text{CF}}$
CLD	方向标志位置 0 指令	DF←0
STD	方向标志位置 1 指令	DF←1
CLI	中断标志位置 0 指令	IF←0
STI	中断标志位置 1 指令	IF←1

2. 其他处理机控制指令

1) NOP 无操作指令

汇编格式：NOP

执行的操作：不执行任何操作。

说明：本条指令的机器码占一个字节的存储单元，往往在调试程序时用它占用一定的存储单元，以便在正式运行时用其他指令取代。

2) HLT 停机指令

汇编格式：HLT

执行的操作：使 CPU 处于"什么也不干"的暂停状态。

说明：

① 要退出暂停状态有以下三种方法：中断、复位或 DMA 操作。实际使用时，该条指令往往出现在程序等待硬中断的地方，一旦中断返回，就可使 CPU 脱离暂停状态，继续 HLT 指令的下一条指令往下执行，实现了软件与外部硬件同步的目的。

② 该指令在程序设计举例中，往往是程序的最后一条指令，表示程序到此结束。如果是汇编语言上机练习，则不要用此指令结束程序，不然会使计算机出现死锁现象。一般情况下，程序的末尾应写上返回 DOS 的调用。但在 DEBUG 调试程序中用 HLT 不会产生死锁现象。

3) WAIT 等待指令

汇编格式：WAIT

执行的操作：不断测试 $\overline{\text{TEST}}$ 引脚。

说明：

① 若测试到 $\overline{\text{TEST}}$ =1，则 CPU 处于暂停状态；若一旦测试到 $\overline{\text{TEST}}$ =0，则 CPU 脱离暂停状态，继续往下执行。

② 实际使用中，$\overline{\text{TEST}}$ 引脚往往与 8087 协处理器相连。这样连接可实现 8088/8086 等待协处理器 8087 完成一个任务，从而达到微处理器与协处理器同步的目的。

4) LOCK 总线封锁指令

LOCK 总线封锁指令也叫前缀指令，可放在任何一条指令的前面。

汇编格式：LOCK XXXX 指令

执行的操作：使 $\overline{\text{LOCK}}$ 引脚输出低电平信号。

说明：实际使用中，CPU 的 $\overline{\text{LOCK}}$ 引脚与总线控制器 8289 的 $\overline{\text{LOCK}}$ 引脚相连。执行 LOCK 指令后，CPU 通过 $\overline{\text{LOCK}}$ 引脚送出一个低电平信号，总线控制器封锁总线，使其他处理器得不到总线控制权。这种状态一直延续到 $\overline{\text{LOCK}}$ 指令之后的指令执行完为止。

5) ESC 交权指令

汇编格式：ESC   存储器寻址方式

执行的操作：为协助处理器提供操作码，数据总线把存储单元内容送出，并开始一条协处理器指令的执行。

说明：每当汇编程序遇到协处理器的一个助记指令码，就会把它转换成 ESC 指令的机器码，ESC 指令表示此处为协处理器的操作码。

3.4   80x86 和 Pentium CPU 扩充及增加的指令

3.4.1   数据传送指令

1. 通用传送类指令

1) 基本传送指令

(1) 80386～Pentium 指令系统中扩充了 MOV 指令功能，允许其传送双字。例如：

     MOV   EBX，EAX

MOV　EAX，DATA1

(2) 在 80386～Pentium PRO 指令系统中，增加了两条传送指令：MOVSX 和 MOVZX 指令。

MOVSX：将源操作数进行符号扩展后再传送。

MOVZX：将源操作数进行零扩展后再传送。

所谓对一个数进行符号扩展是指将其符号位填写到扩展的高位部分。例如，将 8 位数 95H 符号扩展成 16 位数，结果为 FF95H，因为 95H 的符号位为 1，将其填写到 16 位数的高 8 位中去，即得 FF95H。MOVSX 指令常用于将 8 位带符号数转换成 16 位带符号数，或将 16 位带符号数转换成 32 位带符号数。

所谓对一个数进行零扩展是指将 0 填写到扩展的高位部分。例如：将 8 位数 95H 零扩展成 16 位数，结果为 0095H。零扩展指令 MOVZX 常用于将一个 8 位符号数转换成 16 位无符号数，或将 16 位无符号数转换成 32 位无符号数。例如：

MOVSX　CX，BL　　　；将 BL 中的内容符号扩展成 16 位数传送给 CX 寄存器

MOVZX　DX，DATA2　；将 DATA2 单元中的一个字节内容零扩展成 16 位数传送给 DX 寄存器

MOVZX　EDX，DATA2；将 DATA2 单元中的一个字内容零扩展成 32 位数送给 EDX 寄存器

(3) CMOV 指令组。在 Pentium PRO 中新增了带条件传送的 CMOV 指令，多种形式 CMOV 指令如表 3-16 所示。

表 3-16　带条件传送的 CMOV 指令

汇编语言指令助记符	测试条件	操　作
CMOVB	CF=1	低于则传送
CMOVBE	CF=1 或 ZF=1	低于或等于传送
CMOVA	CF=0 且 ZF=0	高于则传送
CMOVAE	CF=0	高于或等于则传送
CMOVL	SF=1	小于则传送
CMOVLE	SF=1 或 ZF=1	小于或等于则传送
CMOVG	SF=0 且 ZF=0	大于则传送
CMOVGE	SF=0	大于或等于则传送
CMOVE 或 CMOVZ	ZF=1	等于或 ZF=1 则传送
CMOV 或 CMOVNZ	ZF=1	不等于或 ZF=0 则传送
CMOVS	SF=1	结果为负则传送
CMOVNS	SF=0	结果为正则传送
CMOVC	CF=1	结果有进位则传送
CMOVNC	CF=0	结果无进位则传送
CMOVO	OF=0	结果溢出则传送
CMOVNO	OF=0	结果无溢出则传送
CMOVP	PF=1	结果中 1 的个数为偶数则传送
CMOVNP	PF=0	结果中 1 的个数为奇数则传送

以上这些指令，只有当测试条件成立时才传送数据。

要注意的是，这类指令的目的操作数只能是 16 位或 32 位寄存器寻址方式，源操作数可以是 16 位或 32 位寄存器寻址或存储器寻址方式。

2) 入栈指令及出栈指令

8086～80286 指令系统中的 PUSH 指令及 POP 指令总是以字为单位将数据压入或弹出堆栈，而 80386 及更高档微处理器中的 PUSH 和 POP 指令允许以双字为单位压栈或出栈。另外，PUSH 还允许操作数的寻址方式为立即寻址方式。

80286～Pentinm PRO 指令系统增加了 PUSHA(PUSHALL)入栈指令和 POPA(POPALL)出栈指令。PUSHA 的功能是将 8 个 16 位寄存器 AX、CX、DX、BX、SP、BP、SI 和 DI 依次顺序压入堆栈中，其中被压入堆栈的 SP 的值为其在 PUSHA 指令执行前的值。POPA 指令的执行过程与 PUSHA 正好相反，它是将从堆栈移出的 16 个字节数据按下列顺序放入相应的寄存器中：DI、SI、BP、SP、BX、DX、CX 和 AX，这样可使数据返回到原寄存器中。

80386～Pentium PRO 中增加了 PUSHAD 和 POPAD 两条堆栈指令。PUSHAD 指令的功能是将 8 个 32 位寄存器(指 EAX、ECX、EDX、EBX、ESP、EBP、ESI 和 EDI)依次顺序压入堆栈。POPAD 指令的执行过程与 PUSHAD 正好相反，它是将从堆栈移出的 32 个字节数据按下列顺序放入相应的寄存器中：EDI、ESI、EBP、ESP、EBX、EDX、ECX、EAX，这样可将 8 个 32 位寄存器的内容恢复。

3) 交换指令

在 80386～Pentium PRO 中，XCHG 指令允许交换双字数据。例如：

    XCHG　AX，EBX　　　；将 EAX 寄存器的内容与 EBX 寄存器的内容互换

在 80486～Pentium PRO 中，增加了 BSWAP 指令，其功能是将 32 位寄存器中的第一个字节与第四个字节互换，第二个字节与第三个字节互换。例如：

假设(EAX)=00112233H，则执行

    BSWAP　X

指令后，(EAX)=33221100H

本条指令常用于将数据高低位颠倒。

2. 累加器专用传送指令

1) 输入类指令

在比 8086/8088 微处理器更高档的微处理器指令系统中增加了 INS 和 OUTS 两条指令。

INS 指令(Input String——串输入)：可完成将一个字节、一个字或一个双字数据从 I/O 端口传送到附加段由 DI 寻址到的存储单元中。I/O 端口地址包含在 DX 寄存器中，因此 INS 指令源、目的操作数的寻址方式都是隐含寻址方式。本条指令实现了将一个数据从 I/O 设备直接输入到内存的目的。

INS 指令在具体应用时有三种形式：

INSB：传送字节数据，即将 8 位数据从 I/O 设备读入附加段 DI 寻址到的字节单元。

INSW：传送字数据，即将 16 位数据从 I/O 设备读入附加段 DI 寻址到的字单元。

INSD：传送双字数据，即将 32 位数据从 I/O 设备读入附加段 DI 寻址到的双字单元。

这些指令都可使用 REP 前缀，从而实现了从 I/O 设备输入数据块并存入存储器中的目的

【例 3-50】　将 20 个双字数据从 I/O 设备(端口地址为 03ACH)输入到附加数据段中的 ARRAY 数组中，程序段如下：

```
MOV      DI，OFFSET ARRAY
MOV      DX，03ACH
CLD
MOV      CX，20
REP      INSD
```

该程序段的正确执行的前提条件，是假设 I/O 设备的数据在任何时刻都是准备好的。

2) 输出类指令

OUTS(Output String——串输出)指令：可完成将一个字节、一个字或一个双字数据从数据段 SI 寻址到的存储器单元输出到 I/O 端口中去。I/O 端口地址放在 DX 寄存器中。

OUTS 指令跟 INS 指令一样，具体使用时有三种形式：OUTSB、OUTSW、OUTSD，其功能定义与 INS 指令类似，OUTSB 表示输出字节数据，OUTSW 表示输出字数据，OUTSD 表示输出双字数据。

【例 3-51】　将数据段中的 ARRAY 数组的前 100 个字节数据输出到 I/O 端口地址 3ACH 中。

```
MOV      SI，OFFSET ARRAY
MOV      DX，3ACH
CLD
MOV      CX，100
REP      OUTSB
```

3. 地址传送指令

在 80386～Pentium PRO 指令系统中，扩充了取操作数的 32 位偏移地址送 32 位寄存器以及扩充了取 32 位存储单元数据送 32 位寄存器的指令。例如：

```
LEA  EAX，ARRAY      ；实现将 ARRAY 变量的 32 位偏移地址送入 EAX 寄存器
LDS  EDI，ARRAY      ；实现将 ARRAY 单元开始的 48 位数据分送 EDI 寄存器及 DS 寄
                     ；存器。其中 EDI 寄存器送入 32 位，DS 寄存器送入 16 位
LES  EBP，ARRAY      ；实现将 ARRAY 单元开始的 48 位数据送 EBP 及 ES 寄存器。其中
                     ；EBP 寄存器送入 32 位，ES 寄存器送入 16 位
```

80386～Pentium PRO 中增加了 LFS、LGS、LSS 三条指令，它们分别实现取存储单元的 32 位/48 位数据分别传送到指定寄存器及 FS、GS、SS 寄存器，汇编格式如下：

LFS/LGS/LSS　　16/32 位寄存名，存储器寻址方式

例如，LSS　SP，SADDR

假设 SADDR 变量中存放的是一新堆栈区的地址，使用此指令就可创建一个新堆栈区。

3.4.2　算术运算指令

1. 加法指令

80386～Pentium PRO 中扩充了允许 32 位的操作数参加加法运算指令。例如：

```
        ADC    ECX, [EBX]          ; 将数据段中由 EBX 寻址到的双字数据与 ECX 及进位相加，结果
                                    ; 存入 ECX 中
```

80486～Pentium PRO 中增加了一条交换并相加指令 XADD，该指令的功能是将源操作数加目的操作数，和存入目的操作数地址中，同时将目的操作数的原始数据复制到源操作数的地址中去。例如：

假设(BX)=1234H，(DX)=5678H，则

指令　XADD　BX，DX

执行完后，(BX)=68ACH，(DX)=1234H。

XADD 指令与 ADD 指令一样，也可用各种长度的操作数。

2. 减法指令

在 80386～Pentium PRO 中扩充了允许 32 位数作为减法指令的操作数参与运算。例如：

```
    SUB    ESI, 20003000H       ; (ESI)←(ESI)–20003000H
    SUB    ECX, ARRAY           ; (ECX)←(ECX)–ARRAR 单元中的双字
    DEC    EDX                  ; (EDX)←(EDX)–1
    SBB    EAX, [EBX+ECX]       ; (EAX)←EAX–CF–由 EBX+ECX 寻址到的双字数据
```

另外，在 80486～Pentium PRO 中，增加了比较并交换指令 CMPXCHG。CMPXCHG 指令的功能是将目的操作数与累加器的内容比较，若相等则将源操作数传送到目的操作数地址中；若不相等，则将目的操作数传送到累加器中。该指令允许使用 8 位、16 位、32 位数据。

例如，CMPXCHG　EDX，EBX

指令完成将(EDX)与(EBX)比较，若相等则进行(EDX)←(EBX)；若不相等，则进行(EBX)←(EDX)的操作。

另外，Pentium、Pentium PRO 中增加了 8 字节比较并交换指令 CMPXCHG8B。此指令的功能是比较两个 8 字节数据，指令汇编格式如下：

CMPXCHG8B　存储器寻址方式

执行的操作：将存在 EDX-EAX 中的 64 位数与寻址到的存储器单元中的 64 位数比较，若相等，则将 ECX-EBX 中的数传送到寻址到的存储器单元中；若不相等，则将寻址到的存储器单元中的数传送到 EDX-EAX 中。ZF 标志位受比较结果的影响。

3. 乘法指令

80386～Pentium PRO 中允许两个 32 位数相乘，可以是带符号数乘法(IMUL)或无符号数乘法(MUL)，功能是将 EAX 内容乘以指令中规定的操作数，将 64 位结果值送入 EDX-EAX。例如：

```
    IMUL ECX              ; (EDX–EAX)←(EAX)*(ECX)
    MUL  DWORD PTR[EBX]   ; (EDX–EAX)←(EAX)*数据段中由 EBX 寻址到的双字数据
```

80386～Pentium PRO 增加了一条 16 位立即乘法指令。这条立即乘法指令是带符号的乘法指令，指令格式包含三个操作数，第一个操作数是 16 位目的寄存器，用来存放乘积；第二个操作数为一个存有 16 位的寄存器或存储单元，作为被乘数；第三个操作数是一个 8 位或 16 位的立即数，作为乘数。这条指令的汇编格式如下：

IMUL 16 位寄存器名，16 位寄存器名或 16 位存储器寻址方式，8 位或 16 位立即数

执行的操作：若立即数为 8 位，则进行符号扩展至 16 位；第一操作数的地址←第二操作数×立即数。

例如，IMUL CX，AX，10H

首先将 10H 符号扩展至 0010H，然后做(AX)×0010H，结果存入(CX)中。

说明：

① 本条指令只能进行带符号数相乘。

② 相乘的结果只能是 16 位。

③ 虽然这条 16 位立即乘法指令可用，但由于它只能用于带符号乘法，且结果只能是 16 位这两条限制条件，影响到了它的应用。

4. 除法指令

与乘法指令一样，除法指令的操作数可以是 8 位、16 位。在 80386～Pentium PRO 中，还可以是 32 位数，即可执行 32 位带符号或无符号的除法，其功能是用(EDX-EAX)中的 64 位数除以指令中规定的 32 位数，并将 32 位的商存入 EAX，将 32 位的余数存入 EDX。例如

DIV   DATA2；(EDX-EAX)/DATA2 单元的一个双字数据，(EAX)←商；(EDX)←余数

IDIV DWORD PTR[EBX]；(EDX-EAX)/数据段中由 EBX 寻址到的一个双字数据，(EAX)←商；(EDX)←余数。

5. 符号扩展指令

在编程时，经常会遇到 32 位除以 32 位的情况，这就需要将 EAX 扩展。若进行有符号除法运算，则 EAX 进行零扩展；若进行无符号除法运算，则 EAX 用 CDQ 进行符号扩展。CDQ 指令用于将 EAX 内容扩展到 EDX-EAX 中，形成 64 位带符号数。

3.4.3 逻辑运算和移位指令

1. 逻辑运算类指令

80386～Pentium PRO 中允许 32 位的操作数参加逻辑运算，新增了 4 条位测试指令 BT、BTC、BTR、BTS。

1) BT 指令

汇编格式：BT   目的操作数，立即数

执行的操作：测试目的操作数中由源操作数指定的位，并将测试结果存入 CF 标志位中。

例如，BT   AX，4

完成测试(AX)的第 4 位，若(AX)的第 4 位为 1，则 CF=1；若(AX)的第 4 位为 0，则 CF=0。

2) BTC 指令

汇编格式：BTC   目的操作数，立即数

执行的操作：测试目的操作数中由源操作数指定的位，将测试结果存入 CF 标志位中，并同时求反被测试位。

3) BTR 指令

与 BTC 类似，只是将被测试复位。

4) BTS 指令

也与 BTC 类似，只是将被测试位置位。

2. 移位指令

80386~Pentium PRO 允许移位指令的操作数为双字数据。

80386~Pentium PRO 增加了两条双精度移位指令：SHLD(左移)和 SHRD(右移)，这两条指令都包含三个操作数，现介绍如下：

1) SHLD 指令

汇编格式：

格式 1：SHLD　　16/32 位寄存器操作数，16/32 位寄存器操作数，立即数/CL

格式 2：SHLD　　16/32 位寄存器操作数，16/32 位存储器操作数，立即数/CL

格式 3：SHLD　　16/32 位存储器操作数，16/32 位寄存器操作数，立即数/CL

说明：第三个操作数规定移位的位数，位数可用立即寻址方式提供，也可用 CL 提供。

执行的操作：将第一个操作数及第二个操作数分别左移指定位数，并将第二个操作数左移出的位依次移入第一个操作数的低位部分，第二个操作数内容保持不变。

例如：　SHLD　EBX，EAX，15

实现将 EBX 的内容左移 15 位，EAX 的内容左移 15 位，并用 EAX 移出的 15 位填写 EBX 的低 15 位，EAX 内容保持不变。

2) SHRD 指令

汇编格式：与 SHLD 相同。

执行的操作：将第一、第二操作数右移指定的位数，并将第二操作数移出的位依次移入第一操作数的高位部分，第二操作数内容保持不变。

说明：本指令是用第二操作数的低位部分填写第一操作数的高位部分。填写时遵守高对高、低对低的原则，即在第二操作数中是高位的数位填入第一操作数中后仍应是高位数位。

例如：　SHRD　AX，BX，12

实现将(AX)右移 12 位，(BX)右移 12 位，并用(BX)移出的 12 位填写 AX 的高 12 位，BX 内容保持不变。

3. 位扫描指令

另外，在 80386~Pentium PRO 中还增加了两条位扫描指令：BSF(Bit Scan Forward, 向前位扫描)和 BSR(Bit Scan Reverse, 向后位扫描)，以查找所遇到的第一个值为 1 的位。因为在微处理器中，扫描是通过对数据移位实现的，故扫描指令放在本节介绍。这两条指令现介绍如下：

1) BSF 指令

汇编格式：BSF 目的操作数，源操作数

执行的操作：对源操作数从最低位向最高位扫描，以查找所遇到的第一个值为 1 的位，若找到，则将该位的位置送目的操作数中保存，并将 ZF 置 1；若没有遇到值为 1 的位(即该数为全 0)，则将 ZF 置 0。

例如：BSF   BX，AX

若(AX)=5000H，则第一个被扫描到的值为 1 的位是第 12 位，将 12 送 BX，并将 ZF=1。

2) BSR 指令

汇编格式：与 BSF 相同。

执行的操作：与 BSR 类似，只是扫描方向是从最高位向最低位。

例如，BSR   BX，AX

若(AX)=5000H，则指令执行后，(BX)=14，ZF=1。

3.4.4   串操作指令

80386～Pentium PRO 扩充了 SCAS 指令，允许使用 SCASD 指令，即(EAX)与附加数据段由 DI 寻址的一双字数据进行比较；扩充了 MOVS 指令，允许使用 MOVSD 指令，即将一个双字数据从数据段 SI 寻址的单元传送到附加数据段由 DI 寻址的存储单元中去；扩充了 LODS 指令，允许使用 LODSD 指令，即将数据段由 SI 寻址的一个双字数据装入 EAX 中去；扩充了 STOS 指令，允许使用 STOSD 指令，即将 EAX 存入附加数据段由 DI 寻址的双字存储区；扩充了 CMPS 指令，允许使用 CMPSD 指令，即数据段由 SI 寻址的双字数据与附加数据段由 DI 寻址的双字数据进行比较。

3.4.5   控制转移指令

1. 无条件转移和条件转移指令

1) 无条件转移指令

在 80386～Pentium PRO 的保护方式下，段内近转移指令的位移量由原来的 16 位扩大到 32 位，因此转移范围由原来的±32 KB 扩大到±2 GB 范围。指令的机器码长度也相应地增加了 2 个字节。

在 80386～Pentium PRO 的保护方式下，段间转移即远转移允许转移到整个 4 GB 地址空间中的任何存储单元中去。

2) 条件转移指令

在 8086～80286 中，条件转移指令为短转移指令；在 80386～Pentium PRO 中，条件转移指令既可以是短转移指令也可以是近转移指令。

2. 子程序调用和返回指令

1) 子程序调用指令

与无条件转移指令一样，在 80386～Pentium PRO 的保护方式下，段内近调用指令的范围由原来的±32 KB 扩大到±2 GB，指令的机器码也相应地增加了 2 个字节。段间调用即远调用的范围是整个 4 GB 地址空间。

2) 返回指令

与子程序调用指令相对应，在 80386～Pentium PRO 的保护方式下，近调用对应的返回指令从堆栈弹出 4 个字节送入 EIP。远调用对应的返回指令从堆栈弹出 6 个字节，分别送入 EIP 及 CS 寄存器。

3. 中断及中断返回指令

在 80386~Pentium PRO 的保护方式下，所求中断描述符位于 0 段的偏移量为中断类型号乘以 8 的存储单元中。保护断点时，将 CS 及 EIP 寄存器内容压栈。

另外，在 80386~Pentium PRO 的保护方式下，中断返回指令应使用 IRETD 指令。该指令与 IRET 指令不同之处在于：它从堆栈中弹出一个32位即4字节的指令指针值传送 EIP 寄存器。

4. 循环控制指令

在 80386~Pentium PRO 的保护方式下，LOOP 指令使用 ECX 寄存器计数，在 8086~80286 中及 80386~Pentium PRO 的实方式下，LOOP 指令使用 CX 寄存器计数。这种区别可用 LOOPW 和 LOOPD 加以区分。LOOPW 用 CX，LOOPD 用 ECX。

同样道理，有 LOOPEW、LOOPED、LOOPNEW 及 LOOPNED 指令，它们都是用 ECX 寄存器作计数器。

3.4.6　处理器控制指令

1. WAIT 指令

WAIT 指令在 8086/8088 中用于测试 $\overline{TEST}$ 引脚的电平信号，在 80286 和 80386 中，将 $\overline{TEST}$ 引脚名称改为 $\overline{BUSY}$。在 80486~Pentium PRO 中，取消了 $\overline{BUSY}$ 引脚，原因在于：在实际应用中，常常将 $\overline{BUSY}$ 引脚与协处理器相连，等待协处理器完成一个任务，以达到 CPU 与协处理器同步的目的。在 80486 以上的微处理器中，协处理器位于微处理器内部，因此取消了 $\overline{BUSY}$ 引脚。

2. BOUND 指令

在 80386 以上的微处理器中，新增了一条 BOUND 指令。

汇编格式：BOUND　16 位/32 位寄存器名，存储器寻址方式

执行的操作：16 位/32 位寄存器的内容与寻址到的存储器中的两个字/双字进行比较，两个字/双字作为比较的上限和下限，若比较后，寄存器的内容不在上下界限内，则产生 5 号中断；若在上下界限内，则继续执行程序中下一条指令。例如，

　　　　BOUND　AX, ARRAY

其中，字单元 ARRAY 中存放下限，字单元 ARRAY+2 中存放上限。若(AX)=0020H，(ARRAY)=10H, (ARRAY+1)=00H, (ARRAY+2)=17H, (ARRAY+3)=00H，则下限为 0010H，上限为 0017H，0020H>0017H，所以，此指令执行会引发一个中断类型号为 5 的中断。若(AX)=0012H，其他条件不变，则此指令执行不会引发中断，程序继续往下执行。

要注意的是，本指令引发的中断的返回地址是 BOUND 指令本身的地址，而不是 BOUND 下一条指令的地址。

3. ENTER 和 LEAVE 指令

在 80386~Pentium PRO 中，增加了 ENTER 和 LEAVE 两条指令。这两条指令与栈帧有关：ENTER 是创建栈帧，LEAVE 是释放栈帧。栈帧是一块堆栈分配给过程来传递参数

的内存区域。在多用户环境中，栈帧为各过程提供了动态存储区。下面分别介绍这两条指令。

1) ENTER 指令

汇编格式：ENTER　常数，常数

说明：第一个常数指定栈帧的大小，以字节数表示。第二个常数指定创建的栈帧的级别。

例如，ENTER　10，0

上例的执行过程如下图 3.26 所示。首先将 BP 寄存器的内容压栈，然后将栈帧的最高地址装入 BP 寄存器，再将堆栈指针(SP)减 10，从而留出 10 个字节的存储空间供存放传递参数使用。到此就创建好了一个栈帧，该栈帧的级别被定义为 0 级。以后就可以通过 BP 寄存器访问 10 个字节大小的栈帧中存放的各个参数了。

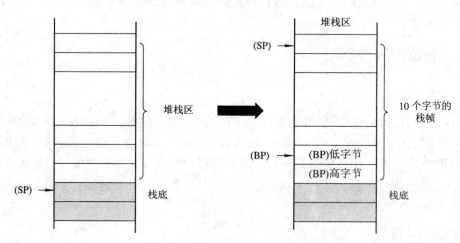

图 3.26　BP 寄存器压栈操作

2) LEAVE 指令

汇编格式：LEAVE

执行的操作：通过将 SP 和 BP 恢复原值来释放栈帧。

3.4.7　条件置位指令

在 80386～Pentium PRO 中，增加了一组条件置位指令。这组条件置位指令对标志位进行测试，若测试条件成立，则将指令中寻址的字节存储器单元置成 01H；否则置成 00H。此字节存储单元就相当于一个标志存储单元，以后，在后续程序中通过测试标志存储单元的内容来了解在条件置位指令执行的那一点处的标志位的值。其中测试条件与条件转移指令相同。条件置位指令组的助记符及测试条件列表如表 3-17 所示。

例如：SETGE　ARRAY

则执行本条指令时，先测试 SF 标志位，若 SF=0，则将 01H 存入 ARRAY 字节存储单元；否则，将 00H 存入 ARRAY 字节存储单元。以后，在后续程序中可通过测试 ARRAY 字节变量中的内容是否为 01H 来判断在 SETGE　ARRAY 指令的那一点处 SF 是否为 0。

表 3-17　条件置位指令组的助记符及测试条件

汇编语言助记符	测试条件	操　作
SETB	CF=1	低于则置位
SETBE	CF=1 或 ZF=1	低于或等于则置位
SETA	CF=0 且 ZF=1	高于则置位
SETAE	CF=0	高于或等于则置位
SETE/SETZ	ZF=1	相等或结果为零则置位
SETNE/SETNZ	ZF=0	不相等或结果不为零则置位
SETL	SF=1	小于则置位
SETLE	SF=1 或 ZF=1	小于或等于则置位
SETG	SF=0 且 ZF=0	大于则置位
SETGE	SF=0	大于或等于则置位
SETS	SF=1	结果为负则置位
SETNS	SF=0	结果为正则置位
SETC	CF=1	结果有进位则置位
SETNC	CF=0	结果无进位则置位
SETO	OF=1	结果无溢出则置位
SETNO	OF=0	结果无溢出则置位
SETP	PF=1	奇偶位为 1 则置位
SETNP	PF=0	奇偶位为 0 则置位

　　80386～Pentium 微处理器还增加了许多指令，这些新增的特殊指令只能在指定的条件下使用，因此，我们只列表介绍，如表 3-18 所示，不再详细讲解。详细指令可参阅附录。

表 3-18　80x86～Pentium 特殊指令

汇编指令助记符	作　用
CLTS	清除任务切换标志
LDGT	装载全局描述符表寄存器
SGDT	保存全局描述符表寄存器
LIDT	装载中断描述符表寄存器
SIDT	保存局部中断描述符表寄存器
LLDT	装载局部描述符表寄存器
SLDT	保存局部描述符表寄存器
LMSW	装载机器状态字
SMSW	保存机器状态字
LAR	装载访问权限
SAR	保存访问权限
LSL	装载段限界
ARPL	调整请求优先级
VERR	检验是否可读
VERW	检验是否可写
CPUID	返回 CPU 标识码
RDTSC	读时间戳计数器
RDMSR	读模式定义寄存器
WRMSR	写模式定义寄存器
MSR	从系统管理中断中返回

习 题 3 ✍

3.1   机器指令分为哪几部分？每部分的作用是什么？

3.2   指出下列 MOV 指令的源操作数的寻址方式。

    MOV   AX，1234H

    MOV   AX，BX

    MOV   AX，[BX]

    MOV   AX，TABLE；TABLE   ；TABLE 是一个变量名

    MOV   AX，[1234H]

    MOV   AX，[BX+1234H]

    MOV   AX，[BP][SI]

    MOV   AX，[BX+SI－1234H]

3.3   设(DS)=2000H，(BX)=0100H，(SS)=1000H，(BP)=0010H，TABLE 的物理地址为 000AH，(SI)=0002H。求下列每条指令的源操作数的存储单元地址。

    MOV   AX，[1234H]

    MOV   AX，[BX]

    MOV   AX，TABLE[BX]

    MOV   AX，[BP]

    MOV   AX，[BP][SI]

3.4   设 ARRAY 是字数组的首地址，写出将第 5 个字元素取出送 AX 寄存器的指令，要求使用以下几种寻址方式：

(1) 直接寻址。   (2) 寄存器间接寻址。   (3) 寄存器相对寻址。   (4) 基址变址寻址。

3.5   设当前(CS)=2000H，(IP)=2000H，标号 NEXT 定义在当前代码段偏移地址为 0100H 处，(DS)=1000H，(BX)=1000H，(11000H)=00H，(11001H)=30H，数据段定义的字变量 ARRAY 的内容为 1000H，试写出下列转移指令的目标转移地址。

(1) JMP NEAR   PTR NEXT

(2) JMP BX

(3) JMP WORD   PTR ARRAY

3.6   设当前(CS)=2000H，(IP)=2000H，标号 NEXT 定义在 3000H：1000H 处。当前 (DS)=1000H，(BX)=1000H，(11000H)=00H，(11001H)=03H，(11002H)=00H，(11003H)=30H，数据段定义的字变量 ARRAY 的内容为 0300H，(ARRAY+2)=3000H，试写出下列转移指令的目标转移地址。

(1) JMP FAR   PTR   NEXT

(2) JMP DWORD   ARRAY

3.7   下列每组指令有何区别？

(1) MOV   AX，1234H   (2) MOV   AX，TABLE

```
            MOV        AX，[1234H]              MOV      AX，[TABLE]
    (3) MOV        AX，TABLE        (4) MOV      AX，BX
            LEA        AX，TALBE              MOV      AX，[BX]
```

3.8 MOV   CS，AX 指令正确吗？

3.9 写一指令序列将 3456H 装入 DS 寄存器。

3.10 若正在访问堆栈中的 03600H 单元，则 SS 和 SP 的值各是多少？

3.11 若(SS)=2000H，(SP)=000AH，先执行将字数据 1234H 和 5678H 压入堆栈的操作，再执行弹出一个字数据的操作，试画出堆栈区及 SP 的内容变化过程示意图(标出存储单元的物理地址)。

3.12 解释 XLAT 指令是怎样转换 AL 寄存器中的内容的，并编写一段程序用 XLAT 指令将 BCD 码 0~9 转换成对应的 ASCII 码，并将 ASCII 码存入 ARRAY 中。

3.13 能用 ADD 指令将 BX 内容加到 ES 中去吗？

3.14 INC   [BX]指令正确吗？

3.15 若(AX)=0001H，(BX)=0FFFFH，执行 ADD   AX，BX 之后，标志位 ZF、SF、CF、OF 各是什么？

3.16 写一指令序列完成将 BL 中的数据除以 CL 中的数据，再将其结果乘以 2，并将最后为 16 位数的结果存入 DX 寄存器中。

3.17 写一指令序列，完成将 AX 寄存器的最低 4 位置 1，最高 3 位清 0，第 7、8、9 位取反，其余位不变的操作。

3.18 试写出执行下列指令序列后 AX 寄存器的内容。执行前(AX)=1234H。

```
    MOV CL，7
    SHL   AX，CL
```

3.19 写一指令序列把 DX 与 AX 中的双字左移三位。

3.20 总结 80386~Pentium PRO 新增指令的特点。

第 4 章　汇编语言程序设计

　　通过第 3 章指令系统和寻址方式的学习，本章将具体介绍汇编语言程序设计中所涉及的汇编语言语法和程序格式的有关内容。重点讲解汇编语言程序格式、语法、语句格式、伪指令、程序结构形式、汇编语言上机过程、程序调试的基本方法、顺序程序设计、分支程序设计、循环程序设计、BIOS 调用和 DOS 调用。通过本章的学习能够使读者进一步熟悉 Intel 系列处理器的指令系统及其应用，并能够编写简单的汇编程序，还能结合高级语言嵌入汇编代码，提高程序编写效率。

4.1　汇编语言程序格式

4.1.1　汇编语言的程序结构

　　【例 4-1】　先给出一个完整的汇编语言源程序，该程序的功能是完成两个字节数据相加。

```
            DATA    SEGMENT              ; 段定义开始(DATA 段)
            BUF1    DB   34H             ; 第 1 个加数
            BUF2    DB   2AH             ; 第 2 个加数
            SUM     DB   ?               ; 准备用来存放和数的单元
            DATA    ENDS                 ; 段定义结束(DATA 段)
            CODE    SEGMENT              ; 段定义开始(CODE 段)
            ASSUME CS:CODE,DS:DATA       ; 规定 DATA、CODE 分别为数据段和代码段
   START:   MOV     AX，DATA
            MOV     DS，AX               ; 给数据段寄存器 DS 赋值
            MOV     AL，BUF1             ; 取第 1 个加数
            ADD     AL，BUF2             ; 和第 2 个加数相加
            MOV     SUM，AL              ; 存放结果
            MOV     AH，4CH
            INT     21H                  ; 返回 DOS 状态
   CODE     ENDS                         ; 段定义结束(CODE 段)
   END      START                        ; 整个源程序结束
```

从上面这个例子可以看出，汇编语言源程序由若干个语句行组成，语句分为如下两类。
1) 指令语句
指令语句是功能性语句，由 Intel 8086/8088 CPU 提供的指令形成，实现一定的操作功能，能够被编译成机器代码。

2) 伪指令语句

伪指令语句也叫指示性语句，只是为汇编程序在翻译汇编语言源程序时提供有关信息，并不产生机器代码。

程序中的语句：

BUF1	DB	34H
BUF2	DB	2AH
SUM	DB	?

就是伪指令语句，其功能是在内存中开辟 3 个名字分别为 BUF1、BUF2、SUM 的字节存储单元，前两个单元的初值分别为 34H 和 2AH，SUM 仅指定一个字节的空单元，并不定义确定的初值。

实际上，汇编语言源程序中还可出现宏指令语句或系统调用。宏指令语句就是由若干条指令语句形成的语句体，编译时被展开。一条宏指令语句的功能相当于若干条指令语句的功能。系统调用是直接调用操作系统提供的专用子程序。

4.1.2　汇编语言的语句格式

指令语句和伪指令语句的格式是类似的，格式如下：

　　　　[名字] 指令助记符，操作数 [；注释]

其中带方括号的项可以省略，注释内容以分号(;)引导。

1. 名字

1) 名字的标识符

名字也就是由用户按一定规则定义的标识符，可由下列符号组成：

(1) 英文字母(A~Z，a~z)；

(2) 数字(0~9)；

(3) 特殊符号(?、@、_等)。

2) 名字的定义规则

(1) 数字不能作为名字的第一个符号；

(2) 单独的问号(?)不能作为名字；

(3) 一个名字的最大有效长度为 31，超过 31 的部分计算机不再识别；

(4) 汇编语言中有特定含义的保留字，如操作码、寄存器名等，不能作为名字使用。

名字为了便于记忆，应该做到见名知义，如用 BUFFER 表示缓冲区、SUM 表示累加和等。

3) 名字的两种主要形式

名字有标号和变量两种主要形式。

(1) 标号。标号在代码段中定义，后面跟着冒号"："，它也可以用 LABEL 或 EQU 伪操作来定义。此外，它还可以作为子程序名定义，由于子程序由伪指令定义，故子程序名不需冒号说明。标号经常在转移指令或 CALL 指令的操作数字段出现，用以表示转向地址。

标号有三种属性：段基值、段内偏移量(或相对地址)和类型属性。

段基值(SEG)属性：是标号所在逻辑段的段基值，即段起始地址的前 16 位。此值必须在一个段寄存器中，而标号的段则总是在 CS 寄存器中。

段内偏移量(OFFSET)属性：是标号距离段起始地址的字节数，对于 16 位段是 16 位无符号数；对于 32 位段则是 32 位无符号数。

类型(TYPE)属性：类型表示该标号所代表的指令的转移范围，分为 NEAR 和 FAR 两种。如果为 NEAR 型，则标号只能在段内引用；如果为 FAR 型，则标号可以在段间引用。

(2) 变量。变量在数据段、附加数据段或堆栈段中定义，后面不跟冒号。它也可以用 LABEL 或 EQU 伪操作来定义。变量经常在操作数字段出现。它也有段、偏移及类型三种属性。

段属性：定义变量的段起始地址，此值必须在一个段寄存器中。

偏移属性：变量的偏移地址是从段的起始地址到定义变量的位置之间的字节数。对于 16 位段，是 16 位无符号数；对于 32 位段，则是 32 位无符号数。在当前段内给出变量的偏移值等于当前地址计数器的值，当前地址计数器的值可以用$来表示。

类型属性：变量的类型属性定义该变量所保留的字节数。如 BYTE(DB，1 个字节长)、WORD(DW，2 个字节长)、DWORD(DD，4 个字节长)、FWORD(DF，6 个字节长)、QWORD(DQ，8 个字节长)、TBYTE(DT，10 个字节长)。

在同一个程序中，同样的标号或变量的定义只允许出现一次，否则汇编程序会指示出错。

2. 指令助记符

指令助记符用来指明不同的操作指令。如 MOV，ADD 等都是指令助记符。

3. 操作数

指令中的操作数是指令执行的对象。对于一般指令，可以有一个或两个操作数，也可以没有操作数；对于伪指令和宏指令，可以有多个操作数。当操作数多于一个时，操作数之间用逗号分开。操作数可以是常数或表达式。

1) 常数

(1) 数值常数。汇编语言中的数值常数可以是二进制、八进制、十进制或十六进制数，书写时用加后缀(如 B、O 或 Q、D、H)的方式标明即可。对于十进制数可以省掉后缀。对于十六进制数，当以 A～F 开头时，前面要加数字 0，以避免和名字混淆，如十六进制数 A6H，应该写成 0A6H，否则容易和名字 A6H 相混。

(2) 字符串常数。指包含在单引号中的若干个字符形成字符串常数。字符串在计算机中存储的是相应字符的 ASCII 码。如 'A' 的值是 41H，'AB' 的值是 4142H 等。

(3) 符号常数。用符号名来代替的常数就是符号常数。如 COUNT EQU 3 或 COUNT=3 定义后 COUNT 就是一个符号常数，与数值常数 3 等价。

2) 表达式

由运算对象和运算符组成的合法式子就是表达式，分为数值表达式、关系表达式、逻辑表达式和地址表达式等。

(1) 算术运算符。算术运算符有：+(加)、–(减)、*(乘)、/(除)、MOD(取余除)。

算术运算符可以用于数值表达式和地址表达式中，用于计算数据或地址的结果。下面的两条指令是正确的：

```
        MOV        AL，4*8+5                        ; 数值表达式
```

```
        MOV        SI，OFFSET    BUF+12              ；地址表达式
```

(2) 逻辑运算符。逻辑运算符有：AND(与)、OR(或)、XOR(异或)、NOT(非)。

逻辑运算符只能用于数值表达式中，不能用于地址表达式中，其运算结果为"真"或"假"。逻辑运算符和逻辑运算指令是有区别的。逻辑运算符的功能在汇编阶段完成，逻辑运算指令的功能在程序执行阶段完成。

在汇编阶段，指令 AND AL，78H AND 0FH 等价于指令 AND AL，08H。

(3) 关系运算符。关系运算符有：EQ(相等)、LT(小于)、LE(小于等于)、GT(大于)、GE(大于等于)、NE(不等于)。

关系运算符要有两个运算对象。两个运算对象要么都是数值、要么都是同一个段内的地址，其运算结果为"真"或"假"。结果为真时，表示为 0FFFFH，运算结果为假时，表示为 0000H。

指令 MOV BX，32 EQ 45 等价于 MOV BX，0

指令 MOV BX，56 GT 30 等价于 MOV BX，0FFFFH

4．注释

注释是语句的说明部分，用来说明一条指令或一段程序的功能，由分号(;)开始，适当地加些注释内容，可以增加程序的可读性，便于阅读、理解和修改程序。汇编源程序时，注释部分不产生机器代码。

一条语句可以写在多行上，续行符使用&。

4.1.3 汇编语言的运算符

1．分析运算符

分析运算符的运算对象是存储器操作数，即由变量名或标号形成的地址表达式，运算结果是一个数值。运算符的格式为

运算符 地址表达式

(1) SEG 和 OFFSET 运算符。SEG 运算符返回变量或标号所在段的段基值，OFFSET 运算符返回变量或标号的段内偏移量。

例如，若 VAR 是一个已经定义的变量，它所在的逻辑段的段基址是 3142H，它在该段的偏移量是 120H，那么指令

```
        MOV AX，SEG VAR
        MOV BX，OFFSET VAR
```

就等价于：
```
        MOV AX，3142H
        MOV BX，120H 或 LEA BX，VAR
```

(2) TYPE 运算符。TYPE 运算符返回变量或标号的类型属性值。对于各种类型的变量和标号，它们对应的属性值如表 4-1 所示。

表 4-1 变量和标号类型值

变 量					标 号	
类型	字节	字	双字	八字节	十字节	近类型	远类型
类型值	1	2	4	8	10	-1	-2

(3) LENGTH 运算符和 SIZE 运算符。

LENGTH 运算符返回变量数据区分配的数据项总数。SIZE 运算符返回变量数据区分配的字节个数。

例如：若有如下的数据定义

  DAT1 DB 20H，48

  DAT2 DW 5 DUP (2，4)

那么，对于下边的指令语句，它所完成的操作如注释所示。

```
MOV AL，TYPE DAT1        ; AL←1
MOV AH，LENGTH DAT1      ; AH←1
MOV BL，SIZE DAT1        ; BL←1
MOV BH，TYPE DAT2        ; BH←2
MOV CL，LENGTH DAT2      ; CL←5
MOV CH，SIZE DAT2        ; CH←20
```

2. 组合运算符

组合运算符有 PTR 和 THIS 两个运算符。

(1) PTR 运算符。PTR 运算符的功能是对已分配的存储器地址临时赋予另一种类型属性，但不改变操作数本身的类型属性，同时保留存储器地址的段基址和段内偏移量的属性。它的使用格式如下：

  类型　PTR　地址表达式

其中，地址表达式部分可以是标号、变量或各种寻址方式构成的存储器地址。对于标号，可以设置的类型有 NEAR 和 FAR；对于变量，可以设置的类型有 BYTE、WORD 和 DWORD。

例如：

```
MOV WORD PTR [BX]，AX    ; 将 BX 所指存储单元临时设置为字类型
MOV BYTE PTR DAT，AL     ; 将变量 DAT 临时设置为字节类型
JMP FAR PTR LPT          ; 将标号 LPT 临时设置为远类型
```

(2) THIS 运算符。THIS 运算符用来定义一个新类型的变量或标号。但它只指定变量或标号的类型属性，并不为它分配存储区，它的段属性和偏移属性与下一条可分配地址的变量或标号属性相同。

格式：THIS 类型

其类型选项与 PTR 运算符相同。

例如：

```
LAB EQU THIS BYTE       ; EQU 是赋值伪指令，它将表达式的值赋给标号或变量
LAW DW 2341H
MOV BL，LAB             ; (BL)←41H
MOV AX，LAW             ; (AX)←2341H
```

在这里，变量 LAB 和 LAW 具有相同的段基址和偏移地址，但 LAB 是字节类型，而 LAW 是字类型。

3. 分离运算符

(1) LOW 运算符。

格式：LOW 表达式

功能：取表达式的低字节返回。

(2) HIGH 运算符。

格式：HIGH 表达式

功能：取表达式的高字节返回。

例如：

```
MOV AL，LOW 2238H    ；AL←38H
MOV AH，HIGH 2238H   ；AH←22H
```

4.2 伪 指 令

汇编语言程序的语句除指令以外还可以由伪操作和宏指令组成。伪操作又称为伪指令，它们不像机器指令那样是在程序运行期间由计算机来执行的，而是在汇编程序对源程序汇编期间由汇编程序处理的，它们可以完成如处理器选择、定义程序模式、定义数据、分配存储区、指示程序结束等功能。伪指令形式上与一般指令相似，但伪指令只是为汇编程序提供有关信息，不产生相应的机器代码。

4.2.1 定义符号的伪指令

有时程序中多次出现同一个表达式，为方便起见，可以用赋值伪操作给表达式赋予一个名字。

1. 等值伪指令 EQU

格式：<符号名> EQU <表达式>

功能：给符号名定义一个值，赋予一个符号名、表达式或助记符。

此后，程序中凡需要用到该表达式之处，就可以用表达式名来代替了。可见，EQU 的引入提高了程序的可读性，也使其更加易于修改。上式中的表达式可以是任何有效的操作数格式，可以是任何可以求出常数值的表达式，也可以是任何有效的助记符。举例如下：

```
CONSTANT    EQU 256            ；将数 256 赋以符号名 CONSTANT
DATA        EQU HEIGHT+12      ；HEIGHT 为一标号，地址表达式赋以符号名 DATA
ALPHA       EQU 7
BETA        EQU ALPHA – 2      ；这是一组赋值伪操作，把 7－2=5 赋以符号名 BETA
ADDR        EQU VAR + BETA     ；将 VAR+5 赋以符号名 ADDR
B           EQU [BP+8]         ；变址引用赋以符号名 B
P8          EQU DS: [BP+8]     ；加段前缀的变址引用赋以符号名 P8
```

在 EQU 语句的表达式中，如果有变量或标号的表达式，则在该语句前应该先给出它们的定义。例如，语句

　　　　　　AB　EQU　DATA_ONE+2

必须放在 DATA_ONE 的定义之后，否则汇编程序将指示出错。

2. 等号伪指令 "="

　　另外，还有一个与 EQU 相类似的 "=" 伪操作也可以作为赋值操作使用。它们之间的区别是：EQU 伪操作中的表达式名是不允许重复定义的，而 "=" 伪操作则允许重复定义。

　　例如，EMP=6 或 EMP　EQU　6 都可以使数 6 赋给符号名 EMP，然而不允许两者同时使用。但是，语句

　　　　　　⋮
　　　EMP=7
　　　EMP=EMP+1
　　　　　　⋮

在程序中是允许使用的，因为 "=" 伪操作允许重复定义。这种情况下，在第一个语句后的指令中，EMP 的值为 7；而在第二个语句后的指令中，EMP 的值为 8。

3. 解除定义伪指令 PURGE

　　格式：PURGE <符号 1，符号 2，…，符号 N>

　　功能：解除指定符号的定义。解除符号定义后，可用 EQU 重新进行定义。如：

　　Y1　　　　EQU 7　　　　　; 定义 Y1 的值为 7

　　PURGE　Y1　　　　　　; 解除 Y1 的定义

　　Y1　　　　EQU 36　　　　; 重新定义 Y1 的值为 36

4.2.2　定义数据的伪指令

　　这一类伪指令的格式是：

　　　　[变量]　助记符　操作数，…，操作数　[；注释]

　　功能：为操作数分配存储单元，并用变量与存储单元建立联系。

其中，变量是可有可无的，它用符号地址表示，其作用与指令语句前的标号相同，但它的后面不跟冒号。如果语句中有变量名，则汇编程序使其记为第一个字节的偏移地址。注释字段用来说明该伪指令的功能，它也是可有可无的。助记符即伪指令用来说明所定义的数据类型。

　　常用的伪指令有以下几种：

　　(1) DB 用来定义字节，其后的每个操作数都占有一个字节(8 位)的存储单元。

　　(2) DW 用来定义字，其后的每个操作数占有一个字(16 位，其低位字节在第一个字节地址中，高位字节在第二个字节地址中)。

　　(3) DD 用来定义双字(4 个字节)，其后的每个操作数占有两个字(32 位)。

　　(4) DF 用来定义 3 字(6 个字节)，其后的每个操作数占有 48 位，可用来存放远地址。这一伪指令只能用于 386 及其后继机型中。

　　(5) DQ 用来定义 4 字(8 个字节)，其后的每个操作数占有 4 个字(64 位)，可用来存放双精度浮点数。

(6) DT 用来定义 5 字(10 个字节)，其后的每个操作数占有 5 个字，形成压缩的 BCD 码形式。

这些伪指令可以把其后跟着的数据存入指定的存储单元，形成初始化数据，或者只分配存储空间而并不存入确定的数值，形成未初始化数据空间。DW 和 DD 伪指令还可存储地址，DF 伪指令则可存储由 16 位段地址及 32 位偏移地址组成的远地址指针。下面举例说明。

【例 4-2】　操作数可以是常数，或者是表达式(根据该表达式可以求得一个常数)，如：

```
DATA_BYTE   DB  10，4，10H
DATA_WORD   DW  100，100H，−5
DATA_DW     DD  3C，0FFFDH
```

汇编程序可以在汇编期间在存储器中存入数据，汇编后的内存分布如图 4.1 所示。

【例 4-3】　操作数也可以是字符串，如：

```
MESSAGE          DB  'HELLO'
```

存储器存储情况如图 4.2(a)所示，而 DB 'AB' 的存储情况则如图 4.2(b)所示。

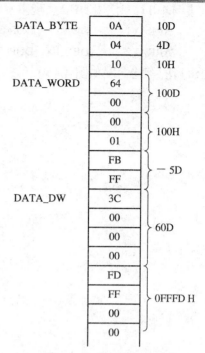

图 4.1　例 4-2 的汇编结果

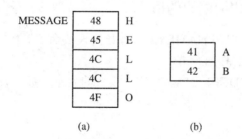

图 4.2　例 4-3 的汇编结果

(a) 字符串的存储；(b) DB 'AB'

【例 4-4】　操作数"？"可以保留存储空间，但不存入数据。如：

```
ABC     DB  0，？，？，0
DEF     DW  ？，52，？
```

经汇编后的存储情况如图 4.3 所示。

操作数还可以使用复制操作符(DUPLICATION OPERATOR)来复制某个(或某些)操作数。其格式为

```
REPEAT_COUNT       DUP   (OPERAND，…，OPERAND)
```

其中，REPEAT_COUNT 可以是一个表达式，它的值应该是一个正整数，用来指定括号中的操作数的重复次数。

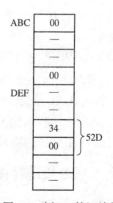

图 4.3　例 4-4 的汇编结果

【例 4-5】　使用 DUP 实现重复定义。

　　ARRAY1　　　　DB　2　　DUP(0, 1, 2, ?)
　　ARRAY2　　　　DB　100　DUP(?)

经汇编后的存储情况如图 4.4 所示。

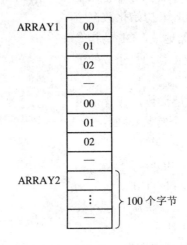

图 4.4　例 4-5 的汇编结果

由图可见，例 4-5 中的第一个语句展开后和语句 ARRAY1　　　DB　　　0, 1, 2, ? , 0, 1, 2, ? 是等价的。

4.2.3　定义程序开始和结束的伪指令

在程序的开始部分可以用 NAME 或 TITLE 为模块命名。NAME 的格式是：

　　NAME　MODULE_NAME

汇编程序将以给出的 MODULE_NAME 作为模块的名字。如果程序中没有使用 NAME 伪操作，则可使用 TITLE 伪操作，其格式为

　　TITLE　TEXT

TITLE 伪操作可指定列表文件的每一页上打印的标题。同时，如果程序中没有使用 NAME 伪操作，则汇编程序将用 TEXT 中的前六个字符作为模块名。TEXT 中最多可有 60 个字符。如果程序中既无 NAME 又无 TITLE 伪操作，则将用源文件名作为模块名。所以，NAME 及 TITLE 伪操作并不是必要的，但一般经常使用 TITLE，以便在列表文件中能打印出标题来。

表示源程序结束的伪操作的格式为

　　END　　　[LABEL]

其中，标号(LABEL)指示程序开始执行的起始地址。如果多个程序模块相连接，则只有主程序要使用标号，其他子程序模块只用 END 而不必指定标号。汇编程序将在遇到 END 时结束汇编，而程序则将从主模块的第一个标号处开始执行。

4.2.4　指令集选择伪指令

由于 80x86 的所有处理器都支持 8086/8088 指令系统，而且每一种高档的机型又都增

加了一些新的指令，因此，在编写程序时要对所用处理器有一个确切的选择。也就是说，要告诉汇编程序应该选择哪一种指令系统。这一组伪操作的功能就是确定指令系统。

此类伪操作主要有以下几种：

(1) .8086：选择 8086 指令系统。

(2) .286：选择 80286 指令系统。

(3) .286P：选择保护方式下的 80286 指令系统。

(4) .386：选择 80386 指令系统。

(5) .386P：选择保护方式下的 80386 指令系统。

(6) .486：选择 80486 指令系统。

(7) .486P：选择保护方式下的 80486 指令系统。

(8) .586：选择 Pentium 指令系统。

(9) .586P：选择保护方式下的 Pentium 指令系统。

有关"选择保护方式下的 **XXXX** 指令系统"的含义是指包括特权指令在内的指令系统。此外，上述伪操作均支持相应的协处理器指令。

这类伪操作一般放在整个程序的最前面，如不给出，则汇编程序默认值为 .8086 指令系统。它们可放在程序中，如程序中使用了一条 80486 所增加的指令，则可以在该指令的上一行加上 .486。

4.2.5 地址计数器与对准伪操作

1. 地址计数器——$

在汇编程序对源程序汇编的过程中，使用地址计数器(LOCATION COUNTER)来保存当前正在汇编的指令的偏移地址。当开始汇编或在每一段开始时，把地址计数器初始化为零，以后在汇编过程中，每处理一条指令，地址计数器就增加一个值，此值为该指令所需要的字节数。地址计数器的值可用$来表示，汇编语言允许用户直接用$来引用地址计数器的值，因此指令

        JNE $+6

的转向地址是 JNE 指令的首地址加上 6。当$用在指令中时，它表示本条指令的第一个字节的地址。在这里，$+6必须是另一条指令的首地址，否则，汇编程序将指示出错信息。当$用在伪操作的参数字段时，则和它用在指令中的情况不同，它所表示的是地址计数器的当前值。

【例 4-6】 $用法示例。

     ARRAY DW 1，2，$+4，3，4，$+4

如汇编时 ARRAY 分配的偏移地址为 0074，则汇编后的存储区将如图 4.5 所示。

注意：ARRAY 数组中的两个$+4 得到的结果是不同的，这是由于$的值是在不断变化的缘故。当在指令中用到$ 时，它只代表该指令的首地址，而与$本身所在的字

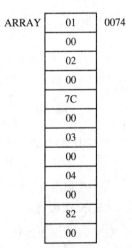

图 4.5 例 4-6 的汇编结果

节无关。

2. ORG 伪操作

ORG 伪操作用来设置当前地址计数器的值，其格式为

        ORG CONSTANT EXPRESSION

如常数表达式的值为 N，则 ORG 伪操作可以使下一个字节的地址成为常数表达式的值 N。例如：

```
VECTORS SEGMENT
        ORG     10
VECT1   DW      47A5H
        ORG     20
VECT2   DW      0C596H
VECTORS ENDS
```

则 VECT1 的偏移地址值为 0AH，而 VECT2 的偏移地址值为 14H。

常数表达式也可以表示从当前已定义过的符号开始的位移量，或表示从当前地址计数器值$开始的位移量，如：

        ORG $+8

可以表示跳过 8 个字节的存储区，亦即建立了一个 8 字节的未初始化的数据缓冲区。如程序中需要访问该缓冲区，则可用 LABEL 伪操作来定义该缓冲区的如下变量名

```
BUFFER      LABEL  BYTE
        ORG     $+8
```

当然，其完成的功能和

```
BUFFER      DB  8   DUP(?)
```

是一样的。

3. EVEN 伪操作

EVEN 伪操作使下一个变量或指令开始于偶数字节地址。一个字的地址最好从偶地址开始，所以对于字类型数组，为保证其从偶地址开始，可以在其前用 EVEN 伪操作来达到这一目的。

例如：

```
DATA_SEG    SEGMENT
            ⋮
            EVEN                ; 保证地址从偶地址开始
WORD_ARRAY  DW      100  DUP(?)
            ⋮
DATA_SEG    ENDS
```

4. ALIGN 伪操作

ALIGN 伪操作为保证双字类型数组边界从 4 的倍数开始创造了条件，其格式为

        ALIGN BOUNDARY

其中，BOUNDARY 必须是 2 的幂，例如：

```
              .DATA
                ⋮
              ALIGN     4
ARRAY    DB          100  DUP(? )
                ⋮
```

就可保证 ARRAY 的值为 4 的倍数。当然，ALIGN 2 和 EVEN 是等价的。

4.3 汇编语言源程序结构

由于汇编程序的演变，汇编源程序结构具有完整段定义形式和简化段定义形式，编程时选用哪一种形式，可根据汇编程序版本说明和编程方便来决定。

1. 完整段定义的程序结构

存储器的物理地址是由段地址和偏移地址组合而成的，汇编程序在把源程序转换为目标程序时，必须确定标号和变量(代码段和数据段的符号地址)的偏移地址，并且需要把有关信息通过目标模块传送给连接程序，以便连接程序把不同的段和模块连接在一起，形成一个可执行程序。为此，需要用段定义伪操作，其格式如下：

```
SEGMENT_NAME     SEGMENT
     ⋮     <语句体>
SEGMENT_NAME     ENDS
```

其中，语句体部分对于数据段、附加段和堆栈段来说，一般是存储单元的定义、分配等伪操作；对于代码段则是指令及伪操作。

此外，在代码段还必须明确段和段寄存器的关系，这可用 ASSUME 伪操作来实现，其格式为

```
ASSUME    <段寄存器名>: 段名[, <段寄存器名>: 段名,…]
ASSUME    <段寄存器名>: NOTHING
```

其中，段寄存器名必须是 CS、DS、ES 和 SS(对于 386 及其后继机型还有 FS 和 GS)，而段名则必须是由 SEGMENT 定义的段中的段名。ASSUME NOTHING 则可取消前面由 ASSUME 所指定的段寄存器的对应关系。

例如，下面是一个标准的汇编源程序段定义。

```
DATE_SEG1    SEGMENT              ; 定义数据段
                ⋮
DATE_SEG1    ENDS                 ; 数据段结束
DATA_SEG2    SEGMENT              ; 定义数据附加段
                ⋮
DATA_SEG2    ENDS                 ; 数据附加段结束
CODE_SEG     SEGMENT              ; 定义代码段
                ASSUME CS:CODE_SEG,DS:DATA_SEG1,ES:DATA_SEG2
START:                            ; 开始执行的入口地址
; 设置 DS 寄存器为当前数据段
```

MOV	AX，DATA_SEG1	；将数据段地址赋予 DS
MOV	DS，AX	

；设置 ES 寄存器为当前附加段

MOV	AX，DATA_SEG2	；将附加数据段地址赋予 ES
MOV	ES，AX	

⋮

CODE_SEG	ENDS	；代码段定义结束
END	START	；源程序结束

由于 ASSUME 伪操作只是指定某个段分配给哪一个段寄存器，它并不能把段地址装入段寄存器中，要把段地址装入段寄存器中，就必须在代码段中有对段地址装入相应的段寄存器中的指令。如在上面的程序中，分别用两条 MOV 指令完成这一操作。如果程序中有堆栈段，也需要把段地址装入 SS 中。但是，代码段 CS 不需要这样做，这一操作是在程序初始化时完成的。

为了对段定义作进一步地控制，SEGMENT 伪操作添加有类型及属性的说明，其格式如下：

<段名>　SEGMENT　[定位类型]［组合类型］［使用类型］[类别]
　　　　⋮
<段名>　ENDS

在一般情况下，这些说明可以不用。但是，如果需要用连接程序把本程序与其他程序模块相连接时，就需要使用这些说明。

2．对段定义的进一步说明

1) 定位类型(ALIGN_TYPE)

定位类型用于说明段的起始地址应有怎样的边界值，其取值可以是：

PARA：指定段的起始地址必须从小段边界开始，即段起始地址最低位必须为 0。这样，偏移地址可以从 0 开始。

BYTE：该段可以从任何地址开始，这样，起始偏移地址可能不是 0。

WORD：该段必须从字的边界开始，即段起始地址必须为偶数。

DWORD：该段必须从双字边界开始，即段起始地址的最低位必须为 4 的倍数。

PAGE：该段必须从负的边界开始，即段起始地址的最低两个十六进制数位必须为 0(该地址能被 256 整除)。

定位类型的默认项是 PARA，即若未指定定位类型时，则汇编程序默认为 PARA。

2) 组合类型(COMBINE_TYPE)

组合类型用于说明程序连接时段的合并方法，其取值可以是：

PRIVATE：该段为私有段，在连接时将不与其他模块中的同名段合并。

PUBLIC：该段连接时可以把不同模块中的同名段相连接而合并为一个段，其连接次序由连接命令指定。每一分段都从小段的边界开始，因此，各模块的原有段之间可能存在小于 16 个字节的间隙。

COMMON：该段在连接时可以把不同模块中的同名段重叠而形成一个段，由于各同名分段有相同的起始地址，所以会产生覆盖。COMMON 的连接长度是各分段中的最大长度。重叠部分的内容取决于排列在最后一段的内容。

AT EXPRESSTION：使段地址为表达式所计算出来的 16 位值，但它不能用来指定代码段。

MEMORY：与 PUBLIC 同义。

STACK：把不同模块中的同名段组合而形成一个堆栈段，该段的长度为原有各堆栈段长度的总和，原有各段之间并无 PUBLIC 所连接段中的间隙，而且栈顶可自动指向连接后形成的大堆栈段的栈顶。

组合类型的默认项是 PRIVATE。

3) 使用类型(USE_TYPE)

使用类型只适用于 386 及其后继机型，它用来说明是使用 16 位寻址方式还是使用 32 位寻址方式。其取值可以是：

USE16：使用 16 位寻址方式。

USE32：使用 32 位寻址方式。

当使用 16 位寻址方式时，段长不超过 64 KB，地址的形式是 16 位段地址和 16 位偏移地址组合；当使用 32 位寻址方式时，段长可达 4 GB，地址的形式是 16 位段地址和 32 位偏移地址组合。可以看出，在实模式下，应该使用 USE16。

使用类型的默认项是 USE16。

4) 类别名（'CLASS'）

在引号中给出连接时组成段组的类型名。类别说明并不能把相同类别的段合并起来，但在连接后形成的装入模块中，可以把它们的位置靠在一起。

4.4 汇编语言程序的上机过程

在计算机上运行汇编语言程序的步骤是：

(1) 用编辑程序建立 .ASM 源文件；

(2) 用 MASM 程序把 .ASM 文件汇编成 .OBJ 文件；

(3) 用 LINK 程序把 .OBJ 文件连接成 .EXE 文件；

(4) 用 DOS 命令直接键入文件名就可执行该程序。

目前常用的汇编程序有 Microsoft 公司推出的宏汇编程 MASM(MACRO ASSEMBLER) 和 BORLAND 公司推出的 TASM(TURBO ASSEMBLER) 两种。本书采用 MASM5.0 版来说明汇编程序所提供的伪操作和操作符，操作流程如图 4.6 所示。

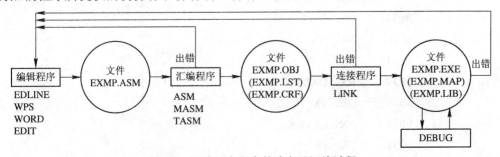

图 4.6 汇编语言程序的建立及汇编过程

说明：图中□表示操作使用的工具；○表示操作得到的文件。

汇编程序的主要功能是：

(1) 检查源程序语法是否正确。

(2) 测出源程序中的语法错误，并给出出错信息。

(3) 产生源程序的目标程序，并可给出列表文件(同时列出汇编语言和机器语言的文件，称为 .LST 文件)。

(4) 展开宏指令。

4.4.1　建立汇编语言的工作环境

为运行汇编语言程序，至少要在磁盘上提供以下文件：

(1) 编辑程序，如 EDIT.EXE；

(2) 汇编程序，如 MASM.EXE；

(3) 连接程序，如 LINK.EXE；

(4) 调试程序，如 DEBUG.COM。

必要时，还要提供 CREF.EXE、EXR2BIN.EXE 等文件。

4.4.2　汇编语言源程序上机过程

1. 建立汇编源程序 .ASM 文件

【例 4-7】　把 40 个字母 A 的字符串从源缓冲区传送到目的缓冲区。

可以用编辑程序 EDIT 在磁盘上建立如下的源程序 EXAM.ASM。

```
TITLE     EXAM.ASM
DATA      SEGMENT
DATS      DB       40    DUP('A')
DATA      ENDS
EXTRA     SEGMENT
DATD      DB       40    DUP(?)
EXTRA     ENDS
CODE      SEGMENT
MAIN      PROC     FAR
          ASSUME   CS:CODE，DS:DATA，ES:EXTRA
START:
          PUSH     DS
          SUB      AX，AX
          PUSH     AX
          MOV      AX，DATA
          MOV      DS，AX
          MOV      AX，EXTRA
          MOV      ES，AX
```

```
                 LEA      SI，DATS
                 LEA      DI，DATD
                 CLD
                 MOV      CX，40
        REP      MOVSB
                 RET
        MAIN     ENDP
        CODE     ENDS
                 END      START
```

2. 汇编产生 .OBJ 文件

源文件建立后，就要用汇编程序对源文件汇编，汇编后产生二进制的目标文件(.OBJ 文件)，其操作与汇编程序回答如下。

```
    C：\>MASM EXAM✓
    MICROSOFT (R) MACRO ASSEMBLER VERSION 5.00
    COPYRIGHT (C) MICROSOFT CORP 1981-1985，1987. ALL RIGHTS RESERVED.
    OBJECT FILENAME [EXAM.OBJ]：✓
    SOURCE LISTING[NUL.LST]:EXAM✓
    CROSS-REFERENCE [NUL.CRF]:EXAM✓
        32768 + 447778 BYTES SYMBOL SPACE FREE
                0 WARNING ERRORS
                0 SEVERE   ERRORS
```

汇编程序的输入文件是 .ASM 文件，其输出文件可以有三个，表示上列汇编程序回答的第 3～5 行。第一个是 .OBJ 文件，这是汇编的主要目的，所以这个文件我们是需要的，对[EXAM.OBJ]：直接回车，这样就在磁盘上建立了这一目标文件。第二个是 .LST 文件，称为列表文件。这个文件同时列出源程序和机器语言程序清单，并给出符号表，因而可使程序调试更加方便。这个文件是可有可无的，如果不需要则可对[NUL.LST]：回车；如果需要这个文件，则可键入文件名后回车，这里是 EXAM✓(✓表示回车)，这样例 4-7 的列表文件 EXAM.LST 就建立起来了。LIST 清单的最后部分为段名表和符号表，表中分别给出段名、段的大小及有关属性，以及用户定义的符号名、类型及属性。交叉引用表给出了用户定义的所有符号，对于每个符号列出了其定义所在行号(加上#)及引用的行号。可以看出，它为大程序的修改提供了方便，而一般较小的程序则可不使用。

到此为止，汇编过程已经完成了。但是，汇编程序还有另一个重要功能，就是可以给出源程序中的错误信息类型：警告错误(WARNING   ERRORS)指出汇编程序所认为的一般性错误；严重错误(SEVERE ERRORS)指出汇编程序认为已使汇编程序无法进行正确汇编的错误。除给出错误的个数外，汇编程序还能指出错误信息的类型，本书在附录 1 列出了汇编程序错误信息的类型，供编程者参阅。如果程序有错，则应重新调用编辑程序修改错误，并重新编译直到编译正确通过为止。当然汇编程序只能指出程序中的语法错误，至于程序的算法或逻辑错误，则应在程序调试时去解决。

3. 链接产生 .EXE 文件

汇编程序已产生出二进制的目标文件(.OBJ)，但 .OBJ 文件并不是系统可执行的文件，因此还必须使用连接程序(LINK)把 .OBJ 文件转换为系统可执行的 .EXE 文件。当然，如果一个程序是由多个模块组成时，也应该通过 LINK 把它们连接在一起，操作方法及机器回答如下。

      C：\>LINK EXAM✓

      MICROSOFT (R) OVERLAY LINKER   VERSION 3.60

      COPYRIGHT (C) MICROSOFT CORP 1983-1987，ALL RIGHTS RESERVED，

      RUN FILE[EXAM.EXE]：✓

      LIST FILE[NUL.MAP]：EXAM✓

      LIBRARIES [.LIB]：✓

      LINK：WARNING L4021：NO STACK SEGMENT

LINK 程序有两个输入文件 .OBJ 和 .LIB。.OBJ 是我们需要连接的目标文件，.LIB 则是程序中需要用到的库文件，如无特殊需要，则应对[.LIB]：直接回车。LINK 程序有两个输出文件，一个是 .EXE 文件，这是我们所需要的，应对[EXAM.EXE]：直接回画，这样就在磁盘上建立了该可执行文件。LINK 的另一个输出文件为 .MAP 文件，它是连接程序的列表文件，又称为连接映像(LINK MAP)，它给出每个段在存储器中的分配情况。

连接程序给出的无堆栈段的警告性错误并不影响程序的运行。所以，到此为止，连接过程已经结束，可以在操作系统下执行 EXAM 程序了。

4. 程序的调试和执行

在建立了 .EXE 文件后，就可以直接在操作系统中执行程序，如下所示：

      C：\> EXAM✓

      C：\>_

程序运行结束并返回 DOS。如果用户程序已直接把结果在终端上显示出来，那么程序已经运行结束，结果也已经得到。但是，如果 EXAM 程序并未显示出结果，这就要使用调试程序进行分析。常用调试工具软件为 DEBUG，见附录2。

5. 生成 .COM 文件

.COM 文件也是一种可执行文件，由程序本身的二进制代码组成，它没有 .EXE 文件所具有的包括有关文件信息的标题区(HEADER)，因此它占有的存储空间比 .EXE 文件要小。.COM 文件不允许分段，它所占有的空间不允许超过 64 KB，因而只能用来编制较小的程序。由于其小而简单，装入速度比 .EXE 文件要快。

使用 .COM 文件时，程序不分段，其入口点(开始运行的起始点)必须是 100H(其前的 256 个字节为程序段前缀所在地)，且不必设置堆栈段。在程序装入时，由系统自动把 SP 建立在该段之末。对于所有的过程则应定义为 NEAR。

用户可以通过操作系统下的 EXE2BIN 程序来建立 .COM 文件，操作方法如下：

      C：\>EXE2BIN FILENAME FILENAME.COM✓

注意，上行中的第一个 FILENAME 给出了已形成的 .EXE 文件的文件名，但不必给出文件扩展名。第二个 FILENAME 即为所要求的 .COM 文件的文件名，它必须带有文件扩展

名 .COM，这样就形成了所要的 .COM 文件。

此外，.COM 文件还可以直接在调试程序 DEBUG 中用 A 或 E 命令建立，对于一些短小的程序，这也是一种相当方便的方法。

4.5 汇编语言程序设计

4.5.1 流程图的组成

借助于流程图可以清晰地把程序思路表达出来，有助于编写正确的程序。流程图对程序设计人员，特别是初学者来说是一种非常有用的工具。流程图是用一些图框表示各种操作，用图形表示算法，直观形象，易于理解。美国国家标准化协会 ANSI(American National Standard Institute)规定了一些常用的流程图，已为世界各国程序工作者普遍采用。

流程图一般由六种成分组成，如图 4.7 所示。

图 4.7 流程图的组成成分

1) 执行框(矩形框)

执行框的作用是表示一段程序或一个模块的功能，对于结构化程序，一个执行框只有一个入口和一个出口。

2) 判别框(菱形框)

判别框的作用是对一个给定的条件进行判断，根据给定的条件是否成立来决定如何执行其后的操作。它有一个入口，两个出口，表示比较、判断条件。

3) 开始框和终止框

开始框和终止框表示程序的起始和终止。

4) 指向线

指向线表示程序执行的顺序。

5) 连接点(小圆圈)

连接点是用于将画在不同地方的流程线连接起来。如图 4.8 中，有两个以①为标志的连接点，它表示这两个点是互相连接在一起的。实际上它们是同一个点，只是当在纸张上画不下才分开来画。使用连接点可以避免流程线的交叉或过长，使流程图清晰。

可以看出，流程图是表示算法的较好工具。一个流程图包括以下几部分：

(1) 表示相应操作的框；

(2) 带箭头的流程线；

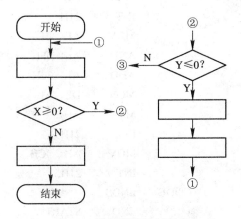

图 4.8 流程图的绘制示意

(3) 框内外必要的文字说明。

绘制流程线不要忘记画箭头，因为它是反映流程的执行先后次序的，如不画出箭头就难以判定各框的执行次序了。

用流程图表示算法直观形象，比较清楚地显示出各个框之间的逻辑关系。常用的还有 N-S 结构化流程图。程序编制人员都应当掌握传统流程图的含义和用法，会看会画。

4.5.2　顺序程序结构

顺序程序结构是指完全按顺序逐条执行的指令序列，这在程序段中是大量存在的。顺序结构程序是最简单的程序，在顺序结构程序中，指令按照先后顺序一条一条执行。

【例 4-8】　将两个字节数据相加，并存放到一个结果单元中。

```
DATA      SEGMENT
AD1       DB        4CH                   ; 定义第 1 个加数
AD2       DB        25H                   ; 定义第 2 个加数
SUM       DB        ?                     ; 定义结果单元
DATA      ENDS
CODE      SEGMENT
          ASSUME    CS:CODE, DS:DATA
START:    MOV       AX, DATA
          MOV       DS, AX
          MOV       AL, AD1               ; 取出第 1 个加数
          ADD       AL, AD2               ; 和第 2 个加数相加
          MOV       SUM, AL               ; 存放结果
          MOV       BL, AL                ; 显示十六进制结果
          MOV       CL, 4
          SHR       AL, CL
          AND       AL, 0FH
          ADD       AL, 30H
          MOV       DL, AL
          MOV       AH, 2
          INT       21H
          MOV       AL, BL
          AND       AL, 0FH
          ADD       AL, 30H
          MOV       DL, AL
          MOV       AH, 2
          INT       21H
          MOV       AH, 4CH               ; 返回 DOS
          INT       21H
CODE      ENDS
          END       START
```

注意:

① 本程序的结束, 采用了 DOS 中断调用的 4CH 号功能, 来退出程序段运行, 返回 DOS 现场。这是一种常用的执行程序返回 DOS 现场的方法。

② 本例可显示输出。

4.5.3　分支程序设计

1. 分支程序结构形式

分支程序结构可以有两种形式, 如图 4.9 所示。它们分别相当于高级语言中的 IF_THEN_ELSE 语句和 CASE 语句, 适用于要求根据不同条件作不同处理的情况。IF_THEN_ELSE 语句可以引出两个分支, CASE 语句则可以引出多个分支。不论哪一种形式, 它们的共同特点是: 运行方向是向前的, 在某一种特定条件下, 只能执行多个分支中的一个分支。

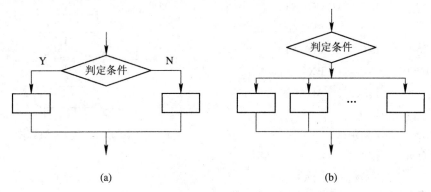

(a)　　　　　　　　　　　　　　(b)

图 4.9　分支程序的结构形式

(a) IF_THEN_ELSE 结构;　(b) CASE 结构

2. 分支程序设计方法

程序的分支一般用条件转移指令来产生, 利用转移指令不影响条件码的特性, 连续地使用条件转移指令可使程序产生多个不同的分支。

【例 4-9】　TABLE 是一字节数组的首地址, 长度为 100。统计此数组中正数、0 及负数的个数, 并分别放在 COUNT1、COUNT2 和 COUNT3 变量中。其流程图如图 4.10 所示。

```
DATA      SEGMENT
TABLE     DB   100  DUP(?)
COUNT1 DB   0
COUNT2 DB   0
COUNT3 DB   0
DATA      ENDS
CODE      SEGMENT
          ASSUME  CS:CODE, DS:DATA
ALLO      PROC      FAR
```

```
    START:   PUSH    DS
             XOR     AX, AX
             PUSH    AX
             MOV     AX, DATA
             MOV     DS, AX
             MOV     CX, 100
             MOV     BX, 0
    AGAIN:   CMP     TABLE[BX], 0
             JGE     SS12
             INC     COUNT3
             JMP     SHORT   NEXT
    SS12:    JG      SS1
             INC     COUNT1
             JMP     SHORT   NEXT
    SS1:     INC     COUNT2
    NEXT:    INC     BX
             LOOP    AGAIN
             RET
    ALLO     ENDP
    CODE     ENDS
             END     START
```

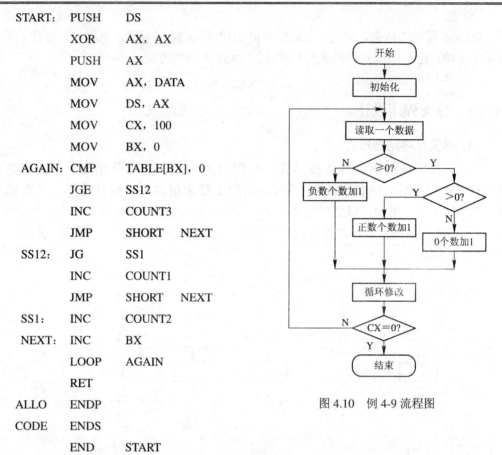

图 4.10   例 4-9 流程图

本程序段在开始时出现了两次压栈操作, 既 PUSH   DS 和 PUSH   AX((AX)=0)。由于本程序段是一个 FAR 属性的子程序,在程序结束执行 RET 时将引起两次出栈操作,会使(CS)内容等于未执行本程序前的值, (IP)=0。在(CS):(IP)位置有一段程序,功能就是退出程序段运行, 返回 DOS 现场。这是第二种执行程序返回 DOS 现场的方法。

4.5.4 循环程序设计

1. 循环程序结构

循环程序结构可以总结为两种结构形式, 如图 4.11 所示。一种是 DO WHILE(当形)结构形式; 另一种是 DO UNTIL(直到形)结构形式。

1) DO WHILE 结构

DO WHILE 结构把对循环控制条件的判断放在循环的入口, 先判断条件, 满足条件就执行循环体, 否则就退出循环, 如图 4.11(a)所示。

2) DO UNTIL 结构

DO UNTIL 结构把对循环控制条件的判断放在循环的出口, 先执行循环体, 然后再判断控制条件, 不满足条件则继续执行循环操作, 一旦满足条件则退出循环, 如图 4.11(b)所示。

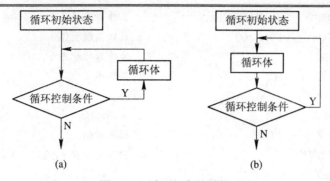

图 4.11　循环程序的结构形式

(a) DO WHILE 结构；　(b) DO UNTIL 结构

这两种结构可以根据具体情况选择使用。如果有循环次数等于 0 的情况，则应选择 DO WHILE 结构，否则使用 DO UNTIL 结构。不论哪一种结构形式，循环程序都可由如下四部分组成：

(1) 循环初始化。初始化完成设置循环次数的计数值或其他条件，设置循环初始地址，以及为循环体正常工作而建立的初始状态等。

(2) 循环体。循环体是循环程序的主体，该部分是为完成程序功能而设计的主要程序段。

(3) 循环修改。循环的修改是调整计数值或内存地址的部分，保证每一次重复(循环)时，参加执行的信息能发生有规律的变化而建立的程序段。

(4) 循环控制。循环控制本来应该属于循环体的一部分，由于它是循环程序设计的关键，所以要对它作专门的讨论。每个循环程序必须选择一个循环控制条件来控制循环的运行和结束，而合理地选择该控制条件就成为循环程序设计的关键问题。有时，循环次数是已知的，此时可以用循环次数作为循环的控制条件，LOOP 指令使这种循环程序设计能很容易地实现。但有可能使用其他特征或条件来使循环提前结束，LOOPZ 和 LOOPNZ 指令是设计这种循环程序的工具。然而，有时循环次数是未知的，那就需要根据具体情况找出控制循环结束的条件。循环控制条件的选择是很灵活的，有时可供选择的方案不止一种，此时就应分析比较，选择一种效率最高的方案来实现。

2. 循环程序设计方法

【例 4-10】　设计一个程序，完成从 1 连加到 100(即 1+2+…+99+100)的操作，结果保存在数据段的 SUM 单元。

分析：这样的问题如果采用顺序程序设计至少要一百条指令，并且程序的结构性和可读性差，而采用循环程序设计就会简洁明了。程序清单如下。

```
DATA     SEGMENT
SUM      DW        ?
DATA     ENDS
CODE     SEGMENT
         ASSUME  CS:CODE，DS:DATA
START:   MOV      AX，DATA
         MOV      DS，AX                ；数据段寄存器赋初值
         ；循环初始化
```

```
            SUB     AX,AX              ; 工作寄存器清零
            MOV     CX，100             ; 计数器赋初值
            CLC                        ; 清除进位标志
LP:         INC     AX                 ; 循环体
            ADC     SUM，AX             ; 
            DEC     CX                 ; 循环修改
            JNZ     LP                 ; 循环控制
            ; ********                 ; 插入显示程序(预留位置)
            HLT
    CODE    ENDS
            END     START
```

注意：

① 本程序段采用了第三种退出方式，程序运行结束将由于执行 HLT 指令而进入停机状态，当键入 Ctrl+Break 组合键(键盘中断)后，返回 DOS 现场。

② 用 DEBUG 跟踪，会发现(SUM)=13BAH。

【例 4-11】 试编制一个把 SUM 的二进制数用十六进制数的形式在屏幕上显示的程序段。作为转换输出功能部分，插入例 4-10 中程序的"; ********"位置。重新运行例 4-10 程序，就会在屏幕上显示出运算结果。

根据题意，将 SUM 内容送到 BX 中，从左到右每四位为一组在屏幕上显示出来，每次循环显示一个十六进制数位，计数初值为 4。程序框图如图 4.12 所示。采用循环移位的方式把所要显示的 4 位二进制数移到最右面，以便做数字到字符的转换工作。另外，由于数字 0~9 的 ASCII 值为 30H~39H，而字母 A~F 的 ASCII 值为 41H~46H，所以在把 4 位二进制数加上 30H 后还需作一次判断，如果是字符 A~F，则还应加上 7 才能显示出正确的十六进制数。以 BINIHEX.ASM 为文件名建立"二进制到十六进制数转换程序"源文件。

在程序中没有使用 LOOP 指令，这是因为循环移位指令要使用 CL 寄存器，而 LOOP 指令要使用 CX 寄存器，为了解决 CX 寄存器的冲突问题，这里用 CH 寄存器存放循环计数值，而用 DEC 及 JNZ 两条指令完成 LOOP 指令的功能。这说明，使用计数值控制循环结束也可以不用 LOOP 指令。当然也可以把计数值初始化为 0，用每循环一次加 1 然后比较次数是否达到要求的方法来实现，或者仍用 LOOP 指令，而用堆栈保存其中的一个信息(如计数值)来解决 CX 寄存器的冲突问题等。总之，程序设计是很灵活的，只要算法和指令的使用没有错误，都可以达到目的。

二进制到十六进制转换程序如下：

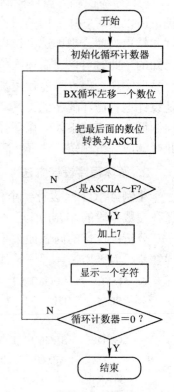

图 4.12　二进制到十六进制数转换程序的框图

```
                MOV     BX，SUM
                MOV     CH，4
      LP:       MOV     CL，4
                ROL     BX，CL
                MOV     AL，BL
                AND     AL，0FH
                ADD     AL，30H
                CMP     AL，3AH
                JL      PRINTA
                ADD     AL，07H
      PRINTA:   MOV     DL，AL
                MOV     AH，2
                INT     21H
                DEC     CH
                JNZ     LP
```

注意：该程序段由于汇编语言格式不完全，不能单独运行。

4.5.5 子程序结构形式与操作

1. 子程序定义

可把具有独立功能的程序段定义为子程序，供其他程序调用(类似于 C 语言的函数)。子程序定义伪操作用在子程序的前后，使整个子程序形成清晰的、具有特定功能的代码块。

子程序定义的语法格式为

```
      <子程序名> PROC     <属性>
                   ⋮
                  RET
      <子程序名> ENDP
```

其中，子程序名为标识符，它又是子程序入口的符号地址，它的写法与标号的写法相同；属性(Attribute)是指类型属性，它可以是 NEAR 或 FAR。

如前所述，CALL 和 RET 指令都有 NEAR 和 FAR 的属性，段内调用使用 NEAR 属性，但可以不显示地写出；段间调用使用 FAR 属性。为了使用户的工作更加方便，80x86 的汇编程序用 PROC 伪操作的类型属性来确定 CALL 和 RET 指令的属性。也就是说，如果所定义的子程序是 FAR 属性的，那么对它的调用和返回一定都是 FAR 属性；如果所定义的子程序是 NEAR 属性的，那么对它的调用和返回也一定是 NEAR 属性。这样，用户只需在定义子程序时考虑它的属性，而 CALL 和 RET 的属性可以由汇编程序来确定。用户对子程序属性确定原则很简单，即：

(1) 如调用程序和子程序在同一个代码段中，则使用 NEAR 属性；

(2) 如调用程序和子程序不在同一个代码段中，则使用 FAR 属性。

现举例说明如下。

【例 4-12】 调用程序和子程序在同一代码段中。

```
      MAIN    PROC    FAR          ;主程序
              ⋮
              CALL    SUBR1
              ⋮
              RET
      MAIN    ENDP
      SUBR1   PROC    NEAR         ;子程序(NEAR 可省略)
              ⋮
              RET
      SUBR1   ENDP
```

由于调用程序 MAIN 和子程序 SUBR1 是在同一代码段中的,所以 SUBR1 定义为 NEAR 属性。这样,MAIN 中对 SUBR1 的调用和 SUBR1 中的 RET 就都是 NEAR 属性。但是一般说来,主程序 MAIN 应定义为 FAR 属性,这是由于把程序的主子程序看作 DOS 调用的一个子程序,因而 DOS 对 MAIN 的调用以及 MAIN 中的 RET 就是 FRA 属性。当然,CALL 和 RET 的属性是汇编程序确定的,用户只需正确选择 PROC 的属性就可以了。

例 4-12 的情况也可以写成如下的程序:

```
      MAIN    PROC    FAR
              ⋮
              CALL    SUBR1
              ⋮
              RET
      SUBR1   PROC    NEAR
              ⋮
              RET
      SUBR1   ENDP
      MAIN    ENDP
```

也就是说,子程序定义也可以嵌套,一个子程序定义中可以包括多个子程序定义。

【例 4-13】   调用程序和子程序不在同一个代码段内。

```
      SEGX    SEGMENT
              ⋮
      SUBT    PROC    FAR
              ⋮
              RET
      SUBT    ENDP
              ⋮
              CALL    SUBT
      SEGX    ENDS
      SEGY    SEGMENT
              ⋮
              CALL    SUBT
```

⋮

SEGY   ENDS

SUBT 是一个子程序，它在两处被调用，一处是与 SEGX 同在段内，另一处是在 SEGY 段内。为此，SUBT 必须具有 FAR 属性以适应 SEGY 段调用的需要。SUBT 既然有 FAR 属性，则不论在 SEGX 段还是 SEGY 段中，对 SUBT 的调用就都具有 FAR 属性了，这样不会发生什么错误。反之，如果这里的 SUBT 使用了 NEAR 属性，则在 SEGY 段内对它的调用就要出错了。

2. 子程序的调用和返回

子程序的正确执行是由子程序的正确调用和正确返回保证的，80x86 的 CALL 和 RET 指令完成的就是调用和返回的功能。为保证其正确性，除 PROC 的属性要正确选择外，还应该注意子程序运行期间的堆栈状态。由于执行 CALL 时已使返回地址入栈，所以执行 RET 时应该使返回地址出栈，如果子程序中不能正确使用堆栈而造成执行 RET 前 SP 并未指向进入子程序时的返回地址，则必然会导致运行出错。因此，子程序中对堆栈的使用应该特别小心，以免发生错误。

3. 现场保护与现场恢复

由于主程序和子程序通常是分别编制的，所以它们所使用的寄存器往往会发生冲突。如果主程序在调用子程序之前的某个寄存器内容在从子程序返回后还有用，而子程序又恰好使用了同一个寄存器，这就破坏了该寄存器的原有内容，因而会造成程序运行错误，这是不允许的。为避免这种错误的发生，在进入子程序后，就应该把子程序所需要使用的寄存器内容保存在堆栈中，此过程称作现场保护；而在退出子程序前把寄存器内容恢复原状，此过程称作现场恢复。现场保护与现场恢复分别使用压栈和弹出指令实现。例如

```
SUBT    PROC
        PUSH    AX          ；现场保护
        PUSH    BX
        PUSH    CX
        PUSH    DX
        ⋮  <子程序体>
        POP DX              ；现场恢复
        POP CX
        POP BX
        POP AX
        RET
SUBT    ENDP
```

在子程序设计时，应仔细考虑哪些寄存器是必须保护的，哪些寄存器是不必要保护的。一般说来，子程序中用到的寄存器是应该保护的。但是，如果使用寄存器在主程序和子程序之间传送参数的话，则这种寄存器就不一定需要保护，特别是用来向主程序回送结果的寄存器，就更不应该因保存和恢复寄存器而破坏了应该向主程序传送的信息。

从 80286 CPU 开始使用的 PUSHA/POPA 指令以及从 80386 CPU 开始的高档微机使用的 PUSHAD/POPAD 指令为子程序中保存和恢复寄存器内容提供了有力的支持。

4. 子程序嵌套

主程序调用子程序，子程序还可以调用其他子程序，这就是子程序的嵌套调用，子程序可以多重嵌套调用。

【例 4-14】　设从 BUF 开始存放若干无符号字节数据，找出其中的最小值并以十六进制形式输出。

分析：本题用子程序 SEARCH 来求最小数字节数并输出，再调用一个子程序输出 1 位十六进制数，由于数据多，因此可以利用子程序的嵌套。

```
        DATA    SEGMENT
                BUF     DB   13, 25, 23, 100, 423, 78, 90, 134   ; 定义数据
                CNT     EQU  $-BUF                  ; 数据个数
        DATA    ENDS
        CODE    SEGMENT
                ASSUME CS: CODE, DS: DATA
START:  MOV     AX, DATA
        MOV     DS, AX
        MOV     CX, CNT-1          ; 比较次数
        MOV     SI, OFFSET BUF     ; 首地址
        CALL    SEARCH
        MOV     AH, 4CH            ; 返回 DOS
        INT     21H
SEARCH PROC     NEAR
        MOV     BL, [SI]           ; 假定第一个数为最小数
SEAR1:  INC     SI                 ; 指向下一个数
        CMP     BL, [SI]           ; 比较
        JBE     SEAR2              ; BL 中的数小, 转 SEAR2
        MOV     BL, [SI]           ; BL 中的数大, 把它替换掉
SEAR2:  DEC     CX
        JNZ     SEAR1              ; 循环比较
        MOV     DL, BL             ; 最小值送 DL
        MOV     CL, 4
        SHR     DL, CL             ; 分离出高 4 位
        CALL    DISP               ; 调用子程序显示输出
        MOV     DL, BL             ; 最小值送 DL
        AND     DL, 0FH            ; 分离出低 4 位
        CALL    DISP               ; 调用子程序显示输出
        RET
SEARCH ENDP
DISP   PROC     NEAR
        CMP     DL, 9              ; DL 和 9 比较
        JBE     DISP1              ; 小于等于 9 加 30H, 否则加 37H
        ADD     DL, 7
```

```
DISP1:    ADD      DL，30H
          MOV      AH，2                      ; 输出
          INT      21H
          RET
DISP      ENDP
CODE      ENDS
          END      START
```

注意：本例有显示输出子程序部分，上机更直观。

4.5.6　BIOS 中断调用

1. BIOS 中断调用概述

BIOS(Basic Input/Output System)是 IBM-PC 机的监控程序，它固化在微机主板的 ROM 中，它的内容主要有系统测试程序(POST)、初始化引导程序(BOOT)、I/O 设备的基本驱动程序和许多常用程序模块，它们一般以中断服务程序的形式存在。

图 4.13 是用户程序和操作系统关系示意图，由图可见，BIOS 程序直接建立在硬件基础上，磁盘操作系统(DOS)和其他操作系统建立在 BIOS 基础上，各种高级语言则建立在操作系统基础上。用户程序可以使用高级语言，也可以调用 DOS 或其他操作系统，还可以调用 BIOS，甚至直接指挥硬件设备。

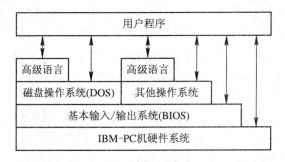

图 4.13　用户程序和操作系统关系示意图

通常，应用程序调用 DOS 提供的系统功能，完成输入/输出或其他操作，这样做用户可以少考虑硬件，实现起来容易。应用程序直接对硬件编程的优点是程序的效率高，缺点是需要程序员对硬件性能有较深的了解。

BIOS 中断程序处于 DOS 功能调用和硬件环境之间，和 DOS 功能调用相比，其优点是效率高，缺点是编程相对复杂；和直接对硬件编程相比，优点是实现相对容易，缺点是效率相对低。在下列情况下可考虑使用 BIOS 中断。

(1) 有些功能 DOS 没有提供，但 BIOS 提供了；

(2) 有些场合无法使用 DOS 功能调用；

2. BIOS 中断调用方法

BIOS 的调用就是人们借用每一台计算机中 BIOS 固有的 I/O 操作程序来方便地解决自己的问题，由于它已经在计算机中了，因此人们不必再把它写入自己的程序，只要指明它的操作位置就可以了。

1) BIOS 调用的基本操作

由于 BIOS 中的每一种功能调用往往包含不同的几个操作细节，所以调用时需要说明三部分，基本步骤如下。

(1) 设置分功能号：按实现的操作功能的要求，给指定寄存器(通常为 AH)送入分功能号。

(2) 置入口参数：按操作要求，给寄存器填写相应参数的内容(某些调用无参数)。

(3) 使用中断语句 INT n：执行调用的功能，其中 n 为中断号。

(4) 分析出口参数。

具体步骤为

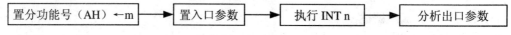

例如，   MOV   AH，0   ；分功能号为 0

        MOV   AL，10H   ；置入口参数

        INT   1AH   ；1AH 为中断号，功能为读时间计数器的值

注意：某些 BIOS 调用可能没有出口参数，这时省略第(4)步操作。

2) BIOS 打印功能调用

BIOS I7H 中断指令提供了由 AH 寄存器指定的三种不同的打印操作。

(1) BIOS 中断 17H 的功能 0 是打印一个字符。要打印输出的字符放在 AL 中，打印机号放在 DX 中，BIOS 最多允许连接三台打印机，机号分别为 0，1 和 2。如果只有一台打印机，那么默认是 0 号打印机，打印机的状态信息被回送到 AH 寄存器。

        MOV   AH，0   ；请求打印

        MOV   AL，CHAR   ；写入打印字符

        MOV   DX，0   ；设置 0#打印口

        INT   17H   ；调用 BIOS

(2) 17H 的功能 1 是初始化打印机。初始化打印机并回送打印机状态到 AH 寄存器。如果把打印机开关关上然后又打开，打印机各部分就复位到初始值。此功能和打开打印机时的作用一样。在每个程序的初始化部分可以用 17H 的功能 1 来初始化打印机。

        MOV   AH，01   ；初始化打印机

        MOV   DX，0   ；设置 0#打印口

        INT   17H   ；调用 BIOS

这个操作要发送一个换页符，因此，这个操作能把打印机头设置在一页的顶部。对于大多数打印机，只要一接通电源，就会自动地初始化打印机。

(3) BIOS 17H 的功能 2 是把状态字节读入 AH 寄存器中。打印机的状态字节如图 4.14 所示。

打印机忙(PRINTER BUSY)表示打印机正在接收数据、或正在打印或处于脱机状态。应答位(ACKNOWLEDGE)表示打印机已发出一个表明它已经接收到数据的信号。选择位(SELECT)表示打印机是联机的。超时位(TIME OUT)表示打印机发出忙信号很长一段时间了，系统将不再给它传送数据。表示打印出错的是第 5 位(纸出界)或第 3 位(I/O 错)为 1。如果打印机没有接上电源，没有装上纸或没有联机，而打印程序已开始运行，这时显示器的指示光标会不停地闪

烁，当接通打印机的电源后，某些输出数据就会丢失。

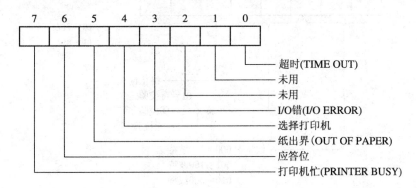

图 4.14 打印机的状态字节

如果在打印程序中先安排指令测试打印机的状态，则 BIOS 操作就会送回状态码，DOS 打印操作是自动进行测试的，但对各种情况都显示一个"纸出界"的信息。当打印机接通电源后，即开始正常打印，而且不丢失任何数据。

3) BIOS 串行通信口功能

IBM–PC 及其兼容机提供了一种有较强的硬件依赖性，但却比较灵活的串行口 I/O 的方法，即通过 INT 14H 调用 ROM BIOS 串行通信口中断服务程序。该中断服务程序包括将串行口初始化为指定的字节结构和传输速率，检查控制器的状态，读/写字符等功能。具体功能设置如表 4-2 所示。

表 4-2 串行通信口 BIOS 功能(INT 14H)

AH	功能	调用参数	返回参数
0	初始化串行通信口	AL=初始化参数 DX=通信口号： COM1=0 COM2=1，etc	AH=通信口状态 (AL)=调制解调器状态
1	向串行通信口写字符	AL=所写字符 DX=通信口号： COM1=0 COM2=1，etc	写字符成功： (AH)=0，(AL)=字符 写字符失败： $(AH)_7=1$，$(AH)_{0\sim6}$=通信口状态
2	从串行通信口读字符	DX=通信口号： COM1=0 COM2=1，etc	读成功： $(AH)_7$，=0(AL)=字符 读失败： $(AH)_7=1$，$(AH)_{0\sim6}$=通信口状态
3	取通信口状态	DX=通信口号： COM1=0 COM2=1	(AH)=通信状态 AL=调制解调器状态

INT 14H 的 AH=0 功能把指定的串行通信口初始化为希望的波特率、奇偶性、字长和终止位的位数。这些初始化参数设置在 AL 寄存器中，其各位的含义如图 4.15 所示。

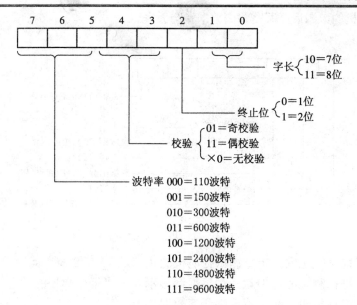

图 4.15　串行通信口初始化参数

【例 4-15】　要求 0 号通信口的传输率为 2400 波特，字长为 8 位，终止位为 1 位，无奇偶校验。

```
MOV   AH，0          ; 串行通信口初始化
MOV   AL，0A3H       ; 0A3H=10100011B
MOV   DX，0          ; 指向 COM1
INT   14H            ; 调用 BIOS
```

返回参数中通信口状态字节各位置 1 的含义如图 4.16 所示。

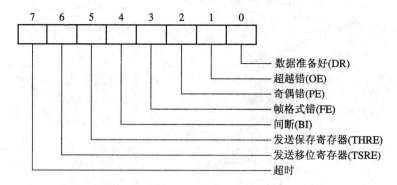

图 4.16　串行通信口状态字节

在接收和发送过程，错误状态位(1，2，3，4 位)一旦被置为 1，则读入的接收数据已不是有效数据，所以在串行通信应用程序中，应检测数据传输是否出错。

奇偶错：通信线上(尤其是用电话线传输时)的噪音引起某些数据位的改变，产生奇偶错。通常检测出奇偶错时，要求正在接收的数据至少应重新发送一段。

超越错：在上一个字符还未被处理机取走，又有字符要传送到数据寄存器里时，就会引起超越错。如果处理机处理字符的速度小于单行通信口的波特率，则会产生这种错误。

帧格式错：当接收/发送器未接收到一个字符数据的停止位，则会引起帧格式错。这种错误可能是由于通信线上的噪音引起停止位的丢失，或者是由于接收方和发送方初始化不匹配而造成的。

间断：间断有时候并不能算是一个错误，而是为某些特殊的通信环境设置的"空格"状态。当间断位为 1 时，说明接收的"空格"状态超过了一个完整的数据字传输时间。

PS/2 以及所有的 PC 机，AH=04 功能允许程序员将波特率设置为 19 200，数据位的长度可以设置为 5、6、7 或 8 位，而不是像 AH=0 功能那样只能设置成 7 或 8 位。

常用的键盘、显示 BIOS 功能调用，请参考第 12 章相关章节。

4.5.7　DOS 功能调用

1. DOS 功能调用概述

8086/8088 指令系统中，有一种软中断指令 INT n。每执行一条软中断指令，就调用一个相应的中断服务程序。当 n=5～1FH 时，调用 BIOS 中的服务程序，一般称作系统中断调用；当 n=20～3FH 时，调用 DOS 中的服务程序，称作功能调用。其中，INT 21H 是一个具有调用多种功能的服务程序的软中断指令，故称其为 DOS 系统功能调用。

2. DOS 功能调用方法

1) DOS 软中断指令(INT 20H～INT 27H)

DOS 软中断功能、入口及出口参数见表 4-3。表中的入口参数是指在执行软中断指令前有关寄存器必须设置的值，出口参数记录的是执行软中断以后的结果及特征，供用户分析使用。

表 4-3　DOS 软中断

软中断	功能	入口参数	出口参数
INT 20H	程序正常退出		
INT 21H	系统功能调用	AH=功能号 功能调用相应的入口参数	功能调用相应的出口参数
INT 22H	结束退出		
INT 23H	CTRL+BREAK 退出		
INT 24H	出错退出		
INT 25H	读盘	CX=读出扇区数 DX=起始逻辑扇区 DS:BX=缓冲区地址 AL=盘号	CF=1 出错
INT 26H	写盘	CX=写扇区数 DX=起始逻辑扇区 DS:BX=缓冲区地址 AL=盘号	CF=1 出错
INT 27H	驻留退出		
INT 28H～INT 2FH	DOS 专用		

DOS 中断的使用方法是：首先按照 DOS 中断的规定，输入入口参数，然后执行 INT 指令，最后分析出口参数，如下所示：

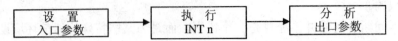

表 4-3 中 INT 22H、INT 23H 和 INT 24H 用户不能直接调用。例如，INT 23H 是只有当同时按下 CTRL 和 BREAK 键时才形成 DOS 的 23H 号调用，其功能是：终止正在运行的程序，返回操作系统。INT 25H 为绝对读盘，INT 26H 为绝对写盘，这两条软中断的调用需要用户熟知磁盘结构，准确指出读/写的扇区号、扇区数、磁盘驱动器号，还需要知道与磁盘交换信息的内存缓冲区的首地址。因此，这种读/写磁盘的方式较落后，除特殊用途外，基本上已不采用。常用的磁盘读/写的方法请参阅《DOS 系统功能调用》一书的介绍。

INT 20H 是两字节指令，它的作用是终止正在运行的程序，返回操作系统。这种终止程序的方法只适用于.COM 文件，而不适用于 .EXE 文件。

INT 27H 指令的作用是终止正在运行的程序，返回操作系统，被终止的程序驻留在内存中作为 DOS 的一部分，它不会被其他程序覆盖。在其他用户程序中，可以利用软中断来调用这个驻留的程序。

2) DOS 系统功能调用(INT 21H)

系统功能调用 INT 21H 是一个有 100 多个子功能的中断服务程序，这些子功能的编号称为功能号。INT 21H 的功能大致可以分为四个方面：设备管理、目录管理、文件管理和其他。设备管理主要包括键盘输入、显示器输出、打印机输出、串行设备输入/输出、初始化磁盘、选择当前磁盘、取剩余磁盘空间等。目录管理主要包括查找目录项、查找文件、置/取文件属性、文件改名等。文件管理主要包括打开、关闭、读/写、删除文件等，这是 DOS 提供给用户的最重要的系统功能调用。文件管理有两种方法：一种是传统管理方法(功能号小于 24H)；另一种是扩充的文件管理方法(功能号大于 3CH)。其他功能有终止程序、置/取中断矢量、分配内存、置/取日期及时间等。

系统功能调用(INT 21H)的使用方法如下：

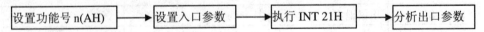

下面主要介绍 INT 21H 的基本功能。

(1) 键盘输入的功能调用。IBM−PC 及 PC/XT 键盘上的按键分为三种类型：

第一类是字符键，如字母、数字、字符等。按下此类键，即可输入此键相应的编码。

第二类是功能键，如 BackSpace、Home、End、Del、PageUp、PageDown、F1～F10 等。按下此类键，可以产生一个动作。例如，按下 BackSpace 可以使光标向左移动一个位置。

第三类是组合键及双态键，如 Shift、Alt、Ctrl、Ins、NumLock、CapsLock、Scroll Lock 等。使用这些键能改变其他键所产生的字符码。

① 扫描码与字符码。

键的扫描码——键盘的每一个键都有一对扫描码，扫描码用一个字节表示。低 7 位是扫描码的数字编码 01～83，即 01H～53H，最高位 BIT7 表示键的状态。当某键按下时，扫描码的 BIT7=0，称为通码，当此键放开时，扫描码的 BIT7=1，称为断码。通码和断码的值相差 80H。

键的字符码——键的字符码是键的 ASCII 码或扩充码，见表 1-4 ASCII 字符编码表。

② 检查键盘状态。DOS 系统功能调用中的功能 1、7、8、A、B、C 等都与键盘有关，包括单字符输入、字符串输入和键盘状态检验等。

DOS 系统功能调用的 0BH 号功能可以检查是否有字符键入。如果有键按下，使 AL=FFH，否则 AL=00H。这个调用十分有用，例如，有时要求程序保持运行状态，而不是无限期等待键盘输入，但又要靠用户接任意一键使程序结束或退出循环时，就必须使用 0BH 号调用。

【例 4-16】 检查键盘状态。

```
      LOOP:
            MOV      AH，0BH
            INT      21H          ; 检查键盘状态
            INC      AL
            JNZ      LOOP         ; 无键入字符，则循环
            RET                   ; 有键入字符，则停止循环返回
```

③ 单字符输入。功能 1、7、8 都可以直接接收键入的字符。程序中常常利用这些功能，回答程序中的提示信息，或选择菜单中的可选项以执行不同的程序段。用户还可以利用功能 7、8 不回显的特性，键入需要保密的信息。

【例 4-17】 实现单字符输入。

```
      MAIN：
            ⋮
      KEY：
            MOV      AH，1         ; 等待键入字符，当按下键后
            INT      21H          ; AL=键入的字符
            CMP      AL，'Y'
            JE       YES          ; 键入字符 "Y"，转至 YES 语句处
            CMP      AL，'N'
            JE       NOT          ; 键入字符 "N"，转至 NOT 语句处
            JMP      KEY          ; 键入其他字符，转至 KEY 语句处，继续等待键入字符
      YES：
            ⋮
      NOT：
            ⋮
```

④ 字符串输入。用户程序经常需要从键盘上接收一串字符。0AH 号功能可以接收键入的字符串将其存入内存中用户定义的缓冲区。缓冲区结构如图 4.17 所示。缓冲区第一字

节为用户定义的最大键入字符数，若用户键入的字符数(包括回车符)大于此数，则机器铃响且光标不再右移，直到键入回车符为止。缓冲区第二字节为实际键入的字符数(不包括回车符)，由 DOS 自动填入。从第三字节开始存放键入的字符，显然，缓冲区的大小等于最大字符数加 2。具体实例如例 4-18 所示。

(2) 显示器(CRT)输出功能调用。功能 2、6、9 是关于 CRT 的系统功能调用。其中，显示单个字符的功能 2、6 与 BIOS 调用类似，此处不作介绍。显示字符串的功能 9 是 DOS 调用独有的，可以在用户程序运行过程之中，在 CRT 上向用户提示下一步操作的内容。

使用功能调用 9 需要注意两点：第一，被显示的字符串必须以 "$" 为结束符；第二，当显示由功能 0AH 键入的字符串时，DS:DX 应指向用户定义的缓冲区的第三字节，即键入的第一个字符的存储单元。例如，编写下面一段程序，并键入字符串 'HELLO'，则缓冲区的内容如图 4.17 所示。

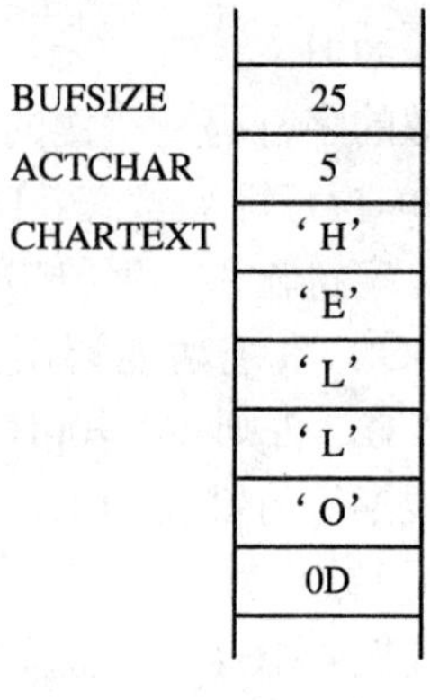

BUFSIZE	25
ACTCHAR	5
CHARTEXT	'H'
	'E'
	'L'
	'L'
	'O'
	0D

图 4.17　用户定义的缓冲区

【例 4-18】　从键盘上输入字符串 "HELLO" 并输出到显示器。

```
DATA        SEGMENT
BUFSIZE     DB  25
ACTCHAR     DB  ?
CHARTEXT    DB  50  DUP(20H)
            DB  ' $ '
DATA        ENDS
CODE        SEGMENT
            ASSUME      CS:CODE,DS:DATA
START:      MOV   AX，DATA
            MOV   DS，AX
            MOV   DX，OFFSET BUFSIZE
            MOV   AH，0AH
            INT   21H              ；键入字符串，放入缓冲区
            MOV   DX，OFFSET CHARTEXT
            MOV   AH，09H
            INT   21H              ；显示键入的字符串
            HLT
CODE        ENDS
            END       START
```

注意：本例有显示输出，上机实验更直观。

(3) 打印机输出。关于打印机操作的系统功能调用只有一种，即打印一个字符的功能 5。利用此功能还可以改变打印机的打印方式。

【例 4-19】　打印机设置为 "加重打印" 方式。

```
DATA        SEGMENT
STR         DB          1BH，45H              ；"加重打印"的控制码
              ⋮
CODE        SEGMENT
              ⋮
            MOV         CX，2
            MOV         AH，5
            LEA         BX，STR
PRINT：     MOV         DL，［BX］
            INT         21H
            INC         BX
            LOOP        PRINT
              ⋮
```

这段程序既可以放在用户程序中，也可以作为一个独立的文件，经汇编、连接后单独运行。若要取消加重打印方式，或设置其他方式，只需编写与之类似的程序段即可。相应的控制码请查阅打印机手册。

4.5.8 宏汇编

在程序设计中，为了简化程序的设计，将多次重复使用的程序段用宏指令代替。宏指令是指程序员事先定义的特定的"指令"，这种"指令"是一组重复出现的程序指令块的缩写和替代。宏指令定义以后，凡在宏指令出现的地方，宏汇编程序总是自动地把它们替换成对应的程序指令块。宏指令有时也称为宏，包含有宏定义和宏调用。

宏指令的特点：简化源程序的编写，汇编语言编程的参数传递特别灵活，功能更强。

1. 宏指令定义

宏是源程序中的一段具有独立功能的程序代码。它只要在源程序中定义一次，就可以多次调用，调用时只要使用一个宏指令语句就可以了。宏指令定义由开始伪指令 MACRO、宏指令体、宏指令定义结束伪指令 ENDM 组成。格式如下：

```
宏指令名      MACRO    [形式参数 1，形式参数 2，…，形式参数 N]
              ⋮                    ；宏指令体(宏体)
            ENDM
```

其中，宏指令名是宏定义为宏体程序指令块规定的名称，可以是任一合法的名字，也可以是系统保留字(如指令助记符、伪指令操作符等)，当宏指令名是系统保留字时，则该系统保留字就被赋予新的含义，从而失去原有的意义。MACRO 语句到 ENDM 语句之间的所有汇编语句构成宏指令体，简称宏体，宏体中使用的形式参数必须在 MACRO 语句中列出。

形式参数是出现在宏体内某些位置上可以变化的符号，也可以是任一合法的名字，甚至是寄存器名。如果形式参数中使用某些寄存器名，那么在宏汇编展开时，将不认为这些寄存器名是寄存器本身，而是形式参数，并被实际参数所代替。形式参数可以缺省，也可以有一个或多个。当形式参数多于一个时，形式参数之间用逗号隔开，形式参数个数每行应小于等于 132 个字符。宏指令定义一般放在源程序的开头，以避免产生不应发生的错误。

宏指令必须先定义后调用(引用)。宏指令可以重新定义，也可以嵌套定义。嵌套定义是指在宏指令体内还可以再定义宏指令或调用另一宏指令。

2. 宏调用

宏指令一旦定义后，就可以用宏指令名字(宏名)来调用(或引用)。宏调用的格式为

　　　宏指令名　　实际参数 1，实际参数 2，…，实际参数 N

其中，实际参数的类型和顺序要与形式参数的类型和顺序保持一致，宏调用时将一一对应地替换宏指令体中的形式参数。当有两个以上参数时，中间用逗号、空格或制表符隔开。宏指令调用时，实际参数的数目并不一定要和形式参数的数目一致，当实参个数多于形参的个数时，忽略多余的实参；当实参个数少于形参个数时，多余的形参用空串代替。

【例 4-20】　定义一条 INOUT 宏指令，既可以引用它输入一串字符，也可引用它显示一串提示字符。

宏定义：

```
        INPUT   MACRO                     ; 定义一条从键盘输入一个字符的宏指令 INPUT
                MOV     AH, 1             ; 采用宏指令语句 INPUT 编程，类似于高级语言语句
                INT     21H
                ENDM
        LF      MACRO                     ; 定义一条换行宏指令 LF
                MOV     DL, 10
                MOV     AH, 2
                INT     21H
                ENDM
        CR      MACRO                     ; 定义一条回车宏指令 CR
                MOV     DL, 13
                MOV     AH, 2
                INT     21H
                ENDM
        INOUT   MACRO   X, Y              ; 定义一条输入/输出宏指令 INOUT
                MOV     AH, X
                LEA     DX, Y
                INT     21H
                ENDM
```

宏调用：

```
        DATAS   SEGMENT
        INPUT1  DB    'PLEASE INPUT ANY CHARACTERS:' , '$'
        KEYBUF  DB    10, 11 DUP(?), 13, 10, '$'
        DATAS   ENDS
        CODES   SEGMENT
                ASSUME CS:CODES, DS:DATAS
```

```
START:    PUSH    DS
          XOR     AX，AX
          PUSH    AX
          MOV     AX，DATAS
          MOV     DS，AX
          INOUT   9，INPUT1        ; 显示一串提示符的宏指令调用
          LF                       ; 换行，调用宏定义
          CR                       ; 回车，调用宏定义
          INOUT   10，KEYBUF        ; 输入一串字符的宏指令调用
          LF
          CR
          INOUT   9，KEYBUF+2       ; 显示输入的一串字符的宏指令调用
          RET
CODES     ENDS
          END     START
```

注意：本例有显示输出，上机更直观。

3. 宏展开

宏汇编程序若遇到宏指令定义时并不对它进行汇编，只有在程序中引用的时候，汇编程序才把对应的宏指令体调出进行汇编处理(语法检查和代码块的插入)，这个过程称宏展开(或宏扩展)。宏指令调用后，在宏指令调用处产生用实参替换形参的宏体指令语句。

在 MASM 汇编生成列表文件(.LST)的每行中间用符号"+"作为标志，表明本行语句为宏指令展开生成的语句。本章为说明是宏展开生成的语句，在语句的左边仍用符号"+"标志。例如，上述 INOUT 宏指令调用后，宏展开后的语句如下：

```
+    MOV AH，9
+    LEA DX，INPUT
+    INT  21H
+    MOV DL，10
+    MOV  AH，2
+    INT  21H
+    MOV DL，13
+    MOV AH，2
+    INT  21H
+    MOV AH，10
+    LEA DX，KEYBUF
+    INT  21H
+    MOV AH，9
+    LEA DX，KEYBUF+2
+    INT  21H
```

这里实际参数是以整体去替换形参的整体(即对应符号的整体代替)。如果只希望某一

符号以数值(实参)代替形参,则可使用特殊宏计算符号"&"和"%"。

4.6　程序设计举例

本节通过两个实际应用项目,完整地举例说明汇编语言程序设计的一般方法。

【例 4-21】　编程在屏幕上显示一个电子钟。

编写一个 8086/8088 汇编语言程序,使程序运行后屏幕显示器成为一台电子钟。首先在屏幕上显示提示符,要求从键盘上输入当前时间,然后每隔一秒使显示的秒值加 1,达到 60 秒时使分值加 1,秒值清零;达到 60 分时使小时值加 1,分值清零;达到 24 小时则小时值清零。上述过程一直进行下去,当键入 Ctrl+C 键时退出"电子钟"状态,返回 DOS。

根据上述要求,画出程序的流程图如图 4.18 所示。其中,显示一个字符串,以及从键盘上接收一个字符串可分别通过 09 号和 0AH 号 DOS 功能调用实现。延时 1 秒可以编一个延时子程序。程序中对时、分、秒三个时间单位有许多类似的操作,例如分别将它们由 ASCII 码转换为 BCD 码,或由 BCD 码转换为 ASCII 码,以及将时、分、秒值分别加 1,并 DAA 调整后判断是否达到 60H 或 24H 等。对于这样的程序段,可以采用宏处理伪操作,以便缩短源程序的长度,使程序更加清晰,有利于结构的模块化。另外,还可以利用 BIOS 调用设计窗口,选择适当的背景色和前景色等,以使屏幕显示更加美观。程序清单如下。

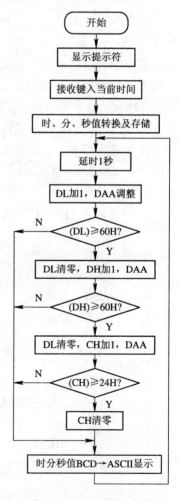

图 4.18　例 4-21 流程图

```
TITLE       例 4-20.ASM
DATA        SEGMENT
BUF1        DB          'Current time is: $'
BUF2        DB          10
            DB          10          DUP(?)
DATA        ENDS
STACK       SEGMENT     STACK
            DB          100         DUP(?)
STACK       ENDS
CODE        SEGMENT
    ASSUME  CS:CODE, DS:DATA
    ASSUME  SS:STACK
CURSOR      MACRO       ROW, CLM
            MOV         AH, 2
            MOV         BH, 0
            MOV         DH, ROW
            MOV         DL, CLM
            INT         10H
            ENDM
```

```
WIN        MACRO   ROWL，CLML，ROWR，CLMR，COLOR
           MOV     AH，6
           MOV     AL，0
           MOV     CH，ROWL
           MOV     CL，CLML
           MOV     DH，ROWR
           MOV     DL，CLMR
           MOV     BH，COLOR
           INT     10H
           ENDM
ASCBCD     MACRO   REG
           INC     BX
           INC     BX
           MOV     REG，[BX]
           MOV     CL，4
           SHL     REG，CL
           INC     BX
           MOV     AL，[BX]
           AND     AL，0FH
           OR      REG，AL
           ENDM
BCDASC     MACRO   REG
           INC     BX
           INC     BX
           MOV     AL，REG
           MOV     CL，4
           SHR     AL，CL
           OR      AL，30H
           MOV     [BX]，AL
           INC     BX
           MOV     AL，REG
           AND     AL，0FH
           OR      AL，30H
           MOV     [BX]，AL
           ENDM
INCBCD     MACRO   REG，COUNT
           MOV     AL，REG
           INC     AL
           DAA
```

```
                    MOV       REG, AL
                    CMP       AL, COUNT
                    JNZ       DISPY
                    MOV       REG, 0
                    ENDM
STRDSPY             MACRO     ADRS
                    LEA       DX, ADRS
                    MOV       AH, 9
                    INT       21H
                    ENDM
CLOCK               PROC      FAR
START:              PUSH      DS
                    MOV       AX, 0
                    PUSH      AX
                    MOV       AX, DATA
                    MOV       DS, AX
                    WIN       0, 0, 24, 79, 7;
                    WIN       9, 28, 15, 52, 01010111B
                    CURSOR    11, 32
                    STRDSPY   BUF1
                    CURSOR    13, 36
                    LEA       DX, BUF2
                    MOV       AH, 0AH
                    INT       21H
                    LEA       BX, BUF2
                    ASCBCD    CH
                    ASCBCD    DH
                    ASCBCD    DL
TIMER:              CALL      DELY
                    INCBCD    DL, 60H
                    INCBCD    DH, 60H
                    INCBCD    CH, 24H
DISPY:              LEA       BX, BUF2
                    BCDASC    CH
                    BCDASC    DH
                    BCDASC    DL
                    INC       BX
                    MOV       AL, '$'
                    MOV       [BX], AL
                    PUSH      DX
```

```
                    CURSOR    13，36
                    STRDSPY   BUF2
                    POP       DX
                    JMP       TIMER
        DELY        PROC
                    PUSH      CX
                    PUSH      AX
                    MOV       AX，3FFFH
        X1:         MOV       CX，0FFFFH
        X2:         DEC       CX
                    JNE       X2
                    DEC       AX
                    JNE       X1
                    POP       AX
                    POP       CX
                    RET
        DELY        ENDP
        CLOCK       ENDP
        CODE        ENDS
                    END       START
```

【例4-22】 图 4.19 是"两只老虎"的简谱。根据乐谱在数据段中定义了频率数据表(FREQ)和节拍时间数据表(TIME)，程序以 –1 作为频率数据表的结束标志。程序流程图如图 4.20 所示，演奏该乐曲程序如下：

```
        1=C   4/4

          1  2  3  1|1  2  3  1|3  4  5- |3  4  5- |
          5653 1|5653 1|2 5 1- |2 5 1- |
```

图 4-19 "两只老虎"简谱

```
TITLE      例4-21.ASM
DATA       SEGMENT
FREQ       DW 262，294，330，262，262，294，330，262
           DW 330，349，392，330，349，392，392，440
           DW 392，349，330，262，392，440，392，349
           DW 330，262，294，196，262，294，196，262，–1
TIME       DW 25，25，25，25，25，25，25，25，25，25
           DW 50，25，25，50，12，12，12，12，25，25
           DW 12，12，12，12，25，25，25，25，50，25，25，50
SNAME      DB      'TWO TIGER.$'
DATA       ENDS
```

```
STACK    SEGMENT    STACK    'STACK'
         DB         100      DUP(0)
STACK    ENDS
CODE     SEGMENT
         ASSUME CS:CODE, SS:STACK, DS:DATA
PLAY     PROC       FAR
         PUSH       DS
         MOV        AX, 0
         PUSH       AX
         MOV        AX, DATA
         MOV        DS, AX
         MOV        DX, OFFSET SNAME
         MOV        AH, 9
         INT        21H
         MOV        AL, 0B6H
         OUT        43H, AL
         MOV        BP, OFFSET TIME
         MOV        SI, OFFSET FREQ
SONG:    MOV        DI, [SI]
         CMP        DI, -1
         JZ         EXIT
         MOV        BX, DS:[BP]
         CALL       CSOUND
         INC        SI
         INC        SI
         INC        BP
         INC        BP
         JMP        SONG
EXIT:    RET
CSOUND PROC         NEAR
         PUSH       AX
         PUSH       BX
         PUSH       CX
         PUSH       DX
         PUSH       SI
         MOV        DX, 12H
         MOV        AX, 34DCH
         DIV        DI
         OUT        42H, AL
         MOV        AL, AH
```

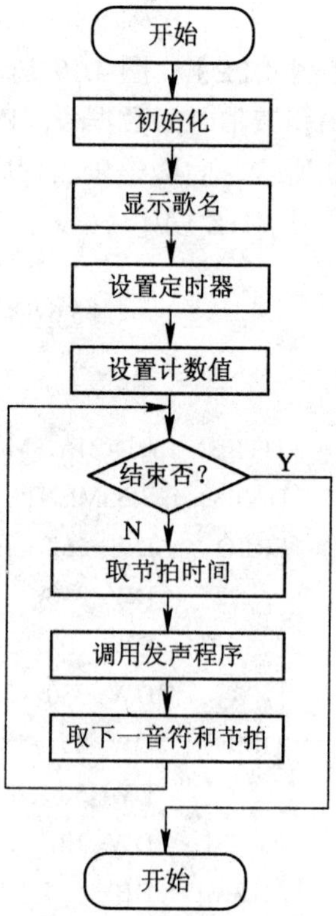

开始 → 初始化 → 显示歌名 → 设置定时器 → 设置计数值 → 结束否？ (Y/N) → 取节拍时间 → 调用发声程序 → 取下一音符和节拍 → 开始

图 4.20 例 4-21 流程图

```
              OUT       42H，AL
              IN        AL，61H
              MOV       AH，AL
              OR        AL，03H
              OUT       61H，AL
              MOV       BX，3FFFH
DLY0:         MOV       CX，32717
DLY1:         LOOP      DLY1
              DEC       BX
              JNZ       DLY0
              MOV       AL，AH
              OUT       61H，AL
              POP       SI
              POP       DX
              POP       CX
              POP       BX
              POP       AX
              RET
CSOUND  ENDP
PLAY    ENDP
CODE    ENDS
        END       PLAY
```

例 4-22 的演奏程序比较简单，如果想演奏另一乐曲，只需将数据段中频率数据表 FREQ、节拍数据表 TIME 和乐曲名 SNAME 换成另一个乐曲的频率、节拍和乐曲名即可。

习 题 4 ✐

4.1 假设下列指令中的所有标识符均是类型属性为字的变量，请指出下列指令中哪些是非法的？它们的错误是什么？

(1) MOV BP，AL

(2) MOV WORD_OP[BX+4*3][DI]，SP

(3) MOV WORD_OP1，WORD_OP2

(4) MOV AX，WORD_OP1[DX]

(5) MOV SAVE WORD，DS

(6) MOV SP，SS：DATA_WORD[BX][SI]

(7) MOV [BX][SI]，2

(8) MOV AX，WORD_OP1+WORD_OP2

(9) MOV AX，WORD_OP1_WORD_OP2+100

(10) MOV   WORD_OP1，WORD_OP1_WORD_OP2

4.2　假设 VAR1 和 VAR2 为字变量，LAB 为标号，试指出下列指令的错误之处。

(1) ADD　VAR1，VAR2

(2) SUB　AL, VAR1

(3) JMP　LAB[SI]

(4) JNZ　VAR1

(5) JMP　NEAR　LAB

4.3　画图说明下列语句所分配的存储空间及初始化的数据值。

(1) BYTE_VAR　DB　'BYTE'，12，-12H，3 DUP(0，?，2 DUP(1，2)，?)

(2) WORD_VAR　DW　5 DUP(0，1，2)，?，-5，'BY'，'TE'，256H

4.4　写出将首地址为 BLOCK 的字数组的第 6 个字送到 CX 寄存器的指令序列，要求分别使用以下几种寻址方式：

(1) 以 BX 的寄存器间接寻址；

(2) 以 BX 的寄存器相对寻址；

(3) 以 BX、SI 的基址变址寻址。

4.5　假设程序中的数据定义如下：

```
PARTNO      DW      ?
PNAME       DB      16   DUP(?)
COUNT       DD      ?
PLENTH      EQU     $-PARTNO
```

问 PLENTH 的值为多少？它表示什么意义？

4.6　有符号定义语句如下：

```
BUFF        DB      1，2，3，'123'
EBUFF       DB      0
L           EQU     EBUFF-BUFF
```

问 L 的值是多少？

4.7　假设程序中的数据定义如下：

```
LNAME       DB      30   DUP(?)
ADDRESS     DB      30   DUP(?)
CITY        DB      15   DUP(?)
CODE_LIST   DB      1，7，8，3，2
```

(1) 用一条 MOV 指令将 LNAME 的偏移地址放入 AX。

(2) 用一条指令将 CODE_LIST 的头两个字节的内容放入 SI。

(3) 写一条伪操作使 CODE_LENGHT 的值等于 CODE_LIST 域的实际长度。

4.8　试写出一个完整的数据段 DATA_SEG，把整数 5 赋予一个字节，并把整数-1，0，2，5 和 4 放在 10 字数组 DATA_LIST 的前 5 个单元中。然后，写出完整的代码段，其功能是把 DATA_LIST 中前 5 个数中的最大值和最小值分别存入 MAX 和 MIN 单元中。

4.9　给出等值语句如下：

```
ALPHA       EQU     100
BETA        EQU     25
```

```
          GAMMA    EQU      2
```
问下列表达式的值各是多少?

   (1) ALPHA*100+BETA

   (2) ALPHA MOD GAMMA+BETA

   (3) (ALPHA+2)*BETA－2

   (4) (BETA/3) MOD 5

   (5) (ALPHA+3)*(BETA MOD GAMMA)

   (6) ALPHA GE GAMMA

   (7) BETA AND 7

   (8) GAMMA OR 3

4.10　对于下面的数据定义,三条 MOV 指令分别汇编成什么?(可用立即数方式表示)

```
          TABLEA  DW       10 DUP(?)
          TABLEB  DB       10 DUP(?)
          TABLEC  DB       '1234'
                 ⋮
          MOV          AX，LENGTH  TABLEA
          MOV          BL，LENGTH  TABLEB
          MOV          CL，LENGTH  TABLEC
```

4.11　对于下面的数据定义,各条 MOV 指令单独执行后,有关寄存器的内容是什么?

```
          FLDB     DB       ?
          TABLEA   DW       20  DUP(?)
          TABLEB   DB       'ABCD'
```

   (1) MOV　　AX，TYPE FLDB

   (2) MOV　　AX，TYPE TABLEA

   (3) MOV　　CX，LENGTH TABLEA

   (4) MOV　　DX，SIZE TABLEA

   (5) MOV　　CX，LENGTH TABLEB

4.12　编写在屏幕上显示字符串 'THIS IS TEXT DISPLAY PROGRAM.' 的程序。

4.13　编写程序,接收从键盘输入的 10 个十进制数字,输入中遇见回车符则停止输入,各个数经过 BCD 码处理,以十六进制数显示在屏幕上。

第 5 章   微处理器总线时序和系统总线

在计算机系统中，需要利用不同的总线将芯片与芯片、电路板与电路板、计算机与外设、计算机与计算机以及系统与系统连接到一起，实现它们之间的数据通信。总线是计算机系统重要的组成部分，总线的性能将直接影响计算机系统的性能。本章将介绍总线的性能标准、微处理器的引脚功能、8086 微处理器在最大/最小方式下的系统配置、微处理器的基本时序、系统总线的分类、PC 总线和 PCI 总线的引脚功能，最后重点介绍通用串行总线 USB。

5.1   微处理器性能指标

CPU(Central Processing Unit)即中央处理器，从雏形出现到发展壮大的今天，由于制造技术越来越先进，因此集成度越来越高，内部的晶体管数已达到几千万个。虽然从最初的CPU 发展到现在，其晶体管数增加了几千倍，但是 CPU 的内部结构仍然可分为控制单元、逻辑单元和存储单元三大部分。CPU 的性能大致上反映了它所配置的微机的性能。CPU 主要的性能指标有 11 项，下面分别介绍。

1. 字长

所谓字长，即处理器一次性加工运算二进制数的最大位数。字长是处理器性能指标的主要量度之一，它与计算机其他性能指标(如内存最大容量、文件的最大长度、数据在计算机内部的传输速度、计算机处理速度和精度等)有着十分密切的关系。字长是计算机系统体系结构、操作系统结构和应用软件设计的基础，也是决定计算机系统综合性能的基础。

2. 主频

主频也就是 CPU 的时钟频率，简单地说就是 CPU 运算时的工作频率。一般说来，主频越高，一个时钟周期里面完成的指令数也越多，当然 CPU 的速度也就越快。不过由于各种各样的 CPU 的内部结构不尽相同，因此并非所有的时钟频率相同的 CPU 其性能都一样。外频是系统总线的工作频率；倍频则是指 CPU 外频与主频相差的倍数。三者有着十分密切的关系，即：主频=外频×倍频。

3. 内存总线速度与扩展总线

内存总线速度(Memory Bus Speed)一般等同于 CPU 的外频。内存总线的速度对整个系统性能来说很重要，由于内存速度的发展滞后于 CPU 的发展速度，为了缓解内存带来的瓶颈，开发了二级(L2)缓存，来协调两者之间的差异，内存总线速度就是指 CPU 与二级高速缓存以及内存之间的工作频率。

扩展总线(Expansion Bus)指的是安装在微机系统上的局部总线。如 VESA 或 PCI 总线，它们是 CPU 联系外部设备的桥梁。

4. 工作电压

工作电压(Supply Voltage)指的是 CPU 正常工作所需的电压。早期 CPU(286～486)的工作电压为 5 V，由于制造工艺相对落后，以致 CPU 发热量大，寿命短。随着 CPU 的制造工艺与主频的提高，CPU 的工作电压逐步下降，到奔腾时代，电压曾有过 3.5 V，后来又下降到 3.3 V，甚至降到了 2.8 V，Intel 最新出品的 Coppermine 已经采用 1.6 V 的工作电压了。低电压能解决耗电过大和发热过高的问题，这对于笔记本电脑尤其重要。随着 CPU 的制造工艺与主频的提高，近年来各种 CPU 的工作电压有逐步下降的趋势。

5. 地址总线宽度

地址总线宽度决定了 CPU 可以访问存储器的物理地址空间，简单地说就是 CPU 到底能够使用多大容量的内存。地址线的宽度为 20 位的微机，最多可以直接访问 1 MB 的物理空间，但是对于 386 以上的微机系统，地址线的宽度为 32 位，最多可以直接访问 4096 MB (4 GB)的物理空间。

6. 数据总线宽度

数据总线负责整个系统数据流量的大小，而数据总线宽度则决定了 CPU 与二级高速缓存、内存以及输入/输出设备之间一次数据传输的信息量。

7. 协处理器

协处理器主要的功能就是负责浮点运算。在 486 以前的 CPU 里面，是没有内置协处理器的，主板上可以另外加一个外置协处理器，其目的就是增强浮点运算的功能。486 以后的 CPU 一般都内置了协处理器，协处理器的功能也不再局限于增强浮点运算功能，含有内置协处理器的 CPU，可以加快特定类型的数值计算，某些需要进行复杂计算的软件系统(如高版本的 AutoCAD)就需要协处理器支持。

8. 流水线技术、超标量

流水线(PipeLine)是 Intel 首次在 486 芯片中开始使用的技术。流水线的工作方式就像工业生产上的装配流水线。在 CPU 中由 5～6 个不同功能的电路单元组成一条指令处理流水线，然后将一条 X86 指令分成 5～6 步后再由这些电路单元分别执行，这样就能实现在一个 CPU 时钟周期完成一条指令，因此提高了 CPU 的运算速度。超流水线是指 CPU 内部的流水线超过通常的 5～6 步以上，例如，Pentium Pro 的流水线就长达 14 步。将流水线的步(级)数设计得越多，其完成一条指令的速度就越快，因此才能适应工作主频更高的 CPU。

超标量是指在一个时钟周期内 CPU 可以执行一条以上的指令。只有 Pentium 级以上的 CPU 才具有这种超标量结构，这是因为现代的 CPU 越来越多地采用了 RISC 技术。486 以下的 CPU 属于低标量结构，即在这类 CPU 内执行一条指令至少需要一个或一个以上的时钟周期。

9. 高速缓存

高速缓存(Cache)分内置和外置两种，用来解决 CPU 与内存之间传输速度的匹配。内置的高速缓存的容量和结构对 CPU 的性能影响较大，容量越大，性能也就相对提高。不过高速缓冲存储器均由静态 RAM 组成，结构较复杂，在 CPU 管芯面积不能太大的情况下，高速缓存的容量不可能做得太大。采用回写(Write Back)结构的高速缓存，它对读和写操作均有效，速度较快。而采用写通(Write Through)结构的高速缓存，仅对读操作有效。在 486 以上的计算机中基本采用了回写式高速缓存。

10. 动态处理

动态处理是应用在高能奔腾处理器中的新技术，创造性地把三项专为提高处理器对数据的操作效率而设计的技术融合在一起。这三项技术是多路分流预测、数据流量分析和猜测执行。动态处理并不是简单执行一串指令，而是通过操作数据来提高处理器的工作效率。

1) 多路分流预测

多路分流预测通过几个分支对程序流向进行预测。采用多路分流预测算法后，处理器便可参与指令流向的跳转。它预测下一条指令在内存中位置的准确度可以高达 90%以上。这是因为处理器在取指令时，还会在程序中寻找未来要执行的指令。这个技术可加速向处理器传送任务。

2) 数据流量分析

数据流量分析抛开原程序的顺序，分析并重排指令，优化执行顺序。处理器读取经过解码的软件指令，判断该指令能否处理或是否需与其他指令一并处理。然后，处理器再决定如何优化执行顺序以便高效地处理和执行指令。

3) 猜测执行

猜测执行提前判断并执行有可能需要的程序指令，从而提高执行速度。当处理器执行指令时(每次五条)，采用的是"猜测执行"的方法。这样可使 Pentium Ⅱ处理器超级处理能力得到充分的发挥，从而提升软件性能。被处理的软件指令是建立在猜测分支基础之上的，因此结果也就作为"预测结果"保留起来。一旦其最终状态能被确定，指令便可返回到其正常顺序并保持永久的机器状态。

11. 制造工艺

Pentium CPU 的制造工艺是 0.35 μm，Pentium Ⅱ CPU 可以达到 0.25 μm，最新的 CPU制造工艺可以达到 0.045 μm，并且将采用铜配线技术，可以极大地提高 CPU 的集成度和工作频率。

Intel 的几种微处理器关键特性的比较如表 5-1 所示。

表 5-1　Intel 微处理器关键特性比较

Intel 处理器	引入 日期	最大时钟 频率	晶体管 数目	寄存器 尺寸	外部数据 总线尺寸	最大外部 地址空间	Caches
8086	1978	8 MHz	29 K	16 GP	16	1 MB	
80286	1982	12.5 MHz	134 K	16 GP	16	16 MB	
80386DX	1985	20 MHz	275 K	32 GP	32	4 GB	仅有片外 Cache
80486DX	1989	25 MHz	1.2 M	32GP 80FPU	32	4 GP	L1:8 KB
Pentium	1993	60 MHz	3.1 M	32GP 80FPU	64	4 GB	L1:16 KB
Pentium Pro	1995	200 MHz	5.5 M	32GP 80FPU	64	64 GB	L1:16 KB L2:512 KB
Pentium Ⅱ	1997	266 MHz	7 M	32GP 80FPU 64MMX	64	64 GB	L1:32 KB L2: 512 KB
Pentium Ⅲ	1999	500 MHz 700 MHz	8.2 M 28 M	32GP 80FPU 64MMX 128XMM	64	64 GB	L1:32 KB L2:512 KB
Pentium 4	2000	1.50 GHz	42 M	32GP 80FPU 64MMX 128XMM	64	64 GB	L1:8 KB L2:256 KB

5.2　微处理器总线及配置

5.2.1　Intel 8086 微处理器的引脚功能

8086 微处理器是 Intel 公司的第三代微处理器，它的字长是 16 位的，采用 40 条引脚的 DIP(双列直插)封装。时钟频率有三种：5 MHz(8086)、8 MHz(8086−1)和 10 MHz (8086−2)。8086 的引脚如图 5.1 所示。

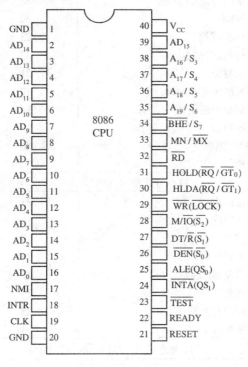

GND	1		40	V_{CC}
AD_{14}	2		39	AD_{15}
AD_{13}	3		38	A_{16}/S_3
AD_{12}	4		37	A_{17}/S_4
AD_{11}	5		36	A_{18}/S_5
AD_{10}	6		35	A_{19}/S_6
AD_9	7	8086 CPU	34	$\overline{BHE}/S_7$
AD_8	8		33	$MN/\overline{MX}$
AD_7	9		32	$\overline{RD}$
AD_6	10		31	$HOLD(\overline{RQ}/\overline{GT_0})$
AD_5	11		30	$HLDA(\overline{RQ}/\overline{GT_1})$
AD_4	12		29	$\overline{WR}(\overline{LOCK})$
AD_3	13		28	$M/\overline{IO}(\overline{S_2})$
AD_2	14		27	$DT/\overline{R}(\overline{S_1})$
AD_1	15		26	$\overline{DEN}(\overline{S_0})$
AD_0	16		25	$ALE(QS_0)$
NMI	17		24	$\overline{INTA}(QS_1)$
INTR	18		23	$\overline{TEST}$
CLK	19		22	READY
GND	20		21	RESET

图 5.1　8086 引脚

8086 的 40 条引脚信号按功能可分为四部分——地址总线、数据总线、控制总线以及其他(时钟与电源)。8086 微处理器的引脚信号定义见表 5-2。

1. 地址总线和数据总线

(1) 数据总线用来在 CPU 与内存储器(或 I/O 设备)之间交换信息，为双向、三态信号。地址总线由 CPU 发出，用来确定 CPU 要访问的内存单元(或 I/O 端口)的地址信号，为输出、三态信号。

(2) $AD_{15}\sim AD_0$ 为地址/数据总线。这 16 条信号线是分时复用的双重总线，在每个总线周期(T_1)开始时，用作地址总线的 16 位($AD_{15}\sim AD_0$)给出内存单元(或 I/O 端口)的地址；其他时间为数据总线，用于数据传输。

(3) $A_{19}\sim A_{16}/S_6\sim S_3$ 为地址/状态总线。这 4 条信号线也是分时复用的双重总线，在每个总线周期(T_1)开始时，用作地址总线的高 4 位($A_{19}\sim A_{16}$)，在存储器操作中为高 4 位地址，在 I/O 操作中，这 4 位置"0"(低电平)。在总线周期的其余时间，这 4 条信号线指示 CPU

的状态信息。在 4 位状态信息中，S_6 恒为低电平；S_5 反映标志寄存器中中断允许寄存器 IF 的当前值；S_4、S_3 表示正在使用哪个段寄存器，其编码见表 5-3。

表 5-2 8086 引脚信号定义

名　　称	功　　能	引　脚　号	类　　型
公 用 信 号			
$AD_{15} \sim AD_0$	地址/数据总线	$2 \sim 16$，39	双向、三态
$A_{19}/S_6 \sim A_{16}/S_3$	地址/状态总线	$35 \sim 38$	输出、三态
$\overline{BHE}/S_7$	总线高允许/状态	34	输出、三态
MN/$\overline{MX}$	最小/最大方式控制	33	输入
$\overline{RD}$	读控制	32	输出、三态
$\overline{TEST}$	等待测试控制	23	输入
READY	等待状态控制	22	输入
RESET	系统复位	21	输入
NMI	不可屏蔽中断请求	17	输入
INTR	可屏蔽中断请求	18	输入
CLK	系统时钟	19	输入
V_{CC}	+5 V 电源	40	输入
GND	接地	1，20	
最小方式信号(MN/$\overline{MX}$=V_{CC})			
HOLD	保持请求	31	输入
HLDA	保持响应	30	输出
$\overline{WR}$	写控制	29	输出、三态
M/$\overline{IO}$	存储器/IO 控制	28	输出、三态
DT/$\overline{R}$	数据发送/接收	27	输出、三态
$\overline{DEN}$	数据允许	26	输出、三态
ALE	地址锁存允许	25	输出
$\overline{INTA}$	中断响应	24	输出
最大方式信号(MN/$\overline{MX}$=GND)			
$\overline{RQ}/\overline{GT}_{1,0}$	请求/允许总线访问控制	30，31	双向
$\overline{LOCK}$	总线优先权锁定控制	29	输出、三态
$\overline{S}_2$、$\overline{S}_1$、$\overline{S}_0$	总线周期状态	$26 \sim 28$	输出、三态
QS_1、QS_0	指令队列状态	24，25	输出

表 5-3 S_4、S_3 的编码表

S_4	S_3	特性(所使用的段寄存器)
0	0	ES
0	1	SS
1	0	CS(或者不是寄存器操作)
1	1	DS

(4) 8086 的 20 条地址线访问存储器时可寻址 1 MB 的内存单元；访问外部设备时，只用 16 条地址 $A_{15} \sim A_0$，可寻址 64K 个 I/O 端口。

(5) $\overline{BHE}/S_7$ 为总线高允许/状态 S_7 信号(输出三态)。这也是分时复用的双重总线，在总线周期开始的 T_1 周期，作为 16 位总线高字节部分允许信号，低电平有效。当 $\overline{BHE}$ 为低电平时，把读/写的 8 位数据与 $AD_{15} \sim AD_8$ 连通。该信号与 A_0(地址信号最低位)结合以决定数据字是高字节工作还是低字节工作。在总线周期的其他 T 周期，该引脚输出状态信号 S_7。在 DMA 方式下，该引脚为高阻态。

2. 控制总线

控制总线是传送控制信号的一组信号线，有些是输出线，用来传输 CPU 送到其他部件的控制命令(如读、写命令，中断响应等)；有些是输入线，由外部向 CPU 输入控制及请求信号(复位、中断请求等)。

8086 的控制总线中有一条是 MN/$\overline{MX}$ (33#引脚)线，即最小/最大方式控制线，用来控制 8086 的工作方式。当 MN/$\overline{MX}$ 接+5 V 时，8086 处于最小方式，由 8086 提供系统所需的全部控制信号，构成一个小型的单处理机系统。当 MN/$\overline{MX}$ 接地时，8086 处于最大方式，系统的总线控制信号由专用的总线控制器 8288 提供，8086 把指示当前操作的状态信号($\overline{S}_2$、$\overline{S}_1$、$\overline{S}_0$)送给 8288，8288 据此产生相应的系统控制信号。最大方式用于多处理机和协处理机结构中。

在 8086 的控制总线中，有一部分总线的功能与工作方式无关，而另一部分总线的功能随工作方式不同而不同(即一条信号线有两种功能)，现分别叙述。

1) 受 MN/$\overline{MX}$ 影响的信号线(最大方式信号)

(1) $\overline{S}_2$、$\overline{S}_1$、$\overline{S}_0$——总线周期状态信号(三态、输出)。它们表示 8086 外部总线周期的操作类型，送到系统中的总线控制器为 8288。8288 根据这三个状态信号，产生存储器读/写命令、I/O 端口读/写命令以及中断响应信号，$\overline{S}_2$、$\overline{S}_1$、$\overline{S}_0$ 的译码表如表 5-4 所示。

表 5-4 $\overline{S}_2$、$\overline{S}_1$、$\overline{S}_0$ 译码表

$\overline{S}_2$	$\overline{S}_1$	$\overline{S}_0$	操作类型(CPU 周期)
0	0	0	中断响应
0	0	1	读 I/O 端口
0	1	0	写 I/O 端口
0	1	1	暂停
1	0	0	取指
1	0	1	读存储器(数据)
1	1	0	写存储器
1	1	1	无效(无总线周期)

在总线周期的 T_4 期间，$\overline{S}_2$、$\overline{S}_1$、$\overline{S}_0$ 的任何变化，都指示一个总线周期的开始，而在 T_3 期间(或 Tw 等待周期期间)返回无效状态，表示一个总线周期的结束。在 DMA(直接存储器存取)方式下，$\overline{S}_2$、$\overline{S}_1$、$\overline{S}_0$ 处于高阻状态。

在最小方式下，$\overline{S}_2$、$\overline{S}_1$、$\overline{S}_0$ 三引脚分别为 M/$\overline{IO}$、DT/$\overline{R}$ 和 $\overline{DEN}$。M/$\overline{IO}$ 是存储器与输入/输出端口的控制信号(输出、三态)，用于区分 CPU 是访问存储器(M/$\overline{IO}$=1)，还是访

问 I/O 端口(M/$\overline{\text{IO}}$=0)。DT/$\overline{\text{R}}$ 为数据发送/接收信号(输出、三态)，用于指示 CPU 是进行写操作(DT/$\overline{\text{R}}$=1)还是读操作(DT/$\overline{\text{R}}$=0)。$\overline{\text{DEN}}$ 为数据允许信号(输出、三态)，在 CPU 访问存储器或 I/O 端口的总线周期的后一段时间内，该信号有效，用作系统中总线收发器的允许控制信号。

(2) $\overline{\text{RQ}}/\overline{\text{GT}}_0$、$\overline{\text{RQ}}/\overline{\text{GT}}_1$——请求/允许总线访问控制信号(双向)。这两种信号线是为多处理机应用而设计的，用于对总线控制权的请求和应答，其特点是请求和允许功能由一根信号线来实现。

总线访问的请求/允许时序分为三个阶段，即请求、允许和释放。首先是协处理器向 8086 输出 $\overline{\text{RQ}}$ 请求使用总线，然后在 CPU(8086)的 T_4 或下一个总线周期的 T_1 时期，CPU 输出一个宽度为一个时钟周期的脉冲信号 $\overline{\text{GT}}$ 给请求总线的协处理器，作为总线响应信号，从下一个时钟周期开始，CPU 释放总线。当协处理器使用总线结束时，再给出一个宽度为一个时钟周期的脉冲信号 $\overline{\text{RQ}}$ 给 CPU，表示总线使用结束，从下一个时钟周期开始，CPU 又控制总线。

两条控制线可以同时接两个协处理器，规定 $\overline{\text{RQ}}/\overline{\text{GT}}_0$ 的优先级高。在最小方式下，$\overline{\text{RQ}}/\overline{\text{GT}}_0$ 和 $\overline{\text{RQ}}/\overline{\text{GT}}_0$ 二引脚分别为 HLDA。

HOLD 为保持请求信号(输入)，当外部逻辑把 HOLD 引脚置为高电平时，8086 在完成当前总线周期以后进入 HOLD(保持)状态，让出总线控制权。

HLDA 为保持响应信号(输出)，这是 CPU 对 HOLD 信号的响应信号，它对 HOLD 信号作出响应，使 HLDA 输出高电平。当 HLDA 信号有效时，8086 的三态信号线全部处于高阻态(即三态)，使外部逻辑可以控制总线。

(3) QS_1、QS_0——指令队列状态信号(输出)。用于指示 8086 内部 BIU 中指令队列的状态，以便让外部协处理器进行跟踪。QS_1、QS_0 的编码状态如表 5-5 所示。

表 5-5 QS_1、QS_0 的编码表

QS_1	QS_0	指令队列操作状态
0	0	空操作，在最后一个时钟周期内，从队列中不取任何代码
0	1	第一个字节，从队列中取出的字节是指令的第一个字节
1	0	队列空，由于执行传送指令，队列已重新初始化
1	1	后续字节，从队列中取出的字节是指令的后续字节

在最小方式下，QS_1、QS_0 二引脚分别为 $\overline{\text{INTA}}$ 和 ALE。

ALE 为地址锁存允许信号(输出)，这是 8086 CPU 在总线周期的第一个时钟周期内发出的正脉冲信号，其下降沿用来把地址/数据总线($AD_{15} \sim AD_0$)以及地址/状态总线($A_{19} \sim A_{16}/S_6 \sim S_3$)中的地址信息锁住并存入地址锁存器中。

$\overline{\text{INTA}}$ 为中断响应信号(输出、三态)，当 8086 CPU 响应来自 INTR 引脚的可屏蔽中断请求时，在中断响应周期内，$\overline{\text{INTA}}$ 变为低电平。

(4) $\overline{\text{LOCK}}$——总线优先权锁定信号(输出、三态)。该信号用来封锁外部处理器的总线请求，当 $\overline{\text{LOCK}}$ 输出低电平时，外部处理器不能控制总线，$\overline{\text{LOCK}}$ 信号是否有效，由指令在程序中设置。若一条指令加上前缀指令 $\overline{\text{LOCK}}$，则 8086 在执行该指令期间，$\overline{\text{LOCK}}$ 线输

出低电平并保持到指令执行结束，以防止在这条指令在执行过程中被外部处理器的总线请求所打断。在保持响应期间，$\overline{LOCK}$ 线为高阻态。

在最小方式下，$\overline{LOCK}$ 引脚为 $\overline{WR}$ 信号。$\overline{WR}$ 为写控制信号(输出，三态)，当 8086 CPU 对存储器或 I/O 端口进行写操作时，$\overline{WR}$ 为低电平。

2) 不受 MN/$\overline{MX}$ 影响的控制总线(公共总线)

下面这些控制信号是不受工作方式影响的公共总线。

(1) $\overline{RD}$——读控制信号(三态、输出)。$\overline{RD}$ 信号为低电平时，表示 8086 CPU 执行读操作。在 DMA 方式时 $\overline{RD}$ 处于高阻态。

(2) READY——等待状态控制信号，又称准备就绪信号(输入)。当被访问的部件无法在 8086 CPU 规定的时间内完成数据传送时，应由该部件向 8086 CPU 发出 READY=0(低电平)，使 8086 CPU 处于等待状态，插入一个或几个等待周期 T，当被访问的部件完成数据传输时，被访问的部件将使 READY=1(高电平)，8086 CPU 继续运行。

(3) INTR——中断请求信号(输入)。该引脚提供可屏蔽中断请求信号，为电平触发信号。在每条指令的最后一个时钟周期，8086 CPU 将采样该引脚信号，若 INTR 为高电平，同时 8086 CPU 的 IF(中断允许标志)为"1"，则 8086 CPU 将执行中断响应，并且把控制转移到相应的中断服务程序。如果 IF="0"，则 8086 不响应该中断请求，继续执行下一条指令。INTR 信号可由软件将 CPU 内部的 IF 复位而加以屏蔽。

(4) NMI——不可屏蔽中断请求信号(输入)。上升沿触发信号，不能用软件加以屏蔽。当 NMI 从低电平变为高电平时，该信号有效，8086 CPU 在完成当前指令后，把控制转移到不可屏蔽中断服务程序。

(5) $\overline{TEST}$——等待测试控制信号(输入)。在 WAIT(等待)指令期间，8086 CPU 每隔 5 个时钟周期对 $\overline{TEST}$ 引脚采样。若 $\overline{TEST}$ 为高电平，则 8086 CPU 循环于等待状态，若 $\overline{TEST}$ 为低电平，则 8086 CPU 脱离等待状态，继续执行后续指令。

(6) RESET——复位信号(输入)。当 RESET 为高电平时，系统处于复位状态，8086 CPU 停止正在运行的操作，把内部的标志寄存器 FR、段寄存器、指令指针 IP 以及指令队列复位到初始化状态。注意，代码段寄存器 CS 的初始化状态为 FFFFH。

3. 其他信号

(1) CLK——时钟信号(输入)。该信号为 8086 CPU 提供基本的定时脉冲，其占空比为 1∶3(高电平持续时间：重复周期=1∶3)，以提供最佳的内部定时。

(2) V_{CC}——电源(输入)。要求接上正电压(+5 V±10%)。

(3) GND——地线。两条接地线。

4. 8088 引脚与 8086 引脚的不同之处

8088 微处理器是一种准 16 位处理器，其内部结构基本上与 8086 相同，且有着相同的内部寄存器和指令系统，在软件上是完全兼容的。其引脚信号也与 8086 基本相同，只是如下引脚的功能有所不同。8088 的引脚安排如图 5.2 所示。

(1) 8086 CPU 的指令预取队列为 6 个字节，而 8088 CPU 只有 4 个字节。

(2) 8086 CPU 的 $AD_{15}\sim AD_0$ 为地址/数据双向分时复用的，而 8088 CPU 只有 $AD_7\sim AD_0$，为地址、数据双向分时复用的，$A_{15}\sim A_8$ 仅用于输出地址信号。在 16 位数据操作时，

8086 只需一个总线周期就可完成，8088 则需要两个总线周期来完成，因此 8088 的速度较 8086 要慢些。

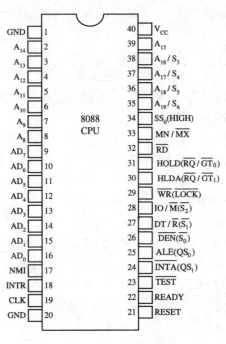

图 5.2 8088 引脚

(3) 8086 的引脚 28 为 M/$\overline{IO}$，即 CPU 访问内存时该引脚输出高电平，访问接口时则输出低电平。对于 8088 而言，该引脚的状态正好相反，变为 IO/$\overline{M}$。

(4) 8088 中无 $\overline{BHE}$/S_7 信号，该引脚为 SS_0 状态信号线。该引脚在最大方式下保持高电平，在最小方式下等效于最大方式下 S_0 的作用，SS_0 与 IO/$\overline{M}$、DT/$\overline{R}$ 组合以确定当前的总线周期，IO/$\overline{M}$、DT/$\overline{R}$ 与 SS_0 的编码如表 5-6 所示。

表 5-6 IO/$\overline{M}$、DT/$\overline{R}$、SS_0 编码表

IO/$\overline{M}$	DT/$\overline{R}$	SS_0	总线操作
1	0	0	中断响应
1	0	1	读 I/O 端口
1	1	0	写 I/O 端口
1	1	1	暂停
0	0	0	取指
0	0	1	读存储器
0	1	0	写存储器
0	1	1	无效

5.2.2 8086 微处理器的系统配置

8086 微处理器有两种工作方式，下面讨论在这两种工作方式下系统的基本配置。

1. 最小方式下的系统配置

当 8086 CPU 的 MN/$\overline{MX}$ 引脚接+5 V 电源时，8086 CPU 工作于最小方式，用于构成小型的单处理机系统，图 5.3 为最小方式下 8086 系统配置图。在图 5.3 所示的 8086 系统中，

除 8086 CPU、存储器和 I/O 接口电路外，还有三部分支持系统工作的器件——时钟发生器、地址锁存器和数据收发器。

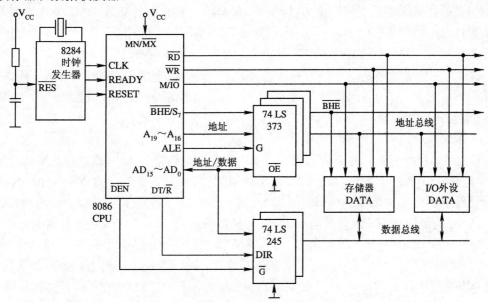

图 5.3 最小方式下 8086 系统配置

1) 时钟发生器 8284A

8284A 是用于 8086(或 8088)系统的时钟发生器/驱动器芯片，它为 8086(或 8088)以及其他外设芯片提供所需要的时钟信号。8284A 的结构框图及引脚图如图 5.4 所示。由图可见，8284A 由三部分电路组成。

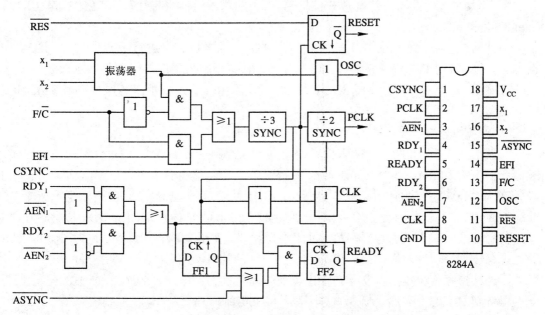

图 5.4 8284A 的结构框图与引脚

(1) 时钟信号发生器电路提供系统所需要的时钟信号，有两个来源：一个是在 x_1 与 x_2

引脚之间接上晶体，由晶体振荡器产生时钟信号；另一个是由 EFI 引脚加入的外接振荡信号产生时钟信号，两者由 F/$\overline{C}$ 端信号控制。F/$\overline{C}$ =0 时，表示由外接振荡器产生。

如果晶体振荡器的工作频率为 14.318 18 MHz，则该时钟脉冲(OSC)经 3 分频后得到 4.77 MHz 的时钟脉冲 CLK，即微处理器(如 8086)所需的时钟信号(占空比为 1∶3)。CLK 再经 2 分频后产生外设时钟 PCLK，其频率为 2.3805 MHz(占空比为 1∶2)。

(2) 复位生成电路是由一个施密特触发器和一个同步触发器组成，输入信号 $\overline{RES}$ 在时钟脉冲下降沿加入 D 门(同步触发器)的 D 端，由 CLK(8086 的时钟信号)同步产生 RESET 信号(高电平有效)。在 PC/XT 机中，$\overline{RES}$ 由电源来的 PWRGOOD 信号经 8284 延时和同步后产生系统复位信号，使系统初始化。

(3) 就绪控制电路有两组输入信号，每一组都有允许信号 $\overline{AEN}$ 和设备就绪信号 RDY。$\overline{AEN}$ 是低电平有效信号，用以控制其对应的 RDY 信号是否有效，RDY 信号为高电平时，表示已经能正确地完成数据传输。$\overline{ASYNC}$ 输入端规定了就绪信号同步操作的两种方法，当 $\overline{ASYNC}$ 为低电平时，对有效的 RDY 信号提供两级同步，RDY 信号变为高电平后，首先在 CLK 的上升沿上同步到触发器 1，然后在 CLK 的下降沿上同步到触发器 2，使 READY 成为有效(高电平)。RDY 信号变为低电平时，将直接在 CLK 下降沿上同步到触发器 2，使 READY 输出信号无效(低电平)。如果 $\overline{ASYNC}$ 为高电平，则 RDY 输入信号直接与触发器 2 同步在 CLK 下降沿上，这种工作方式用于能保证满足 RDY 建立时间要求的同步设备中。

2) 总线锁存器和总线收发器

系统配置图中的三片总线锁存器芯片用来锁存地址/数据总线 $AD_{15} \sim AD_0$ 中的地址信息、地址/状态总线 $A_{19}/S_6 \sim A_{16}/S_3$ 中的地址信息以及 $\overline{BHE}/S_7$ 中的 $\overline{BHE}$ 信息。因为这 21 位信息仅在总线周期的第一个时钟周期 T_1 出现，所以必须将这些信息在整个总线周期期间保存起来，每片总线锁存器芯片锁存 8 位信息。常用的总线锁存器芯片有 74LS373、741LS273、Intel 8282 和 8283 等。

另外两片总线收发器芯片用来对 $AD_{15} \sim AD_0$ 中的数据信息进行缓冲和驱动，并控制数据发送和接收的方向。注意，该芯片必须在 8086 总线周期的第二个时钟周期 T_2 开始工作，因为 T_1 周期时 $AD_{15} \sim AD_0$ 上输出的是地址信息。常用的总线收发器芯片有：74LS245、Intel 8286 和 8287 等。

3) 需要说明的问题

在最小方式下，8086 CPU 直接产生全部总线控制信号(DT/$\overline{R}$ 、$\overline{DEN}$ 、$\overline{ALE}$ 、M/$\overline{IO}$)和命令输出信号($\overline{RD}$ 、$\overline{WR}$ 或 $\overline{INTA}$)，并提供请求访问总线的逻辑信号 HLDA。当总线主设备(例如，DMA 控制器 Intel 8257 或 8237)请求控制权时，通过 HOLD 请求逻辑使输入到 8086 CPU 的 HOLD 信号变为有效(高电平)，如果 8086 CPU 响应 HOLD 请求，则 8086 CPU 输出信号 HLDA 变为有效(高电平)，以此作为对总线主设备请求的回答。同时使 8086 CPU 的地址总线、数据总线、$\overline{BHE}$ 信号以及有关的总线控制信号和命令输出信号处于高阻状态。此外，地址锁存器和数据收发器的输出也处于高阻状态。这样，8086 CPU 不再控制总线，一直保持到 HOLD 信号变为无效(低电平)，8086 CPU 重新获得总线控制权。

2. 最大方式下的系统配置

当 8086 CPU 的 MN/$\overline{MX}$ 引脚接地时，8086 CPU 工作于最大方式，用于构成多处理机和协处理机系统，图 5.5 为最大方式下 8086 系统配置图。同最小方式下 8086 系统配置图相比较，最大方式系统增加了一片专用的总线控制器芯片 8288。

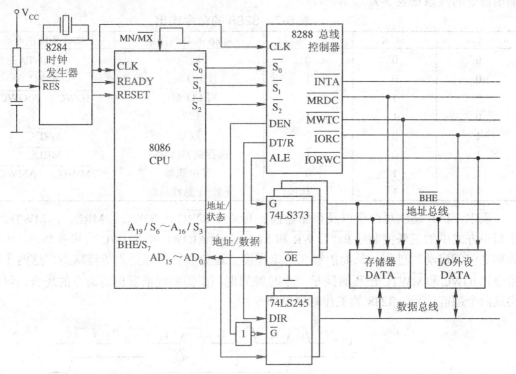

图 5.5　最大方式下 8086 系统配置

1) 总线控制器 8288

8288 总线控制器是 8086 工作在最大方式下构成系统时必不可少的支持芯片，它根据 8086 在执行指令时提供的总线周期状态信号 $\overline{S}_2$、$\overline{S}_1$ 和 $\overline{S}_0$ 建立控制时序，输出读/写控制命令，可以提供灵活多变的系统配置，以实现最佳的系统性能。8288 的结构框图和引脚信号如图 5.6 所示。

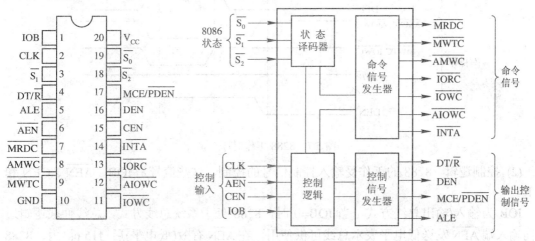

图 5.6　8288 结构框图与引脚

(1) 状态译码和命令输出。8288 根据 8086 的总线状态信号 $\overline{S}_2$、$\overline{S}_1$ 和 $\overline{S}_0$ 确定 8086 执行何种总线周期，发出相应的命令信号去控制系统中的相关部件。总线周期的状态信号与输出命令的关系见表 5-7。

表 5-7   8288 的命令输出

$\overline{S}_2$	$\overline{S}_1$	$\overline{S}_0$	8086 的总线周期	8288 的输出命令
0	0	0	中断响应	$\overline{\text{INTA}}$
0	0	1	读 I/O 端口	$\overline{\text{IORC}}$
0	1	0	写 I/O 端口	$\overline{\text{IOWC}}$ 、 $\overline{\text{AIOWC}}$
0	1	1	暂停	/
1	0	0	取指	$\overline{\text{MRDC}}$
1	0	1	读存储器(数据)	$\overline{\text{MRDC}}$
1	1	0	写存储器	$\overline{\text{MWTC}}$ ， $\overline{\text{AMWC}}$
1	1	1	无效(无总线周期)	/

表中，I/O 读、写命令以及存储器读、写命令 $\overline{\text{IORC}}$ 、$\overline{\text{IOWC}}$ 、$\overline{\text{MRDC}}$ 、$\overline{\text{MWTC}}$ 代替了最小方式中的三条控制线 $\overline{\text{RD}}$ 、$\overline{\text{WR}}$ 和 M/$\overline{\text{IO}}$ 。而 $\overline{\text{AIOWC}}$ 和 $\overline{\text{AMWC}}$ 为超前命令，可在写周期之前就启动写过程，从而能够在一定程度上避免微处理器进入等待状态，这两个超前命令比 $\overline{\text{IOWC}}$ 和 $\overline{\text{MWTC}}$ 出现时间早一个时钟周期，在需要提前发出写命令的场合，可以选用这两个超前信号。8288 的工作时序见图 5.7。

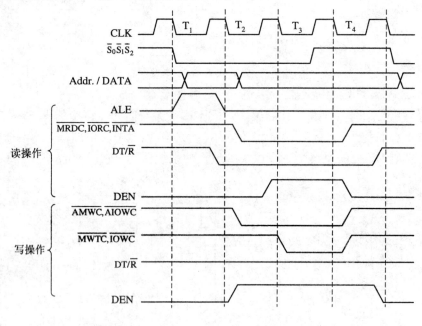

图 5.7   8288 工作时序

(2) 控制逻辑。8288 的工作受输入控制信号的控制，这些信号是 IOB、$\overline{\text{AEN}}$ 、CEN 和 CLK。

IOB 为输入/输出总线方式，当 IOB=0 时，8288 处于系统总线方式，总线仲裁逻辑通过向输入端 $\overline{\text{AEN}}$ 发送低电平表示总线可供使用，在 $\overline{\text{AEN}}$ 有效(低电平)后 115 ns 内，8288 不发出任何命令，这段时间进行总线切换。在多个处理器使用一组总线的系统中，当 I/O

设备和存储器都是共享设备时，存储器写命令和 I/O 写命令都要经过总线仲裁。当 IOB=1 时，8288 处于 I/O 总线方式工作，在该方式下，所有 I/O 命令线（$\overline{\text{IORC}}$、$\overline{\text{IOWC}}$、$\overline{\text{AIOWC}}$、$\overline{\text{INTA}}$）总是有效的，且与 $\overline{\text{AEN}}$ 的状态无关，但对存储器访问的命令都无效。

一旦处理器启动某个 I/O 命令，8288 就利用 $\overline{\text{PDEN}}$ 和 DT/$\overline{\text{R}}$ 激活相应的命令线去控制 I/O 总线收发器。在这种工作方式中，由于没有提供总线仲裁机构，因此不能把 I/O 命令用来控制系统总线。这种方式允许 8288 总线控制器去管理两组外部总线，当微处理器要访问 I/O 总线时，无需等待，而在正常的存储器访问之前，需要一个"总线准备好"的信号（$\overline{\text{AEN}}$ 为低电平）。在多处理机系统中，通常用一个处理机专门管理 I/O 或外设，因而使用 IOB 方式是很有利的。

$\overline{\text{AEN}}$ 为地址使能信号，当 $\overline{\text{AEN}}$=1 时，8288 各种命令无效，呈高阻态；当 $\overline{\text{AEN}}$=0 时，对系统总线方式，至少在 $\overline{\text{AEN}}$ 有效后 115 ns，8288 才能输出命令，但在 I/O 总线方式，$\overline{\text{AEN}}$ 不起作用，即不影响 I/O 命令的发出。

CEN 为命令使能信号，CEN=1，命令有效；CEN=0，各命令和 DEN、$\overline{\text{PDEN}}$ 等输出都无效。这也是一个为多个 8288 联合工作而设置的一个协调信号，应使工作的 8288 的 CEN 为高电平。

CLK 为时钟信号。8288 产生命令和控制信号输出时，由 CLK 决定它们的定时关系。通常由微机的系统时钟提供。

(3) 控制信号发生器。8288 总线控制器的输出控制信号为 ALE、DEN、DT/$\overline{\text{R}}$ 和 MCE/$\overline{\text{PDEN}}$。

ALE 为地址锁存允许信号，用于将地址选通到地址锁存器。高电平有效，在下降沿锁存。

DEN 为数据使能信号，DEN 为高电平时，接通数据收发器。

DT/$\overline{\text{R}}$ 为数据发送/接收信号，DT/$\overline{\text{R}}$=1 为发送状态；DT/$\overline{\text{R}}$=0 为接收状态，用来控制数据收发器的传送方向。

MCE/$\overline{\text{PDEN}}$ 为主设备使能/外设数据允许信号，双重功能。当 IOB=0，即工作于系统总线方式时，该引脚为 MCE 高电平有效时的输出信号。MCE 是为配合 8259A 级联工作而设置的，当 8259A 级联工作时，在第一个 $\overline{\text{INTA}}$ 总线周期，由"主 8259A"向"从 8259A"发出级联地址，在第二个 $\overline{\text{INTA}}$ 总线周期，由提出中断请求的"从 8259A"将中断向量送上地址线。MCE 为锁存第一个 $\overline{\text{INTA}}$ 周期的级联地址锁存信号。当 IOB=1，即工作于 I/O 总线方式时，该引脚为 $\overline{\text{PDEN}}$ 低电平有效时的输出信号，其作用类似于 DEN。$\overline{\text{PDEN}}$ 是 I/O 总线上的数据选通信号，DEN 是系统总线的数据选通信号。

2) 时钟发生器、总线锁存器和总线收发器

从图 5.5 可见，在最大配置中，这三种部件的工作与最小配置相同。

3) 需要说明的问题

(1) 8086 CPU 在最小方式下的 HOLD 和 HLDA 引脚在最大方式时成为 $\overline{\text{RQ}}$/$\overline{\text{GT}}_0$ 和 $\overline{\text{RQ}}$/$\overline{\text{GT}}_1$ 信号线，这两条引脚通常同 8087(协处理器)或 8089(I/O 处理器)相连接，用于 8086 与它们之间传送总线请求和总线应答信号。

(2) 当系统为具有两个以上主 CPU 的多处理器系统时，必须配上总线仲裁器 8289，用来保证系统中的各个处理器同步地进行工作，以实现总线共享。

5.3 8086 微处理器的基本时序

1. 时序的基本概念

计算机的工作是在时钟脉冲 CLK 的统一控制下，一个节拍一个节拍地实现的。CPU 执行某一个程序之前，先要把程序(已变为可执行的目标程序)放到存储器的某个区域。在启动执行后，CPU 就发出读指令的命令，存储器接到这个命令后，从指定的地址(在 8086 中由代码段寄存器 CS 和指令指针 IP 给定)读出指令，把它送至 CPU 的指令寄存器中，然后 CPU 对读出的指令经过译码器分析之后，发出一系列控制信号，以执行指令规定的全部操作，控制各种信息在系统各部件之间传送。每条指令的执行由取指令、译码和执行等操作组成，执行一条指令所需要的时间称为指令周期(Instruction Cycle)，不同指令的指令周期是不等长的。而执行指令的一系列操作都是在时钟脉冲 CLK 的统一控制下一步一步进行的，时钟脉冲的重复周期称为时钟周期(Clock Cycle)。时钟周期是 CPU 的时间基准，由计算机的主频决定。例如，8086 的主频为 5 MHz，则 1 个时钟为 200 ns。8086 CPU 与外部交换信息总是通过总线进行的。CPU 的每一个这种信息输入、输出过程需要的时间称为总线周期(Bus Cycle)，每当 CPU 要从存储器或输入/输出端口存取一个字节或字时，就需要一个总线周期。一个指令周期由一个或若干个总线周期组成。

8086 CPU 的总线周期至少由 4 个时钟周期组成，分别以 T_1、T_2、T_3 和 T_4 表示，如图 5.8 所示，T 又称为状态(State)。

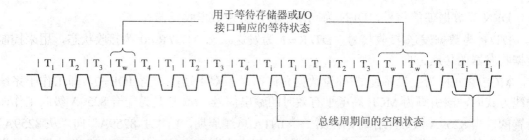

图 5.8   8086 CPU 的总线周期

一个总线周期完成一次数据传输，至少要有传送地址和传送数据两个过程。在第一个时钟周期 T_1 期间，由 CPU 输出地址，在随后的三个 T 周期(T_2、T_3 和 T_4)用以传送数据。换言之，数据传送必须在 $T_2 \sim T_4$ 这三个周期内完成，否则在 T_4 周期后，总线将作另一次操作，开始下一个总线周期。

在实际应用中，当一些慢速设备在三个 T 周期内无法完成数据读/写时，那么在 T_4 后总线就不能被它们所用，会造成系统读/写出错。为此，在总线周期中允许插入等待周期 T_w。当被选中进行数据读/写的存储器或外设无法在三个 T 周期内完成数据读/写时，就由其发出一个请求延长总线周期的信号到 8086 CPU 的 READY 引脚，8086 CPU 收到该请求后，就在 T_3 与 T_4 之间插入一个等待周期 T_w，加入 T_w 的个数与外部请求信号的持续时间长短有关，延长的时间 T_w 也以时钟周期 T 为单位，在 T_w 期间，总线上的状态一直保持不变。

如果在一个总线周期后不立即执行下一个总线周期，即总线上无数据传输操作，系统总线处于空闲状态，这时执行空闲周期 T_i，T_i 也以时钟周期 T 为单位，两个总线周期之间插入几个 T_i 与 8086 CPU 执行的指令有关。例如，在执行一条乘法指令时，需用 124 个时钟周期，而其中可能使用总线的时间极少，而且预取队列的填充也不用太多的时间，则加入的 T_i 可能达到 100 多个。在空闲周期期间，20 条双重总线的高 4 位 $A_{19}/S_6 \sim A_{16}/S_3$ 上，8086 CPU 仍驱动前一个总线周期的状态信息，而且如果前一个总线周期为写周期，那么，CPU 会在总线的低 16 位 $AD_{15} \sim AD_0$ 上继续驱动数据信息 $D_{15} \sim D_0$；如果前一个总线周期为读周期，则在空闲周期中，总线的低 16 位 $D_{15} \sim D_0$ 处于高阻状态。

2. 基本时序的分析

8086 CPU 的操作是在指令译码器输出的电位和外面输入的时钟信号联合作用而产生的各个命令控制下进行的，可分为内操作与外操作两种，内操作控制 ALU(算术逻辑单元)进行算术运算，控制寄存器组进行寄存器选择以及判断是送往数据线还是地址线，进行读操作还是写操作等，所有这些操作都在 CPU 内部进行，用户可以不必关心。CPU 的外部操作是系统对 CPU 的控制或是 CPU 对系统的控制，用户必须了解这些控制信号以便正确使用。

8086 CPU 的外部操作主要有如下几种：① 存储器读/写；② I/O 端口读/写；③ 中断响应；④ 总线保持(最小方式)；⑤ 总线请求/允许(最大方式)；⑥ 复位和启动；⑦ 暂停。

1) 总线读操作

当 8086 CPU 进行存储器或 I/O 端口读操作时，总线进入读周期，8086 的读周期时序如图 5.9 所示。基本的读周期由 4 个 T 周期组成：T_1、T_2、T_3 和 T_4。当所选中的存储器和外设的存取速度较慢时，则在 T_3 和 T_4 之间将插入一个或几个等待周期 T_w。

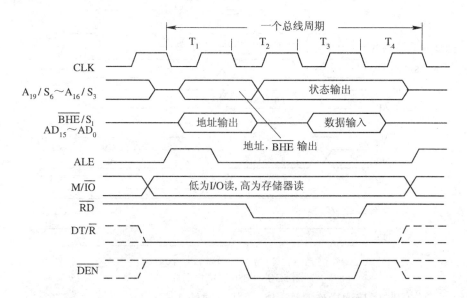

图 5.9 8086 读周期时序

在 8086 读周期内，有关总线信号的变化如下：

(1) M/$\overline{\text{IO}}$ 在整个读周期保持有效，当进行存储器读操作时，M/$\overline{\text{IO}}$ 为高电平；当进行 I/O 端口读操作时，M/$\overline{\text{IO}}$ 为低电平。

(2) $A_{19}/S_6 \sim A_{16}/S_3$ 是在 T_1 期间，输出 CPU 要读取的存储单元的地址高 4 位。$T_2 \sim T_4$ 期间输出状态信息 $S_6 \sim S_3$。

(3) $\overline{\text{BHE}}/S_7$ 在 T_1 期间输出 BHE 有效信号($\overline{\text{BHE}}$ 为低电平)，表示高 8 位数据总线上的信息可以使用，$\overline{\text{BHE}}$ 信号通常作为奇地址存储体的选择信号(偶地址存储体的选择信号是最低地址位 A_0)。$T_2 \sim T_4$ 期间输出高电平。

(4) $AD_{15} \sim AD_0$ 在 T_1 期间输出 CPU 要读取的存储单元或 I/O 端口的地址 $A_{15} \sim A_0$。T_2 期间为高阻态，$T_3 \sim T_4$ 期间，存储单元或 I/O 端口将数据送上数据总线。CPU 从 $AD_{15} \sim AD_0$ 上接收数据。

(5) ALE：在 T_1 期间地址锁存有效信号，为一正脉冲，系统中的地址锁存器正是利用该脉冲的下降沿来锁存 $A_{19}/S_6 \sim A_{16}/S_3$，$AD_{15} \sim AD_0$ 中的 20 位地址信息以及 $\overline{\text{BHE}}$。

(6) $\overline{\text{RD}}$ 在 T_2 期间输出低电平，送到被选中的存储器或 I/O 接口。要注意的是，只有被地址信号选中的存储单元或 I/O 端口，才会被 $\overline{\text{RD}}$ 信号从中读出数据(数据送上数据总线 $AD_{15} \sim AD_0$)。

(7) DT/$\overline{\text{R}}$ 在整个总线周期内保持低电平，表示本总线周期为读周期。在接有数据总线收发器的系统中，用来控制数据传输的方向。

(8) $\overline{\text{DEN}}$ 在 $T_2 \sim T_3$ 期间输出有效低电平，表示数据有效。在接有数据总线收发器的系统中，用来实现数据的选通。

2) 总线写操作

当 8086 CPU 进行存储器或 I/O 接口写操作时，总线进入写周期，8086 的写周期时序如图 5.10 所示。

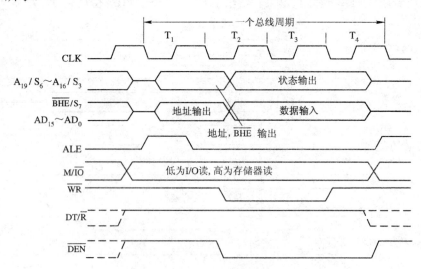

图 5.10 8086 写周期时序

总线写操作的时序与读操作时序相似，其不同处在于：

(1) $AD_{15} \sim AD_0$ 在 $T_2 \sim T_4$ 期间送上欲输出的数据，而无高阻态。

(2) $\overline{\text{WR}}$ 在 $T_2 \sim T_4$ 期间输出有效低电平，该信号送到所有的存储器和 I/O 接口。要注意的是，只有被地址信号选中的存储单元或 I/O 端口才会被 $\overline{\text{WR}}$ 信号写入数据。

(3) DT/$\overline{\text{R}}$ 在整个总线周期内保持高电平，表示本总线周期为写周期。在接有数据总线收发器的系统中，用来控制数据传输方向。

3) 中断响应操作

当 8086 CPU 的 INTR 引脚上有一有效电平(高电平)，且标志寄存器中 IF=1，则 8086 CPU 在执行完当前的指令后，响应中断。在响应中断时 CPU 执行两个中断响应周期，如图 5.11 所示。

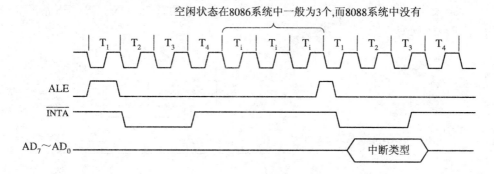

图 5.11　中断响应周期时序

每个中断响应周期由 4 个 T 周期组成。在第一个中断响应周期中，从 $T_2 \sim T_4$ 周期，INTA 为有效(低电平)，作为对中断请求设备的响应；在第二个中断响应周期中，同样从 $T_2 \sim T_4$ 周期，INTA 为有效(低电平)，该输出信号通知中断请求设备(通常是通过中断控制器)，把中断类型号(决定中断服务程序的入口地址)送到数据总线的低 8 位 $AD_7 \sim AD_0$(在 $T_2 \sim T_4$ 期间)。在两个中断响应周期之间，有 3 个空闲周期(T_i)。

4) 总线保持与响应

当系统中有其他的总线主设备请求总线时，向 8086 CPU 发出请求信号 HOLD，CPU 接收到 HOLD 且为有效的信息后，在当前总线周期的 T_4 或下一个总线周期的 T_1 的后沿，输出保持响应信号 HLDA，紧接着从下一个时钟开始，8086 CPU 就让出总线控制权。当外设的 DMA 传送结束时，使 HOLD 信号变低，则在下一个时钟的下降沿使 HLDA 信号变为无效(低电平)。8086 的总线保持/响应时序见图 5.12。

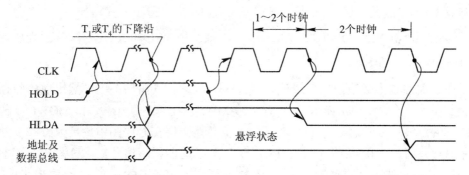

图 5.12　总线保持/响应时序

5) 系统复位

8086 CPU 的 RESET 引脚，可以用来启动或再启动系统，当 8086 在 RESET 引脚上检测到一个脉冲的上跳沿时，它停止正在进行的所有操作，处于初始化状态，直到 RESET 信号变低。复位时序如图 5.13 所示。图中 RESET 输入是引脚信号，CPU 内部是用时钟脉冲 CLK 来同步外部的复位信号的，所以内部 RESET 是在外部引脚 RESET 信号有效后的时钟上升沿有效的。复位时，8086 CPU 将使总线处于如下状态：地址线浮空(高阻态)，直到 8086 CPU 脱离复位状态，开始从 FFFF0H 单元取指令；ALE、HLDA 信号变为无效(低电平)；其他控制信号线，先变高一段时间(相应于时钟脉冲低电平的宽度)，然后浮空。另外，复位时 CPU 内寄存器状态为：标志寄存器、指令指针(IP)、DS、SS、ES 清零；CS 置 FFFFH；指令队列变空。

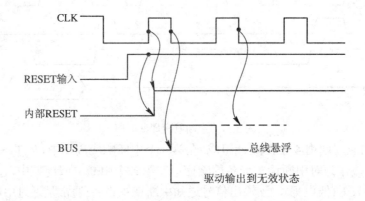

图 5.13 复位时序

以上讨论的都是最小方式下的时序。

3. 最大方式时序与最小方式时序的区别

最大方式下的总线时序基本上与最小方式相同，其区别有四点。

1) 控制信号 ALE、DEN 和 DT/$\overline{\text{R}}$

在最大方式中，ALE、DEN(注意不是 $\overline{\text{DEN}}$)和 DT/$\overline{\text{R}}$ 由总线控制器 8288 发出，而最小方式中 ALE、DEN 和 DT/$\overline{\text{R}}$ 由 8086 CPU 直接发出。同时数据允许信号极性相反，一个是高电平有效(DEN，最大方式)，一个是低电平有效($\overline{\text{DEN}}$，最小方式)。

2) 命令信号 $\overline{\text{MRDC}}$、$\overline{\text{MWTC}}$、$\overline{\text{AMWC}}$、$\overline{\text{IORC}}$、$\overline{\text{IOWC}}$ 和 $\overline{\text{AIOWC}}$ 以及总线周期状态信号 $\overline{\text{S}}_2$、$\overline{\text{S}}_1$ 和 $\overline{\text{S}}_0$

由于在最大方式下必须使用总线控制器 8288，因此在其时序图中必然出现访问存储器和 I/O 接口的命令信号：$\overline{\text{MRDC}}$、$\overline{\text{MWTC}}$、$\overline{\text{AMWC}}$、$\overline{\text{IORC}}$、$\overline{\text{IOWC}}$ 和 $\overline{\text{AIOWC}}$，随之，最大方式下的总线周期状态信号 $\overline{\text{S}}_2$、$\overline{\text{S}}_1$ 和 $\overline{\text{S}}_0$ 也必然出现在时序图中。最大方式下的总线读时序和总线写时序如图 5.14 和图 5.15 所示。总线周期状态信号 $\overline{\text{S}}_2$、$\overline{\text{S}}_1$、$\overline{\text{S}}_0$ 在 $T_1 \sim T_3$ 保持规定状态(由总线周期类型定)，在 $T_3 \sim T_4$ 返回到无效状态($\overline{\text{S}}_2 = \overline{\text{S}}_1 = \overline{\text{S}}_0 =$ 高电平)。

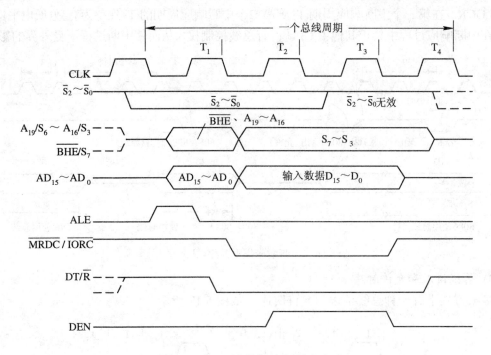

图 5.14 8086 读周期时序(最大方式)

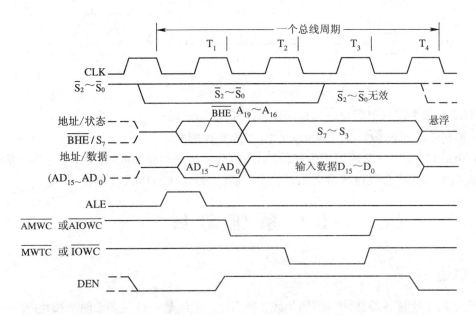

图 5.15 8086 写周期时序(最大方式)

3) 中断响应时序

最大方式下的中断响应时序见图 5.16。最大方式下的中断响应时序增加了一个控制信号
——LOCK。在第一个中断响应周期 T_2 到第二个中断响应周期的 T_2 保持为有效(低电平)，以
保证在中断响应过程中禁止其他主 CPU 占有总线控制权，从而使中断过程不受外界的影响。

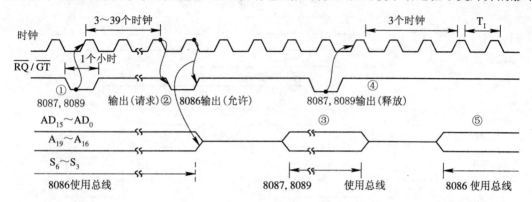

图 5.16　中断响应周期时序(最大方式)

4) 总线请求和允许时序

最大方式下有一种总线请求和允许时序，如图 5.17 所示。

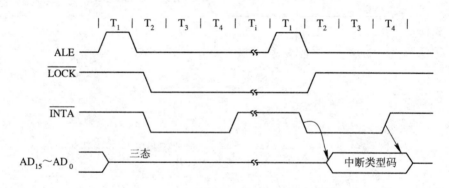

图 5.17　总线请求/允许时序(最大方式)

该时序同最小方式中的总线保持/响应时序的不同处是：

(1) 该时序是通过 $\overline{RQ}/\overline{GT}_0$ 或 $\overline{RQ}/\overline{GT}_1$ 引脚来控制的；

(2) 在最大方式中，总线请求由其他的 CPU(数学协处理器 8087 或 I/O 处理器 8089 等)
发出；而最小方式中总线保持请求由系统主控者(如 DMAC-DMA 控制器)发出。

5.4　系　统　总　线

5.4.1　概述

总线是用来连接各部件的一组通信线，换言之，总线是一种在多于两个模块(设备或子
系统)间传送信息的公共通路。为在各模块之间实现信息共享和交换，总线由传送信息的物

理介质以及一套管理信息传输的协议所构成。采用总线结构有两个优点：一是各部件可通过总线交换信息，相互之间不必直接连线，减少了传输线的根数，从而提高了微机的可靠性；二是在扩展微机功能时，只需把要扩展的部件接到总线上即可，使功能扩展十分方便。

总线按其功能可分为系统总线(内总线)和通信总线(外总线)。内总线指微机系统内部模块或插件板间进行通信联系的总线，如 S-100 总线、PC 总线、STD 总线、MULTIBUS 等。外总线指把不同微机系统连接起来的通信线路。按信号传输方式，通信线路可分为串行总线和并行总线。串行总线(如 RS-232、RS-422 等)是按位串行方式传送信息；并行总线(如 IEEE-488)的信息以并行方式同时传送。各种标准总线都在信号系统、电气特性、机械特性和模板结构等多方面做了规范定义。

微机总线可分为三类：

(1) 片总线：又称芯片总线，或元件级总线，是在集成电路芯片内部，用来连接各功能单元的信息通路。例如，CPU 芯片中的内部总线，它是 ALU 寄存器和控制器之间的信息通路。

(2) 内总线：又称系统总线，或板级总线、微机总线，是用于微机系统中各插件之间信息传输的通路。

(3) 外总线：又称通信总线，是微机系统之间或微机系统与其他系统之间信息传输的通路。

内总线一般由三部分组成：

(1) 数据总线：一般是三态逻辑控制的若干位(如 8、16 等)数据线宽的双向数据总线，用以实现微处理器、存储器及 I/O 接口间的数据交换。

(2) 地址总线：用于微处理器输出地址，以确定存储器单元地址及 I/O 接口部件地址。一般都是三态逻辑控制的若干位(如 16、24 等)线宽的单向传送地址总线。

(3) 控制总线：用来传送保证计算机同步和协调的定时、控制信号，使微机各部件协调动作，从而保证正确地通过数据总线传送各项信息的操作。其中有些控制信号由微处理器向其他部件输出，如读/写等信号；另一些控制信号则由其他部件输入到微处理器中，如中断请求、复位等信号。控制总线不需用三态逻辑。

总线完成一次数据传输要经历四个阶段。

(1) 申请(Arbitration)占用总线阶段：需要使用总线的主控模块(如 CPU 或 DMAC)向总线仲裁机构提出占有总线控制权的申请。由总线仲裁机构判别确定，把下一个总线传输周期的总线控制权授给申请者。

(2) 寻址(Addressing)阶段：获得总线控制权的主模块，通过地址总线发出本次打算访问的从属模块。如存储器或 I/O 接口的地址，通过译码使被访问的从属模块被选中，从而开始启动。

(3) 传数(Data Transfering)阶段：主模块和从属模块进行数据交换。数据由源模块发出经数据总线流入目的模块。对于读传送，源模块是存储器或 I/O 接口，而目的模块是总线主控者 CPU；对于写传送，源模块是总线主控者，如 CPU，而目的模块是存储器或 I/O 接口。

(4) 结束(Ending)阶段：主、从模块的有关信息均从总线上撤除，让出总线，以便其他模块能继续使用。

对于只有一个总线主控设备的简单系统，对总线无需申请、分配和撤除。而对于多 CPU 或含有 DMA 的系统，就要有总线仲裁机构来授理申请和分配总线控制权。

总线上的主、从模块通常采用以下三种方式之一，实现总线传输的控制。

1) 同步传输

同步传输是采用精确稳定的系统时钟，作为各模块动作的基准时间。模块间通过总线完成一次数据传输(即一个总线周期)，时间是固定的，每次传输一旦开始，主、从模块都必须按严格的时间规定完成相应的动作。

同步传输的特点是要求主模块按严格的时间标准发出地址、产生命令，也要求从属模块按严格时间标准读出数据或完成写入动作。统一的时间标准就是系统时钟。模块之间的配合简单，但它对所有模块都强求在同一时限完成动作，使系统的组成缺乏灵活性。

2) 异步传输

同步传输要求总线上的各模块速度要严格匹配，为了能使不同速度的模块组成系统，因此采用异步传输控制数据传输。异步传输设置一对握手(Handshaking)线，即请求(Request)和响应(Acknowledge)信号线。当主模块打算由从属模块指定单元读出数据时，要经过如下的握手联络过程：

(1) 主模块将指定单元地址驱动到地址总线上；

(2) 当地址在地址总线上稳定之后，主模块将请求线$\overline{RD}$(相应于读命令 READ)降为有效低电平，以此表示一次新的传输周期开始，从属模块在收到地址和请求信号之后，各自进行译码，被选中的从属模块从被选中的惟一单元中送出数据，并将该数据驱动到数据总线上；

(3) 数据送到数据总线上之后，该从属模块立即将响应线$\overline{ACK}$由高电平降为有效低电平，表示已将主模块所需要的数据提供在数据总线上，并一直稳定地维持着；

(4) 主模块在采样到$\overline{ACK}$为有效低电平之后，就可以从数据总线上读取数据，然后主模块将请求信号$\overline{RD}$变为无效高电平；

(5) 从属模块采样到请求线为无效高电平后，将放到数据总线上的数据撤除，同时将$\overline{ACK}$信号变为无效高电平，表示本次总线传输周期结束。

异步传输的请求 REQ 信号和响应$\overline{ACK}$信号的呼应是完全互锁的关系，即开始传输数据前$\overline{RD}$和$\overline{ACK}$必须都处于无效高电平状态，只有前一传输周期完全结束后，才能开始一个新的传输周期。当$\overline{RD}$变为有效低电平后，不同速度的从属模块按照各自的可能响应速度确定发出$\overline{ACK}$有效低电平的时间，速度快的从属模块会立即响应；而速度慢的从属模块则要经过足够长的时间，在能满足主模块要求之后，才将它的$\overline{ACK}$下降为有效低电平。异步传输是由主模块提出要求后，由被选中的从属模块来决定响应速度。因此，不同速度的模块可以存在于同一系统中，都能以各自最佳的速度互相传输数据。

3) 半同步传输

半同步传输是综合同步和异步传输的优点而设计出来的混合式传输。半同步传输保留了同步传输的基本特点，即地址、命令和数据等信号的发出时间都严格参照系统时钟的某个前沿时刻，而对方接受判断它时，又都采用在系统时钟脉冲的后沿时刻来识别。也就是说，保证总线上的一切操作都被时钟"同步"了。半同步传输方式为了能像异步传输那样，能允许用不同速度的模块组成系统，而设置了一条"等待"(WAIT)或"准备就绪"(READY)信号线。因此，在半同步传输系统中，对于快速模块，就像同步传输一样，按严格时钟沿一步步地传输地址、命令和数据；而对于慢速设备，则要借助 READY 线，强制使主模块延迟整数个系统时钟间隔。

半同步传输方式适合于系统速度不高但系统中又包含有速度差异较大的设备的情况。8086 CPU 可以插入等待状态 T_W 的总线周期，就是半同步传输的一个实例。

5.4.2 PC 总线

IBM-PC 及 XT 使用的总线称为 PC 总线，它是为配置外部 I/O 适配器和扩充存储器专门设计的一组 I/O 总线，又称为 I/O 通道，共有 62 条引线，全部引到系统板上 8 个 62 芯总线的扩展槽 J1~J8 上，可插入不同功能的插件板，用以扩展系统功能，如图 5.18 所示。

62 根总线按功能可分为四类：第一类，电源线 8 根(+5 V 的 2 根、-5 V 的 1 根、+12 V 的 1 根、-12 V 的 1 根和地线 3 根)；第二类，数据传送总线 8 根；第三类，地址总线 20 根；第四类，控制总线 26 根。

1. 数据总线

$D_7 \sim D_0$ 共 8 条，是双向数据传送线，为 CPU、存储器及 I/O 设备间提供信息传送通道。

2. 地址总线

$A_{19} \sim A_0$ 共 20 条，用来选定存储器地址或 I/O 设备地址。当选定 I/O 设备地址时，$A_{19} \sim A_{16}$ 无效。这些信号一般由 CPU 产生，也可以由 DMA 控制器产生。20 位地址线允许访问 1MB 存储空间，16 位地址线允许访问 64 KB 的 I/O 设备空间。

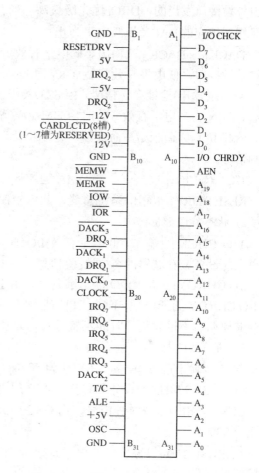

图 5.18　PC 总线

3. 控制总线

控制总线共 26 条，可大致分为三类。

1) 纯控制线(21 根)

ALE：(输出)地址锁存允许，由总线控制器 8288 提供。ALE 有效时，在 ALE 下降沿锁存来自 CPU 的地址。目前地址总线有效，可开始执行总线工作周期。

$IRQ_2 \sim IRQ_7$：(输入)中断请求。

$\overline{IOR}$：(输出、低电平有效)I/O 读命令，由 CPU 或 DMA 控制器产生。信号有效时，把选中的 I/O 设备接口中数据读到数据总线。

$\overline{IOW}$：(输出、低电平有效)I/O 写命令，由 CPU 或 DMA 控制器产生，用来控制将数据总线上的数据写到所选中的 I/O 设备接口中。

$\overline{\text{MEMR}}$：(输出、低电平有效)存储器读命令，由 CPU 或 DMA 控制器产生，用来控制把选中的存储单元数据读到数据总线。

$\overline{\text{MEMW}}$：(输出、低电平有效)存储器写命令，由 CPU 或 DMA 控制器产生，把数据总线上的数据写入所选中的存储单元。

$\text{DRQ}_1 \sim \text{DRQ}_3$：(输入)DMA(直接数据传送)控制器 8273A 的通道 1~3 的 DMA 请求，是由外设接口发出的，DRQ_1 优先级最高。当有 DMA 请求时，对应的 DRQ_x 为高电平，一直保持到相应的 $\overline{\text{DACK}}$ 为低电平为止。

$\overline{\text{DACK}}_0 \sim \overline{\text{DACK}}_3$：(输出、低电平有效)DMA 通道 0~3 的响应信号，由 DMA 控制器送往外设接口，低电平有效。$\overline{\text{DACK}}_0$ 用来响应外设的 DMA 请求或实现动态 RAM 刷新。

AEN：(输出)地址允许信号，由 8237A 发出，此信号用来切断 CPU 控制，以允许 DMA 传送。AEN 为高电平有效，此时由 DMA 控制器 8237A 来控制地址总线、数据总线以及对存储器和 I/O 设备的读/写命令线。在制作接口电路中的 I/O 地址译码器时，必须包括这个控制信号。

T/C：(输出)计数结束，当 DMA 通道计数结束时，T/C 线上出现高电平脉冲。

RESET DRV：(输出)系统总清，此信号使系统各部件复位。

2) 状态线(2 根)

$\overline{\text{I/O CHCK}}$：(输入，低电平有效)I/O 通道奇偶校验信号。此信号向 CPU 提供关于 I/O 通道上的设备或存储器的奇/偶校验信息。当 $\overline{\text{I/O CHCK}}$ 为低电平时，表示校验有错。

I/O CHRDY：(输入)I/O 通道准备好，用于延长总线周期。一些速度较慢的设备可通过使 I/O CHRDY 为低电平，而令 CPU 或 DMA 控制器插入等待周期，来达到延长总线的 I/O 或存储周期。不过此信号时间不宜过长，以免影响 DRAM 刷新。

3) 辅助线(3 根)

OSC：(输出)晶振信号，其周期为 70 ns(14.318 18 Hz)，占空比 50%。若将此信号除以 4，可得到 3.58 MHz 的设计彩显接口所必须用的控制信号。

CLK：(输出)系统时钟信号，由 OSC 三分频得到，频率为 4.77 MHz(周期 210 ns)，占空比为 33%。

$\overline{\text{CARDSLCTD}}$：(输出、低电平有效)插件板选中信号，此信号有效时，表示扩展槽 J8 的扩展板被选中。

5.4.3 PCI 总线

PCI(Peripheral Component Interconnect，即外围元件互联)局部总线标准是由包括 Intel、IBM、COMPAQ、DEC、APPLE 等大公司联合制定的。PCI 总线支持 33 MHz 的时钟频率，数据宽度为 32 位，可扩展到 64 位，数据传输率可达 132~264 MB/s。这为需要大量传送数据的计算机图形显示和高性能的磁盘 I/O 提供了可能。

PCI 总线的主要特点是：

(1) 突出的高性能：实现了 33 MHz 和 66 MHz 的同步总线操作，传输速率从 132 MB/s(33 MHz 时钟、32 位数据通路)可升级到 528 MB/s(66 MHz、64 位数据通路)，满足了当前及以后相当一段时期内 PC 机传输速率的要求。支持突发工作方式(如果被传送的数据在内存中连续存放，则在访问这一组连续数据时，只有在传送第一个数据时需要两个时钟周期，第一个时钟周期给出地址，第二个时钟周期传送数据。而传送其后的连续数据时，传送一个数据只要一个时钟周期，不必每次都给出地址，这种传送称为"突发传送"或"成组传送"）。能真正实现写处理器/存储器子系统的安全并发。

(2) 良好的兼容性。PCI 总线部件和插件接口相对于处理器是独立的，PCI 总线支持所有的目前和将来不同结构的处理器，因此具有相对长的生命周期。

(3) 支持即插即用。PCI 设备中有存放设备信息寄存器，这些信息可以使系统 BIOS(基本输入/输出系统)和操作系统层的软件自动配置 PCI 总线部件和插件，使系统使用方便。

(4) 支持多主设备能力。支持多主设备系统，允许任何 PCI 主设备和从设备之间实现点到点对等存取，体现了高度的接纳设备的灵活性。

(5) 适度数据的完整性。PCI 提供数据和地址奇偶校验功能，保证了数据的完整和准确。

(6) 优良的软件兼容性。PCI 部件可完全兼容现有的驱动程序和应用程序，设备驱动程序可被移植到各类平台上。

(7) 可选电源。PCI 总线定义了 5 V 和 3.3 V 两种信号环境。

(8) 相对的低成本。采用最优化的芯片(标准的 ASIC)和多路复用(一条信号线分时复用传送两个信号)体系结构，减少总线信号的引脚个数和 PCI 部件数。PCI 到 ISA/EISA 的转换由芯片厂提供，减少了用户的开发成本。

图 5.19 是基于 PCI 总线的微机系统基本结构框图。

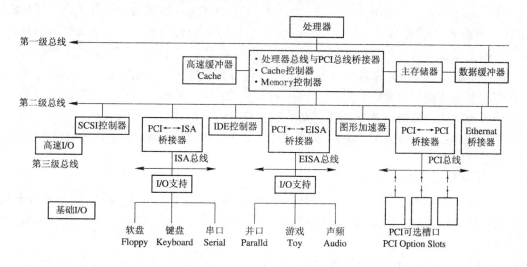

图 5.19　基于 PCI 总线的微机系统

图中的"桥"是一个总线转换部件，其功能是连接两条计算机总线，允许总线之间相互通信交往。一座桥的主要作用是把一条总线的地址空间映射到另一条总线的地址空间，就可以使系统中每一个总线主设备(Master)能看到同样的一份地址表。这时，从整个存储系统来看，有了整体性统一的直接地址表，可以大大简化编程模型。

在 PCI 规范中提出三类桥的设计：主 CPU 至 PCI 的桥(称为"主桥")，PCI 至标准总线(如 ISA、EISA、微通道)之间的桥称为"标准总线桥"，以及在 PCI 与 PCI 之间的桥。

PCI 总线信号如图 5.20 所示，图左边为必要信号，右边为任选信号，这些总线信号按功能可以分为九组。

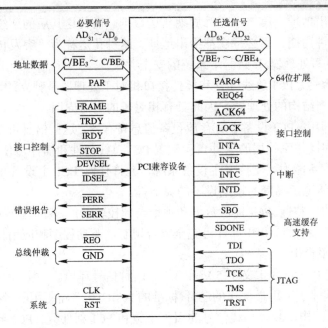

图 5.20 PCI 总线信号

1) 地址数据信号

(1) $AD_0 \sim AD_{31}$ 为地址数据多路复用信号。在 PCI 总线传输时，包含一个地址传送节拍和一个(或多个)数据传送节拍。在 $\overline{FRAME}$(帧周期信号)有效时，为地址传送节拍开始；在 $\overline{IRDY}$(主设备就绪信号)和 $\overline{TRDY}$(从设备就绪信号)同时有效时，为数据传送节拍。

(2) $C/\overline{BE}_0 \sim C/\overline{BE}_3$ 为总线命令/字节允许信号在地址传送节拍传送 PCI 总线命令，在数据传送节拍传送字节允许信号，$C/\overline{BE}_0$ 对应字节为 0。总线命令由主机发向从设备，说明当前事务类型，总线命令在地址周期呈现在 $C/\overline{BE}_0 \sim C/\overline{BE}_3$ 上并被译码。

(3) PAR(Parity)为 $AD_0 \sim AD_{31}$ 和 $C/\overline{BE}_0 \sim C/\overline{BE}_3$ 信号作奇偶校验(偶校验)，以保证数据的有效性。

2) 接口控制信号

(1) $\overline{FRAME}$ 为帧周期信号，由当前总线主设备驱动，表示一个总线周期的开始和结束。

(2) $\overline{TRDY}$ (Target Ready)为从设备准备好信号，由从设备驱动，表示从设备准备好传送数据。

(3) $\overline{IRDY}$ (InitiatorReady)为主设备准备好信号，由系统主设备驱动，与 $\overline{TRDY}$ 信号同时有效可完成数据传输。

(4) $\overline{STOP}$ 为停止信号，从设备要求主设备停止当前数据传送。

(5) $\overline{DEVSEL}$ (Device Select)为设备选择信号，该信号有效时(输出)，表示所译码的地址是在设备的地址范围内，当作输入信号时，表示总线上某设备是否被选中。

(6) $\overline{IDSEL}$ (Initiatization Device Select)为初始化设备选择信号，在配置读/写期间，用作芯片选择。

(7) $\overline{LOCK}$ 为锁定信号，用于保证主设备对存储器的锁定操作。

3) 错误报告信号

(1) $\overline{PERR}$ (Parity Error)为数据奇偶校验错信号。

(2) $\overline{SERR}$ (System Error)为系统错误信息，用于报告地址奇偶错、数据奇偶错和命令错等。

4) 仲裁信号(总线主设备用)

(1) $\overline{REQ}$ (Request)为总线请求信号，由希望成为总线主设备的设备驱动，是一个点对点的信号。

(2) $\overline{GND}$ (Grant)为总线请求允许信号。

5) 系统信号

(1) CLK 为总线时钟信号，该信号频率为 PCI 总线的工作频率。

(2) $\overline{RST}$ 为系统复位信号，有效时，PCI 总线的所有输出信号处于高阻态。

6) 64 位扩展信号

(1) $AD_{32}\sim AD_{63}$ 为地址数据扩展信号。

(2) C/$\overline{BE}_4\sim$C/$\overline{BE}_7$ 为高 32 位地址命令/字节允许信号。

(3) PAR64 为高 32 位奇偶校验信号。

(4) $\overline{REQ64}$ 为 64 位传送请求信号。

(5) $\overline{ACK64}$ 为 64 位传送响应信号。

7) 中断请求信号

$\overline{INTX}$：中断请求信号，X=A、B、C、D。

8) Cache 支持信号

(1) $\overline{SBO}$ (Snoop Backoff)为探测返回信号。有效时，关闭预测命令中的一个缓冲行。

(2) $\overline{SDONE}$ (Snoop Done)为探测完成信号。有效时，表示探测完成，命中一个缓冲行。

9) JTAG 边界扫描测试引脚

JTAG 提供了板级和芯片级的测试，通过定义输入/输出引脚，逻辑扩展函数和指令，所有 JTAG 的测试功能仅需一个 4 线或 5 线的接口，以及相应软件即可完成。利用 JTAG 可测试电路板的连接和功能。JTAG 是 PCI 总线的一种可选接口。

5.4.4 通用串行总线 USB

随着大量的支持 USB 的个人微型计算机的普及以及 Windows 2000/XP 的广泛应用，USB 成为 PC 机的一个标准接口已是大势所趋。最新推出的 PC 机几乎 100%支持 USB，另一方面，使用 USB 接口的设备也在以惊人的速度发展。

USB(Universal Serial Bus)即通用串行总线。它不是一种新的总线标准，而是应用在 PC 领域的新型接口技术。早在 1995 年，就已经有 PC 机上带有 USB 接口了，但由于缺乏软件及硬件设备的支持，这些 PC 机的 USB 口都是闲置未用的。1997 年，微软在 WIN95OSR2(WIN97)中开始以外挂模块的形式提供对 USB 的支持，1998 年后，随着微软在 Windows 98 中内置了对 USB 接口的支持模块，加上 USB 设备的日渐增多，USB 逐步走进了实用阶段。

1. USB 的历史及发展

在讨论 USB 技术之前，有必要了解外设接口技术的发展历程。多年来，个人计算机的串口与并口的功能和结构并没有什么变化。串口的出现是在 1980 年前后，数据传输率是 11.5 kb/s～23.0 kb/s，串口一般用来连接鼠标和外置 MODEM。并口的数据传输率比串口快

8 倍，标准并口的数据传输率为 1 Mb/s，一般用来连接打印机、扫描仪等。原则上每一个外设必须插在一个接口上，如果所有的接口均被用上了，就只能通过添加插卡来追加接口了。串/并口不仅速度有限，而且在使用上很不方便。

1994 年，Intel、Compaq、Digital、IBM、Microsoft、NEC、Northern Telecom 等七家世界著名的计算机和通讯公司成立了 USB 论坛，花了近两年的时间形成了统一的意见，于1995 年 11 月正式制定了 USB 0.9 通用串行总线(Universal Serial Bus)规范，1997 年开始有真正符合 USB 技术标准的外设出现。1999 年初，在 Intel 的开发者论坛大会上，与会者介绍了 USB 2.0 规范，该规范的支持者除了原有的 Compaq、Intel、Microsoft 和 NEC 四个成员外，还有惠普、朗讯和飞利浦三个新成员。USB 2.0 向下兼容 USB 1.1，数据的传输率将达到 120 ～240 Mb/s，还支持宽带宽数字摄像设备及下一代扫描仪、打印机及存储设备。

2. USB 的基本性能

目前普遍采用的 USB1.1 主要应用在中低速外部设备上，它提供的传输速度有低速1.5 Mb/s 和全速 12 Mb/s 两种，低速的 USB 带宽(1.5 Mb/s)支持低速设备。例如，显示器、调制解调器、键盘、鼠标、扫描仪、打印机、光驱、磁带机、软驱等。全速的 USB 带宽(12 Mb/s)将支持大范围的多媒体设备。USB 规范中将 USB 分为五个部分：控制器、控制器驱动程序、USB 芯片驱动程序、USB 设备以及针对不同 USB 设备的客户驱动程序。根据设备对系统资源需求的不同，在 USB 规范中规定了四种不同的数据传输方式：等时(Isochronous)传输方式、中断(Interrupt)传输方式、控制(Control)传输方式和批(Bulk)传输方式。这些传输方式各有特点，分别用于不同的场所。

USB 需要主机硬件、操作系统和外设三个方面的支持才能工作。目前主板一般都采用支持 USB 功能的控制芯片组，而且也安装了 USB 接口插座。Windows 98 操作系统内置了对 USB 功能的支持，但 Windows NT 尚不支持 USB。目前，已经有数字照相机、数字音箱、数字游戏杆、打印机、扫描仪、键盘、鼠标等很多 USB 外设问世。通用串行总线(Universal Serial Bus)是将适用 USB 的外围设备连接到主机的外部总线结构，其主要是用在中速和低速的外设。USB 是通过 PCI 总线和 PC 的内部系统数据线连接，实现数据的传送的。

USB 同时又是一种通信协议，它支持主系统(Host)和 USB 的外围设备(Device)之间的数据传送，在 USB 的网络协议中，每个 USB 的系统只有一个 Host。因此，如果将两台 PC的 USB 口通过 A-A 头连接起来实现通信是不行的，因为对于微型计算机主板上的 USB 设备，都是 Host，如果连起来就是两个 Host 的通信，这样一来，一个 USB 的系统有了两个Host，这与它的网络协议冲突。

3. USB 的的特点

(1) USB 为所有的 USB 外设提供了单一的、易于操作的标准连接类型。这样一来就简化了 USB 外设的设计，同时也简化了用户在判断哪个插头对应哪个插槽时的任务，实现了单一的数据通用接口。

(2) USB 排除了各个设备，像鼠标、调制解调器、键盘和打印机设备对系统资源的需求，因而减少了硬件的复杂性和对端口的占用，整个的 USB 的系统只有一个端口和一个中断，节省了系统资源。

(3) USB 支持 PNP(即插即用设备)。当插入 USB 设备的时候，计算机系统检测该外设并且通过自动加载相关的驱动程序来对该设备进行配置，并使其正常工作。

(4) USB 支持热插拔(Hot Plug)。在 USB 方式下，所有的外设都在机箱外连接，不必打开机箱，也就是说在不关断 PC 电源的情况下，可以安全地插上和断开 USB 设备，动态的加载驱动程序。其他普通的外围连接标准，如 SCSI 设备等，必须在关掉主机的情况下才能增加或移走外围设备。

(5) USB 在设备供电方面提供了灵活性。USB 直接连接到 HUB 或者是连接到 Host 的设备可以通过 USB 电缆供电，也可以通过电池或者其他的电力设备来供电，或使用两种供电方式的组合，并且支持节约能源的挂机和唤醒模式。

(6) USB 提供全速 12 Mb/s 的速率和低速 1.5 Mb/s 的速率，来适应各种不同类型的外设。

(7) 针对不能处理突然发生的非连续传送的设备，如音频和视频设备，USB 可以保证其固定带宽。

(8) USB 使得多个外围设备可以跟主机通信。

(9) 连接灵活。USB 接口支持多个不同设备的串行连接，一个 USB 接口理论上可以连接 127 个 USB 设备，连接的方式也十分灵活，既可以使用串行连接，也可以使用中枢转接头(HUB)，把多个设备连接在一起，再同 PC 机的 USB 口相接。USB 采用"级联"方式，即每个 USB 设备用一个 USB 插头连接到一个外设的 USB 插座上，而其本身又提供一个 USB 插座，供下一个 USB 外设连接用。通过这种类似菊花链式的连接，一个 USB 控制器可以连接多达 127 个外设，而每个外设间距(线缆长度)可达 5 m。USB 还能智能识别 USB 链上外围设备的接入或拆卸。

(10) 支持多媒体。USB 提供了对电话的两路数据支持，USB 可支持异步以及等时数据传输，使电话可与 PC 集成，共享语音邮件及其他特性，USB 还具有高保真音频传输的特性。由于 USB 音频信息生成于计算机外，因而减少了电子噪音干扰声音质量的机会,从而使音频系统具有更高的保真度。

4. USB 的设备类型(Device Class)

虽然 USB 设备都会表现出 USB 的一些基本的特征，但是 USB 的设备还是可以分成多个不同类型，同类型的设备可以拥有一些共同的行为特征和工作协议，从而使设备的驱动程序的书写变得简单一些。表 5-8 中给出一些基本的 USB 的设备类型分类。

表 5-8　基本的 USB 的设备驱动程序类型分类

设备类型(Device Class)	设备举例	类型常量(Class Constant)
音频(Audio)	声卡	USB_DEVICE_CLASS_AUDIO
通信	调制解调器	USB_DECICE_CLASS_COMMUNICATIONS
用户输入	键盘、鼠标	USB_DEVICE_CLASS_HUMAN INTERFACE
显示	显示适配器	USB_DEVICE_CLASS_MONITOR
物理输入设备	游戏操纵杆或 MIDI	USB_DEVICE_CLASS_PHYSICAL_INTERFACE
电源	不间断供电电源	USB_DEVICE_CLASS_POWER
打印设备	打印机	USB_DEVICE_CLASS_PRINTER
大容量的存储器	硬盘	USB_DEVICE_CLASS_STORAGE
扩展	集线器	USB_DEVICE_CLASS_HUB

5. USB 的基本特性

每一个设备(Device)会有一个或者多个的逻辑连接点，每个连接点叫 Endpoint。每个 Endpoint 有四种数据传送方式：控制(Control)方式传送，同步(Isochronous)方式传送，中断(Interrupt)方式传送和批(Bulk)传送。但是所有的 Endpoint 都被用来传送配置和控制信息。

在 Host 和设备的 Endpoint 之间的连接叫做管道(Pipe)，Endpoint 叫做缺省管道(Default Pipe)。

对于同样性质的一组 Endpoint 的组合叫做接口(Interface)，如果一个设备包含不止一个接口就可以称之为复合设备(Composite Device)。同样的道理，对于同样类型的接口的组合可以称之为配置(Configuration)，但是每次只能有一个配置是可用的。而一旦该配置激活，里面的接口和 Endpoint 就都同时可以使用。Host 从设备发过来的描述字(Descriptors)中来判断用的是哪个配置，哪个接口等等，而这些的描述字通常是在 Endpoint0 中传送。

6. Windows USB 驱动程序接口

系统中的 USB 的驱动程序完成许多的工作，实际上对于一些 HID 的 USB 设备，像键盘、鼠标和游戏操纵杆之类的设备可以自动地被系统识别并且支持。而除此之外的设备就需要自己写一个驱动程序来完成硬件和软件之间的联系。在核心模式(Kernel Mode)下，驱动程序用 IOCTL 来组织和操作一些由其他部分发过来的要求和命令。而 IOCTL 又是通过 URB(USB Request Blocks)来实现数据的传送的。

7. USB 的传输方式

USB 有四种数据传输方式：控制、同步、中断和批。如果从硬件开始来设计整个的系统，还要正确选择传送的方式，而作为一个驱动程序的书写者，则只需弄清楚采用什么工作方式。通常所有的传送方式下的主动权都在 PC 边，也就是 Host 边。

1) 控制(Control)方式传送

控制传送是双向传送，数据量通常较小。USB 系统软件用来主要进行查询、配置和给 USB 设备发送通用的命令。控制传送方式可以包括 8、16、32 和 64 字节的数据，这依赖于设备和传输速度。控制传输典型地用在主计算机和 USB 外设之间的端点(Endpoint)之间的传输，但是指定供应商的控制传输可能用到其他的端点。

2) 同步(Isochronous)方式传送

同步传输提供了确定的带宽和间隔时间(Latency)。它被用于时间严格并具有较强容错性的流数据传输，或者用于要求恒定的数据传送率的即时应用中。例如，执行即时通话的网络电话应用时，使用同步传输模式是很好的选择。同步数据要求确定的带宽值和确定的最大传送次数。对于同步传送来说，即时的数据传递比完美的精度和数据的完整性更重要一些。

3) 中断(Interrupt)方式传送

中断方式传输主要用于定时查询设备是否有中断数据要传送，设备的端点模式器的结构决定了它的查询频率，在 1～255 ms 之间。这种传输方式典型的应用在于少量的分散和不可预测数据的传输，键盘、操纵杆和鼠标就属于这一类型。中断方式传送是单向的，并且对于 Host 来说只有输入的方式。

4) 批(Bulk)传送

批传送主要应用在数据批传送和接收数据上，同时又没有带宽和间隔时间要求的情况下，要求保证可靠传输，打印机和扫描仪属于这种类型。这种类型的设备适合于传输非常慢和大量被延迟的传输，可以等到所有其他类型的数据的传送完成之后再传送和接收数据。

USB 将其有效的带宽分成各个不同的帧(Frame)，每帧通常是 1 ms 时间长，每个设备每帧只能传送一个同步的传送包。在完成了系统的配置信息和连接之后，USB 的 Host 就会对不同的传送点和传送方式做一个统筹安排，用来适应整个的 USB 的带宽。通常情况下，同步方式和中断方式的传送会占据整个带宽的 90%，剩下的就安排给控制方式传送数据。

8. USB 的低层结构

1) USB 设备

USB 的设备可以接在 PC 上任意的 USB 接口上，其物理接口的结构如图 5.21(a)所示。而使用 HUB 还可以实现扩展，使更多的 USB 设备连接到系统中。USB 的 HUB 有一个上行的端口(连到 Host)，有多个下行端口(连接其他的设备)，从而可以使整个系统扩展连接 127 个外设，其中 HUB 也是外设。对于 USB 系统来说，USB 的 Host 永远是 PC 边，其他所有连接都称为设备，在设备与设备之间是无法实现直接通信的，只有通过 Host 的管理与调节才能够实现数据的互相传送。Host 和 USB 设备之间的关系如图 5.21(b)所示。

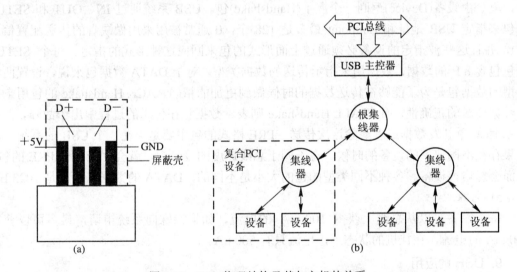

图 5.21   USB 物理结构及其与主机的关系

在系统中，通常会有一个根 HUB，这个 HUB 一般有两个下行的端口，一个 PC 可以拥有一个或多个的 USB Host 控制器。一般有两种类型的控制器：UHCI(USB Host 控制器接口)和 OHCI(开放的 Host 控制器接口)。Windows 的 USB 类驱动程序对于每一种的控制器类型都有一种 mini class 驱动程序来支持。

2) USB 的物理信号

USB 的电缆有四根线。两根传送的是+5 V 的电源，有一些和 HUB 相连的设备可以直接利用它来供电。另外的两根是数据线，数据线是单工的，在整个系统中的数据速率是一定的，要么是高速，要么是低速，不存在可以中间变速的设备来实现数流的变速通信。USB的总线可以在不使用的时候被挂起，这样就可节约能源。有时总线还有可能产生死锁(Stall)，这时数据传送突然被打断，USB 可以通过 Host 的重新配置实现总线的重新工作。

3) 低层协议

USB 的物理协议规定了大多数在总线上的数据格式，通常一个全速的数据帧可以最多有 1500 B，而对于低速的帧最多有 187 B。帧通常是用来分配带宽给不同的数据传送方式。同时，由于帧结构的规律性，帧的这种特性也可以用做同步信号而加以使用。

一个最小的 USB 的数据块叫做包(Packet)，包包括同步信号、包标识(Packet ID)、校验 CRC 和传送的数据。Packet ID 共有四种，如表 5-9 所示。

表 5-9　Packet ID 的四种标识

标 识 类 型	标 识 项 目
token	OUT IN SOF SETUP
data	DATA0 DATA1
handshake	ACK NAK STALL
special	PRE

4) 数据交换(Transaction)

一个 Transaction 是在 Host 和设备(Device)之间的不连续相互数据交换，通常由 Host 开始交换。交换是由 Token 的包开始的，接下来是双方向上的数据包，在数据包传送完之后，就会由设备(Device)返回一个握手(Handshake)包。USB 系统通过 IN、OUT 和 SETUP 的包来指定 USB 地址和 Endpoint(最多是 128 个，0 通常被用来用做缺省的传送配置信息的)，并且这些被指定的设备必须通过上面形式的包来回应这种形式的指定。每个 SETUP 的包包含 8 B 的数据，数据用来指示传送的数据类型。对于 DATA 数据包来说，设置两种类型的数据包是为了能够在传送数据的时候做到更加的精确。ACK Handshake 的包用来指示数据传送的正确性，而 STALL Handshake 则表示数据包在传送的过程中出了故障，并且请示 Host 重新发数据或者清除这次传送。PRE 格式的包主要是用在一个 USB 的系统中，如果存在不同速率的设备的时候，在不同于总线速度的设备中，就会回应一个 PRE 的包，从而会忽略该设备。各种不同类型的包的大小是不同的，DATA 的数据包最大是 1023 B。

5) 电源

每个设备可以从总线上获得 100 mA 的电流，如果特殊向系统申请，最多可以获得 500 mA 的电流，在挂机的状态下，电流只有 500 μA。

9. USB 的应用

到目前为止，USB 已经在 PC 机的多种外设上得到应用，包括扫描仪、数码相机、数码摄像机、音频系统、显示器、输入设备等。扫描仪、数码相机和数码摄像机是从 USB 中最早获益的产品。传统的扫描仪在执行扫描操作之前，用户必须先启动图像处理软件和扫描驱动软件，然后通过软件操作扫描仪。而 USB 扫描仪则不同，用户只需放好要扫描的图文，按一下扫描仪的按钮，屏幕上会自动弹出扫描仪驱动软件和图像处理软件，并实时监视扫描的过程。USB 数码相机、摄像机更得益于 USB 的高速数据传输能力，使大容量的图像文件传输，在短时间内即可完成。

USB 在音频系统应用的代表产品是微软公司推出的 Microsoft Digital Sound System80(微软数字声音系统 80)，使用这个系统，可以把数字音频信号传送到音箱，不再需要声卡进行数/模转换，音质也较以前有一定的提高。USB 技术在输入设备上的应用很成功，USB 键盘、鼠标器以及游戏杆都表现得极为稳定，很少出现问题。

早在 1997 年，市场上就已经出现了具备 USB 接口的显示器，为 PC 机提供附加的 USB 口。这主要是因为大多数的 PC 机外设都是桌面设备，同显示器连接要比同主机连接更方便、简单。目前，市场上出现的 USB 设备还有 USB Modem、Iomega 的 USB ZIP 驱动器以及 e-Tek 的 USB PC 网卡等等。对于便携式微型计算机来说，使用 USB 接口的意义更加重大，通用的 USB 接口不仅使笔记本计算机对外的连接变得方便，更可以使笔记本计算机生产厂商不再需要为不同配件在主板上安置不同的接口，这使主板的线路、组件的数量以及其复杂程度都有不同程度的削减，从而使系统运行中的散热问题得到了改善。也将促进更高主频的处理器可以迅速应用在移动计算机中，使笔记本计算机与桌面 PC 的差距进一步缩小。

USB 的应用会越来越广泛，一些业界人士甚至预测，未来的 PC 将是一个密封设备，所有外设都将通过 USB 或其他外部接口连接。

习 题 5 ✎

5.1　简述 8086 引脚信号中 M/$\overline{\text{IO}}$、DT/$\overline{\text{R}}$、$\overline{\text{RD}}$、$\overline{\text{WR}}$、ALE、$\overline{\text{DEN}}$ 和 $\overline{\text{BHE}}$/S_7 的作用。

5.2　什么是指令周期？什么是总线周期？什么是时钟周期？试说明三者的关系。

5.3　8086 一个总线周期包括哪几个时钟周期？若主时钟频率为 4.77 MHz，一个总线周期是多少时间？怎样延长总线周期？

5.4　简述 8086 读总线周期和写总线周期各引脚上的信号动态变化过程。8086 的读周期时序与写周期时序的区别有哪些？

5.5　什么是总线？简述微机总线的分类。

5.6　简述 PCI 总线的特点。

5.7　简述 USB 总线的应用场合与特点。

第 6 章 内 存 储 器

　　内存储器是计算机硬件系统的基本组成部分。程序和数据输入计算机后，都是存放在内存储器中，因此内存储器被称为计算机的数据"仓库"。正是因为有了存储器，计算机才有了"记忆和存储"功能。本章首先介绍内存储器 RAM 和 ROM 的一般概念和分类、主要技术指标，随后具体介绍 RAM 和 ROM 的结构与工作原理，最后重点介绍 CPU 与存储器的连接、PC 系列机的存储器接口、现代 RAM 以及存储器扩展与控制。

6.1 概 述

　　存储器是计算机中用来存储信息的部件。有了存储器，计算机才有"记忆"功能，才能把计算机要执行的程序以及数据处理与计算的结果存储在计算机中，使计算机能自动工作。

6.1.1 存储器的一般概念和分类

　　按存取速度和用途可把存储器分为两大类，内部存储器和外部存储器。把具有一定容量，存取速度快的存储器称为内部存储器，简称内存。内存是计算机的重要组成部分，CPU 可对它进行访问。目前应用在微型计算机的主内存容量已达 256 MB～1 GB，高速缓存器 (Cache)的存储容量已达 128～512 KB。把存储容量大而速度较慢的存储器称为外部存储器，简称外存。在微型计算机中常见的外存有软磁盘、硬磁盘、盒式磁带等，近年来，由于多媒体计算机的发展，普遍采用了光盘存储器。光盘存储器的外存容量很大，如 CD-ROM 光盘容量可达 650 MB，硬盘已达几十个 GB 乃至几百个 GB，而且容量还在增加，故也称外存为海量存储器。不过，要配备专门的设备才能完成对外存的读写。例如，软盘和硬盘要配有驱动器，磁带要有磁带机。通常，将外存归入到计算机外部设备一类，它所存放的信息调入内存后 CPU 才能使用。

6.1.2 半导体存储器的分类

　　早期的内存使用磁芯，随着大规模集成电路的发展，半导体存储器集成度大大提高，成本迅速降低，存取速度大大加快，所以在微型计算机中，内存一般都使用半导体存储器。从制造工艺的角度来分，半导体存储器分为双极型、CMOS 型、HMOS 型等；从应用角度来分，可分为随机读写存储器(Random Access Memory，又称为随机存取存储器，简称 RAM)和只读存储器(Read Only Memory，简称 ROM)，如图 6.1 所示。

　　下面分别说明这两种存储器的特点。

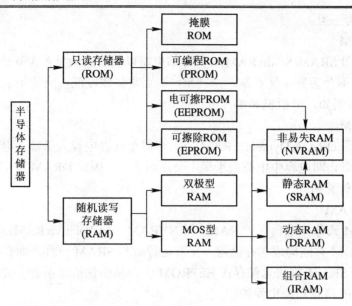

图 6.1 半导体存储器的分类

1. 只读存储器(ROM)

只读存储器是在使用过程中,只能读出存储的信息而不能用通常的方法将信息写入的存储器。只读存储器可分为四类。

1) 掩膜 ROM

掩膜 ROM 是利用掩膜工艺制造的存储器,程序和数据在制造器件过程中已经写入,一旦做好,不能更改。因此,只适合于存储成熟的固定程序和数据,大量生产时,成本很低。例如,键盘的控制芯片。

2) 可编程 ROM

可编程 ROM 简称 PROM(Programable ROM)。PROM 由厂家生产出的"空白"存储器,根据用户需要,利用特殊方法写入程序和数据,即对存储器进行编程。但只能写入一次,写入后信息是固定的,不能更改。它 PROM 类似于掩膜 ROM,适合于批量使用。

3) 可擦除 PROM

可擦除 PROM 简称 EPROM(Erasable Programable ROM)。这种存储器可由用户按规定的方法多次编程,如编程之后想修改,可用紫外线灯制作的擦除器照射 7～30 分钟左右(新的芯片擦除时间短,多次擦除过的芯片擦除时间长),使存储器复原,用户可再编程。这对于专门用途的研制和开发特别有利,因此应用十分广泛。

4) 电可擦 PROM

电擦除的 PROM 简称 EEPROM 或 E^2PROM(Electrically Erasable PROM)。这种存储器能以字节为单位擦除和改写,而且不需把芯片拔下插入编程器编程,在用户系统即可进行。随着技术的进步,EEPROM 的擦写速度将不断加快,将可作为不易失的 RAM 使用。

2. 随机读写存储器(RAM)

这种存储器在使用过程中既可利用程序随时写入信息,又可随时读出信息。它分为双极型和 MOS 型两种,前者读写速度高,但功耗大,集成度低,故在微型机中几乎都用后者。RAM 可分为三类。

1) 静态 RAM

静态 RAM 即 SRAM(Static RAM)，其存储电路以双稳态触发器为基础，状态稳定，只要不掉电，信息不会丢失。优点是不需刷新，缺点是集成度低。它适用于不需要大存储容量的微型计算机(例如，单板机和单片机)中。

2) 动态 RAM

动态 RAM 即 DRAM(Dynamic RAM)，其存储单元以电容为基础，电路简单，集成度高。但也存在问题，即电容中电荷由于漏电会逐渐丢失，因此 DRAM 需定时刷新。它适用于大存储容量的计算机。

3) 非易失 RAM

非易失 RAM 或称掉电自保护 RAM，即 NVRAM(Non Volative RAM)，这种 RAM 是由 SRAM 和 EEPROM 共同构成的存储器，正常运行时和 SRAM 一样，而在掉电或电源有故障的瞬间，它把 SRAM 的信息保存在 EEPROM 中，从而使信息不会丢失。NVRAM 多用于存储非常重要的信息和掉电保护。

其他新型存储器还有很多，如快擦写 ROM(即 Flash ROM)以及 Integrated RAM，它们已得到应用，详细内容请参阅存储器数据手册。

6.1.3 内存储器的主要技术指标

衡量内存储器的指标很多，诸如可靠性、功耗、价格、电源种类等，但从接口电路来看，最重要的指标是存储器芯片的容量和存取速度。

1. 容量

存储器芯片的容量是以存储 1 位二进制数(位)为单位的，因此存储器的容量指每个存储器芯片所能存储的二进制数的位数。例如，1024 位/片指芯片内集成了 1024 位的存储器。由于在微机中，数据大都是以字节(Byte)为单位并行传送的，因此，对存储器的读写也是以字节为单位寻址的。然而，存储器芯片因为要适用于 1 位、4 位、8 位计算机的需要，或因工艺上的原因，其数据线也有 1 位、4 位、8 位之不同。例如，Intel 2116 为 1 位，Intel 2114 为 4 位，Intel 6264 为 8 位，所以在标定存储器容量时，经常同时标出存储单元的数目和位数，因此有

$$存储器芯片容量 = 单元数 \times 数据线位数$$

如 Intel 2114 芯片容量为 1 K × 4 位/片，Intel 6264 为 8 K × 8 位/片。

虽然微型计算机的字长已经达到 16 位、32 位甚至 64 位，但其内存仍以一个字节为一个单元，不过在这种微机中，一次可同时对 2、4、8 个单元进行访问。

2. 存取速度

存储器芯片的存取速度是用存取时间来衡量的，它是指从 CPU 给出有效的存储器地址到存储器给出有效数据所需要的时间。存取时间越小，速度越快。超高速存储器的存取速度小于 20 ns，中速存储器的存取速度在 100~200 ns 之间，低速存储器的存取速度在 300 ns 以上。现在 Pentium 4 CPU 时钟已达 2.4 GHz 以上，这说明存储器的存取速度已非常高。随着半导体技术的进步，存储器的发展趋势是容量越来越大，速度越来越高，而体积却越来越小。

6.2 随机存储器(RAM)

本节介绍 SRAM 和 DRAM 的工作原理和典型芯片,以便读者正确选用。

6.2.1 静态 RAM

1. 静态 RAM 的基本存储电路

该电路通常由如图 6.2 所示的 6 个 MOS 管组成。在此电路中,$V_1 \sim V_4$ 管组成双稳态触发器,V_1、V_2 为放大管,V_3、V_4 为负载管。若 V_1 截止,则 A 点为高电平,它使 V_2 导通,于是 B 点为低电平,这又保证了 V_1 的截止。同样,V_1 导通而 V_2 截止,这是另一个稳定状态。因此,可用 V_1 管的两种状态表示"1"或"0"。由此可知,静态 RAM 保存信息的特点是和这个双稳态触发器的稳定状态密切相关的。显然,仅仅能保持这两个状态的一种还是不够的,还要对状态进行控制,于是就加上了控制管 V_5、V_6。

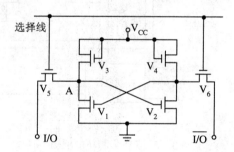

图 6.2 六个 MOS 管组成的静态 RAM 存储电路

当地址译码器的某一个输出线送出高电平到 V_5、V_6 控制管的栅极时,V_5、V_6 导通,于是,A 点与 I/O 线相连,B 点与 $\overline{\text{I/O}}$ 线相连。这时如要写"1",则 I/O 为"1",$\overline{\text{I/O}}$ 为"0",它们通过 V_5、V_6 管与 A、B 点相连,即 A= "1",B= "0",使 V_1 截止,V_2 导通。而当写入信号和地址译码信号消失后,V_5、V_6 截止,该状态仍能保持。如要写"0",$\overline{\text{I/O}}$ 线为"1",I/O 线为"0",这使 V_1 导通,V_2 截止。只要不掉电,这个状态会一直保持,除非重新写入一个新的数据。对所存的内容读出时,仍需地址译码器的某一输出线送出高电平到 V_5、V_6 管栅极,即此存储单元被选中,此时 V_5、V_6 导通。于是,V_1、V_2 管的状态被分别送至 I/O 线、$\overline{\text{I/O}}$ 线,这样就读取了所保存的信息。显然,存储的信息被读出后,存储的内容并不改变,除非重写一个数据。

由于 SRAM 存储电路中,MOS 管数目多,故集成度较低,而 V_1、V_2 管组成的双稳态触发器必有一个是导通的,功耗也比 DRAM 大,这是 SRAM 的两大缺点。其优点是不需要刷新电路,从而简化了外部电路。

2. 静态 RAM 的结构

静态 RAM 内部是由很多如图 6.2 所示的基本存储电路组成的,容量为单元数与数据线位数之乘积。为了选中某一个单元,往往利用矩阵式排列的地址译码电路。例如,1 K 单元的内存需 10 根地址线，其中 5 根用于行译码，另 5 根用于列译码，译码后在芯片内部排列成 32 条行选择线和 32 条列选择线，这样可选中 1024 个单元中的任何一个，而每一个单元的基本存储电路的个数与数据线位数相同。

常用的典型 SRAM 芯片有 6116、6264、62256、628128 等。Intel 6116 的管脚及功能框图如图 6.3 所示。6116 芯片的容量为 2 K × 8 位，有 2048 个存储单元，需 11 根地址线，7 根用于行地址译码输入，4 根用于列译码地址输入，每条列线控制 8 位，从而形成了 128 × 128 的存储阵列，即 16 384 个存储体。6116 的控制线有三条，片选 $\overline{CS}$、输出允许 $\overline{OE}$ 和读写控制 $\overline{WE}$。

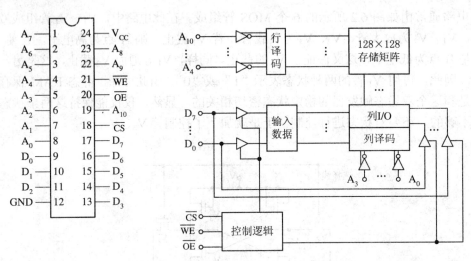

图 6.3   6116 管脚和功能框图

Intel 6116 存储器芯片的工作过程如下：

读出时，地址输入线 $A_{10} \sim A_0$ 送来的地址信号经地址译码器送到行、列地址译码器，经译码后选中一个存储单元(其中有 8 个存储位)，由 $\overline{CS}$、$\overline{OE}$、$\overline{WE}$ 构成读出逻辑($\overline{CS}$ =0，$\overline{OE}$ =0，$\overline{WE}$ =1)，打开右面的 8 个三态门，被选中单元的 8 位数据经 I/O 电路和三态门送到 $D_7 \sim D_0$ 输出。写入时，地址选中某一存储单元的方法和读出时相同，不过这时 $\overline{CS}$ =0，$\overline{OE}$ =1，$\overline{WE}$ =0，打开左边的三态门，从 $D_7 \sim D_0$ 端输入的数据经三态门和输入数据控制电路送到 I/O 电路，从而写到存储单元的 8 个存储位中。当没有读写操作时，$\overline{CS}$ =1，即片选处于无效状态，输入输出三态门至高阻状态，从而使存储器芯片与系统总线"脱离"。6116 的存取时间在 85～150 ns 之间。

其他静态 RAM 的结构与 6116 相似，只是地址线不同而已。常用的型号有 6264、62256，它们都是 28 个引脚的双列直插式芯片，使用单一的+5 V 电源，它们与同样容量的 EPROM 引脚相互兼容，从而使接口电路的连线更为方便。

值得注意的是，6264 芯片还设有一个 CS_2 引脚，通常接到+5 V 电源，当掉电时，电压下降到小于或等于+0.2 V 时，只需向该引脚提供 2 μA 的电流，则在 V_{CC}=2 V 时，该 RAM 芯片就进入数据保护状态。根据这一特点，在电源掉电检测和切换电路的控制下，当检测到电源电压下降到小于芯片的最低工作电压(CMOS 电路为+4.5 V，非 CMOS 为+4.75 V)时，将 6264RAM 切换到由镍铬电池或银电池提供的备用电源供电，即可实现断电后长时间的数据保护。数据保护电路如图 6.4 所示。

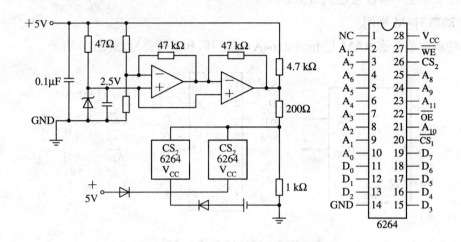

图 6.4　6264SRAM 数据保护电路

在电子盘和大容量存储器中，需要容量更大的 SRAM，例如，HM628126 容量为 1 Mb(128 K×8 位)，而 HM628512 芯片容量达 4 Mb。限于篇幅，在此不再赘述，读者可参阅存储器手册。

6.2.2　动态 RAM

1. 动态 RAM 存储电路

为减少 MOS 管数目，提高集成度和降低功耗，出现了动态 RAM 器件，其基本存储电路为单管动态存储电路，如图 6.5 所示。

由图可见，DRAM 存放信息靠的是电容 C，电容 C 有电荷时，为逻辑"1"，没有电荷时，为逻辑"0"。但由于任何电容都存在漏电现象，因此，当电容 C 存有电荷时，过一段时间由于电容的放电导致电荷流失，信息也就丢失。解决的办法是刷新，即每隔一定时间(一般为 2 ms)就要刷新一次，使原来处于逻辑电平"1"的电容的电荷又得到补充，而原来处于电平"0"的电容仍保持"0"。在进行读操作时，根据行地址译码，使某一条行选择线为高电平，于是使本行上所有的基本存储电路中的管子 V 导通，使

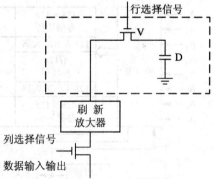

图 6.5　单管动态存储器电路

连在每一列上的刷新放大器读取对应存储电容上的电压值，刷新放大器将此电压值转换为对应的逻辑电平"0"或"1"，又重写到存储电容上。而列地址译码产生列选择信号，所选中那一列的基本存储电路才受到驱动，从而可读取信息。

在写操作时，行选择信号为"1"，V 管处于导通状态，此时列选择信号也为"1"，则此基本存储电路被选中，于是由外接数据线送来的信息通过刷新放大器和 V 管送到电容 C

上。刷新是逐行进行的，当某一行选择信号为"1"时，选中了该行，电容上信息送到刷新放大器上，刷新放大器又对这些电容立即进行重写。由于刷新时，列选择信号总为"0"，因此电容上信息不可能被送到数据总线上。

2. 动态 RAM 举例

一种典型的动态 RAM 是 Intel 2164A，其引脚和逻辑符号如图 6.6 所示。

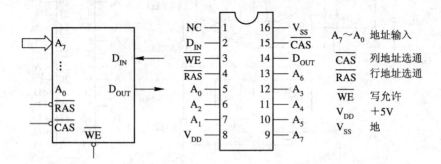

图 6.6　Intel 2164A 引脚与逻辑符号

DRAM 芯片 2164A 的容量为 64 K × 1 位，即片内有 65 536 个存储单元，每个单元只有 1 位数据，用 8 片 2164A 才能构成 64 KB 的存储器。若想在 2164A 芯片内寻址 64 K 个单元，必须用 16 条地址线。但为减少地址线引脚数目，地址线又分为行地址线和列地址线，而且分时工作，这样 DRAM 对外部只需引出 8 条地址线。芯片内部有地址锁存器，利用多路开关，由行地址选通信号 $\overline{\text{RAS}}$(Row Address Strobe)，把先送来的 8 位地址送至行地址锁存器，由随后出现的列地址选通信号 $\overline{\text{CAS}}$(Column Address Strobe)把后送来的 8 位地址送至列地址锁存器，这 8 条地址线也用于刷新，刷新时一次选中一行，2 ms 内全部刷新一次。Intel 2164A 的内部结构示意图如图 6.7 所示。

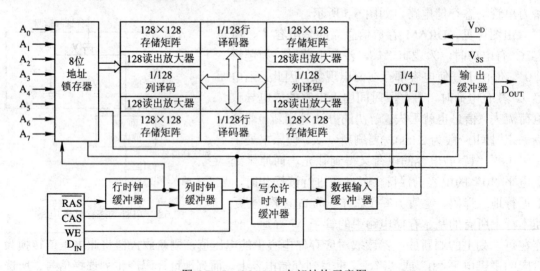

图 6.7　Intel 2164A 内部结构示意图

图中 64 K 存储体由 4 个 128 × 128 的存储矩阵组成，每个 128 × 128 的存储矩阵，由 7 条行地址线和 7 条列地址线进行选择，在芯片内部经地址译码后可分别选择 128 行和 128

列。锁存在行地址锁存器中的七位行地址 $RA_6 \sim RA_0$ 同时加到 4 个存储矩阵上,在每个存储矩阵中都选中一行,则共有 512 个存储电路可被选中,它们存放的信息被选通至 512 个读出放大器,经过鉴别后锁存或重写。锁存在列地址锁存器中的七位列地址 $CA_6 \sim CA_0$(相当于地址总线的 $A_{14} \sim A_8$),在每个存储矩阵中选中一列,然后经过 4 选 1 的 I/O 门控电路(由 RA_7、CA_7 控制)选中一个单元,对该单元进行读写。2164A 数据的读出和写入是分开的,由 $\overline{WE}$ 信号控制读写。当 $\overline{WE}$ 为高时,实现读出,即所选中单元的内容经过三态输出缓冲器在 D_{OUT} 脚读出。而当 $\overline{WE}$ 为低电平时,实现写入,D_{IN} 引脚上的信号经输入三态缓冲器对选中单元进行写入。2164A 没有片选信号,实际上用行选 $\overline{RAS}$、列选 $\overline{CAS}$ 信号作为片选信号。

3. 高集成度 DRAM

由于微型计算机内存的实际配置已从 640 KB 发展到高达 16 MB 甚至 256 MB,因此要求配套的 DRAM 集成度也越来越高,容量为 1 M×1 位,1 M×4 位,4 M×1 位以及更高集成度的存储器芯片已大量使用。通常,把这些芯片放在内存条上,用户只需把内存条插到系统板上提供的存储条插座上即可使用。例如,有 256 K×8 位,1 M×8 位,256 K×9 位,1 M×9 位(9 位时有一位为奇偶校验位)及更高集成度的存储条。图 6.8 是采用 HYM59256A 的存储条,图中给出了引脚和方块图,其中 $A_8 \sim A_0$ 为地址输入线,$DQ_7 \sim DQ_0$ 为双向数据

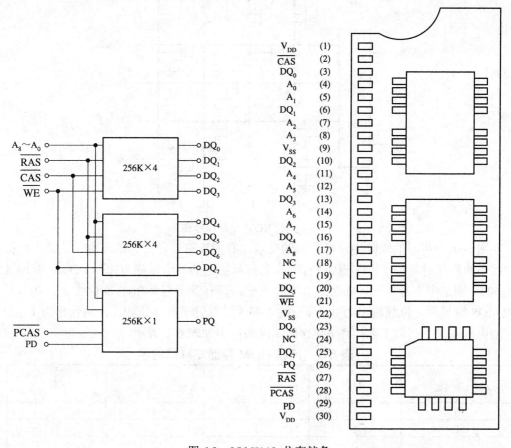

图 6.8　256 K×9 位存储条

线，PD 为奇偶校验数据输入，$\overline{\text{PCAS}}$ 为奇偶校验的地址选通信号，PQ 为奇偶校验数据输出，$\overline{\text{WE}}$ 为读写控制信号，$\overline{\text{RAS}}$、$\overline{\text{CAS}}$ 为行、列地址选通信号，V_{DD} 为电源(+5V)，Vss 为地线。30 个引脚定义是存储条通用标准。

另外，还有 1 M×8 位的内存条，HYM58100 由 1 M×1 位的 8 片 DRAM 组成，也可由 1 M×4 位 DRAM 2 片组成，更高集成度的内存条请参阅存储器手册。

6.3 只读存储器(ROM)

只读存储器 ROM 的信息在使用时是不能被改变的，即只能读出，不能写入，故一般只能存放固定程序，如监控程序，IBM-PC 中的 BIOS 程序等。ROM 的特点是非易失性，即掉电后再上电时存储信息不会改变。ROM 芯片种类很多，下面介绍其中的几种。

6.3.1 掩膜 ROM

最早的只读存储器是掩膜 ROM。掩膜 ROM 制成后，用户不能修改，图 6.9 为一个简单的 4×4 位 MOS 管 ROM，采用单译码结构。两位地址线 A_1、A_0 译码后可译出四种状态，输出 4 条选择线，分别选中 4 个单元，每个单元有 4 位输出。

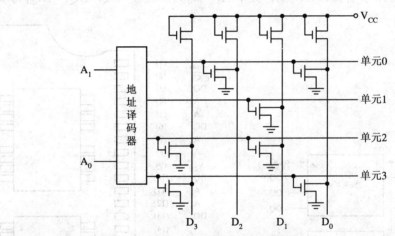

图 6.9 掩膜 ROM 电路原理图

在图 6.9 中所示的矩阵中，行和列的交点，有的连有管子，有的没有，这是工厂根据用户提供的程序对芯片图形(掩膜)进行二次光刻所决定的，所以称为掩膜 ROM。若地址线 A_1A_0=00，则选中 0 号单元，即字线 0 为高电平，若有管子与其相连(如位线 2 和 0)，其相应的 MOS 管导通，位线输出为 0，而位线 1 和 3 没有管子与字线相连，则输出为 1。故存储器的内容取决于制造工艺，图 6.9 存储矩阵的内容如表 6-1 所示。

表 6-1 掩膜 ROM 存储矩阵的内容

单元 \ 位	D_3	D_2	D_1	D_0
0	1	0	1	0
1	1	1	0	1
2	0	1	0	1
3	0	1	1	0

6.3.2 可擦可编程只读存储器(EPROM、EEPROM)

1. 紫外线可擦可编程只读存储器(EPROM)

在某些应用中，程序需要经常修改，因此能够重复擦写的 EPROM 被广泛应用。这种存储器利用编程器写入后，信息可长久保持，因此可作为只读存储器。当其内容需要变更时，可利用擦除器(用紫外线灯照射)将其擦除，各单位内容复原为 FFH，再根据需要利用 EPROM 编程器编程，因此这种芯片可反复使用。

1) EPROM 的存储单元电路

通常 EPROM 存储电路是利用浮栅 MOS 管构成的，又称 FAMOS 管(Floating gate Avalanche Injection Metal-Oxide-Semiconductor，即浮栅雪崩注入 MOS 管)，其构造如图 6.10(a)所示。

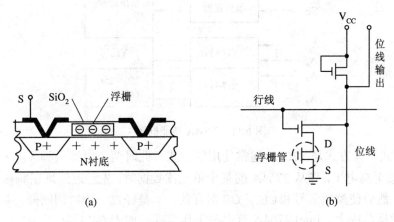

图 6.10 浮栅 MOS EPROM 存储电路

该电路和普通 P 沟道增强型 MOS 管相似，只是浮栅管的栅极没有引出端，而被 SiO$_2$ 绝缘层所包围，称为"浮栅"。在原始状态，该管栅极上没有电荷，没有导通沟道，D 和 S 是不导通的。如果将源极和衬底接地，在衬底和漏极形成的 PN 结上加一个约 24 V 的反向电压，可导致雪崩击穿，产生许多高能量的电子，这些电子比较容易越过绝缘薄层进入浮栅。注入浮栅的电子数量由所加电压脉冲的幅度和宽度来控制，如果注入的电子足够多，这些负电子在硅表面上感应出一个连接源——漏极的反型层，使源——漏极呈低阻态。当外加电压取消后，积累在浮栅上的电子没有放电回路，因而在室温和无光照的条件下可长期地保存在浮栅中。将一个浮栅管和 MOS 管串起来组成如图 6.10(b)所示的存储单元电路。于是浮栅中注入了电子的 MOS 管源——漏极导通，当行选线选中该存储单元时，相应的位线为低电平，即读取值为"0"，而未注入电子的浮栅管的源——漏极是不导通的，故读取值为"1"。在原始状态(即厂家出厂时)，没有经过编程，浮栅中没注入电子，位线上总是"1"。

消除浮栅电荷的办法是利用紫外线光照射，由于紫外线光子能量较高，从而可使浮栅中的电子获得能量，形成光电流从浮栅流入基片，使浮栅恢复初态。EPROM 芯片上方有一个石英玻璃窗口，只要将此芯片放入一个靠近紫外线灯管的小盒中，一般照射 10 分钟左

右，读出各单元的内容均为 FFH，则说明该 EPROM 已擦除。

2) 典型 EPROM 芯片介绍

EPROM 芯片有多种型号，如 2716(2 K × 8 位)、2732(4 K × 8 位)、2764(8 K × 8 位)、27128(16 K × 8 位)、27256(32 K × 8 位)等。下面以 2764A 为例，介绍 EPROM 的性能和工作方式。

Intel 2764A 有 13 条地址线，8 条数据线，2 个电压输入端 V_{CC} 和 V_{PP}，一个片选端 $\overline{CE}$(功能同 $\overline{CS}$)，此外还有输出允许 $\overline{OE}$ 和编程控制端 $\overline{PGM}$，其功能框图见图 6.11。

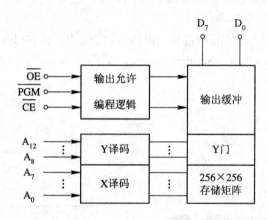

图 6.11　2764A 功能框图

(1) 读方式。读方式是 2764A 通常使用的方式，此时两个电源引脚 V_{CC} 和 V_{PP} 都接至 +5 V，$\overline{PGM}$ 接至高电平，当从 2764A 的某个单元读数据时，先通过地址引脚接收来自 CPU 的地址信号，然后使控制信号和 $\overline{CE}$、$\overline{OE}$ 都有效，于是经过一个时间间隔，指定单元的内容即可读到数据总线上。Intel 2764A 有七种工作方式，如表 6-2 所示。

表 6-2　2764A 的工作方式选择表

引脚 方式	$\overline{CE}$	$\overline{OE}$	$\overline{PGM}$	A_9	A_0	V_{PP}	V_{CC}	数据端功能
读	低	低	高	×	×	V_{CC}	5 V	数据输出
输出禁止	低	高	高	×	×	V_{CC}	5 V	高阻
备用	高	×	×	×	×	V_{CC}	5 V	高阻
编程	低	高	低	×	×	12.5 V	V_{CC}	数据输入
校验	低	低	高	×	×	12.5 V	V_{CC}	数据输出
编程禁止	高	×	×	×	×	12.5 V	V_{CC}	高阻
标识符	低	低	高	高	低	V_{CC}	5 V	制造商编码
					高	V_{CC}	5 V	器件编码

但把 A_9 引脚接至 11.5～12.5 V 的高电平，则 2764A 处于读 Intel 标识符模式。要读出 2764A 的编码必须顺序读出两个字节，先让 A_1～A_8 全为低电平，而使 A_0 从低变高，分两次读取 2764A 的内容。当 A_0=0 时，读出的内容为制造商编码(陶瓷封装为 89H，塑封为 88H)，

当 $A_0=1$ 时，则可读出器件的编码(2764A 为 08H，27C64 为 07H)。

(2) 备用方式。只要 $\overline{CE}$ 为高电平，2764A 就工作在备用方式，输出端为高阻状态，这时芯片功耗将下降，从电源所取电流由 100 mA 下降到 40 mA。

(3) 编程方式。这时，V_{PP} 接+12.5 V，V_{CC} 仍接+5 V，从数据线输入这个单元要存储的数据，$\overline{CE}$ 端保持低电平，输出允许信号 $\overline{OE}$ 为高，每写一个地址单元，都必须在 $\overline{PGM}$ 引脚端给一个低电平有效，宽度为 45 ms 的脉冲，如图 6.12 所示。

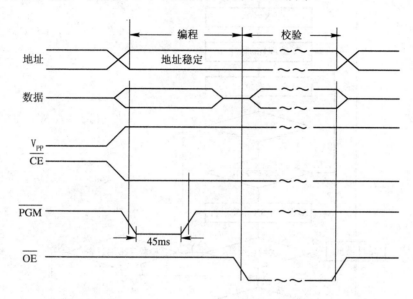

图 6.12 2764A 编程波形

(4) 编程禁止。在编程过程中，只要使该片 $\overline{CE}$ 为高电平，编程就立即禁止。

(5) 编程校验。在编程过程中，为了检查编程时写入的数据是否正确，通常在编程过程中包含校验操作。在一个字节的编程完成后，电源的接法不变，但 $\overline{PGM}$ 为高电平，$\overline{CE}$、$\overline{OE}$ 均为低电平，则同一单元的数据就在数据线上输出，这样就可与输入数据相比较，校验编程的结果是否正确。

(6) Intel 标识符模式。当两个电源端 V_{CC} 和 V_{PP} 都接至+5 V，$\overline{CE}=\overline{OE}=0$ 时，$\overline{PGM}$ 为高电平，这时与读方式相同。另外，在对 EPROM 编程时，每写一个字节都需 45 ms 的 $\overline{PGM}$ 脉冲，速度太慢，且容量越大，速度越慢。为此，Intel 公司开发了一种新的编程方法，比标准方法快 6 倍以上，其流程图如图 6.13 所示。

实际上，按这一思路开发的编程器有多种型号。编程器中有一个卡插在 I/O 扩展槽上，外部接有 EPROM 插座，所提供的编程软件可自动提供编程电压 V_{PP}，按菜单提示，可读、可编程、可校验，也可读出器件的编码，操作很方便。

3) 高集成度 EPROM

高集成度 EPROM 芯片有多种型号，除了常使用的 EPROM 2764 外，还有 27128、27256、27512 等。由于工业控制计算机的发展，迫切需用电子盘取代硬盘，常把用户程序、操作系统固化在电子盘(ROMDISK)上，这时要用 27C010(128 K×8 位)、27C020(256 K×8 位)、27C040(512 K×8 位)大容量芯片。关于这几种芯片的使用请参阅有关手册。

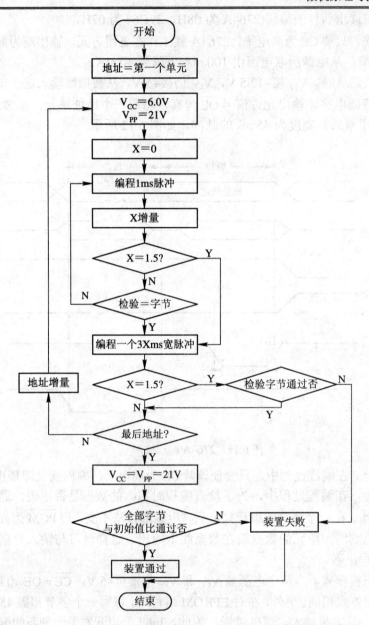

图 6.13 Intel 对 EPROM 编程算法流程图

2. 电可擦可编程只读存储器(EEPROM)

EPROM 的优点是一块芯片可多次使用，缺点是整个芯片虽只写错一位，也必须从电路板上取下擦掉重写，因而很不方便的。在实际应用中，往往只要改写几个字节的内容，因此多数情况下需要以字节为单位进行擦写，而 EEPROM 在这方面具有很大的优越性。下面以 Intel 2816 为例，说明 EEPROM 的基本特点和工作方式。

1) 2816 的基本特点

2816 是容量为 2 K×8 位的电擦除 PROM，它的逻辑符号如图 6.14 所示。芯片的管脚排列与 2716 一致，只是在管脚定义上，数据线管脚对 2816 来说是双向的，以适应读写工作模式。

2816 的读取时间为 250 ns,可满足多数微处理器对读取速度的要求。2816 最突出的特点是可以字节为单位进行擦除和重写。擦或写用 $\overline{CE}$ 和 $\overline{OE}$ 信号加以控制,一个字节的擦写时间为 10 ms。2816 也可整片进行擦除,整片擦除时间也是 10 ms。无论字节擦除还是整片擦除均在机内进行。

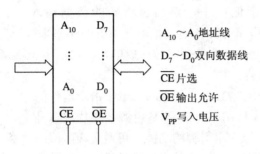

图 6.14　2816 的逻辑符号

2) 2816 的工作方式

2816 有六种工作方式,每种工作方式下各个控制信号所需电平如表 6-3 所示。从表中可见,除整片擦除外,$\overline{CE}$ 和 $\overline{OE}$ 均为 TTL 电平,而整片擦除时电压为 +9~+15 V,在擦或写方式时 V_{PP} 均为 +21 V 的脉冲,而其他工作方式时电压为 +4~+6 V。

表 6-3　2816 的工作方式

管脚 方式	$\overline{CE}$	$\overline{OE}$	V_{PP}/V	数据线功能
读方式	低	低	+4~+6	输出
备用方式	高	×	+4~+6	高阻
字节擦除	低	高	+21	输入为高电平
字节写	低	高	+21	输入
片擦除	低	+9~+15V	+21	输入为高电平
擦写禁止	高	×	+21	高阻

(1) 读方式。在读方式时,允许 CPU 读取 2816 的数据。当 CPU 发出地址信号以及相关的控制信号后,与此相对应,2816 的地址信号和 $\overline{CE}$、$\overline{OE}$ 信号有效,经一定延时,2816 可提供有效数据。

(2) 写方式。2816 具有以字节为单位的擦写功能,擦除和写入是同一种操作,即都是写,只不过擦除是固定写"1"而已。因此,在擦除时,数据输入是 TTL 高电平。在以字节为单位进行擦除和写入时,$\overline{CE}$ 为低电平,$\overline{OE}$ 为高电平,从 V_{PP} 端输入编程脉冲,宽度最小为 9 ms,最大为 70 ms,电压为 21 V。为保证存储单元能长期可靠地工作,编程脉冲要求以指数形式上升到 21 V。

(3) 片擦除方式。当 2816 需整片擦除时,也可按字节擦除方式将整片 2 KB 逐个进行,但最简便的方法是依照表 6-3,将 $\overline{CE}$ 和 V_{PP} 按片擦除方式连接,将数据输入引脚置为 TTL 高电平,而使 $\overline{OE}$ 引脚电压达到 9~15 V,则约经 10 ms,整片内容全部被擦除,即 2 KB 的内容全为 FFH。

(4) 备用方式。当 2816 的 $\overline{CE}$ 端加上 TTL 高电平时，芯片处于备用状态，$\overline{OE}$ 控制无效，输出呈高阻态。在备用状态下，其功耗可降到 55%。

3) 2817A EEPROM

在工业控制领域，常用 2817A EEPROM，其容量也是 2 K×8 位，采用 28 脚封装，它比 2816 多一个 RDY/$\overline{BUSY}$ 引脚，用于向 CPU 提供状态。擦写过程是当原有内容被擦除时，将 RDY/$\overline{BUSY}$ 引脚置于低电平，然后再将新的数据写入，完成此项操作后，再将 RDY/$\overline{BUSY}$ 引脚置于高电平，CPU 通过检测此引脚的状态来控制芯片的擦写操作，擦写时间约 5 ns。2817A 的特点是片内具有防写保护单元。它适于现场修改参数。2817A 引脚见图 6.15。

图 6.15 中，R/$\overline{B}$ 是 RDY/$\overline{BUSY}$ 的缩写，用于指示器件的准备就绪/忙状态，2817A 使用单一的+5 V 电源，在片内有升压到+21 V 的电路，用于原 V_{PP} 引脚的功能，可避免 V_{PP} 偏高或加电顺序错误引起的损坏，2817A 片内有地址锁存器、数据锁存器，因此可与 8088/8086、8031、8096 等 CPU 直接连接。2817A 片内写周期定时器通过 RDY/$\overline{BUSY}$ 引脚向 CPU 表明它所处的工作状态。在正在写一个字节的过程中，此引脚呈低电平，写完以后此引脚变为高电平。2817A 中 RDY/$\overline{BUSY}$ 引脚的这一功能可在每写完一个字节后向 CPU 请求外部中断来继续写入下一个字节，而在写入过程中，其数据线呈高阻状态，故 CPU 可继续执行其程序。因此采用中断方式既可在线修改内存参数，又不致影响工业控制计算机的实时性。2817A 读取时间为 200 ns，数据保存时间接近 10 年，但每个单元允许擦

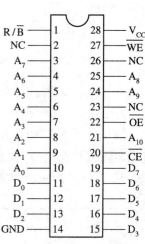

图 6.15　2817A 引脚图

写 10^4 次，故要均衡地使用每个单元，以提高其寿命。2817A 的工作方式如表 6-4 所示。

此外，2864A 是 8 K×8 位的 EEPROM，其性能更优越，每一字节擦写时间为 5 ns，2864A 只需 2 ms，读取时间为 250 ns，其引脚与 2764 兼容。

表 6-4　2817A 工作方式选择表

方式＼引脚	$\overline{CE}$	$\overline{OE}$	$\overline{WE}$	RDY/$\overline{BUSY}$	数据线功能
读	低	低	高	高阻	输出
维持	高	无关	无关	高阻	高阻
字节写入	低	高	低	低	输入
字节擦除	字节写入前自动擦除				

6.4　CPU 与存储器的连接

本节讨论 CPU 如何与存储器连接，以及几种典型 CPU 与 ROM 或 RAM 的连接实例。

6.4.1　连接时应注意的问题

在微型计算机中，CPU 对存储器进行读写操作，首先由地址总线给出地址信号，然后

发出读写控制信号，最后才能在数据总线上进行数据的读写。所以，CPU 与存储器连接时，地址总线、数据总线和控制总线都要连接。在连接时应注意以下 3 个问题。

1. CPU 总线的带负载能力

CPU 在设计时，一般输出线的带负载能力为 1 个 TTL。现在存储器为 MOS 管，直流负载很小，主要是电容负载，故在简单系统中，CPU 可直接与存储器相连，而在较大系统中，可加驱动器再与存储器相连。

2. CPU 时序与存储器存取速度之间的配合

CPU 的取指周期和对存储器读写都有固定的时序，由此决定了对存储器存取速度的要求。具体地说，CPU 对存储器进行读操作时，CPU 发出地址和读命令后，存储器必须在限定时间内给出有效数据。而当 CPU 对存储器进行写操作时，存储器必须在写脉冲规定的时间内将数据写入指定存储单元，否则就无法保证迅速准确地传送数据。

3. 存储器组织、地址分配

在各种微型计算机系统中，字长有 8 位、16 位或 32 位之分，可是存储器均以字节为基本存储单元，如欲存储一个 16 位或 32 位数据，就要放在连续的几个内存单元中，这种存储器称为"字节编址结构"。80286、80386 CPU 是把 16 位或 32 位数的低字节放在低地址(偶地址)存储单元中。

此外，内存又分为 ROM 区和 RAM 区，而 RAM 区又分为系统区和用户区，所以内存地址分配是一个重要问题。

例如，Z80 或 8085CPU 地址线为 16 根，寻址范围为 64 KB。Z80-TP801 单板计算机的 ROM 区地址为 0000H～1FFFH，这一区域存放监控程序等，用户区(RAM)地址为 2000H 以后。而 IBM-PC 机的 ROM 区却放在高地址区(详见本章第 5 节)。

6.4.2 典型 CPU 与存储器的连接

1. 地址译码器 74LS138

将 CPU 与存储器连接时，首先根据系统要求，确定存储器芯片地址范围，然后进行地址译码，译码输出送给存储器的片选引脚 $\overline{CS}$。译码器常采用 74LS138 电路。图 6.16 给出了该译码器的引脚和译码逻辑框图。由图可看到，译码器 74LS138 的工作条件是 $G_1=1$，$\overline{G_{2A}}=0$，$\overline{G_{2B}}=0$，译码输入端为 C、B、A，故输出有八种状态，因规定 $\overline{CS}$ 低电平选中存储器，故译码器输出也是低电平有效。当不满足编译条件时，74LS138 输出全为高电平，相当于译码器未工作。74LS138 的真值表如表 6-5 所示。

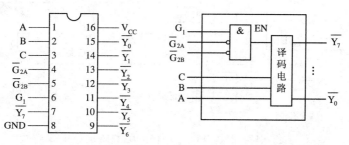

图 6.16　74LS138 引脚和译码逻辑图

表 6-5　74LS138 译码器真值表

G_1	$\overline{G_{2A}}$	$\overline{G_{2B}}$	C	B	A	译码输出
1	0	0	0	0	0	$\overline{Y_0}=0$，其余为 1
1	0	0	0	0	1	$\overline{Y_1}=0$，其余为 1
1	0	0	0	1	0	$\overline{Y_2}=0$，其余为 1
1	0	0	0	1	1	$\overline{Y_3}=0$，其余为 1
1	0	0	1	0	0	$\overline{Y_4}=0$，其余为 1
1	0	0	1	0	1	$\overline{Y_5}=0$，其余为 1
1	0	0	1	1	0	$\overline{Y_6}=0$，其余为 1
1	0	0	1	1	1	$\overline{Y7}=0$，其余为 1
不是上述情况			×	×	×	$\overline{Y_0}\sim\overline{Y_7}$ 全为 1

2. 8 位 CPU 与存储器的连接

8 位 CPU(如 Z80,8085)的地址线为 16 根,数据线为 8 根,还有控制线。下面以 Z80CPU 与 6116A，Z80 与 EPROM2716 为例说明 CPU 怎样与存储器连接。

1) Z80CPU 与 6116A 的连接

当某微型计算机要求 6116A 的地址范围为 8000H～87FFH，这时 Z80CPU 与 6116A 的连线图如图 6.17 所示。图中，6116A 的 $\overline{CS}$ 连到译码器的 $\overline{Y_1}$ 引脚，故引脚 $A_{15}A_{14}A_{13}A_{12}A_{11}=10000$，满足系统要求。存储器读信号 $\overline{MEMR}=\overline{MEMQ}\cdot\overline{RD}$ 连到 6116A 的 $\overline{OE}$ 引脚，存储器写信号 $\overline{MEMW}=\overline{MEMQ}\cdot\overline{WR}$ 连到 $\overline{WE}$ 引脚（$\overline{MEMQ}$ 对为存储器请求信号）。

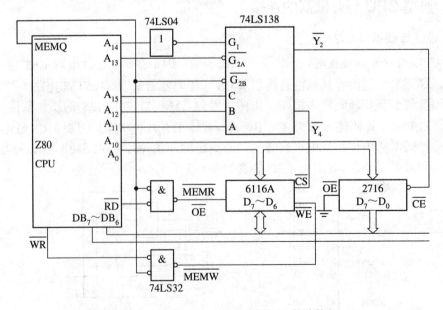

图 6.17　Z80 CPU 与 6116A 及 2716 的连接

下面介绍两个芯片之间时序配合问题。6116A 芯片的读取时间为 120 ns，这个时间表示从 $\overline{CS}$ 有效到 6116A 内部的数据稳定地出现在外部数据总线上的时间。图 6.18(a)是 6116A 的读周期时序图，图中 t_{AA} 为地址读取时间，t_{CS} 为片选存取时间，由器件手册知道，这两个时间均为 120 ns。t_{RR} 是连续二次读操作之间必须间隔的时间。Z80 CPU 读周期时序如图 6.18(b)所示，t_D 为时钟脉冲 Φ 的 T 上升沿到地址有效所需时间，t_s 为数据有效到 T_3 下降沿之间的时间，若时钟为 4 MHz，即时钟周期 T 为 250 ns，则从 T_1 周期上升沿开始经 t_D 时间后，地址信号变为有效，到 T_3 下降沿前数据有效的那一时刻，CPU 采样数据总线。如在此之前，6116A 已把有效数据送出，即可达到时序配合的要求，否则 CPU 将采样到错误的数据。Z80 CPU 从地址有效到采样数据的时间间隔为

$$t_{RD}=T_1-t_D+T_2+\frac{1}{2}T_3-t_s$$
$$=250-100+250+125-50$$
$$=475 \text{ ns}$$

显然，$t_{RD}>t_{AA}$，满足时序要求。

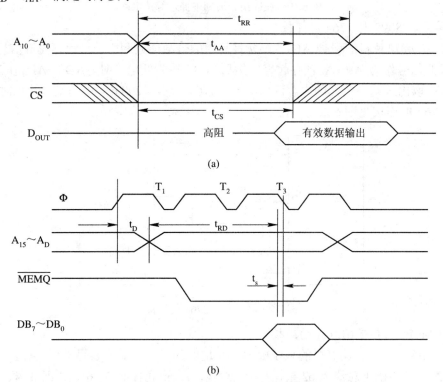

图 6.18 6116A 与 Z80 CPU 读时序

(a) 6116A 读周期时序；(b) Z80 读周期时序

2) Z80 CPU 与 EPROM 的连接

若 EPROM 采用 2KB EPROM2716，且要求该芯片地址范围为 1000H～17FFH，则 Z80 CPU 连接如图 6.17 所示。对 2716 来说，从得到有效地址到提供有效数据所需时间为 450 ns，当选用 2 MHz 时钟，Z80 CPU 的 t_{RD} 为 605 ns，大于 450 ns，可满足时序配合要求。当 CPU

改换为 Z80A，时钟 4 MHz，在存储器读周期，t_{RD}=475 ns，大于 450 ns，仍可满足时序要求，但在取指令周期，CPU 发出地址有效信号后再经 340 ns，CPU 就要采样数据总线，而 340 ns 小于 450 ns，即此刻 2716 仍不能送出有效数据，显然这时 CPU 读取的指令码是错误的。解决时序未满足要求的办法之一就是选用快速的 EPROM 芯片。另一办法就是在 Z80 取指周期中插入一个等待周期 T_w，其电路与时序见图 6.19。电路的作用是从 Q_1 端产生 $\overline{WAIT}$ 信号加到 CPU 的 $\overline{WAIT}$ 引脚，于是插入一个 T_w 等待周期，保证时序的要求。

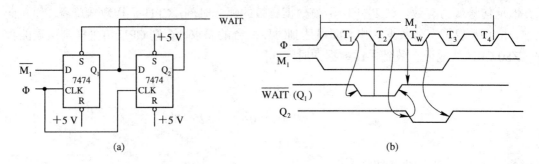

图 6.19   在取指令周期中插入等待电路

3) 单片机 8098 与 2764 的连接

由于 8098 单片机的引脚 $AD_7 \sim AD_0$ 是复用的，故应先利用地址锁存允许信号 ALE，将先出现的信号作为 $A_7 \sim A_0$ 锁存起来，然后当 ALE 为低电平时，$AD_7 \sim AD_0$ 作为数据线从 EPROM 取出所选中单元的内容读入 CPU。2764 的 t_{AA}=200 ns，可满足单片机时序要求。8098 与 2764 的连接见图 6.20 所示。

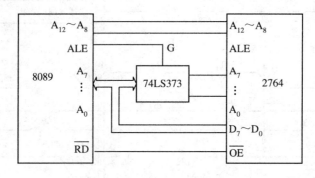

图 6.20   8098 与 2764 的连接

4) IBM-PC/XT 与 6116A 的连接

一般 IBM-PC/XT 计算机的系统板上已有足够的内存，如想要再扩展内存，可利用其 I/O 扩展槽。扩展槽上总线为 62 根，称 PC 总线，A 面(元件面)31 根，B 面 31 根。其中，包括 20 根地址线，8 根数据线，还有控制信号线。

图 6.21 是扩展的 6116A 与 PC 总线连接图。图中，6116A 的 $\overline{CS}$ 接在 74LS30 的输出端上，$\overline{WE}$ 接在总线引脚 $\overline{MEMW}$，而 $\overline{OE}$ 接至 $\overline{MEMR}$。6116A 的数据线经 74LS245 双向缓冲器与扩展插槽的数据线 $D_7 \sim D_0$ 相连。6116A 的地址范围为 A0000H～A07FFH，因 A_{11} 地址线未用，还有一个地址重叠区 A0800H～A0FFFH。

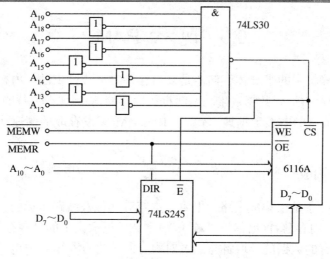

图 6.21　IBM-PC/XT 机与 6116A 的连接

5) **存储体扩展技术**

在以 80386、80486 为 CPU 的微型机中，根据用户需要，内存可达 4 MB，甚至 64 MB。可是，在使用 Z80、8085 等 8 位 CPU 的微型计算机时，往往感到 64 KB 仍不够用，解决的办法就是采用存储体扩展技术。这里所说的存储体是指在一个计算机系统中具有相同的寻址范围(或逻辑空间)的几个各自独立的存储器模块。在这种存储器结构中，地址线上的一组地址码将同时选中几个存储体内相对应的几个存储单元，这将造成数据的混乱，为此需对每一个存储体增加一根选择线，使 CPU 在任一时刻只选通所指定的某一个存储体进行访问，同时禁止对其余存储体进行访问。

Z80、8085CPU 的寻址范围虽只有 64 KB，但可利用 SEGMENT 分段选择线的方法来进一步扩展内存容量。其具体作法是，使用同一个 I/O 端口的不同位引出的 SEGMENT0，SEGMENT1，…，SEGMENT7 线，控制最多 8 个存储器模板，将存储器容量扩展到接近 512 KB。CPU 通过向这个 SEGMENT 控制端口写入选择某一存储体的控制字节来选中所要访问的存储体，同时禁止其余的存储体有效。利用增加 I/O 板上 SEGMENT 端口的方法，可将内存容量扩展到所需的容量。为防止由于多个存储体地址冲突而导致系统启动、引导、中断、选体等各项操作可能产生的混乱，一般将 0F000H～0FFFFH 共 4 KB 存储器放在系统板上，并使其永远有效。采用 STD 总线 Z80CPU 的系统板，用 SEGMET 分段线扩展内存的方法见图 6.22。

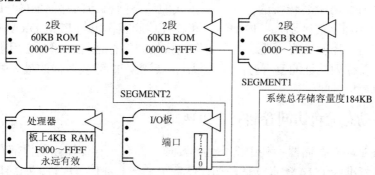

图 6.22　用 I/O 口 SEGMENT 分段线扩展内存

6.5 现 代 RAM

目前在微型计算机中的半导体存储器是以内存条的形式提供的。内存条有很多种类，从先前的 EDO DRAM(扩展数据输出动态随机访问存储器)到现在流行的 SDRAM(同步动态随机访问存储器)、DDR(双数据速率)以及 RDRAM(突发存取的高速动态随机访问存储器)等。

6.5.1 内存条的构成

一个完整的内存条是由集成电路、电阻、电容等元件及线路组成的。

(1) 内存芯片：内存芯片(也称为"颗粒")才是真正意义上的"内存"，因为对于各种内存系统而言，所有的数据的存取都是通过对内存芯片进行充电和放电进行的。由于内存芯片内部的大致结构是安装在一定的地址上的一排电容和晶体管，当我们向内存写入(或读出)一个数据(譬如"1")时，系统就会对内存地址进行定位，确定横向和纵向地址，确定存储单元的位置，然后进行充电(或放电)。内存芯片就是在这样的"充电—放电"的不断循环中保存数据的。

(2) 桥路电阻：这种电阻和一般的电阻唯一的区别就是它是由好几个电阻组成的。做成桥路的形式是因为在数据传输的过程中，要进行阻抗匹配和信号衰减，如果用分离的电阻会很麻烦并很难布线。

(3) 电容：电容作用和其他应用相同，用于滤除高频干扰。

(4) EEPROM：这是在 PC-100、PC-133 等 SDRAM 以后产品中才有的，EEPROM 是一个 2 K 位的存储单元，它存放着内存的速度、容量、电压等基本参数，称为 SPD 参数。每一次开机，主板都会检测 EEPROM，读取 SPD 参数，对内存各项参数进行调整，以适应内存条。

内存条的印刷电路板(PBC)是做成多层结构的，这是由于内存条工作在 100 MHz、133 MHz 甚至更高的频率之下，信号之间的高频干扰会带来严重的影响。因此，必须采用屏蔽的方式来防止交叉干扰，而且屏蔽也必须是分离屏蔽。

6.5.2 扩展数据输出动态随机访问存储器 EDO DRAM

EDO DRAM 与上述传统的快速页面模式的动态随机访问存储器(如 Intel 2164)FPM DRAM 并没有本质上的区别，其内部结构和各种功能操作也与 FPM DRAM 基本相同。主要的区别是：当选择随机的列地址时，如果保持相同的行地址，那么，用于行地址的建立和保持时间以及行列地址的复合时间就可以不再需要，能够被访问的最大列数取决于 t_{RAS} ($\overline{RAS}$ 为低)的最长时间。

6.5.3 同步动态随机访问存储器 SDRAM

SDRAM 是动态存储器系列中新一代的高速、高容量存储器，其内部存储体的单元存储电路仍然是标准的 DRAM 存储体结构，只是在工艺上进行了改进，如功耗更低、集成度更高等。与传统的 DRAM 相比，SDRAM 在存储体的组织方式和对外操作上表现出较大的差别，特别是在对外操作上能够与系统时钟同步操作。

处理器访问 SDRAM 时，SDRAM 的所有输入或输出信号均在系统时钟 CLK 的上升沿被存储器内部电路锁定或输出，也就是说，SDRAM 的地址信号、数据信号以及控制信号都是在 CLK 的上升沿采样或驱动的。这样做的目的是为了使 SDRAM 的操作在系统时钟 CLK 的控制下，与系统的高速操作严格同步进行，从而避免因读写存储器产生的"盲目"等待状态，以此来提高存储器的访问速度。

在传统的 DRAM 中，处理器向存储器输出地址和控制信号，说明 DRAM 中某一指定位置的数据应该读出或应该将数据写入某一指定位置，经过一段访问延迟之后，才可以进行数据的读取或写入。在这段访问延迟期间，DRAM 进行内部各种动作，如行列选择、地址译码、数据读出或写入、数据放大等，外部引发访问操作的主控制器则必须简单地等待这段延时，因此，降低了系统的性能。

然而，在对 SDRAM 进行访问时，存储器的各项动作均在系统时钟的控制下完成，处理器或其他主控制器执行指令通过地址总线向 SDRAM 输出地址编码信息，SDRAM 中的地址锁存器锁存地址，经过几个时钟周期之后，SDRAM 便进行响应。在 SDRAM 进行响应(如行列选择、地址译码、数据读出或写入、数据放大)期间，因对 SDRAM 操作的时序确定(如突发周期)，处理器或其他主控制器能够安全地处理其他任务，而无需简单地等待，因此，提高了整个计算机系统的性能，而且，还简化了使用 SDRAM 进行存储器系统的应用设计。

在 SDRAM 内部控制逻辑中，SDRAM 采用了一种突发模式，以减少地址的建立时间和第一次访问之后行列预充电时间。在突发模式下，在第一个数据项被访问后，一系列的数据项能够迅速按时钟同步读出。当进行访问操作时，如果所有要访问的数据项是按顺序进行的，并且，它们都处于第一次访问之后的相同行中，则这种突发模式非常有效。

另外，SDRAM 内部存储体都采用能够并行操作的分组结构，各分组可以交替地与存储器外部数据总线交换信息，从而提高了整个存储器芯片的访问速度；SDRAM 中还包含特有的模式寄存器和控制逻辑，以配合 SDRAM 适应特殊系统的要求。目前由 SDRAM 构成的系统存储器，已经广泛应用于现代微型机中，并且成为市场主流。

6.5.4　突发存取的高速动态随机存储器 Rambus DRAM

Rambus DRAM(简称为 RDRAM)是继 SDRAM 之后的新型高速动态随机存储器。RDRAM 与以前的 DRAM 不同的是，RDRAM 在内部结构上进行了重新设计，并采用了新的信号接口技术，因此，RDRAM 的对外接口也不同于以前的 DRAM，它们由 Rambus 公司首次提出，后被计算机界广泛接受与生产，主要应用于计算机存储系统、图形、视频和其他需要高带宽、低延迟的应用场合。现在，Intel 公司推出的 820/840 芯片组均支持 RDRAM 应用。

目前，RDRAM 的容量一般为 64 Mb/72 Mb 或 128 Mb/144 Mb，组织结构为 4 M 或 8 M × 16 位或 4 M 或 8 M × 18 位，具有极高的速度，使用 Rambus 信号标准(RSL)技术，允许在传统的系统和板级设计技术基础上进行 600 MHz 或 800 MHz 的数据传输，RDRAM 能够在 1.25 ns 内传输两次数据。

从 RDRAM 结构上看，它允许多个设备同时以极高的带宽随机寻址存储器，传输数据时，独立的控制和数据总线对行、列进行单独控制，使总线的使用效率提高 95%以上，RDRAM 中的多组(可分成 16、32 或 64 组)结构支持最多 4 组的同时传输。通过对系统的合理设计，可以设计出灵活的、适应于高速传输的、大容量的存储器系统，对于 18 位的内部结构，还支持高带宽的纠错处理。

RDRAM 具有如下特点：

(1) 具有极高的带宽：支持 1.6 Gb/s 的数据传输率；独立的控制和数据总线，具有最高的性能；独立的行、列控制总线，使寻址更加容易，效率更高；多组的内部结构中，其中 4 组能够同时以全带宽进行数据传输。

(2) 低延迟特性：具有减少读延迟的写缓冲；控制器可灵活使用的三种预充电机制；各组间的交替传输。

(3) 高级的电源管理特性：具有多种低功耗状态，允许电源功耗只在传输时间处于激活状态；自我刷新时的低功耗状态。

(4) 灵活的内部组织：18 位的组织结构允许进行纠错 ECC 配置或增加存储带宽；16 位的组织结构允许使用在低成本场合。

(5) 采用 Rambus 信号标准(RSL)，使数据传输在 800 MHz 下可靠工作，整个存储芯片可以工作在 2.5 V 的低电压环境下。

由 RDRAM 构成的系统存储器已经开始应用于现代微机之中，并可能成为服务器及其他高性能计算机的主流存储器系统。

6.6   存储器的扩展及其控制

由于存储芯片的容量有限，主存储器往往要由一定数量的芯片构成。而由若干芯片构成的主存储器还需要与 CPU 连接，才能在 CPU 的正确控制下完成读写操作。

6.6.1   主存储器容量的扩展

要组成一个主存，首先要考虑选片的问题，然后就是如何把芯片连接起来的问题。根据存储器所要求的容量和选定的存储芯片的容量，可以计算出总的芯片数，即

$$总片数 = \frac{总容量}{容量/片}$$

例如：存储器容量为 8 K×8 位，若选用 1 K×4 位的存储芯片，则需要：

$$\frac{8\,K\times8}{1\,K\times4} = 8\times2片 = 16片$$

将多片组合起来常采用位扩展法、字扩展法、字和位同时扩展法。

1. 位扩展

位扩展是指只在位数方向扩展(加大字长)，而芯片的字数和存储器的字数是一致的。位扩展的连接方式是将各存储芯片的地址线、片选线和读写线相应地并联起来，而将各芯片的数据线单独列出。

如用 64 K×1 的 SRAM 芯片组成 64 K×8 的存储器，所需芯片数为

$$\frac{64\,K\times8}{64\,K\times1} = 8片$$

在这种情况下，CPU 将提供 16 根地址线(2^{16}=65 536)、8 根数据线与存储器相连；而存

储芯片仅有 16 根地址线、1 根数据线。具体的连接方法是：8 个芯片的地址线 $A_{15} \sim A_0$ 分别连在一起，各芯片的片选信号 $\overline{CS}$ 以及读写控制信号 $\overline{WE}$ 也都分别连到一起，只有数据线 $D_7 \sim D_0$ 各自独立，每片代表一位。如图 6.23 所示。

当 CPU 访问该存储器时，其发出的地址和控制信号同时传给 8 个芯片，选中每个芯片的同一单元，相应单元的内容被同时读至数据总线的各位，或将数据总线上的内容分别同时写入相应单元。

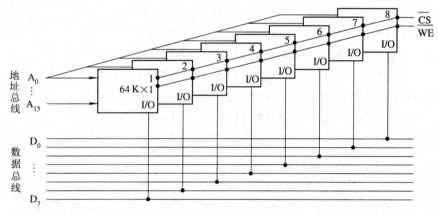

图 6.23 位扩展连接举例

2. 字扩展

字扩展是指仅在字数方向扩展，而位数不变。字扩展将芯片的地址线、数据线、读写线并联，由片选信号来区分各个芯片。

如用 $16\,K \times 8$ 的 SRAM 组成 $64\,K \times 8$ 的存储器，所需芯片数为

$$\frac{64\,K \times 8}{16\,K \times 8} = 4 片$$

在这种情况下，CPU 将提供 16 根地址线、8 根数据线与存储器相连；而存储芯片仅有 14 根地址线、8 根数据线。4 个芯片的地址线 $A_{13} \sim A_0$、数据线 $D_7 \sim D_0$ 及读写控制信号 $\overline{WE}$ 都是同名信号并联在一起；高位地址线 A_{15}、A_{14} 经过一个地址译码器产生四个片选信号 $\overline{CS}_i$，分别选中 4 个芯片中的一个，如图 6.24 所示。

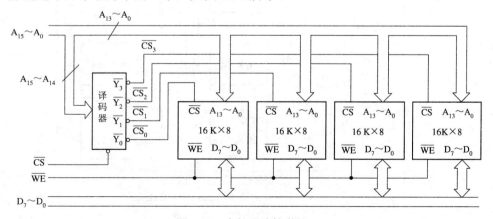

图 6.24 字扩展连接举例

$A_{15}A_{14}$=00，选中第一片；

$A_{15}A_{14}$=01，选中第二片；

......

在同一时间内 4 个芯片中只能有一个芯片被选中。4 个芯片的地址分配如下：

第一片	最低地址	0000 0000 0000 0000B	0000H
	最高地址	0011 1111 1111 1111B	3FFFH
第二片	最低地址	0100 0000 0000 0000B	4000H
	最高地址	0111 1111 1111 1111B	7FFFH
第三片	最低地址	1000 0000 0000 0000B	8000H
	最高地址	1011 1111 1111 1111B	BFFFH
第四片	最低地址	1100 0000 0000 0000B	C000H
	最高地址	1111 1111 1111 1111B	FFFFH

3. 字和位同时扩展

当构成一个容量较大的存储器时，往往需要在字数方向和位数方向上同时扩展，这将是前两种扩展的组合，实现起来也是很容易的。

图 6.25 表示用 8 片 16 K×4 的 SRAM 芯片组成 16 K×8 存储器的连线图。

不同的扩展方法可以得到不同容量的存储器。在选择存储芯片时，一般应尽可能地使用集成度高的存储芯片来满足总的存储容量的要求，这样不仅可以降低成本，还可以减轻系统负载，缩小存储器模块的尺寸。

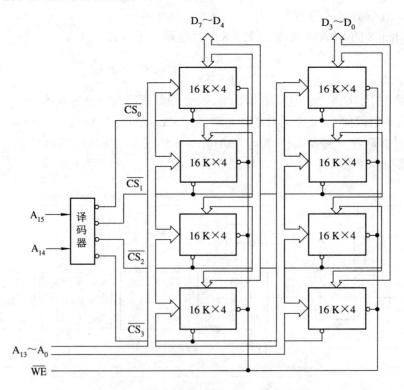

图 6.25　字和位同时扩展连接举例

6.6.2 存储芯片的地址分配和片选

CPU 与存储器连接时,特别是在扩展容量的场合下,主存的地址分配是一个重要的问题。确定地址分配后,还有一个存储芯片的片选信号的产生问题。

CPU 要实现对存储单元的访问,首先要选择存储芯片,即进行片选;然后再从选中的芯片中依地址码选择出相应的存储单元,以进行数据的存取,这称为字选。片内的字选是由 CPU 送出的 N 条低位地址线完成的,地址线直接接到所有存储芯片的地址输入端(N 由片内存储容量 2^N 决定)。而存储芯片的片选信号则大多是通过高位地址译码后产生的。

片选信号的译码方法又可细分为线选法、全译码法和部分译码法。

1. 线选法

线选法就是用除片内寻址外的高位地址线直接(或经反相器)分别接至各个存储芯片的片选端,当某地址线信息为 "0" 时,就选中与之对应的存储芯片。

注意:这些片选地址线每次寻址时只能有一位有效,不允许同时有多位有效,这样才能保证每次只选中一个芯片(或组)。

假设 4 片 $2 K \times 8$ 用线选法构成 $8 K \times 8$ 存储器,各芯片的地址范围如表 6-6 所示。

表 6-6 线选法的地址分配

芯片	$A_{14} \sim A_{11}$	$A_{10} \sim A_0$	地址范围(空间)
0#	1110	00⋯0 ⋮ 11⋯1	7000H~77FFH
1#	1101	00⋯0 ⋮ 11⋯1	6800H~6FFFH
2#	1011	00⋯0 ⋮ 11⋯1	5800H~5FFFH
3#	0111	00⋯0 ⋮ 11⋯1	3800H~3FFFH

线选法的优点是:不需要地址译码器,线路简单,选择芯片无须外加逻辑电路,但仅适用于连接存储芯片较少的场合。同时,线选法不能充分利用系统的存储器空间,且把地址空间分成了相互隔离的区域,给编程带来了一定的困难。

2. 全译码法

全译码法将除片内寻址外的全部高位地址线都作为地址译码器的输入,译码器的输出作为各芯片的片选信号,将它们分别接到存储芯片的片选端,以实现对存储芯片的选择。

全译码法的优点是:每片(或组)芯片的地址范围是唯一确定的,而且是连续的,也便于扩展,不会产生地址重叠的存储区,但全译码法对译码电路要求较高。

例如，CPU 的地址总线有 20 位，现用 4 片 2 K×8 的存储芯片组成 8 K×8 的存储器。全译码法要求除去片内寻址用到的 11 位地址线外，高 9 位地址线 A_{19}～A_{11} 都参与译码。各芯片的地址范围如表 6-7 所示。

表6-7　全译码法的地址分配

芯片	A_{19}～A_{13}	$A_{12}A_{11}$	A_{10}～A_0	地址范围(空间)
0#	0…0	00	00…0 ⋮ 11…1	00000H～007FFH
1#	0…0	01	00…0 ⋮ 11…1	00800H～00FFFH
2#	0…0	10	00…0 ⋮ 11…1	01000H～017FFH
3#	0…0	11	00…0 ⋮ 11…1	01800H～01FFFH

3. 部分译码法

所谓部分译码，即用除片内寻址外的高位地址的一部分来译码产生片选信号。如用 4 片 2 K×8 的存储芯片组成 8K×8 存储器，需要 4 个片选信号，因此只需要用 2 位地址线来译码产生。

由于寻址 8 K×8 存储器时未用到高位地址 A_{19}～A_{13}，因此只要 $A_{12}=A_{11}=0$，而无论 A_{19}～A_{13} 取何值，均选中第一片；只要 $A_{12}=0$，$A_{11}=1$，而无论 A_{19}～A_{13} 取何值，均选中第二片……也就是说，8 KB RAM 中的任一个存储单元，都对应有 $2^{(20-13)}=2^7$ 个地址，这种一个存储单元出现多个地址的现象称地址重叠。

从地址分布来看，这 8 KB 存储器实际上占用了 CPU 全部的空间(1 MB)。每片 2 K×8 的存储芯片有 256 K 的地址重叠区。

6.6.3　主存的校验

计算机在运行过程中，内存要与 CPU 频繁地交换数据。为了检测和校正在存储过程中的错误，主存中常设置有差错校验电路。

1. 主存的奇偶校验

最简单的主存检验方法是奇偶校验，在微机中通常采用奇校验，即每个存储单元中共存储 9 位信息(其中 8 位数据，1 位奇偶校验位)，信息中"1"的个数总是奇数。

当向主存写入数据时，奇偶校验电路首先会对一个字节的数据计算出奇偶校验位的值，然后再把所有的 9 位值一起送到主存中去。

读出数据时，某一存储单元的 9 位数据被同时读出，当 9 位数据里"1"的个数为奇数时，表示读出的 9 位数据正确(当然不排除有 2 位同时出错的可能，但概率极小)；当"1"的个数为偶数时，表示读出数据出错，向 CPU 发出不可屏蔽中断，使系统停机并显示奇偶检验出错的信息。

2. 错误检验与校正(ECC)

错误检验与校正(Error Checking and Correcting，ECC)已广泛取代了奇偶校验，ECC 不仅能检测错误，还能在不打扰计算机工作的情况下改正错误，这对于不允许随便停机的网络服务器是至关重要的。

ECC 主存用一组附加数据位来存储一个特殊码，被称为"校验和"。对于每个二进制字都有相应的 ECC 码。产生 ECC 码所需的位数取决于系统所用的二进制字长。当从主存中读取数据时，将取到的实际数据和它的 ECC 码快速比较。如果匹配，则实际数据被传给 CPU；如果不匹配，则 ECC 码的结构能够将出错的一位(或几位)鉴别出来，然后改正错误，再将数据传给 CPU。

注意：此时主存中的出错位并没有改变，如果又要读取这个数据，需要再一次校正错误。

6.6.4 PC 系列微机的存储器接口

8088、8086、80386 和 Pentium 微处理器的外部总线分别是 8 位、16 位、32 位和 64 位，下面介绍它们与主存的接口。

1. 8 位存储器接口

如果数据总线为 8 位(如微机系统中的 PC 总线)，而主存按字节编址，则匹配关系比较简单。对于 8 位的微处理器，典型的时序安排是占用 4 个 CPU 时钟周期，称为 $T_1 \sim T_4$，构成一个总线周期。对于微型计算机来说，存储器就接在总线上，故总线周期就等于存取周期，一个总线周期可读写 8 位。

8 位微处理器 8088 提供 $\overline{RD}$ (读选通)、$\overline{WR}$ (写选通)和 IO/$\overline{M}$ (I/O 或存储器控制)等控制信号(最小模式)去控制存储器系统，或者提供 IO/$\overline{M}$ 与 $\overline{RD}$ 一起产生的 $\overline{MRDC}$ (存储器读命令)、供 IO/$\overline{M}$ 与 $\overline{WR}$ 一起产生的 $\overline{MWTC}$ (存储器写命令)等控制信号(最大模式)去控制存储器系统。

2. 16 位存储器接口

对于 16 位的微处理器 8086(或 80286)，在一个总线周期内最多可读写两个字节，即从偶地址开始的字(规则字)。同时读写这个偶地址单元和随后的奇地址单元，用低 8 位数据总线传送偶地址单元的数据，用高 8 位数据总线传送奇地址单元的数据。如果读写的是非规则字，即是从奇地址开始的字，则需要安排两个总线周期才能实现。

3. 32 位存储器接口

由于 80386/80486 微处理器要保持与 8086 等微处理器兼容，这就要求在进行存储器系统设计时必须满足单字节、双字节和四字节等不同访问。为了实现 8 位、16 位和 32 位数据的访问，80386/80486 微处理器设有 4 个引脚 $\overline{BE}_3 \sim \overline{BE}_0$，以控制不同数据的访问。$\overline{BE}_3 \sim \overline{BE}_0$ 由 CPU 根据指令的类型产生，其作用如表 6-8 所示。

表 6-8 $\overline{BE_3} \sim \overline{BE_0}$ 功能表

字节允许				要访问的数据位				自动重复
$\overline{BE_3}$	$\overline{BE_2}$	$\overline{BE_1}$	$\overline{BE_0}$	$D_{31}\sim D_{24}$	$D_{23}\sim D_{16}$	$D_{15}\sim D_8$	$D_7\sim D_0$	
1	1	1	0	—	—	—	$D_7\sim D_0$	N
1	1	0	1	—	—	$D_{15}\sim D_8$	—	N
1	0	1	1	—	$D_{23}\sim D_{16}$	—	$D_{23}\sim D_{16}$	Y
0	1	1	1	$D_{31}\sim D_{24}$	—	$D_{31}\sim D_{24}$	—	Y
1	1	0	0	—	—	$D_{15}\sim D_8$	$D_7\sim D_0$	N
1	0	0	1	—	$D_{23}\sim D_{16}$	$D_{15}\sim D_8$	—	N
0	0	1	1	$D_{31}\sim D_{24}$	$D_{23}\sim D_{16}$	$D_{31}\sim D_{24}$	$D_{23}\sim D_{16}$	Y
1	0	0	0	—	$D_{23}\sim D_{16}$	$D_{15}\sim D_8$	$D_7\sim D_0$	N
0	0	0	1	$D_{31}\sim D_{24}$	$D_{23}\sim D_{16}$	$D_{15}\sim D_8$	—	N
0	0	0	0	$D_{31}\sim D_{24}$	$D_{23}\sim D_{16}$	$D_{15}\sim D_8$	$D_7\sim D_0$	N

从表 6-8 中可以看出,在 8 位和 16 位数据传送中,当处理器写入高字节和高 16 位数据时,该数据将在低字节或低 16 位数据线上重复输出。其目的是为了加快数据传送的速度,但是否能够写入低字节或低 16 位单元,则由相应的 $\overline{BE_i}$ 决定。

4. 64 位存储器接口

64 位存储器系统由 8 个存储体组成,每个存储体的存储空间为 512 MB(Pentium)或 8 GB(Pentium Pro),存储体选择通过选择信号 $\overline{BE_7} \sim \overline{BE_0}$ 实现。如果要传送一个 64 位数,那么 8 个存储体都被选中;如果要传送一个 32 位数,那么 4 个存储体被选中;若要传送一个 16 位数,则有 2 个存储体被选中;若传送的是 8 位数,则只有一个存储体被选中。

习题 6 ✎

6.1 利用全地址译码将 6264 芯片接在 8088 的系统总线上,其所占地址范围为 BE000H~BFFFFH,试画连接图。

6.2 试利用 6264 芯片,在 8088 系统总线上实现 00000H~03FFFH 的内存区域,试画连接电路图。

6.3 叙述 EPROM 的编程过程。说明 EEPROM 的编程过程。

6.4 已有 2 片 6116,现欲将它们接到 8088 系统中去,其地址范围为 40000H 到 40FFFH,试画连接电路图。写入某数据并读出与之比较,若有错,则在 DL 中写入 01H;若每个单元均对,则在 DL 写入 EEH,试编写此检测程序。

6.5 若利用全地址译码将 EPROM 2764(128 或 256)接在首地址为 A0000H 的内存区,试画出电路图。

6.6 内存地址从 40000H 到 BBFFFH 共有多少 KB?

6.7　某机器中,已知配有一个地址空间为 0000H~3FFFH 的 ROM 区域,现在再用一个 RAM 芯片(8 K × 8)形成 40 K × 16 的 RAM 区域,起始地为 6000H。假设 RAM 芯片有 $\overline{CS}$ 和 $\overline{WE}$ 信号控制端,CPU 的地址总线为 A_{15}~A_0,数据总线为 D_{15}~D_0,控制信号为 R/W(读/写), $\overline{MREQ}$(访存),要求:

(1) 画出地址译码方案。

(2) 将 ROM 与 RAM 同 CPU 连接。

6.8　某以 8088 为 CPU 的微型计算机内存 RAM 区为 00000H~3FFFFH,若采用 6264、62256、2164 或 21256 各需要多少片芯片?

6.9　试用 SRAM62128 构成内存地址范围为 2A000H~39FFFH 的存储器,试画出连接电路图。

6.10　试判断 8088 系统中存贮系统译码器 74LS138 的输出 $\overline{Y_0}$、$\overline{Y_4}$、$\overline{Y_6}$、和 $\overline{Y_7}$,所决定的内存地址范围,见图 6.26 所示。

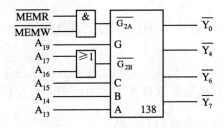

图 6.26　习题 6.10 译码器连接图

第7章　输入和输出技术

计算机与外界交换信息必须通过外部设备。由于计算机的外部设备是多种多样的，并且外部设备的结构和设备间传输的信号种类繁多，因此，外部设备一般都要通过接口电路才能和计算机系统总线连接。接口电路的作用是把计算机输出的信息，变换成外部设备所能相容的信息，或把外部设备输入的信息，变换成计算机所能接受的信息。CPU 对各种外部设备的电路连接及管理驱动程序就是输入输出技术的具体体现。本章介绍 I/O 接口技术的基本概念、常用的 I/O 接口芯片、数据传送方式和典型的 DMA 原理与实例。

7.1　接口技术概述

一般而言，接口泛指任何两个系统之间的交接部分，或两个系统间的连接部分。在计算机系统里，接口指中央处理机与外部设备之间的连接通道及有关的控制电路。

7.1.1　CPU 与外部设备之间的接口信息

CPU 通过接口与外部设备的连接如图 7.1 所示，其中既有数据端口，又有状态端口，还有控制端口，每一个 I/O 端口对应一个 I/O 地址。从硬件角度看，端口可以理解为寄存器。数据端口可以是双向的，状态端口只作输入操作，控制端口只作输出操作。CPU 用 I/O 指令对其直接访问。在 I/O 操作中，主要有三类信息：数据信息、状态信息和控制信息。

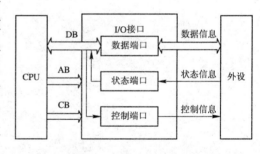

图 7.1　简单的外设接口

数据信息是 CPU 和 I/O 设备交换的基本信息，通常是 8 位或 16 位。数据在输入过程中，数据信息一般是由外部设备通过接口芯片传递给系统的。数据信息由外设经过外设和接口之间的数据线进入接口，再到达系统的数据总线，然后送入 CPU。在输出过程中，数据信息从 CPU 经过数据总线进入接口，再通过外设和接口之间的数据线，到达外设。

状态信息反映了当前外设的工作状态，它是由外设通过接口送入 CPU 的。对于输入设备来说，用 Ready 信号来表示待输入的数据是否准备就绪；对于输出设备来说，用 Busy 信号来表示输出设备是否处于空闲状态，如空闲，则可接收 CPU 送来的数据信息，否则 CPU 等待。

控制信息是 CPU 通过接口送给外设的。CPU 通过发送控制信息控制外设的工作。外设种类不同，控制信息也各不相同。接口控制信号一般可分为两类：总线控制信号和输入/输出控制信号。总线控制信号包括数据线、地址线、$\overline{IOR}$、$\overline{IOW}$ 等；输入/输出控制信号比较复杂，一般包括数据线、输入/输出应答信号等。

7.1.2 输入/输出指令及其寻址方式

在微型计算机系统中，端口的编址通常有两种不同的方式，一是 I/O 端口与存储器单元统一编址；二是 I/O 端口独立编址。

1. I/O 端口与存储器单元统一编址

所谓 I/O 端口与存储器单元统一编址，也称为存储器映像(Memory Mapped)I/O 方式，既把每个 I/O 端口都当作一个存储器单元看待，I/O 端口与存储器单元在同一个地址空间中进行统一编址。通常，是在整个地址空间中划分出一小块连续的地址分配给 I/O 端口。被分配给 I/O 端口的地址，存储器不能再使用，如图 7.2 所示。

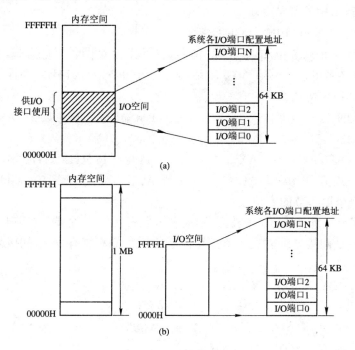

图 7.2 内存映射与 I/O 映射编址

(a) 内存映射编址；(b) I/O 映射 I/O 编址

采用这种编址方式的微处理器有 6800、6502、68000 等，其优点是简化指令系统的设计，同时 I/O 控制信号与存储器的控制信号共用，给应用带来极大的方便，另外由于访问存储器的指令种类多、寻址方式多样化，对访问外设带来了很大的灵活性。对 I/O 设备可以使用功能强大的访问存储器那样的指令，如直接对 I/O 数据进行运算等。统一编址的缺点是外设占用了一部分内存地址空间，减少了内存可用的地址范围，对内存容量有潜在的影响。此外，从指令上不易区分当前指令是对内存进行操作还是对外设进行操作。

2. I/O 端口独立编址

所谓 I/O 端口独立编址(I/O Mapped)，也称为 I/O 隔离编址或 I/O 指令寻址方式，即 I/O 端口地址区域和存储器地址区域，分别各自独立编址。访问 I/O 端口使用专门的 I/O 指令，而访问内存则使用 MOV 指令。CPU 在寻址内存和外设时，使用不同的控制信号来区分当前是对内存操作还是对 I/O 操作。在单 CPU 模式时，当前的操作是由 IO/$\overline{M}$ 信号的电平来区别的。对于 8088CPU 系统，当 IO/$\overline{M}$ 为低电平时，表示当前执行的是存储器操作，地址总线上地址是某个存储单元地址；当 IO/$\overline{M}$ 为高电平时，表示当前执行的是 I/O 操作，地址总线上地址是某个 I/O 端口的地址。在多 CPU 模式时，若访问存储器，则使 $\overline{MEMW}$ 或 $\overline{MEMR}$ 信号有效；而访问 I/O 端口时，则使 $\overline{IOW}$ 或 $\overline{IOR}$ 信号有效。

这种单独编址的优点是 I/O 端口不占用存储器的地址空间，使用专门的 I/O 指令对端口进行访问，具有 I/O 指令短、执行速度快、译码简单的优点。缺点是访问 I/O 端口要用专门的 I/O 指令功能相对较弱，一般只有传送功能，而没有运算功能。Intel 80x86 CPU 中，I/O 端口和存储器是单独编址的，采用专用的输入/输出指令访问端口。

3. 输入/输出指令及其寻址

1) 8086/8088 采用的 IN 和 OUT 指令

I/O 指令可以采用 8 位(单字节)或 16 位(双字节)地址两种寻址方式。如采用单字节作为端口地址，则最多可以有 256 个端口(端口地址号为 00H～FFH)，并且是直接寻址(直接端口寻址)方式，指令格式如下：

输入：	IN	AX，Port	；从 Port 端口输入 16 位数据到 AX
	IN	AL，Port	；从 Port 端口输入 8 位数据到 AL
输出：	OUT	Port，AX	；从 AX 输出 16 位数据到 Port 端口
	OUT	Port，AL	；从 AL 输出 8 位数据到 Port 端口

这里 Port 是一个单字节的 8 位地址。

如用双字节地址作为端口地址，则最多可以有 64 K 个端口(端口地址号为 0000H～FFFFH)，并且是间接寻址方式，即把端口地址放在 DX 寄存器内(间接端口寻址)。其指令格式如下：

输入：	MOV	DX，XXXXH	；16 位地址
	IN	AX，DX	；16 位传送
或	IN	AL，DX	；8 位传送
输出：	MOV	DX，XXXXH	
	OUT	DX，AX	；16 位传送
或	OUT	DX，AL	；8 位传送

这里 XXXXH 为两字节地址信息。

2) 80286 和 80386/486 的数据传送

80286 和 80386/486 还支持 I/O 端口直接与内存之间的数据传送

输入：	MOV	DX，Port	
	LES	DI，Bufferin	
	INSB		；8 位传送
或	INSW		；16 位传送
输出：	MOV	DX，Port	
	LDS	SI，Bufferout	
	OUTSB		；8 位传送

或　　　OUTSW　　　　　　　　　　　　；16 位传送

这里的输入与输出是直接对内存储器的 RAM 而言，当输入时，用 ES:DI 指向 RAM 中的目标缓冲区 Bufferin；当输出时，用 DS:SI 指向源缓冲区 Bufferout。若在 INS 或 OUTS 指令前加上 REP 重复前缀时，则可以实现 I/O 端口与 RAM 上的缓冲区之间进行成批数据传送。

从上述输入/输出指令可以看出，对于 PC 系列的机器，I/O 端口内的数据也有 8 位与 16 位之分，通常 16 位数据端口地址安置在偶数地址号上，CPU 在一次总线周期内就可以存取 16 位的数据。8 位数据的端口地址可以安置在偶地址号或奇地址号上，偶地址使用数据总线 $D_7 \sim D_0$ 传送数据，奇地址使用数据总线 $D_{15} \sim D_8$ 传送数据。表 7-1 列出 8 位或 16 位数据端口在奇数或偶数端口地址号上，单字节直接寻址的输入/输出指令。

表 7-1　IBM-PC 机上 I/O 端口地址配置

I/O 端口	配置地址	数据总线	指令举例
8 位	偶数地址	$D_7 \sim D_0$	IN　AL, 20H OUT 20H, AL
	奇数地址	$D_{15} \sim D_8$	IN　AL, 21H OUT 21H, AL
16 位	偶数地址	$D_{15} \sim D_0$	IN　AX, 20H OUT 20H, AX

7.1.3　CPU 的输入/输出时序

为了说明 CPU 的输入和输出时序，下面以 8086 为例简要介绍读写 I/O 端口的总线时序。

1. I/O 读总线周期时序

一般 I/O 设备的工作速度较慢，所以在 I/O 总线周期的 T_3 和 T_4 之间插入一个等待状态 T_w，使整个周期由 4 个 T 状态变为 5 个。所以各个信号也都要相应地延长或推迟一个时钟周期。CPU 仍是在 T_4 状态的开始采样数据线，由于 CPU 只用 $A_{15} \sim A_0$ 寻址 I/O 端口，所以地址总线上没有 $A_{19} \sim A_{16}$ 的状态。其时序如图 7.3 所示。

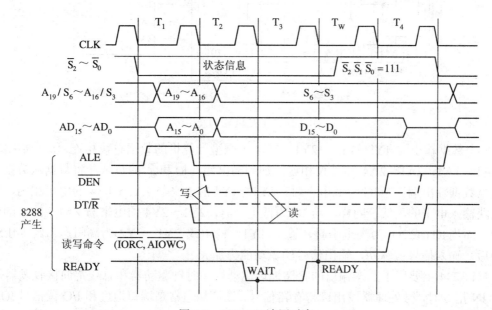

图 7.3　8086 I/O 读写时序

2. I/O 写总线周期时序

I/O 写总线周期的时序与 I/O 读相比，除 $\overline{IOR}$ ($\overline{IORC}$)信号换成了 $\overline{IOW}$ ($\overline{AIOWC}$)信号外，数据信号也提前产生，但仍必须保持到 T_4 状态的上升沿之后，以便 I/O 端口在 T_4 为低电平的某个时刻写入数据。

7.1.4 常用外围接口芯片

一般说来，微处理器都是通过三态缓冲(寄存)器检测外设的状态，通过输出寄存器发出控制信号。微处理器可以将接口电路中的三态缓冲(寄存)器视为存储单元，把控制或状态信号作为数据位信息写到寄存器中或从三态缓冲(寄存)器中读出。寄存器的输出信号可以接到外部设备上，外部设备的信号也可以输入到三态缓冲寄存器中。例如，将寄存器与一个固态继电器相连，微处理器通过向寄存器写 0 或 1，可以使继电器合上或释放。如果要检测某个开关的状态，就可以把开关接到三态缓冲器，微处理器通过三态缓冲器可以读入开关的状态，了解该开关的通断情况。任何一种微处理器研制出后，都会有配套的外围芯片出现。下面仅介绍几种微机系统中常用的外围接口芯片的功能和使用。

1. 三态缓冲器 74LS244

外设输入的数据和状态信号，通过数据输入三态缓冲器经数据总线传送给微处理器。74LS244 芯片的 8 位三态总线驱动器如图 7.4 所示。

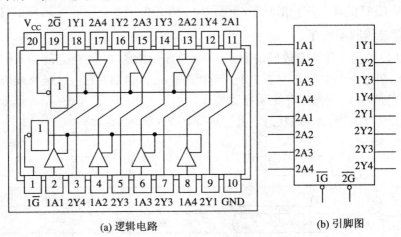

(a) 逻辑电路   (b) 引脚图

图 7.4 74LS244 结构及引脚

8 个数据输出端 1Y1～1Y4、2Y1～2Y4 与微型计算机的数据总线相连，8 个数据输入端 1A1～1A4、2A1～2A4 与外设相连。加到输出允许 $\overline{1G}$ 和 $\overline{2G}$ 的负脉冲将数据从数据输入端送至数据输出端。当 $\overline{1G}$ 为低电平时，1Y1～1Y4 的电平与 1A1～1A4 的电平相同，即输出反映输入电平的高低；同样，当 $\overline{2G}$ 为低电平时，2Y1～2Y4 的电平与 2A1～2A4 的电平相同。而当 $\overline{1G}$(或 $\overline{2G}$)为高电平时，输出 1Y1～1Y4(或 2Y1～2Y4)为高阻态。经 74LS244 缓冲后，输入信号被驱动，输出信号的驱动能力加大。

74LS244 主要用于三态输出的存储地址驱动器、时钟驱动器和总线定向接收发器等。执行 IN 指令时，微处理器发出读寄存器信号，该信号通常是端口地址和 I/O 读信号 $\overline{IOR}$ 相负与产生的。将读寄存器信号接至 74LS244 的输出允许端，IN 指令就把三态缓冲器 74LS244

数据输入端的数据，经数据总线输入累加器 AL 中。74LS244 可以用作无条件传送的输入接口电路。

2. 数据收发器 74LS245

74LS245 是一种三态输出的 8 总线收发器，其逻辑电路和引脚如图 7.5 所示。该收发器有 16 个双向传送的数据端，即 $A_1\sim A_8$，$B_1\sim B_8$，另有两个控制端——使能端 $\overline{G}$ 和方向控制端 DIR，该芯片的功能见表 7-2。

74LS245 通常用于数据的双向传送、缓冲和驱动。

表 7-2　74LS245 的真值表

使能端 G	方向控制端 DIR	传送方向
0	0	B→A
0	1	A→B
1	X	隔开

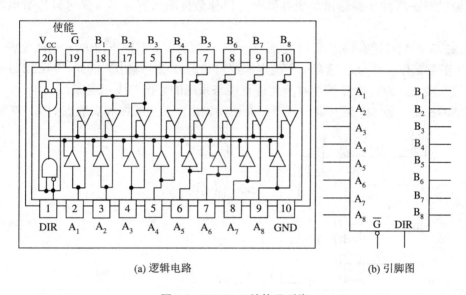

(a) 逻辑电路　　　(b) 引脚图

图 7.5　74LS245 结构及引脚

3. 输出寄存器(74LS273)

数据输出寄存器用来寄存微处理器送出的数据和命令。数据输出接口通常是用具有信息存储能力的双稳态触发器来实现的。最简单的输出接口可用 D 触发器构成。8D 触发器 74LS273 如图 7.6 所示。8 个数据输入端 $D_0\sim D_7$ 与微型计算机的数据总线相连，8 个数据输出端 $Q_0\sim Q_7$ 与外设相连。

加到 74LS273 时钟端 CLK 的脉冲信号的上升沿将出现在 $D_0\sim D_7$ 上的数据写入该触发器寄存。该触发器寄存的数据可由 CLR 上的脉冲的下降沿清除。该触发器寄存数据的过程是微处理器执行 OUT 指令完成的。执行 OUT 指令时，微处理器发出写寄存器信号，该信号通常是端口地址和 I/O 写信号 IOW 相负与产生的。将写寄存器信号接至 74LS273 的 CLK 端。OUT 指令就把累加器 AL 中的数据通过数据总线送至该触发器寄存。74LS273 可以用作无条件传送的输出接口电路。

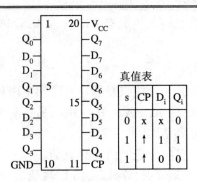

图 7.6　74LS273 引脚及其真值表

4. 锁存器 74LS373

锁存器是由三态缓冲器和寄存器组成的。数据进入寄存器寄存后并不立即从寄存器输出，要经过三态缓冲才能输出。锁存器既可以作数据输入寄存器，又可以作数据输出寄存器。

74LS273 的数据锁存输出端 Q 是通过一个一般的门(二态门)输出的。也就是说，只要 74LS273 正常工作，其 Q 端总有一个确定的逻辑状态(0 或 1)输出。因此，74LS273 无法直接用作输入接口，即它的 Q 端绝对不允许直接与系统的数据总线相连接。

74LS373 是一种 8D 锁存器，具有三态驱动输出，其引线图和真值表如图 7.7 所示。

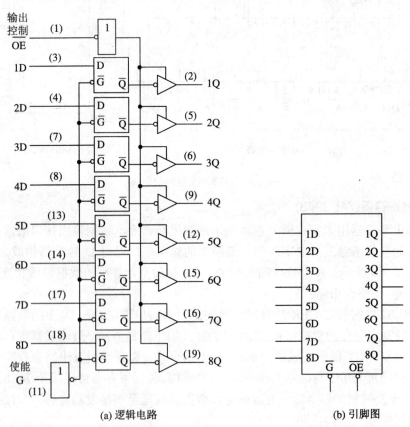

(a) 逻辑电路　　　　(b) 引脚图

图 7.7　74LS373 结构及引脚

从引线上可以看出，它比 74LS273 多了一个输出允许端$\overline{OE}$。只有当$\overline{OE}$=0 时，74LS374 的输出三态门才导通。$\overline{OE}$=1 时，则呈高阻状态。使能端 G 有效时，将 D 端数据打入锁存器中 D 门，当输出允许端$\overline{OE}$有效时，将锁存器中锁存的数据送到输出端 Q。其功能如表 7-3 所示。

表 7-3　74LS373 的真值表

使能 G	输出允许 OE	输入	输出 Q
1	0	0	0
1	0	1	1
0	0	X	Q0
X	1	X	高阻抗

当使能端 G 为高电平，同时输出允许端$\overline{OE}$为低电平时，输出 Q=输入 D；当使能端 G 为低电平，同时输出允许端$\overline{OE}$为低电平时，输出 Q=Q0(原状态，即使能端 G 由高电平变为低电平前，保持输出端 Q 的状态—锁存)；当输出允许端$\overline{OE}$为高电平时，不论使能端 G 为何值，输出端 Q 总为高阻态。74LS373 锁存器主要用于锁存地址信息、数据信息以及 DMA 页面地址信息等。

7.2　CPU 与外设之间数据传送方式

微型计算机和外部设备之间的数据输入/输出的传送，一般分为四种方式：程序控制方式、中断方式、直接存储器存取(Direct Memory Access，简称 DMA)和 I/O 处理机方式。

7.2.1　程序控制方式

程序控制方式的特点是依靠程序的控制来实现微机和外设的数据传送，可分为无条件传送方式和有条件传送方式。

1. 无条件传送

无条件传送是一种最简单的输入/输出控制方法，一般用于控制 CPU 与低速 I/O 接口之间的信息交换，例如，开关、继电器和速度、温度、压力、流量等变送器(即 A/D 转换器)。由于这些信号变化很缓慢，当需要采集这些数据时，外部设备已经把数据准备就绪，无需检查端口的状态，就可以立即采集数据。数据保持时间相对于 CPU 的处理时间长得多。因此，输入的数据就用不着加锁存器而直接用三态缓冲器与系统总线连接。

实现无条件输入的方法是：在程序的适当位置直接安排 IN 输入指令，当程序执行到这些指令时，外部设备的数据早已准备就绪，可以在执行当前指令时间内完成接受数据的全部过程。若外部设备是输出设备(例如 LED 显示器)，一般要求接口有锁存能力，也就是要求 CPU 送给外部设备的数据，应该在输出设备接口电路中保持一段时间，这个时间的长短应该和外部设备的接受动作时间相适应。实现无条件输出的方法是在程序的适当位置安排 OUT 输出指令，当程序执行到这些指令时，就将输出给外部设备的数据存入锁存器。

无条件传送方式的工作过程：输入时，外界将数据送到缓冲器输入端(外界可以是开关、A/D 转换器等)，当 CPU 执行 IN AL，07H 指令时，CPU 首先向地址译码器送来启动信号，并把端口地址 07H 送到 74LS138 译码器输入端，译码器的作用是把端口地址转变为使其某一根输出线为有效低电平。例如，当端口地址为 07H 时，则使译码器的 Y_7 为低电平。然后 CPU 送出 $\overline{IOR}$ 低电平信号，使三态缓冲器的控制端为有效电平(选此三态缓冲器)。将外部设备送来的数据送到数据总线上，并将数据打入 CPU 内部的通用寄存器 AL 中。因为，CPU 执行一次数据读入，对于 8088 来说一般只需要微秒级时间，而外界数据在缓冲器输入端保持的时间，可达秒级或几十毫秒，因此，输入数据不必锁存。而且，CPU 执行 IN AL，07H 指令时，要读入的数据早已送入缓冲器的输入端，所以可以立即读入，无需查询数据是否已准备就绪。假设端口号 07H 也是另一接口电路输出锁存器的入口地址，锁存器从数据总线接收数据，当出现由或门 U_1 输出的触发锁存器的触发脉冲时，就将它的输出数据锁存入锁存器，并通过其输出端送给外部设备。所以，当需要向 07H 号端口输出数据时，可在程序中插入一条输出指令 OUT 07H，AL。当 CPU 执行这条指令时，它把 AL 的内容送上数据总线，并把端口地址 07H 和启动信号送入译码器。译码器译码后使 Y_7 为有效低电平，同时 $\overline{IOW}$ 也为有效低电平(此时 $\overline{IOR}$ 为高电平)，由或门 U_1 输出触发脉冲时，就将数据总线上的数据存入锁存器，CPU 执行 OUT 07H，AL 指令时，AL 中的数据在数据总线上停留的时间也只有微秒级，所以，输出数据必须通过存器锁存。也就是要求输出的数据，应该在输出接口电路的输出端保持一段时间，这个时间的长短，应该和外部接受设备的动作时间相适应。当 CPU 再次执行 OUT 07H，AL 指令时，AL 中新的数据会取代原锁存器中的内容。无条件传送方式的接口电路和控制程序都比较简单。

需要注意的是，输入时，当 CPU 执行 IN 指令时，要确保输入的数据已经准备好，否则，就可能读入不正确的数据；在输出时，当 CPU 执行 OUT 指令时，需确保外部设备已将上次送来的数据取走，它就可以接收新的数据了，否则，会发生数据"冲突"。无条件传送控制方式，一般用于定时已知或数据变化十分缓慢的外部设备。

2. 有条件传送

有条件传送方式又称为程序查询方式。这种传送方式在接口电路中，除具有数据缓冲器或数据锁存器外，还应具有外设状态标志位，用来反映外部设备数据的情况。比如，在输入时，若数据已准备好，则将该标志位置位；输出时，若数据已空(数据已被取走)，则将标志位置位。在接口电路中，状态寄存器也占用端口地址号。使用有条件传送方式控制数据的输入/输出，通常要按图 7.8 的流程进行。即首先读入设备状态信息，再根据所读入的状态信息进行判断，若设备未准备就绪，则程序转移去执行某种操作，或循环回去重新执行读入设备状态信息；若设备准备好，则执行完成数据传送的 I/O 指令。数据传送结束后，CPU 转去执行其他任务，刚才所操纵的设备脱离 CPU 控制。

有条件传送的优点是：能较好地协调外设与 CPU 之间的定时关系；缺点是：CPU 需要不断查询标志位的状态，这将占用 CPU 较多的时间，尤其是与中速或慢速的外部设备交换

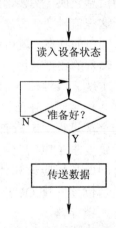

图 7.8 条件传送示意图

信息时，CPU 真正花费在传送数据上的时间极少，绝大部分时间都消耗在查询上。为克服这一缺点，可以采用中断控制方式。

7.2.2 中断控制方式

有条件传送的缺点除了占用 CPU 较多的工作时间外，还难以满足实时控制系统对 I/O 工作的要求。因为在查询方式中，CPU 处于主动地位，而外设接口处于消极被查询的被动地位。而在一般实时控制系统中，外设要求 CPU 为它服务是随机的，而且支持系统的外设往往有几个甚至几十个，若采用查询方式工作，很难实现系统中每一个外设都工作在最佳工作状态。所谓工作在最佳状态，是指一旦某个外设请求 CPU 为它服务时，CPU 应该以最快的速度响应其请求。这就要求系统中的外设，具有主动申请 CPU 为其服务的权利。比如，当某个 A/D 转换器的模拟量已转换为数字量后，这时它就可以立刻向 CPU 发出中断请求，CPU 暂时中止处理当前的事务，而转去执行优先的中断服务程序，输入 A/D 转换器的数字量数据。微型计算机都具有中断控制的能力，8086/8088 CPU 的中断结构灵活，功能很强。所以，微机系统采用中断控制 I/O 方式是很方便的。CPU 执行完每一条指令后，都会去查询外部是否有中断请求，若有，就暂停执行现行的程序，转去执行中断服务程序，完成传送数据的任务。当然，在一个具有多个外设的系统中，在同一时刻就往往不止一个外设提出中断请求，这就引入了所谓中断优先权管理和中断嵌套等问题(有关中断的详细讨论参见第 8 章)。

7.2.3 直接存储器存取(DMA)控制方式

采用中断方式，信息的传送是依靠 CPU 执行中断服务程序来完成的，所以，每进行一次 I/O 操作，都需要 CPU 暂停执行当前程序，把控制转移到优先权最高的 I/O 程序。在中断服务程序中，需要有保护现场和恢复现场的操作，而且 I/O 操作都是通过 CPU 来进行的。当从存储器输出数据时，首先需要 CPU 执行传送指令，将存储器中的数据，读入 CPU 中的通用寄存器 AL(对于字节数据)或 AX(对于字数据)，然后，执行 OUT 指令，把数据由通用寄存器 AL 或 AX 传送到 I/O 端口；当从 I/O 端口向存储器存入数据时，过程正相反。CPU 执行 IN 指令时，将 I/O 端口数据读入通用寄存器 AL 或 AX，然后 CPU 执行传送指令，将 AL 或 AX 的内容存入存储器单元。这样，每次 I/O 操作都需要几十甚至几百微秒，对于一些高速外设，如高速磁盘控制器或高速数据采集系统，中断控制方式往往满足不了它们的需要。为此，提出了数据在 I/O 接口与存储器之间的传送，不经 CPU 的干预，而是在专用硬件电路的控制下直接传送。这种方法称为直接存储器存取(Direct Memory Access，缩写为 DMA)。为实现这种工作方式而设计的专用接口电路，称为 DMA 控制器(DMAC)。例如，Intel 公司的 8257、8237，Zilog 公司的 Z 8410(Z80 DMAC)，Motorola 公司的 MC6844 等，都是能实现 DMA 方式的可编程 DMAC 芯片。

用 DMA 方式传送数据时，在存储器和外部设备之间，直接开辟高速的数据传送通路。数据传送过程不要 CPU 介入，只用一个总线周期，就能完成存储器和外部设备之间的数据传送。因此，数据传送速度仅受存储器的存取速度和外部设备传输特性的限制。

DMA 的工作过程大致如下：

(1) 当外设准备好，可以进行 DMA 传送时，外设向 DMA 控制器发出 DMA 传送请求信号(DRQ)。

(2) DMA 控制器收到请求后，向 CPU 发出"总线请求"信号 HOLD，申请占用总线。

(3) CPU 在完成当前总线周期后会立即对 HOLD 信号进行响应。响应包括两个方面，一是 CPU 将数据总线、地址总线和相应的控制信号线均置为高阻态，由此放弃对总线的控制权。另一方面，CPU 向 DMA 控制器发出"总线响应"信号(HLDA)。

(4) DMA 控制器收到 HLDA 信号后，就开始控制总线，并向外设发出 DMA 响应信号 $\overline{DACK}$ 。

(5) DMA 控制器送出地址信号和相应的控制信号，实现外设与内存或内存与内存之间的直接数据传送。例如，在地址总线上发出存储器的地址，向存储器发出写信号 $\overline{MEMW}$ ，同时向外设发出 I/O 地址、$\overline{IOR}$ 和 AEN 信号，即可从外设向内存传送一个字节。

(6) DMA 控制器自动修改地址和字节计数器，并据此判断是否需要重复传送操作。规定的数据传送完后，DMA 控制器就撤消发往 CPU 的 HOLD 信号。CPU 检测到 HOLD 失效后，紧接着撤消 HLDA 信号，并在下一时钟周期重新开始控制总线时，继续执行原来的程序。

DMA 方式在传送路径和程序控制下数据传送的途径不同。程序控制下数据传送的途径必须经过 CPU，而采用 DMA 方式传送数据不需要经过 CPU。另外，程序控制下数据传送的源地址、目的地址是由 CPU 提供的，地址的修改和数据块长的控制也必须由 CPU 承担，数据传送的控制信号也是由 CPU 发出的。而 DMA 方式传送数据，则由 DMA 控制器提供源地址和目的地址，而且修改地址、控制传送操作的结束和发出传送控制信号也都由 DMAC 承担，即 DMA 传送数据方式是一种由硬件代替软件的方法，因而提高了数据传送的速度，缩短了数据传送的响应时间。因为 DMA 方式控制数据传送不需要 CPU 介入，即不利用 CPU 内部寄存器，因此，DMA 方式不像中断方式控制下的数据传送，需要等一条指令执行结束才能进行中断响应，只要执行指令的某个机器周期结束，就可以响应 DMA 请求。另外，DMA 既然不利用 CPU 内部设备来控制数据传送，因此，响应 DMA 请求，进入 DMA 方式时就不必保护 CPU 的现场。采用中断控制的数据传送，进入中断服务(传送数据)之前，必须保护现场状态，这会大大延迟响应时间。因此，采用 DMA 控制数据传送的另一个优点是，缩短数据传送的响应时间。所以，一般要求响应时间在微秒以下的场合，通常采用 DMA 方式。当然用 DMA 控制传送也存在一些问题，因为采用这种方式传送数据时，DMAC 取代 CPU 控制了系统总线，即 CPU 要把对总线的控制权让给 DMAC。所以，当 DMA 控制总线时，CPU 不能读取指令。另外，若系统使用的是动态存储器，而且是由 CPU 负责管理动态存储器的刷新，则在 DMA 操作期间，存储器的刷新将会停止。而且，当 DMAC 占用总线时，CPU 不能去检测和响应来自系统中其他设备的中断请求。DMA 传送也存在以下两个额外开销源：第一个额外开销是总线访问时间，由于 DMAC 要同 CPU 和其他可能的总线主控设备争用对系统总线的控制权，因此，必须有一些规则来解决争用总线控制权的问题，这些规则一般是用硬件实现排队的，但是排队过程也要花费时间；第二个额外开销是对 DMAC 的初始化，一般情况下，CPU 要对 DMAC 写入一些控制字，因此，DMAC 的初始化建立，比程序控制数据传送的初始化，可能要花费较多时间。所以，对于数据块很短或要频繁地对 DMAC 重新编程初始化的情况下，可能就不宜采用 DMA 传送方式。此外，DMA 控制数据传送是用硬件控制代替 CPU 执行程序来实现的。所以它必然会增加硬件的投资，提高系统的成本。因此，只要 CPU 来得及处理数据传送，就不必采用 DMA 方式。

DMA 主要适用以下几种场合：

(1) 硬盘和软盘 I/O。可以使用 DMAC 作磁盘存储介质与半导体主存储器之间传送数据的接口。这种场合需要将磁盘中的大量数据(如磁盘操作系统等)快速地装入内部存储器。

(2) 快速通信通道 I/O。例如，光导纤维通信链路，DMAC 可以用来作为计算机系统和快速通信通道之间的接口，可作为同步通信数据的发送和接收，以便提高响应时间，支持较高的数据传输速率，并使 CPU 脱出来做其他工作。

(3) 多处理机和多程序数据块传送。对于多处理机结构，通过 DMAC 控制数据传送，可以较容易地实现专用存储器和公用存储器之间的数据传送，对多任务应用、页式调度和任务调度都需要传送大量的数据。因此，采用 DMA 方式可以提高数据传输速度。

(4) 扫描操作。在图像处理中，对 CRT 屏幕送数据，也可以采用 DMA 方式。

(5) 快速数据采集。当要采集的数据量很大，而且数据是以密集突发的形式出现，例如，对波形的采集，此时采用 DMA 方式可能是最好的方法，它能满足响应时间和数据传输速率的要求。

(6) 在 PC/XT 机中还采用 DMA 方式进行 DRAM 的刷新操作。

DMA 工作过程波形如图 7.9 所示。

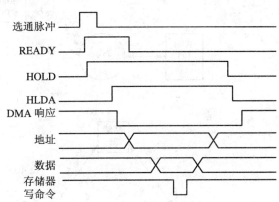

图 7.9   DMA 工作波形

7.2.4   I/O 处理机方式

8089 是专门用来处理输入/输出的协处理器。它共有 52 条指令、1MB 寻址能力和两个独立的 DMA 通道。当 8086/8088 加上 8089 组成系统后，8089 能代替 8086/8088，以通道控制方式管理各种 I/O 设备。以通道控制方式管理 I/O 设备，目前只有在大中型计算机中才普遍使用，因此，8089 为微机的输入/输出系统设计带来换代性的变化。一般情况下，通过接口电路控制 I/O 外设，必须依靠 CPU 的支持，对于非 DMA 方式，从外部设备每读入一个字节或发送给外部设备一个字节，都必须由 CPU 执行指令来完成。虽然高速设备可以用 DMA 传送数据，但仍然需要 CPU 对 DMAC 进行初始化，启动 DMA 操作，以及完成每次 DMA 操作之后都要检查传送的状态。对 I/O 数据的处理，如对数据的变换、拆、装、检查等，更加需要 CPU 支持，CPU 控制 I/O 如图 7.10(a)所示。从图中不难看出，普通 I/O 接口，不管是 DMA 方式还是非 DMA 方式，在 I/O 传送过程都要占去 CPU 的开销。8089 是一个智能控制器，它可以取出和执行指令，除了控制数据传送外，还可以执行算术和逻辑运算、转移、搜索和转换。当 CPU 需要进行 I/O 操作时，它只要在存储器中建立一个信息块，将所需要的操作和有关参数按照规定列入，然后通知 8089 前来读取。8089 读得操作控制信息后，能自动完成全部的 I/O 操作。因此，对配合 8089 的 CPU 来说，所有输入/输出的操作过程中，数据都是以块为单位成批发送或接收的，而把一块数据按字或字节与 I/O 设备(如 CRT 终端，行式打印机)交换都由 8089 来完成，当 8089 控制数据交换时，

CPU 可以并行处理其他操作。由于引入 8089 来承担原来必须由 CPU 承担的 I/O 操作，这就大大地减轻了 CPU 控制外设的负担，有效地减少了 CPU 在 I/O 处理中的开销。8089 控制 I/O 如图 7.10(b)所示。

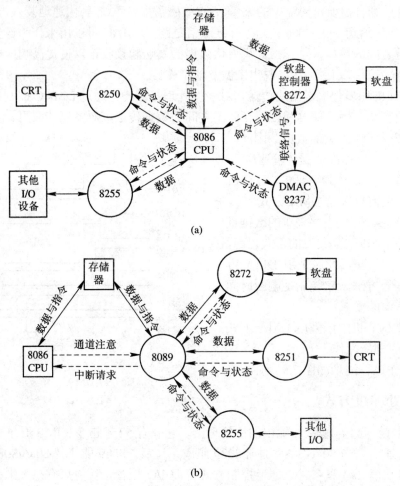

图 7.10   8086、8089 控制 I/O

(a) 8086 控制 I/O;   (b) 8089 控制 I/O

7.3 DMA 控制器

DMA 是指外部设备直接对计算机存储器进行读写操作的 I/O 方式。这种方式下数据的 I/O 不需要 CPU 执行指令，也不经过 CPU 内部寄存器，而是利用系统的数据总线，由外设直接对存储器写入或读出。通常情况下，系统的地址总线、数据总线和一些控制信号(如 IO/$\overline{\text{M}}$、$\overline{\text{RD}}$、$\overline{\text{WR}}$ 等)是由 CPU 管理的。在 DMA 方式中，对这一数据传送过程进行控制的硬件称为 DMA 控制器。

7.3.1 DMA 控制器的功能

通用的 DMA 控制器应具有以下功能：

(1) 编程设定 DMA 的传输模式及其所访问内存的地址区域。

(2) 屏蔽或接受外部设备的 DMA 请求(DREQ)。当有多个设备同时请求时，还要进行优先级排队，首先接受最高级的请求。

(3) 向 CPU 转达 DMA 请求。DMA 控制器要向 CPU 发出总线请求信号 HOLD(高电平有效)，请求 CPU 放弃总线的控制。

(4) 接收 CPU 的总线响应信号(HLDA)。接管总线控制权，实现对总线的控制。

(5) 向相应外部设备转达 DMA 允许信号 DACK。于是在 DMA 控制器的管理下，实现外部设备和存储器之间的数据直接传送。

(6) 在传送过程中进行地址修改和字节计数。在传送完要求的字节数后，向 CPU 发出 DMA 结束信号(EOP)，撤消总线请求(HRQ)，将总线控制权交还给 CPU。

DMA 控制器一方面可以接管总线，直接在其他 I/O 接口和存储器之间进行读写操作，就像 CPU 一样成为总线的主控器件，这是有别于其他 I/O 控制器的根本不同之处。另一方面，作为一个可编程 I/O 器件，其 DMA 控制功能正是通过初始化编程来设置的。当 CPU 用 I/O 指令对 DMA 控制器写入或者读出时，它又和其他 I/O 电路一样成为总线的从属部件。

7.3.2 可编程 DMA 控制器 Intel8237DMAC 的主要性能和内部结构

8237DMAC 是 Intel 8080、8085、8086、8088 系列通用的，一种高性能可编程 DMA 控制器芯片，它的性能如下：

(1) 使用单一的+5 V 电源、单相时钟、40 条引脚、双列直插式封装。时钟频率为 3~5 MHz，最高速率可达 1.6 MB/s。

(2) 具有四个独立的通道。可以采用级联方式扩充用户所需要的通道，每个通道都具有 16 位地址寄存器和 16 位字节计数器。

(3) 用户通过编程，可以在四种操作类型和四种传送方式之中任选一种。

(4) 每个通道都具有独立的允许/禁止 DMA 请求的控制。所有通道都具有独立的自动重置原始状态和参数的能力。

(5) 有增 1 和减 1 自动修改地址的能力。

(6) 具有固定优先权和循环优先权两种优先权排序的优先权控制逻辑。

(7) 每个通道都有软件的 DMA 请求。还各有一对联络信号线(通道请求信号 DREQ 和响应信号 DACK)，而且 DREQ 和 DACK 信号的有效电平可以通过编程来设定。

(8) 具有终止 DMA 传送的外部信号输入引脚，外部通过此引脚输入有效低电平的过程终止信号$\overline{EOP}$，可以终止正在执行的 DMA 操作。每个通道在结束 DMA 传送后，会产生过程终止信号$\overline{EOP}$输出，可以用它作为中断请求信号输出。

8237A 的内部寄存器的类型和数量如表 7-4 所示。

表 7-4　8237A 内部寄存器

寄存器名	容量	数量	寄存器名	容量	数量
基地址寄存器	16 位	4	命令寄存器	8 位	1
基字节计数器	16 位	4	暂时寄存器	8 位	1
当前地址寄存器	16 位	4	模式寄存器	6 位	4
当前字节计数器	16 位	4	屏蔽寄存器	4 位	1
状态寄存器	8 位	1	请求寄存器	4 位	1

　　8237A 由 I/O 缓冲器、时序和控制逻辑、优先编码器和循环优先逻辑、命令控制逻辑
和内部寄存器组五部分组成，如图 7.11 所示。其中图(a)是 8237A 内部结构框图，图(b)是
四通道示意图。通道部分只画出了一个通道的情况，即每个通道都有一个基地址寄存器、
基字节数寄存器、当前地址寄存器和当前字节数寄存器(16 位)，每一个通道都有一个 6 位
的模式寄存器以控制不同的工作模式。

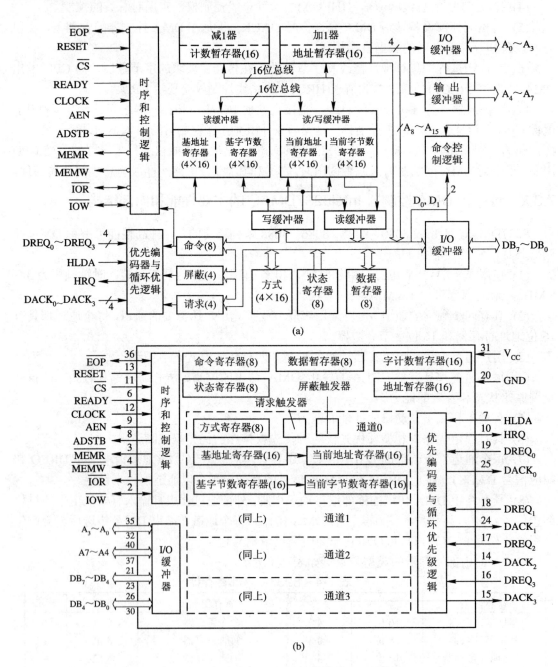

图 7.11   8237A 结构

(a) 内部结构框图；(b) 四通道示意框图

7.3.3 8237 的引脚和时序

8237 DMAC 是一种 40 条引脚、双列直插式封装芯片，其引脚配置如图 7.12 所示。

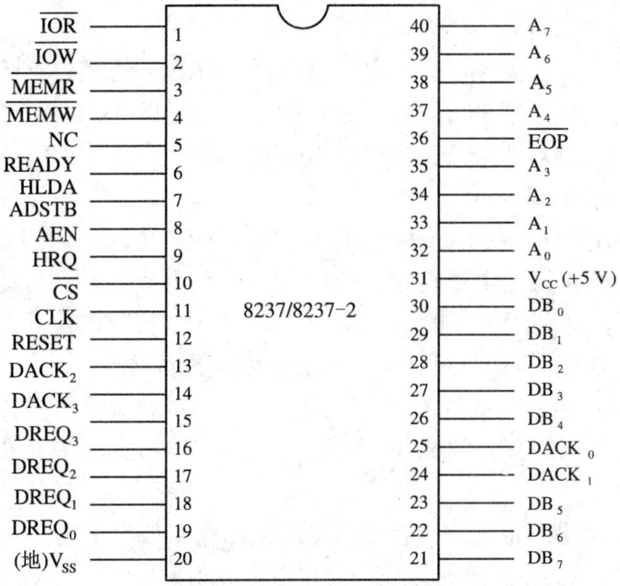

图 7.12   8237 引脚

引脚的功能定义如下：

CLK(Clock)：时钟输入，用来控制 8237 内部操作定时和 DMA 传送时的数据传送速率。

$\overline{CS}$ (Chip Select)：片选输入，低电平有效。在 CPU 控制总线时，即 8237 在受控方式下，当 $\overline{CS}$ 有效时，选中该 8237 作为 I/O 设备，而当 CPU 向 8237 写入编程控制字时，它开启 I/O 写输入；当 CPU 从 8237 读回状态字，或当前地址、当前字节计数器内容时，它开启 I/O 读输入。在 DMA 控制总线时，自动禁止 $\overline{CS}$ 输入，以防止 DMA 操作期间该器件选中自己。

RESET：复位输入，高电平有效。RESET 有效时，会清除命令、状态、请求和暂存寄存器，并清除字节指示器和置位屏蔽寄存器。复位后，8237 处于空闲周期，它的所有控制线都处于高阻状态，并且禁止所有通道的 DMA 操作。复位之后必须重新对 8237 初始化，它才能进入 DMA 操作。

READY：准备好输入信号。当选用的存储器或 I/O 设备速度比较慢时，可用这个异步输入信号使存储器或 I/O 读写周期插入等待状态，以延长 8237 传送的读/写脉冲($\overline{IOR}$，$\overline{IOW}$，$\overline{MEMR}$ 和 $\overline{MEMW}$)。

HRQ(Hold Request)：请求占有信号，输出，高电平有效。在仅有一块 8237 的系统中，HRQ 通常接到 CPU 的 HOLD 引脚，用来向 CPU 请求对系统总线的控制权。如果通道的相应屏蔽位被清除，也就是说 DMA 请求未被屏蔽，只要出现 DREQ 有效信号，8237 就会立即发出 HRQ 有效信号。在 HRQ 有效之后，至少等待一个时钟周期后，HLDA 才会有效。

HLDA(Hold Acknowledge)：同意让出总线响应输入信号，高电平有效。来自 CPU 的同意让出总线响应信号，它有效表示 CPU 已经让出对总线的控制权，把总线的控制权交给 DMAC。

DREQ$_0$～DREQ$_3$(DMA Request)：DMA 请求输入信号。它们的有效电平可由编程设定。复位时使它们初始化为高电平有效。这 4 条 DMA 请求线是外部电路为取得 DMA 服务，而送到各个通道的请求信号。在固定优先权时，DREQ$_0$ 的优先权最高，DREQ$_3$ 的优先权最低。各通道的优先权级别是可以编程设定的，当通道的 DREQ 有效时，就向 8237 请求 DMA 操作。DACK 是响应 DREQ 信号后，进入 DMA 服务的应答信号，在响应的 DACK 产生前 DREQ 必须维持有效。

DACK$_0$～DACK$_3$(DMA Acknowledge)：DMA 响应输出，它们的有效电平可由编程设定，复位时使它们初始化为低电平有效。8237 用这些信号来通知各自的外部设备已经被授予一个 DMA 周期了，即利用有效的 DACK 信号作为 I/O 接口的选通信号。系统允许多个 DREQ 同时有效，但在同一时间，只能一个 DACK 信号有效。

A$_3$～A$_0$(Address)：地址线的低 4 位，双向、三态地址线。CPU 控制总线时，它们是输入信号，用来寻址要读出或写入的 8237 内部寄存器，在 DMA 的有效周期内，由它们输出低 4 位地址。

A$_7$～A$_4$：三态、输出的地址线。在 DMA 周期，输出低字节的高 4 位地址 A$_7$～A$_4$。

DB$_7$～DB$_0$：双向、三态的数据总线，连接到系统数据总线上。在 I/O 读期间，在编程条件下，输出被允许。可以将 8237 内部的地址寄存器、状态寄存器、暂存寄存器和字节计数器中的内容读入 CPU。当 CPU 对 8237 的控制寄存器写入控制字时，在一个 I/O 写周期内，这些输出被禁止，数据从 CPU 写入 8237。在 DMA 操作期间，8237 的高 8 位地址 A$_7$～A$_0$，由 DB$_7$～DB$_0$ 输出，并由 ADSTB 信号将这些地址信息锁存入地址锁存器。若是进行存储器与存储器之间的 DMA 操作，则在存储器读出期间，把从源存储器读出的数据输入到 8237 的暂存器；而在存储器写入期间，数据再从暂存器输出，然后写入到新的目的存储单元。

ADSTB(Address Strobe)：地址选通、输出信号，高电平有效。用来将从 DB$_7$～DB$_0$ 输出的高 8 位地址 A$_7$～A$_0$ 选通到地址锁存器。

AEN(Address Enable)：地址允许、输出信号，高电平有效。在 DMA 传送期间，该信号有效时，禁止其他系统总线驱动器使用系统总线，同时允许地址锁存器中的高 8 位地址信息送上系统地址总线。

$\overline{\text{IOR}}$ (I/O Read)：I/O 读，双向、三态，低电平有效。CPU 控制总线时由 CPU 发来，若该信号有效，表示 CPU 读取 8237 内部寄存器。在进行 DMA 操作时由 8237 发出，采用读取 I/O 设备的控制信号。

$\overline{\text{IOW}}$：I/O 写，双向、三态，低电平有效。CPU 控制总线时由 CPU 发来，CPU 用它把数据写入 8237。而在 DMA 操作期间 $\overline{\text{IOW}}$ 是由 8237 发出，作为对 I/O 设备写入的控制信号。

$\overline{\text{MEMR}}$ (Memory Read)：存储器读，输出，三态，低电平有效。在 DMA 操作期间 $\overline{\text{MEMR}}$ 是由 8237 发出，作为从选定的存储单元读出数据的控制信号。

$\overline{\text{MEMW}}$ **(Memory Write)**: 存储器写, 输出, 三态, 低电平有效。在 DMA 操作期间, $\overline{\text{MEMW}}$ 由 8237 发出, 作为把数据写入选定的存储单元的控制信号。

EOP (End Of Process): 过程结束, 双向, 低电平有效。表示 DMA 服务结束。当 8237 接收到有效的 EOP 信号时, 就会终止当前正在执行的 DMA 操作。当复位请求位时, 如果是允许自动预置(自动再启动方式), 就将该通道的基址寄存器和基字节计数器的内容, 重新写入当前的地址寄存器和当前的字节计数器, 并使屏蔽位保持不变。若不是自动预置方式, 当 $\overline{\text{EOP}}$ 有效时, 将会使当前运行通道的状态字中的屏蔽位和 TC 位置位, $\overline{\text{EOP}}$ 可以由 I/O 设备输入给 8237。另外, 当 8237 的任一通道到达计数终点(TC)时, 会产生低电平的 $\overline{\text{EOP}}$ 输出脉冲信号, 此信号除了使 8237 终止 DMA 服务外, 还可以送出作为中断请求信号等使用。$\overline{\text{EOP}}$ 信号不用时, 必须通过上拉电阻接到高电平, 以防止误输入。

8237 的操作时序如图 7.13 所示。它有三种操作周期: 空闲周期(Idel Cycle), 即 DMAC 工作于被动状态; 请求应答周期和 DMA 操作周期, 即 DMAC 工作于主动状态。每个操作周期又由若干状态组成, 每种状态是一个时钟周期。8237 有 S_I、S_0、S_1、S_2、S_3、S_4 和 S_w 共七种状态。

下面介绍这三种操作周期的时序。

1. 空闲周期 S_I

8237 在编程进入允许 DMA 工作状态之前或虽已编程进入允许 DMA, 但无 DMA 请求时, 8237 处于空闲周期, 执行空闲状态 S_I。在空闲周期内, 在每个 S_I 的下降沿, 8237 采样 $DREQ_I$ 输入信号, 以确定是否有通道请求 DMA 服务。同时, 还采样 $\overline{\text{CS}}$ 输入引脚, 判断 CPU 是否要对该 8237 芯片进行编程写入或读出, 若 8237 采样到 $\overline{\text{CS}}$ 有效, 只要 HLDA 是低电平, 便可以进入编程工作状态(即 CPU 可以访问 8237)。CPU 可以访问由地址信息 $A_3 \sim A_0$ 寻址的内部寄存器。

2. 请求应答周期 S_0

对 8237 编程完成后, 在 S_I 的下降沿采样到 $DREQ_I$ 有效后, 8237 将在 S_I 的上升沿, 向 CPU 输出占有总线的请求信号 HRQ, 并向 CPU 请求 DMA 服务, 进入 S_0 状态, 等待 CPU 同意让出总线的回答信号 HLDA, 在 HLDA 有效之前的 S_0 状态中, CPU 仍可以访问 8237。S_0 状态是 8237 送出 HRQ 信号向 CPU 提出控制总线的请求信号 HRQ 后, 到它接收到 CPU 发回同意让出总线的 HLDA 有效信号之间的周期状态。这是 8237 从被动状态过渡到主动状态的过渡时期。

3. DMA 操作周期

在 HLDA 到达之后, 8237 开始进入数据传送周期, 开始以 DMA 方式传送数据。一个完整的 DMA 传送周期包括 S_1、S_2、S_3 和 S_4 共四个状态。如果是慢速的存储器或 I/O 设备, 可以由 READY 引脚输入低电平, 当 S_3 结束的下降沿采样 READY 为低电平时, 就在 S_3 和 S_4 之间插入 S_w 状态(见图 7.13(c)), 以达到速度的匹配。

对于存储器至存储器之间的数据传送, 每传送一个数据, 需先从源存储器单元读出数据, 将它存入暂存器, 再写入目的存储器单元中, 这样传送一个数据要八个状态。因此, 状态标注采用两位数标注, 从存储器读出要用 S_{11}、S_{12}、S_{13} 和 S_{14} 共四个状态, 写入存储器用 S_{21}、S_{22}、S_{23} 和 S_{24} 共四个状态(见图 7.13(b))。

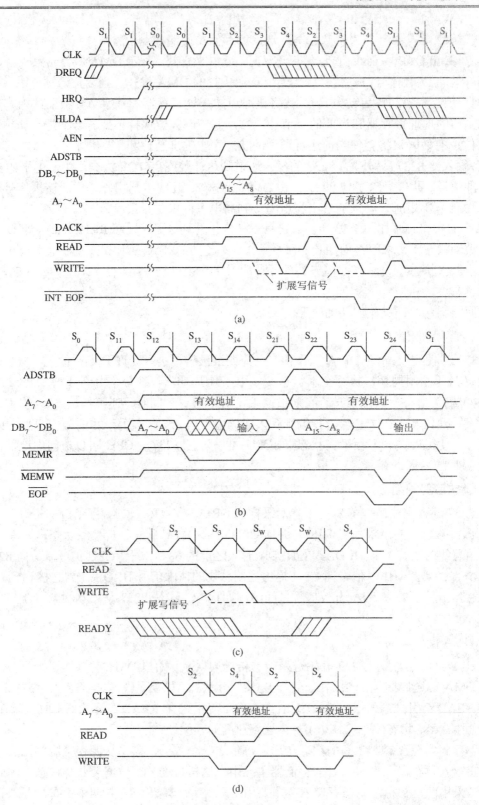

图 7.13 8237 操作时序

一个 DMA 有效周期时序是：8237 收到有效的 HLDA 响应信号后进入 S_1 时，立即输出地址允许信号 AEN，这标志着 8237 获得了系统总线控制权和 DMA 周期的开始。8237 在 S_1 期间把高 8 位地址 $A_{15} \sim A_8$ 送到数据总线 $DB_7 \sim DB_0$ 上，并发出 ADSTB 地址选通信号。在 ADSTB 的下降沿(在 S_2 内)，把高 8 位地址存入地址锁存器，再由地址允许信号 AEN 把高 8 位地址送上地址总线 $A_{15} \sim A_8$。低 8 位地址 $A_7 \sim A_0$ 由 8237 直接或经驱动器输出到地址总线 $A_7 \sim A_0$ 上。对于一般的 DMA 在 S_2 发出 DACK 信号，通知请求 DMA 服务的设备，即 DACK 信号可以用作 I/O 端口的片选信号。因为，DMAC 从地址总线上发出的地址已被用来访问存储器。若是 M→I/O 或 I/O→M 的传送方式，对 I/O 设备的寻址就用 $\overline{\text{DACK}}$ 担任。随后，若是 DMA 读操作，就发出存储器读命令 $\overline{\text{MEMR}}$；若是 DMA 写操作，则发出 I/O 读命令 $\overline{\text{IOR}}$ 读取要传送的数据。在 S_3 状态中 8237 发出写命令，把读出的数据写入指定的地址单元。对于 DMA 读操作发出 I/O 写命令 $\overline{\text{IOW}}$；对于 DMA 写操作发出 $\overline{\text{MEMW}}$ 命令。若编程选用扩展写命令，则写入操作和读出操作同时开始。在 S_2 期间同时发出 $\overline{\text{MEMR}}$ 和 $\overline{\text{IOW}}$ 或 $\overline{\text{IOR}}$ 和 $\overline{\text{MEMW}}$。在存储器和 I/O 设备之间传送数据时，数据不读入 8237，而是保持在数据线 $DB_7 \sim DB_0$ 上。所以，写周期一开始，即可从数据总线上直接写到存储器或 I/O 端口。也就是说 DMA 通道提供了直接传送数据的功能。

对于存储器至存储器的传送，不发 I/O 读写命令。每传送一个字节用八个状态，前四个状态发出 $\overline{\text{MEMR}}$ 命令，把数据从源地址存储器读入 8237 暂存器，后四个状态发出 $\overline{\text{MEMW}}$ 命令，把暂存器中的数据写入目的存储器。

对于成组或请求传送，连续传送多个数据，其地址码是连续变化的。对于大多数传送来说，保存在地址锁存器中的高 8 位地址是不变的，只有当低 8 位地址发生进位或借位时，才会改变高 8 位地址。为了加快传送速度，只有对地址锁存器中的 $A_{15} \sim A_8$ 内容进行修改时，才去执行 S_1 状态，否则可以不进入 S_1 状态。在 S_3 后沿，8237 检测 READY 输入信号。若 READY 为低电平时，8237 插入 S_w 状态；若 READY 为高电平时，就进入 S_4 状态。S_4 状态结束后，8237 已完成数据传送，因此，对应的读写信号变为无效。S_4 状态结束后，若 8237 还处于 DMA 操作，即开始另一个 DMA 传送周期。若 DMA 操作结束，则 8237 进入空闲状态 S_1。图 7.13(a)为 DMA 读或 DMA 写连续传送两个字节的时序，图 7.13(b)是存储器至存储器传送操作时序，图 7.13(c)表示插入 S_w 的时序。

为了提高传送速度，若存储器或 I/O 响应速度跟得上，可以采用压缩时序的方式，如图 7.13(d)所示。由于 S_1 是用来输出高 8 位地址，而 S_3 是用来延长读取数据脉冲时间，因此可以省去 S_1 和 S_3，而使数据传送压缩为两个状态。压缩时序方式只用于连续数据块传送，即高 8 位地址不变的数据块，若在数据传送过程中高 8 位地址必须修改，则仍然需要出现 S_1 状态。

7.3.4 8237 DMAC 的工作方式

8237 的每个通道都有自己的模式寄存器，通过对模式寄存器写入不同的内容，各通道可以独立地选择不同的工作模式(传送方式)和操作类型。

1. 工作模式

在 DMA 传输时，每个通道有四种工作模式。

1) 单次传送方式

单次传送方式也称单字节传送方式。每次 DMA 操作只传送一个字节，即 DMAC 发出一次占用总线请求，获得总线控制权后，进入 DMA 传送方式，只传送一个字节的数据。然后，就自动把总线控制权交还给 CPU，让 CPU 至少占用一个总线周期。若还有通道请求信号，DMAC 再重新向 CPU 发出总线请求，获得总线控制权后，再传送下一个字节数据。

2) 成组传送方式

成组传送方式也称为连续传送或块传送方式。在进入 DMA 操作后，就连续传送数据，直到整块数据全部传送完毕。在字节计数器减到 0 或外界输入终止信号 $\overline{EOP}$ 时，才会将总线控制权交还给 CPU 而退出 DMA 操作方式。如果在数据的传送过程中，通道请求信号 DREQ 变为无效，DMAC 也不会释放总线，只是暂时停止数据的传送，等到 DREQ 信号再次变为有效后，又继续进行数据传送，一直到整块数据全部传送结束，才会退出 DMA 方式，把总线控制权交还给 CPU。

3) 请求传送方式

请求传送方式也可以用于成块数据传输。当 DMAC 采样到有效的通道请求信号 DREQ 时，向 CPU 发去请求占用总线的信号 HRQ(在 Z80 DMA 中是 $\overline{BUSRQ}$)，CPU 让出总线控制权后，就进入 DMA 操作方式。当 DREQ 变为无效后，DMAC 立即停止 DMA 操作，释放总线给 CPU，当 DREQ 再次变为有效后，它才再次发出 HRQ 请求信号，CPU 再次让出总线控制权，DMAC 又重新控制总线，继续进行数据传送，数据块传送结束就把总线归还给 CPU。这种方式适用于准备好传送数据时，发出通道请求；若数据未准备好，则通道请求无效，并将总线控制权暂时交还给 CPU。

4) 级联方式

级联方式是用来扩充 DMA 的通道数的。

2. 操作类型

根据传输过程中数据的流向，操作类型可以分为三种。

(1) DMA 写传送(I/O 设备→存储器)。它是将 I/O 设备(如磁盘接口)传送来的数据写入存储器。

(2) DMA 读传送(存储器→I/O 设备)。它是将存储器中的数据，写入 I/O 设备。

(3) DMA 校验。该方式实际并不进行数据传送，只是完成某种校验过程。当一个 8237 通道处于 DMA 校验方式时，它会像上述的传送操作一样，保持着它对系统总线的控制权，并且每个 DMA 周期都将响应外部设备的 DMA 请求，只是不产生存储器或 I/O 设备的读/写控制信号，这就阻止数据的传送。但 I/O 设备可以使用这些响应信号，在 I/O 设备内部对一个指定数据块的每一个字节进行存取，以便进行校验。

上述的三种操作中，被操作的数据都不进入 DMAC 内部，而且校验方式也仅是由 DMAC 控制系统总线，并响应 I/O 设备的 DMA 请求，在每个 DMA 周期向 I/O 设备发出一个 DMA 响应信号 DACK，I/O 设备利用此信号作为片选信号，去进行某种校验。

存储器至存储器传送是 8237 进行存储器之间的数据块传送操作时，由通道 0 提供源地址，而由通道 1 提供目的地址和进行字节计数。这种传送需要两个总线周期：第一个总线周期先将源地址内的数据读入 8237 的暂存器,在第二个总线周期再将暂存器内容放到数据总线上,然后在写信号的控制下,将数据总线上的数据写入目的地址的存储器单元。

7.3.5 8237 的控制字和编程

1. 内部寄存器

8237 内部寄存器如表 7-4 所示,现对这些寄存器的功能说明如下。

1) 当前地址寄存器

每个通道都有一个 16 位长的当前地址寄存器,当进行 DMA 传送时,由它提供访问存储器的地址。在每次数据传送之后,地址值自动增 1 或减 1。CPU 是以连续两字节按先低字节后高字节顺序,对其进行写入或读出的。在自动预置方式下,当 $\overline{EOP}$ 有效后,将它重新预置为初始值。

2) 当前字节计数器

每个通道都有一个 16 位长的当前字节计数寄存器,它保存当前 DMA 传送的字节数。实际传送的字节数比编程写入的字节数大 1,例如,编程的初始值为 10,将导致传送 11 个字节,每次传送以后,字节计数器减 1。当其内容从 0 减 1 而到达 FFFFH 时,将产生终止计数 TC 脉冲输出。CPU 访问它是以连续两字节对其读出或写入的。在自动预置方式下,当 $\overline{EOP}$ 有效后,将它重新预置成初始值。如果处在非自动预置方式,这个计数器在终止计数之后将为 FFFFH。

3) 基地址寄存器和基字节计数器

每个通道均有一个 16 位的基地址寄存器和一个 16 位的基字节计数寄存器,它们用来存放所对应的地址寄存器和字节计数器的初始值。在编程时,这两个寄存器由 CPU 以连续两字节方式与对应的当前寄存器同时写入,但它们的内容不能读出。在自动预置方式下,基地址寄存器的内容被用来恢复当前寄存器的初始值。

4) 命令寄存器

这是 DMAC 四个通道公用的一个 8 位寄存器,它控制 8237 的操作。编程时,CPU 对它写入命令字,而由复位信号(RESET)和软件清除命令清除它。其命令格式如图 7.14 所示。

下面介绍命令寄存器各位的意义。

(1) D_0 位为允许或禁止存储器至存储器的传送操作。这种传送方式能以最小的程序工作量和最短的时间,成组地将数据从存储器的一个区域传送到另一个区域。

当 $D_0=1$ 时,允许进行存储器至存储器传送,此时首先由通道发出 DMA 请求,规定通道用于从源地址读入数据,然后将读入的数据字节存放在暂存器中,由通道 1 把暂存器的数据字节写到目的地址存储单元。一次传送后,两通道对应存储器的地址各自进行加 1 或减 1。当通道 1 的字节计数器为 FFFFH 时,产生终止计数 TC 脉冲,由 $\overline{EOP}$ 引脚输出有效信号而结束 DMA 服务。每进行一次存储器至存储器传送,需要两个总线周期,通道 0 的当前地址寄存器用于存放源地址,通道 1 的当前地址寄存器和当前字节计数器提供目的地址和进行计数。

(2) D_1 位设定在存储器至存储器传送过程中,源地址保持不变或按增 1 或减 1 改变。当 $D_1=0$ 时,传送过程中源地址是变化的;当 $D_1=1$ 时,在整个传送过程中,源地址保持不变，可以把同一源地址单元的同样内容的一个数据写到一组目标存储单元中。当 $D_0=0$ 时，不允许存储器至存储器传送，则 D_1 位无意义。

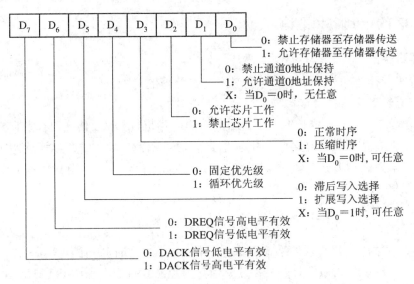

图 7.14   命令寄存器格式

(3) D_2 位为允许或禁止 DMAC 工作的控制位。

(4) D_3、D_5 为与时序有关的控制位，详见后面的时序说明。

(5) D_4 位用来设定通道优先权。当 $D_4=0$ 时，为固定优先权，即通道 0 优先权最高，优先权随着通道号增大而递减，通道 3 的优先权最低；当 $D_4=1$ 时，为循环优先权，即在每次 DMA 操作周期(不是 DMA 请求，而是 DMA 服务)之后，各个通道的优先权都发生变化。刚刚服务过的通道其优先权变为最低，它后面的通道的优先权变为最高。循环优先权结构可以防止任何一个通道独占 DMA。所有 DMA 操作，最初都指定通道 0 具有最高优先权，DMA 的优先权排序只是用来决定同时请求 DMA 服务的通道的响应次序。任何一个通道一旦进入 DMA 服务后，其他通道都不能打断它的服务，这一点和中断服务是不同的。

(6) D_6、D_7 位用于设定 DREQ 和 DACK 的有效电平极性。

5) 模式寄存器

每个通道都有一个 8 位的模式寄存器，它用于指定 DMA 的操作类型、传送方式、是否自动预置和传送一字节数据后地址是按增 1 还是减 1 规律修改。由 CPU 写入工作方式寄存器的控制字。

下面介绍各位的作用。

(1) 命令字的 D_0、D_1 两位是通道的寻址位，即根据 D_0、D_1 两位的编码，确定此命令字写入的通道。其格式如图 7.15 所示。

(2) D_3、D_2 位为当 D_7、D_6 位不同时为 1 时，由这两位的编码设定通道的 DMA 的传送类型：读、写和校验。

注意：当设定命令寄存器为存储器至存储器的传送方式时，应将工作方式寄存器 D_3、D_2 位设定为 00。

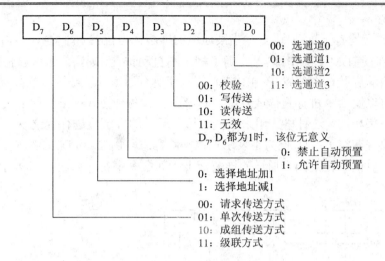

图 7.15 模式寄存器格式

(3) D_4 位设定通道是否进行自动预置。当选择自动预置时，在接收到 $\overline{EOP}$ 信号后，该通道自动将基地址寄存器内容装入当前地址寄存器，将基字节计数器内容装入当前字节计数器，不必通过 CPU 对 8237 进行初始化，就能执行另一次 DMA 服务。

(4) D_5 位设定每传送一字节数据后，存储器地址是进行加 1 还是减 1 修改。

(5) D_7、D_6 这两位的不同编码决定该通道 DMA 传送的方式。8237 进行 DMA 传送时，有 4 种传送方式：单次传送、请求传送、成组传送和级联方式。

6) 请求寄存器

DMA 请求可以由 I/O 设备发出 DREQ 信号，也可以由软件发出，请求寄存器就是用于由软件来启动 DMA 请求的设备。存储器到存储器传送，必须利用软件产生 DMA 请求，这种软件请求 DMA 传送操作必须是成组传送方式。在传送结束后，$\overline{EOP}$ 信号变为有效，该通道对应的请求标志位被清 "0"。因此，每用软件执行一次 DMA 请求传送，都要对请求寄存器编程一次，RESET 信号清除所有通道的请求寄存器。软件请求位是不可屏蔽的，可以用请求控制字对各通道的请求标志进行置位和复位。该寄存器只能写，不能读。对某个通道的请求标志进行置位和复位的命令字格式如图 7.16 所示。8237 接收到请求命令时。按 D_1、D_0 确定的通道，对该通道的请求标志执行 D_2 规定的操作。D_2=1，将请求标志位置 1，D_2=0，将请求标志位清 0。例如，若用软件请求通道，进行 DMA 传送，则向请求寄存器写入 04H 控制字。

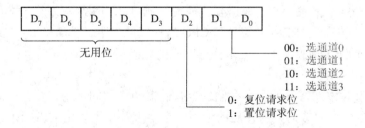

图 7.16 请求寄存器格式

7) 屏蔽寄存器

8237 每个通道均有一屏蔽标志位。当某通道的屏蔽标志位置 1 时，禁止该通道的 DREQ 请求，并禁止该通道 DMA 操作。若某个通道规定不自动预置，则当该通道遇到有效的 $\overline{EOP}$ 信号时，将对应的屏蔽标志位置 1。RESET 信号使所有通道的屏蔽标志位都置 1，各通道的屏蔽标志位可以用命令进行置位或复位。其命令字有两种格式：第一种格式是与图 7.12 的请求标志命令字相同，这种格式用来单独为每个通道的屏蔽位进行置位或复位，其中 D_2 位为 0 表示清除屏蔽标志，D_2 位为 1 表示置位屏蔽标志，由 D_1 和 D_0 的编码指出通道号。第二种格式是可以同时设定四个通道的屏蔽标志。其命令字格式如图 7.17 所示。

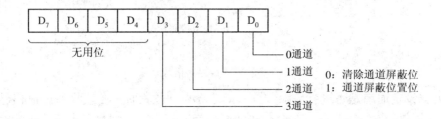

图 7.17　屏蔽寄存器格式

注意：这两种不同格式的命令字，写入 DMAC 时，有不同的口地址。写单个通道屏蔽寄存器口地址为 0AH，而同时写四个通道的屏蔽位的口地址为 0FH。

例如，为了在每次对软盘读写操作时，进行 DMA 初始化，都必须解除通道 2 的屏蔽，以便响应硬件 DREQ2 的 DMA 请求。可以采取下述两种方法之一来清除屏蔽寄存器：

(1) 使用单一通道屏蔽命令。例如：

```
    MOV        AL，0000001B        ；开放通道 2
    OUT        DMA+0AH，AL         ；写单一屏蔽寄存器
```

(2) 使用 4 位屏蔽命令。例如：

```
    MOV        AL，00001011B       ；仅开放通道 2
    OUT        DMA+0FH，AL         ；写入 4 位屏蔽命令
```

8) 状态寄存器

状态寄存器是一个 8 位寄存器，用来存放 8237 的状态信息，它可以由 CPU 读出。状态寄存器的格式如图 7.18 所示。它的低 4 位是表示四个通道的终止计数状态，高 4 位是表示当前是否存在 DMA 请求。只要通道到达计数终点 TC，或外界送来有效的 $\overline{EOP}$ 信号，$D_3 \sim D_0$ 相应的位就被置 1，RESET 信号和 CPU 每次读状态后，都清除 $D_3 \sim D_0$ 位。$D_7 \sim D_4$ 位表示通道 3～0 请求 DMA 服务，但未获得响应的状态。

9) 暂存寄存器

暂存寄存器为 8 位的寄存器，在存储器至存储器传送期间，用来暂存从源地址单元读出的数据。当数据传送完成时，所传送的最后一个字节数据可以由 CPU 读出。用 RESET 信号可以清除此暂存器中的数据。

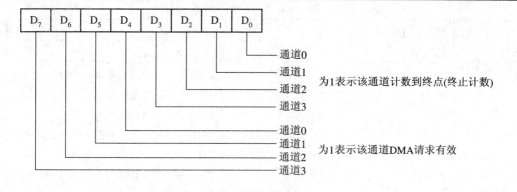

图 7.18   状态寄存器格式

10) 命令寄存器

8237 设置了 3 条软件命令，它们是：主清除、清除字节指示器和清除屏蔽寄存器。这些软件命令只要对某个适当地址进行写入操作就会自动执行清除命令。

(1) 主清除命令。该命令在 8237 内部所起作用和硬件复位信号 RESET 相同。它执行后能清除命令寄存器、状态寄存器、各通道的请求标志位、暂存寄存器和字节指示器，并把各通道的屏蔽标志位置 1，使 8237 进入空闲周期。

(2) 清除字节指示器命令。字节指示器又称为先/后触发器或字节地址指示触发器。因为 8237 各通道的地址和字节计数都是 16 位的，而 8237 每次只能接收一个字节数据，所以 CPU 访问这些寄存器时，要用连续两个字节进行。当字节指示器为 0 时，CPU 访问这些 16 位寄存器的低字节；当字节指示器为 1 时，CPU 访问这些 16 位寄存器的高字节。为了按正确顺序访问 16 位寄存器的高字节和低字节，CPU 首先使用清除字节指示器命令来清除字节指示器，使 CPU 第一次访问 16 位寄存器的低字节，第一次访问之后，字节指示器自动置 1，而使 CPU 第二次访问 16 位寄存器的高字节，然后字节指示器自动恢复为 0 状态。

(3) 清除屏蔽寄存器命令。这条命令清除四个通道的全部屏蔽位，使各通道均能接受 DMA 请求。

2. 内部寄存器的寻址

对 8237 内部寄存器的寻址和执行与控制器有关的软件命令，都由芯片选择信号 $\overline{CS}$、I/O 读信号 $\overline{IOR}$、I/O 写信号 $\overline{IOW}$ 和 $A_3 \sim A_0$ 地址线的不同状态编码来完成。$\overline{CS} = 0$ 表示访问该 8237DMAC 芯片；$A_3 = 0$ 表示访问某个地址寄存器或字节计数器；$A_3 = 1$ 表示访问控制寄存器和状态寄存器，或正在发出一条软件命令。在 $\overline{CS}$ 和 A_3 都为 0 时，CPU 访问某个地址寄存器或字节计数器，并由 $A_2 \sim A_1$ 编码状态给出通道号，而 $A_0 = 0$ 表示访问当前地址寄存器，$A_0 = 1$ 表示访问当前字节计数器。而用 $\overline{IOR}$ 为低电平或 $\overline{IOW}$ 为低电平表示是读操作还是写操作。对当前地址寄存器进行写入的同时，也写入基本地址寄存器；对当前字节计数器进行写入的同时，也写入基本字节计数器。在 $\overline{CS}$ 为 0、A_3 为 1 时，CPU 对状态和控制寄存器的寻址及给出的软件命令归纳如表 7-5 所示。每片 8237 占有 16 个口地址，暂存寄存器只能在存储器至存储器传送完成后进行读出。

表 7-5　8237 内部寄存器口地址分配

主片的 I/O 口 地址(H)	从片的 I/O 口 地址(H)	寄 存 器	
		IN(读，$\overline{\text{IOR}}$)	OUT(写，$\overline{\text{IOW}}$)
000	0C0	CH0 当前地址寄存器	CH0 基址与当前地址寄存器
001	0C2	CH0 当前字节计数器	CH0 基字节计数器与当前字节计数器
002	0C4	CH1 当前地址寄存器	CH1 基址与当前地址寄存器
003	0C6	CH1 当前字节计数器	CH1 基字节计数器与当前字节计数器
004	0C8	CH2 当前地址寄存器	CH2 基址与当前地址寄存器
005	0CA	CH2 当前字节计数器	CH2 基字节计数器与当前字节计数器
006	0CC	CH3 当前地址寄存器	CH3 基址与当前地址寄存器
007	0CE	CH3 当前字节计数器	CH3 基字节计数器与当前字节计数器
008	0D0	状态寄存器	命令寄存器
009	0D2		请求寄存器
00A	0D4		写屏蔽寄存器单个屏蔽位
00B	0D6		模式寄存器
00C	0D8		清除字节指令器(软命令)
00D	0DA	暂存寄存器	主清除指令(软命令)
00E	0DC		清除屏蔽寄存器(软命令)
00F	0DE		写全部屏蔽位寄存器

3. 8237 的编程步骤

(1) 输出主清除命令；

(2) 写入基址与当前地址寄存器；

(3) 写入基址与当前字节数地址寄存器；

(4) 写入模式寄存器；

(5) 写入屏蔽寄存器；

(6) 写入命令寄存器；

(7) 写入请求寄存器。

若有软件请求，就写入到指定通道，可以开始 DMA 传送过程；若无软件请求，则在完成(1)～(7)的编程后，由通道的 DREQ 启动 DMA 传送过程。

例如，若要利用通道 0，由外设(磁盘)输入 32 KB 的一个数据块，传送至内存 8000H 开始的区域(增量传送)，采用块连续传送的方式，传送完不自动初始化，外设的 DREQ 和 DACK 都为高电平有效。

编程首先要确定端口地址。地址的低 4 位用以区分 8237 的内部寄存器，高 4 位地址 $A_7 \sim A_4$ 经译码后，连至选片端 $\overline{\text{CS}}$，假定选中时高 4 位为 5。

(1) 模式控制字

$$
\begin{array}{cccccccc}
D_7 & D_6 & D_5 & D_4 & D_3 & D_2 & D_1 & D_0 \\
1 & 0 & 0 & 0 & 0 & 1 & 0 & 0
\end{array}
$$

(2) 屏蔽字

$$
\begin{array}{cccccccc}
D_7 & D_6 & D_5 & D_4 & D_3 & D_2 & D_1 & D_0 \\
0 & 0 & 0 & 0 & 0 & 0 & 0 & 0
\end{array}
$$

(3) 命令字

$$D_7\ D_6\ D_5\ D_4\ D_3\ D_2\ D_1\ D_0$$
$$1\ \ 0\ \ 1\ \ 0\ \ 0\ \ 0\ \ 0\ \ 0$$

初始化程序如下：

```
OUT    5DH，AL        ; 输出主清除命令
MOV    AL，00H
OUT    50H，AL        ; 输出基址和当前地址的低 8 位
MOV    AL，80H
OUT    50H，AL        ; 输出基址和当前地址的高 8 位
MOV    AL，00H
OUT    51H，AL
MOV    AL，80H
OUT    51H，AL        ; 给基址和当前字节数赋值
MOV    AL，84H
OUT    5BH，AL        ; 输出模式字
MOV    AL，00H
OUT    5AH，AL        ; 输出屏蔽字
MOV    AL，0A0H
OUT    58H，AL        ; 输出命令字
```

7.3.6　Intel 8237 的应用举例

1. 8088 访问 8237 的寻址

当 8237 处于 S_1 空闲状态时，CPU 可以对它进行访问，但是否访问此 8237，这要取决于它的片选引脚$\overline{CS}$是否出现低电平。主系统板内部的 8237 片选引脚$\overline{CS}$，接到系统板中 I/O 接口电路的选中信号产生电路的译码输出(Y_0)DMA$\overline{CS}$上。由 I/O 接口片选信号产生电路，及 I/O 接口使用的 I/O 地址表可知，当出现 I/O 地址为 00H～1FH 时，DMA$\overline{CS}$为低电平，此时 8237 被选中。若 CPU 执行的是 OUT 指令，则$\overline{IOW}$有效，CPU 送上数据总线的数据，写入 8237 内部寄存器；若 8088 执行的是 IN 指令，则$\overline{IOR}$有效，就会将 8237 内部寄存器的数据，送上数据总线并读入 CPU。8237 内部又有多个寄存器，CPU 与 8237 传送数据时，具体访问哪个内部寄存器，要取决于它的 A_3～A_0 地址信息的编码状态。8237 的 A_3～A_0 接系统地址总线 A_3～A_0，在系统的 BIOS 中，安排 8237 内部寄存器使用的 I/O 端口地址为 00H～0FH。DMAC 内部寄存器与 I/O 端口地址的对应关系如表 7-5 所示。

2. 8237 的初始化编程

在进行 DMA 传输之前，CPU 要对 8237 进行编程。DMA 传输要涉及到 RAM 地址、数据块长、操作方式和传输类型。因此，在每次 DMA 传输之前，除自动预置外，都必须对 8237 进行一次初始化编程。若数据块超过 64 KB 界限时，还必须将页面地址写入页面寄存器。

IBM-PC/XT 机中，BIOS 对 8237 的初始化程序如下。

1) 对 8237A-5 芯片的检测程序

在系统上电后，要对 DMA 系统进行检测，其主要内容是对 8237A-5 芯片所有通道的 16 位寄存器进行读/写测试，即对四个通道的八个 16 位寄存器先写入全"1"后，读出比较，再写入全"0"后，读出比较。若写入内容与读出结果相等，则判断芯片可用；否则，视为致命错误。下面是 PC/XT 机的 DMA 系统检测的例程。

```
        ; 检测前禁止 DMA 控制器工作
        MOV     AL，04H          ; 命令字，禁止 8237 工作
        OUT     DMA+08，AL       ; 命令字送命令寄存器
        OUT     DMA+0DH，AL      ; 主清除 DMA 命令
        ; 对 CH0 ~ CH3 作全"1"和全"0"检测，设置当前地址、寄存器和字节计数器
        MOV     AL，0FFH         ; 对所有寄存器写入 FFH
C16:    MOV     BL，AL           ; 为比较将 AL 存入 BL
        MOV     BH，AL
        MOV     CH，8            ; 置循环次数为 8
        MOV     DX，DMA          ; DMA 第一个寄存器地址装入 DX
C17:    OUT     DX，AL           ; 数据写入寄存器低 8 位
        OUT     DX，AL           ; 数据写入寄存器高 8 位
        MOV     AX，0101H        ; 读当前寄存器前，写入另一个值，破坏原内容
        IN      AL，DX   ; 读通道当前地址寄存器低 8 位或当前字节计数器低 8 位
        MOV     AH，AL
        IN      AL，DX           ; 读通道当前地址寄存器高 8 位或当前字计数器高 8 位
        CMP     BX，AX           ; 比较读出数据和写入数据
        JE      C18             ; 相同转去修改寄存器地址
        JMP     ERR01           ; 不相同转出错处理
C18:    INC     DX              ; 指向下一个计数器(奇数)或地址寄存器(偶数)
        LOOP    C17             ; CH 不等于 0，返回；CH=0 继续
        NOT     AL              ; 所有寄存器和计数器写入全 0
        JZ      C16
```

2) 对动态存储器刷新初始化和启动 DMA

8237 的通道 0 用于对动态存储器的刷新，当启动刷新时，对 8237 的初始化设置如下：

(1) 设定命令寄存器命令字为 00H。禁止存储器至存储器传送、允许 8237 操作、正常时序、固定优先权、滞后写、DREQ 高电平有效、$\overline{DACK}$ 低电平有效。

(2) 存储器起始地址 0。

(3) 字节计数初值 FFFFH(64 KB)。

(4) CH0 工作方式。读操作、自动预置、地址加 1、单次传送。

(5) CH1(为用户保留)工作方式、校验传送、禁止自动预置、地址加 1、单次传送。

(6) CH2(软磁盘)、CH3(硬磁盘)对它们的工作方式的设置均与 CH1 相同。

```
        ; 对存储器刷新初始化并启动 DMA
        ; 全"1"和全"0"检测通道后，设置命令字
```

```
        MOV    AL, 0            ; 命令字为 00H: 禁止 M→M, 允许 8237 工作
; 正常时序, 固定优先级、滞后写。DREQ 高有效 DACK 低有效
        OUT    DMA+8, AL        ; 写入命令寄存器
        MOV    AL, 0FFH         ; 设 CH0 计数器值, 即长为 64KB
        OUT    DMA+1, AL        ; 装入 CH0 字节计数器低 8 位
        OUT    DMA+1, AL        ; 装入 CH0 字节计数器高 8 位
        MOV    AL, 58H          ; CH0 方式字: DMA 读, 自动预置, 地址+1, 单次传送
        OUT    DMA+0BH, AL      ; 写入 CH0 方式寄存器
        MOV    AL, 41H          ; CH1 方式字
        OUT    DMA+0BH, AL      ; 写入 CH1 方式寄存器
        MOV    AL, 42H          ; CH2 方式字
        OUT    DMA+0BH, AL      ; 写入 CH2 方式寄存器
        MOV    AL, 43H          ; CH3 方式字
        OUT    DMA+0BH, AL      ; 写入 CH3 方式寄存器
        MOV    AL, 0
        OUT    DMA+0AH, AL      ; 清除 CH0 屏蔽寄存器。允许 CH0 请求 DMA, 启动刷新
        MOV    AL, 01010100B
        OUT    TIMER+3, AL      ; 8253 计数器 1 工作于方式 2, 只写低 8 位
        MOV    AL, 18
        OUT    TIME+1, AL
```

PC/XT 机采用 8253 定时/计数器通道 1 和 8237 通道 0 构成刷新电路, 8253 的通道 1 每隔 15 μs 请求一次 DMA 通道 0, 即 8253 的 OUT1, 每隔 15 μs 使触发器翻为 1, 它的 Q 端发出 DREQ 信号去请求 8237CH0 进行一次 DMA 读操作。一次 DMA 读传送读内存的一行, 并进行内存的地址修改。这样经过 128 次 DMA 请求, 共花去 15 μs ×128 = 1.92 ms 的时间便能读 DRAM 相邻的 128 行, 也就是说每 1.92 ms 能保证对 DRAM 刷新一次。由于从内存任何位置开始对 128 行单连续读, 就能保证对整个 DRAM 在低于 2 ms 内刷新一次。因此上述程序没有设置通道 0 的起始地址。由于 DMA 刷新需要连续地进行, 因此 CH0 设置为自动预置。实际上, 8237CH0 的计数器也不一定要设置为 FFFFH, 这样设置使 CH0 终止计数信号为 15 μs ×65536 = 0.99 s 有效一次。

3. 利用 8237 的 CH1 实现 DMA 数据传送

假定利用 PC/XT 机主系统板内的 8237DMA 控制器的通道 1, 实现 DMA 方式传送数据。要求将存储在存储器缓冲区的数据, 传送到 I/O 设备中。I/O 设备是一片 74LS374 锁存器, 锁存器的输入接到系统板 I/O 通道的数据线上, 而它的触发脉冲 CLK 是由 $\overline{DACK_1}$ 和 $\overline{IOW}$ 通过或门 74LS32 综合产生的。因此, 当 74LS374 的 CLK 负跳变时, 将数据总线 $D_7 \sim D_0$ 上的数据锁存入 74LS374。74LS374 的输出通过反相器 74LS04 驱动后, 接到 LED 显示器上。当 $DREQ_1$ 为高电平时, 请求 DMA 服务。8237 进入 DMA 服务时, 发出 $\overline{DACK_1}$ 低电平信号。在 DMA 读周期, 8237 发出 16 位地址信息, 页面寄存器送出高 4 位地址, 选通存储器单元。8237 又发出 $\overline{MEMR}$ 低电平信号。将被访问的存储器单元的内容, 送上数据总线

并锁存入 74LS374。当 $\overline{OE}$ 为低电平时，将锁存在 74LS374 的数据送到 LED 显示器上显示。
应用的例子如图 7.19 所示。

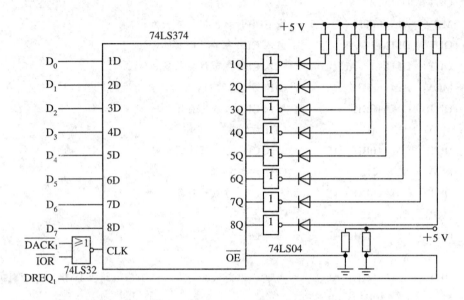

图 7.19　应用例子图示

DMA 传送的初始化程序：

```
STACK    SEGMENT    PARA    STACK    'STACK'
         DB         256     DUP(0)
STACK    ENDS
DATA     SEGMENT
DAM      EQU        0
BUFFER   DB         4       DUP (0FH)
DATA     ENDS
CODE     SEGMENT
START    PROC       FAR
         ASSUME CS: CODE，DS: DATA
         PUSH       DS
         MOV        AX，0
         PUSH       AX
         MOV        AX，DATA
         MOV        DS，AX
         CLI                        ; 禁止全部中断申请
         MOV        AL，89H         ; 工作方式：通道 1，读传送，禁止自动预置
                                    ; 地址加 1，成组传送
         OUT        DMA+0BH，AL     ; 写入通道 1 方式寄存器
         OUT        DMA+0CH，AL     ; 清除字节指示器
```

```
                                            ; 计算缓冲区 20 位绝对地址
              MOV      AX，DS               ; 取数据段地址
              MOV      CL，4                ; 移位次数
              ROL      AX，CL               ; 循环左移 4 次
              MOV      CH，AL               ; 将 DS 的高 4 位存 CH
              AND      AL，0F0H             ; 去除 DS 的高 4 位
              MOV      BX，OFFSET BUF       ; 获得缓冲区首地址偏移量
              ADD      AX，BX               ; 计算 16 位绝对地址
              JNC      DMAIN               ; 无进位跳入 DMAIN
              INC      CH                  ; 有进位 DS 高 4 位加 1
   DMAIN:     OUT      DMA+2，AL            ; 通道 2 当前地址寄存器和基址寄存器低 8 位
              MOV      AL，AH
              OUT      DMA+2，AL            ; 通道 2 当前地址寄存器和基址寄存器高 8 位
              MOV      AL，CH
              AND      AL，0FH              ; 取高 4 位绝对地址
              OUT      083H，AL             ; 高 4 位地址写入页面寄存器第三组
              MOV      AL，03H              ; 通道 1 基址寄存器低 8 位
              OUT      DMA+3，AL
              MOV      AL，0                ; 通道 1 基址寄存器高 8 位
              OUT      DMA+8，AL            ; 命令字为 0，禁止 M→M 允许 DMA，正常时序
                                          ; 固定优先权，滞后写 DREQ 高有效，DACK 低有效
              MOV      AL，01H
              OUT      DMA+10，AL           ; 清 CH1 屏蔽位，允许 CH1 的 DMA 请求
              STI
   START      ENDP
   CODE       ENDS
              END      START
```

习 题 7 ✍

7.1 CPU 同外设交换的信息有哪些类型？CPU 是如何同外设交换这些信息的？

7.2 简述条件传送方式的工作过程。试画出条件传送方式输出数据的流程图。

7.3 简述中断传送方式的工作过程。

7.4 简述 8237 三种基本传送类型的特点。

7.5 简述 8237 的主要功能。

7.6 8237 有哪些可以让 CPU 访问的寄存器？这些寄存器有哪些功能?如何对它们进行寻址?

7.7 试用汇编语言编写对 PC/AT 的 8237 芯片进行全 "0" 和全 "1" 测试的程序。

第8章 中断技术

在计算机系统中，为了进行实时处理，就需要采用中断技术来实现。中断是计算机及 I/O 接口应用中的重要技术，本章将对中断的基本概念、中断的响应过程、中断作用、中断管理、中断来源、中断优先级、中断嵌套、中断向量表、中断过程、中断条件以及可编程中断控制器 Intel 8259A 的性能和结构、外部特性、控制字和编程、工作方式和应用进行详细的介绍和讨论，并且结合 IBM-PC 机讨论中断程序设计问题。

8.1 中断概述

8.1.1 中断的基本概念

当 CPU 与外设工作不同步时，很难确保 CPU 在对外设进行读写操作时，外设一定是准备好的。为保证数据的正确传送，可采用查询方式。但是在查询方式下，CPU 主动地查询所有外设以确定其是否准备好，是否需要进行数据传送，会使 CPU 的效率降低，特别是与低速外设进行数据交换时，CPU 需要等待更多的时间。另外在对多个外设进行 I/O 操作时，如果有些外设的实时性要求较高，CPU 有可能因来不及响应而造成数据丢失。

为了解决上述问题，引入了中断技术。所谓中断，是指计算机在正常执行程序的过程中，由于某事件的发生使 CPU 暂时停止当前程序的执行，而转去执行相关事件的处理程序，结束后又返回原程序继续执行，这样的一个过程就是中断。

中断最初的目的是为了解决高速 CPU 与低速外设之间的速度矛盾。实际上，中断的功能远远超出了预期的设计，被广泛地应用在分时操作、实时处理、人机交互、多机系统等方面，中断技术大大地提高了 CPU 的工作效率。中断的优点有下面三点。

1. 分时操作

中断技术实现了 CPU 和外部的并行工作，从而消除 CPU 的等待时间，提高了 CPU 的利用率。另外，CPU 可同时管理多个外部设备的工作，提高了输入/输出数据的吞吐量。

CPU 与外部设备进行数据传输的过程如下：CPU 启动外部设备工作后，执行自己的主程序，此时外部设备也开始工作。当外设需要数据传输时，发出中断请求，CPU 停止它的主程序，转去执行中断服务子程序。中断处理结束以后，CPU 继续执行主程序，外部设备也继续工作。如此不断重复，直到数据传送完毕。在此操作过程中，对 CPU 来说是分时的，即在执行正常程序时，接收并处理外部设备的中断请求，CPU 与外部设备同时运行，并行工作。

2. 实时处理

在实时控制系统中，现场定时或随机地产生各种参数、信息，要求 CPU 立即响应。利用中断机制，计算机就能实时地进行处理，特别是对紧急事件的处理。

3. 故障处理

计算机运行过程中，如果出现某些故障，如电源掉电、运算溢出等，计算机可以利用中断系统自行处理。

8.1.2 中断的响应过程

1. 中断源

所谓中断源，就是引起中断的原因或者发出中断请求的设备。中断源一般分为两类：内部中断源和外部中断源。内部中断源即中断源在微处理器内部。如计算溢出、中断指令的执行、程序调试中指令的单步运行等都是内部中断源。外部中断源，即引起中断的原因是处理机的外部设备。如外设的 I/O 请求、定时时间到、设备故障、电源掉电等都是外部中断源。

2. 中断的响应过程

中断处理一般需要经历下述七个过程。

1) 中断请求

当中断源需要 CPU 对它进行服务时，就会产生一个中断请求信号。对外部中断源，这个信号加至 CPU 的中断请求输入引脚，形成对 CPU 的中断请求；对内部中断源，则通过 CPU 内部特定事件的发生或特定指令的执行作为对 CPU 的中断请求。

2) 中断响应

CPU 接受中断请求就称为中断响应。当 CPU 执行到每条指令的最后一个时钟周期时，就去检测是否有中断请求，如果有中断请求，对内部中断源，CPU 会无条件响应，而对外部中断源，只有在满足响应条件时，CPU 才会响应其中断请求。

3) 断点保护

当 CPU 响应某个中断时，就会转到相应中断源的服务程序上。为了使 CPU 在完成中断服务后能返回原程序继续执行，需要将原程序被中断处的相关信息保存到堆栈中。对 8086/8088 CPU，断点处的 IP、CS 和标志寄存器内容由硬件进行自动保护，其他信息的保护则由中断服务程序来完成。

4) 中断源识别

在计算机系统中，往往有多个中断源，当有中断请求时，CPU 就需要确定具体的中断源，以便对其进行相应的服务。在 8086/8088 中断系统中，由中断源自身提供其编码，供 CPU 进行识别。

5) 中断服务

一般地，每一个中断源都有其相应的服务程序，即中断程序。当 CPU 识别中断源后，就会取得其中断程序的入口地址，并转入该中断程序，进行相应的中断服务。中断服务是整个中断处理的核心。

6) 断点恢复

当 CPU 完成相应的中断服务后，利用中断服务程序，将原来在中断程序中用软件保存的断点信息从堆栈弹出，恢复为中断前的内容。

7) 中断返回

在中断程序的最后，通过执行一条中断返回指令，将 IP、CS 及标志寄存器的内容从堆栈中弹出，使 CPU 返回到中断前的程序，并从断点处继续执行。

8.1.3 中断控制的功能

为了满足微机系统的要求，中断控制系统应具有如下三个功能。

1) 能实现中断并返回

当某一中断源发出中断请求时，CPU 能决定响应或是屏蔽它。当响应中断请求时，CPU 在执行完当前指令后，把现场信息压入堆栈，然后自动转到中断源的服务程序。当中断处理完成后，能自动返回，并恢复中断前的状态继续原程序的执行。

2) 能实现中断判优功能

中断判优，即根据中断源的优先级进行排队。当系统中出现多个中断源同时提出中断请求的情况时，中断控制电路能根据各中断源的优先级进行响应，优先级最高的中断请求先响应。

3) 能实现中断的嵌套

中断的嵌套是指高级别的中断能中断较低级别的中断处理，它类似于子程序嵌套。当 CPU 响应某一中断源的请求时，在进行中断处理的过程中，若有优先权级别更高的中断源发出中断请求，则 CPU 要能暂时中止正在进行的中断服务程序。此时，它先保存当前程序的断点和现场，然后响应高级别的中断。在高级别的中断处理完成以后，再返回继续执行被中断的中断服务程序。而当发出新的中断请求的中断源的优先权级别与正在处理的中断源同级或更低时，则 CPU 不会响应这个中断请求，直至正在处理的中断服务程序执行完以后才去处理新的中断请求。

8.1.4 最简单的中断情况

为了便于理解中断系统的工作情况，我们从只有一个中断源这种最简单的情况入手，来分析中断的情况。

1. CPU 响应中断的条件

1) 中断请求

当外设需要 CPU 提供服务时，便通过自身的中断请求触发器发出中断请求信号，将它加至 CPU 的中断请求输入引脚(INTR)，形成对 CPU 的中断请求。这个信号一直保持到 CPU 响应中断后才被清除，如图 8.1 所示。

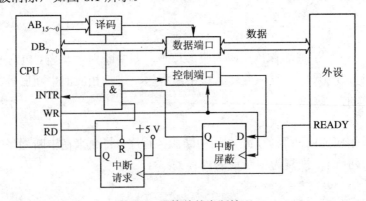

图 8.1 最简单的中断情况

2) 中断屏蔽

在外设的接口电路中，设有一个中断屏蔽触发器，用它来控制该中断源发出的中断请求信号是否被允许送往 CPU，中断屏蔽触发器的状态可以用输出指令来控制。而实际的应用系统中往往有多个中断源，这样就可以将 8 个外设的中断源组成一个端口，用输出指令的置位操作来灵活地对某一中断实现屏蔽控制。如图 8.1 所示，当触发器为"1"时，外设的中断请求才能被送出至 CPU。

3) 中断的开放

在 CPU 内部有一个中断允许触发器，用来决定是否响应 CPU 中断请求引脚(INTR)送来的中断请求。当中断开放时(触发器为"1")，CPU 才能响应中断；当关闭中断时(触发器为"0")，CPU 不响应中断请求。这个中断允许触发器的状态可以用 STI 和 CLI 指令来改变。在 CPU 复位或是当中断响应后，CPU 就处于中断关闭状态，这样就必须在中断服务程序中用 STI 指令来让中断开放。

4) 中断请求的检测

CPU 在每条指令执行的最后一个时钟周期，检测其中断请求引脚(INTR)有无中断请求信号。如果有中断请求信号，就把内部的中断锁存器置"1"，在下一个总线周期到来时，进入中断响应状态。

2. CPU 对中断的响应

当 CPU 响应外设的中断后，还要具体完成一些工作。

1) 关中断

当响应中断后，首先要进行关中断操作。对 8086 微处理器，CPU 在发出中断响应信号的同时，在内部自动完成关中断操作。

2) 断点保护

当 CPU 响应中断源的中断请求后，将停止下一条指令的执行，把当前相关寄存器的内容压入堆栈，为中断返回作好准备。

3) 给出中断入口地址，转入相应的中断服务程序

对 8086/8088 CPU，由中断源给出的中断向量，形成中断服务程序的起始地址，转入中断服务程序，进行相应的中断服务。

4) 恢复现场

当 CPU 完成相应的中断服务后，利用中断服务程序，将原来保存的现场信息从堆栈弹出，恢复 CPU 内部各寄存器的内容。

5) 开中断与返回

在中断服务程序的最后，为使 CPU 能再次响应新的中断请求，执行开中断操作，同时安排一条中断返回指令，从堆栈中弹出 IP、CS，恢复原程序的执行。

8.2 多级中断管理

在实际的应用当中，一般有多个中断源。如果同一时间有多个中断源向 CPU 提出中断请求，CPU 该如何处理，这就涉及到多级中断的管理问题，其关键是中断优先级的控制问

题。中断优先级是指每个中断源在接受 CPU 服务时的优先等级，对中断优先级的控制要解决以下两个方面的问题：

(1) CPU 应首先响应最高优先级的中断请求。由于不同的中断源在系统中的功能不同，因而它们在重要性方面也存在级别的差异。当它们同时向 CPU 提出中断请求时，系统应根据各中断源的级别首先响应级别最高的中断请求。

(2) 中断嵌套，即高优先级的中断请求可以中断低优先级的中断服务。当 CPU 正在处理某一中断时，如果还有更高级别的中断源有中断请求时，CPU 也要能够响应。要保证多级嵌套的顺利进行，在中断处理程序中要有开中断指令，即在中断服务的同时，允许被中断响应。另外，要设置足够大的堆栈。

8.2.1   用软件查询确定中断优先权

软件查询的方法是：当 CPU 响应中断后，利用软件查询有哪些外设申请中断，判断哪个中断源的级别更高，并首先为它进行中断服务。

在实际应用中，一般将 8 个外设的中断请求触发器组合起来，作为一个端口，并赋以端口号，如图 8.2 所示。把 8 个外设的中断请求信号相"或"后，作为 INTR 信号，这样只要有一个外设有中断请求，就可向 CPU 发出 INTR 信号。当 CPU 响应中断后，把中断寄存器组成的这个端口的状态读入 CPU，逐位检测，若有中断请求就转到相应的服务程序的入口。软件查询法的流程可参考 8.3.5 节的图 8.6。

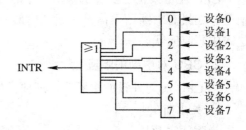

图 8.2   实现软件查询的接口电路

如果设定该接口的端口号为 20H，程序查询可采用两种方法。

1) 屏蔽法

IN	AL，20H	; 读取中断请求触发器的状态
TEST	AL，80H	; 检查"设备7"是否有请求
JNE	PROG7	; 是，则转至"设备 7"的处理程序 PROG7
TEST	AL，40H	; 否，检查"设备 6"是否有请求
JNE	PROG6	; 是，则转至"设备 6"的处理程序 PROG6
TEST	AL，20H	; 否，检查"设备 5"是否有请求
JNE	PROG5	; 是，转至"设备 5"的处理程序 PROG5

⋮

2) 移位法

XOR	AL，AL
IN	AL，[20H]
RCL	AL，1
JC	PROG7
RCL	AL，1
JC	PROG6

⋮

软件查询法的优缺点：

(1) 优点：利用软件完成中断优先权的检测，不需要硬件判优电路。另外，优先权由查询的次序来决定，首先查询的即为优先级最高的。

(2) 缺点：不管外设是否有中断请求都需要按次序逐一询问，因而效率较低。特别是在中断源较多的情况下，转至中断服务程序的时间较长。

8.2.2 硬件优先权排队电路

1. 中断优先权编码电路

中断优先权编码电路是用硬件编码器和比较器组成的优先权排队电路，如图 8.3 所示。在图中，当 8 个中断源中某一个有中断请求时，便在其中断请求线上产生"1"，并在"或"门的输出端形成一个中断请求信号，但它能否送至 CPU 的中断请求线 INTR，还受到比较器的控制。8 条中断输入线的任一条，经过编码器可以产生三位二进制优先权编码 $A_2A_1A_0$，编码范围为 000～111，其中 111 优先权最高，000 优先权最低。而且，当有多个中断源同时产生中断请求时，编码器只输出优先权最高的编码。

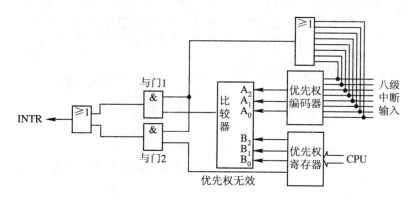

图 8.3 中断优先权编码电路

优先权寄存器中存放的是 CPU 正在服务的中断编码，将其输出至比较器即 $B_2B_1B_0$。$A_2A_1A_0$ 与 $B_2B_1B_0$ 在比较器中进行比较，如果 $A_2A_1A_0$ 级别较低或与 $B_2B_1B_0$ 相同，则比较器输出为"0"，与门 1 被封锁；如果 $A_2A_1A_0$ 级别较高，比较器输出为"1"，则与门 1 打开，中断请求就被送至 CPU 的 INTR 输入端。此时，CPU 将中断正在进行的中断服务程序，转去响应更高级别的中断。如果 CPU 正在进行中断服务，则"优先权无效"信号为"0"；反之，则为"1"。因此，与门 2 保证当 CPU 没有进行中断服务时，只要有中断请求，则中断请求信号都能被送到 CPU 的 INTR 请求端。

2. 链式优先权排队电路

链式优先权排队电路如图 8.4 所示。

当有多个中断请求输入时，则由中断输入信号的与电路产生 INTR 信号，送至 CPU。当 CPU 在现行指令执行完后响应中断，并发出高电平的中断响应信号。但 CPU 究竟响应哪一个中断呢？根据图 8.4 的链式优先权排队电路，若 F/F1 有中断请求，则它的输出为高电平，由于来自 CPU 的中断响应是高电平，所以与门 A₁ 输出为高电平，由它控制转至中断 1 的服务程序的入口。与此同时，与门 A₂ 输出为低电平，它使后级的 2 个 B 门、2 个 C

门、2 个 D 门、2 个 E 门等各级门的输入和输出全为低电平，使其无法传递高电平的中断请求信号，即屏蔽了所有其他的级。如果第一级没有中断请求，即 $F/F_1=0$，则中断输出 1 为低电平，但门 A_2 的输出却为高电平，这样就把中断响应传递到了下一级。若此时 $F/F_2=1$，则与门 B_1 输出为高电平，控制转去执行中断 2 的服务程序，此时与门 B_2 输出低电平，它屏蔽以下的各级。同理，若 F/F2=0，则与门 B_1 输出低电平，与门 B_2 输出高电平，这样就将中断响应再传递至下一级，依此类推。

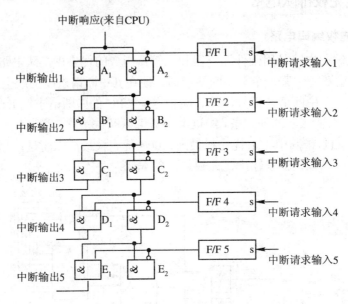

图 8.4   链式优先权排队电路

总之，在链式优先权排队电路中，排在链的最前面的中断源的优先权最高。

8.3　IBM-PC 机的中断系统

在 8086/8088 系统中，最多可以有 256 个中断源，它们可分为内部中断、外部中断两大类。下面对这两类中断分别做一说明。

8.3.1　外部中断

外部中断是由外部中断源对 CPU 产生的中断请求，根据外部中断源是否受 8086/8088 CPU 标志寄存器的中断允许标志位(IF)的影响，将中断分为非屏蔽中断和可屏蔽中断两种。对应于这两种中断方式，在 8086/8088 CPU 的外围引脚上有两个中断请求输入引脚 NMI 和 INTR，分别用于非屏蔽中断请求和可屏蔽中断请求信号的输入。

1. 非屏蔽中断

非屏蔽中断不受 CPU 中断允许标志位 IF 的影响，一旦有中断请求，CPU 必须响应。当外部中断源的中断请求信号加至 NMI(Non Maskable Interrupt)引脚时，就产生非屏蔽中断。非屏蔽中断由 CPU 内部自动提供中断向量码(n=2)，以便及时响应。NMI 中断可用来处理微机系统的紧急状态。在 IBM PC/XT 机中，NMI 中断用来处理存储器奇偶校验错和

I/O 通道奇偶校验错等事件。非屏蔽中断的优先权高于可屏蔽中断。

2. 可屏蔽中断

可屏蔽中断受中断允许标志位 IF 的限制,只有当 IF=1 时,CPU 才响应中断;当 IF=0 时,CPU 不会响应外部中断,即中断被屏蔽。当外部中断请求信号加至 CPU 的 INTR 引脚上时,即产生可屏蔽中断。在计算机系统中,大多数的外部中断源都属于可屏蔽中断。

需要注意的是,在系统复位、某一中断被响应或使用 CLI 指令后,IF 就被置"0",从而使 CPU 关闭了对可屏蔽中断的响应。因此,如果需要使 CPU 再次响应来自于 INTR 的中断请求,就必须用 STI 指令开放中断。

8.3.2 内部中断

内部中断是指 CPU 内部事件及执行软中断指令所产生的中断请求。已定义的内部中断有下面的 5 个。

(1) 除法错中断。执行除法指令时,如果除数为"0"或商超过寄存器所能表达的最大值,则无条件产生该中断。该中断向量码为 0。

(2) 单步中断。该中断是在调试程序过程中为单步运行程序而提供的中断。当设定单步操作时,标志寄存器的 TF=1,这样使 CPU 执行完一条指令就产生该中断。该中断向量码为 1。

(3) 断点中断。该中断在调试程序过程中为设置程序断点而提供的中断。执行 INT 3 指令或设置断点可产生该中断。INT 3 指令功能与软件中断相同,但是为了便于与其他指令置换,它被设置为 1 字节指令。该中断向量码为 3。

(4) 溢出中断。在算术运算程序中,若在算术运算指令后加入一条 INTO 指令,则 INTO 指令将测试溢出标志 OF。当 OF=1(运算溢出),该中断发生。它的中断向量码为 4。

(5) 软件中断。执行软件中断指令 INTn 即产生该中断,n 为中断向量码。

8.3.3 中断优先权

1. 优先权的判决

在 IBM-PC 机中,当多个中断同时向 CPU 提出中断申请时,利用可编程中断控制器(PIC)来实现中断优先权的判决。它是 80x86 系统中普遍采用的方法,也是目前使用最广泛、最方便的方法。对于可编程中断控制器,将在 8.4 节中进行详细分析。

2. 中断优先级的次序

IBM-PC 规定的中断优先级的次序是:
内部中断(高)→非屏蔽中断→可屏蔽中断→单步中断(低)

在 8086/8088 系统中,可屏蔽中断有 8 个中断源,其中断优先级如表 8-1 所示。

表 8-1   8086/8088 的 8 级可屏蔽中断源

	中断优先级	中断源
高	IRQ_0	电子钟时间基准
	IRQ_1	键盘
	IRQ_2	保留
	IRQ_3	异步通信(COM2)
	IRQ_4	异步通信(COM1)
	IRQ_5	硬盘
	IRQ_6	软磁盘
低	IRQ_7	并行打印机

8.3.4 中断向量表

1. 中断类型号(中断向量码)

在 8086/8088 的中断系统中，每个中断源都有相应的处理程序，对每个中断都规定有一个中断类型号，共 256 个(0～255)。CPU 根据这些类型号结合中断向量表就可以转入相应的中断处理程序，完成相应的中断服务。常用中断类型号的功能如表 8-2 所示。其中，中断类型号的前 5 个是 8088 规定的专用中断；8H～FH 是八级硬件中断；5H 和 10H～1AH 是基本外部设备的输入/输出驱动程序和 BIOS 中调用的有关程序；1BH 和 1CH 由用户设定；1DH～1FH 指向三个数据区域。

表 8-2　常用中断类型号及其功能

中断类型号	中 断 功 能	中断类型号	中 断 功 能
0H	除法错中断	10H	CRT 显示 I/O 驱动程序
1H	单步中断	11H	设备检测
2H	NMI	12H	存储器大小检测
3H	断点中断	13H	磁盘 I/O 驱动程序
4H	溢出中断	14H	RS-232I/O 驱动程序
5H	打印屏幕	15H	盒式磁带机处理
6H	保留	16H	键盘 I/O 驱动程序
7H	保留	17H	打印机 I/O 驱动程序
8H	电子钟定时中断	18H	ROM BASIC
9H	键盘中断	19H	引导(BOOT)
AH	保留的硬件中断	1AH	一天的时间
BH	异步通信中断(COM2)	1BH	用户键盘 I/O
CH	异步通信中断(COM1)	1CH	用户定时器时标
DH	硬磁盘中断	1DH	CRT 初始化参数
EH	软磁盘中断	1EH	磁盘参数
FH	并行打印机中断	1FH	图形字符集

中断类型号 20H～3FH 由 DOS 操作系统使用，用户程序可以调用其中的 20H～27H 号中断，这些中断的安排如表 8-3 所示。

表 8-3　DOS 操作系统中断调用

中 断 类 型 号	中 断 功 能
20H	程序结束
21H	请求 DOS 功能调用
22H	结束地址
23H	中止(Ctrl-Break)处理
24H	关键性错误处理
25H	磁盘顺序读
26H	磁盘顺序写
27H	程序结束且驻留内存
28H	DOS 内部使用
29H～2EH	DOS 保留使用
2FH	DOS 保留使用
30H～3FH	DOS 保留使用

40H 号以后的中断类型可由用户程序安排使用。

2．中断向量表

当一个中断源提出中断请求后，系统怎么转入相应的处理程序呢？在 8086/8088 系统中，系统是依靠中断向量表来转到中断源相应的处理程序，从而完成中断服务。中断向量表是中断类型号与相应中断源的中断处理程序入口地址之间的连接表。8086/8088 微机系统用内存最低端的 1 KB 空间作为中断向量表(00000H～003FFH，共 1 KB)，共有 256 个中断向量码，按序号排列。在微机系统初始化时，利用程序将中断向量写入系统内存的最低端，如图 8.5 所示。

每个中断向量在内存中占 4 个字节，共 256 个中断向量，因此占存储器 1 KB 的空间。在一个中断向量的 4 个字节中，高地址字为中断处理程序的段地址 CS，低地址字则是偏移地址 IP。这样，在中断响应时，CPU就可以根据中断向量码 n，通过简单的 4×n 运算，查找中断向量表，从表中 4×n 地址开始的连续 4 字节单元里获取中断处理程序的入口地址，从而转入相应中断服务程序。

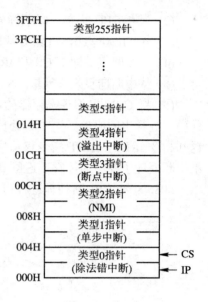

图 8.5　中断向量表

8.3.5　微处理器的中断响应和处理过程

通过对中断向量表的分析，当得到某一中断源的中断类型码后，即可转入相应的中断服务程序。因此，在对 8086/8088 系统中不同中断类型的分析上，主要看它们是如何获得中断类型码的。

对于外部中断，CPU 是在每条指令执行结束时采样中断请求输入信号。如果有可屏蔽中断请求，且 IF=1(开中断)，则 CPU 连续运行两个中断响应周期，在第二个中断响应周期中，采样数据线获取由外设输入的中断类型码。如果采样到非屏蔽中断请求，则 CPU 不经过上述的两个中断响应周期，而在内部自动产生中断类型码 2。对于软件中断，中断类型码则自动形成，具体安排如表 8-4 所示。

表 8-4　软件中断类型码

中 断 功 能	中断类型码
除法错中断	0
单步中断	1
NMI	2
断点中断	3
溢出中断	4
INT n 指令	n

8086/8088 取得中断类型码后，就开始进行中断服务。其处理过程如下：

(1) 将中断类型号乘 4，并将其作为中断向量表的指针，使其指向中断处理程序的入口地址。

(2) 保存 CPU 状态，即把标志寄存器的内容入栈。

(3) 使 TEMP=TF，清除 IF 和 TF 的状态标志位，屏蔽新的 INTR 和单步中断。

(4) 保存断点，即把 CS 和 IP 内容入栈。

(5) 从中断向量表中获取 CS、IP，转入中断处理子程序入口地址。

(6) 将 CPU 内部各寄存器的内容入栈，开中断(允许中断嵌套)，然后执行中断处理子程序，进行中断服务。当中断处理程序结束时，恢复被保存寄存器的内容，最后执行中断返回指令 IRET。IRET 指令将从堆栈中弹出 IP、CS 和标志寄存器的内容，此时，CPU 结束中断处理子程序的运行，返回到被中断的主程序断点处继续执行。

8086/8088 的中断处理过程可用图 8.6 所示的流程图表示。

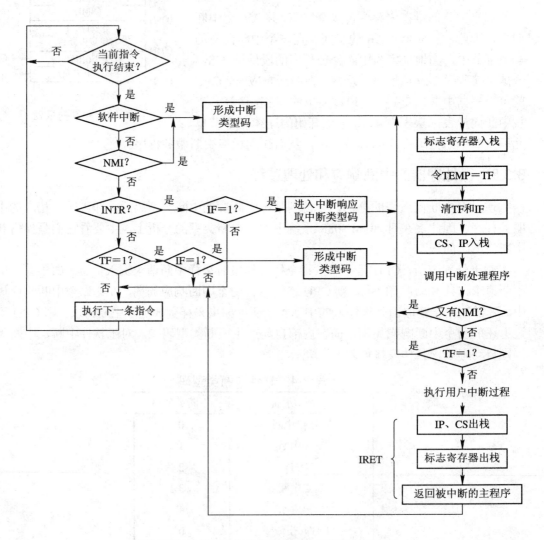

图 8.6　8088 的中断响应和处理流程

8.4 可编程中断控制器 Intel 8259A

8.4.1 Intel 8259A 的主要性能和内部结构

1. Intel 8259A 的主要性能

Intel 8259A 是被广泛使用的可编程中断控制器，在 IBM-PC/XT 机中，就使用 Intel 8259A 作为中断控制器。它用来管理输入到 CPU 的可屏蔽中断请求，其主要功能有：

(1) 可以直接管理 8 个中断源，级联方式下不用附加电路就可以管理 64 个可屏蔽中断源，并具有优先权判决功能。

(2) 能为中断源提供中断向量码。

(3) 可以对每一级中断进行屏蔽控制。

(4) 可提供多种可供选择的工作方式，并能通过编程进行控制。

2. Intel 8259A 的内部结构

8259A 的内部结构如图 8.7 所示。

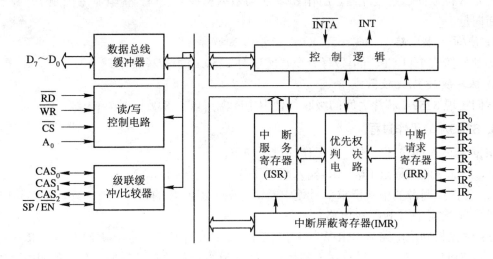

图 8.7　8259A 的内部结构框图

其内部各组成模块有如下功能。

1) 中断请求寄存器 IRR

8259A 有 8 条外部中断请求输入信号线 $IR_0 \sim IR_7$，每一条请求线上有一个相应的触发器来保存请求信号，它们构成了中断请求寄存器 IRR(Interrupt Request Register)。外部设备产生中断请求有两种方式：一种是边沿触发方式，它利用脉冲上升沿的跳变，并一直保持高电平直到中断被响应为止；另一种是电平触发方式，它通过输入并保持高电平来实现中断请求。

2) 中断屏蔽寄存器 IMR

IMR(Interrupt Mask Register)用来存放屏蔽位信息，IMR 的每一位可以禁止 IRR 中对应位的中断请求输入信号进入。但屏蔽优先权级别较高的中断请求输入,不会影响优先级较低的中断请求输入。

3) 中断服务寄存器 ISR

ISR(Interrupt Service Register)存放当前正在进行服务的所有中断。ISR 中相应位的置位是在中断响应的 $\overline{\text{INTA}}$ 脉冲期间,由优先权判决电路根据 IRR 中各请求位的优先权级别和 IMR 中屏蔽位的状态,将中断的最高优先级请求位选通到 ISR 中。

4) 优先权判决电路

优先权判决电路在中断响应期间,根据控制逻辑规定的优先权级别和 IMR 的内容,把 IRR 中允许中断的优先权最高的中断请求位送入 ISR。

5) 控制逻辑

在 8259A 的控制逻辑电路中有一组预置命令字寄存器和一组操作命令字寄存器,利用它们通过编程设置来管理 8259A 的工作方式。当有未被屏蔽的高级别的中断请求时,通过控制逻辑输出高电平的 INT 信号,向 CPU 申请中断。当 CPU 允许中断时,发出中断响应信号 $\overline{\text{INTA}}$。在中断响应期间,它允许 ISR 的相应位置位,并发送相应的中断向量,通过数据总线缓冲器输出到总线上。

6) 数据总线缓冲器

这是 8 位双向三态缓冲器,用作 8259A 与数据总线的接口,传输命令控制字、状态字和中断向量。

7) 读/写控制电路

该部件接收来自 CPU 的读/写命令,实现对 8259A 的读/写操作。

8) 级联缓冲器/比较器

它们实现 8259A 芯片之间的级联,使得中断源可以由 8 级扩展至 64 级。

3. 8259A 的工作过程

根据 8259A 的内部结构,其工作的过程如下:

(1) 外部中断源通过 $\text{IR}_0 \sim \text{IR}_7$ 输入高电平的中断请求信号。

(2) 外部中断源的中断请求信号使中断请求触发器 IRR 的相应位置 "1",并与 IMR 按位相 "与",送给优先权判决电路。

(3) 优先权判决电路从 IRR 中检测出优先级最高的中断请求位,并将其与 ISR 中记录的正在被 CPU 服务的中断进行优先级比较。当提请的中断优先级高于正在服务的中断优先级时,中断优先权判决电路就向控制逻辑发出有效的中断请求信号。

(4) 当控制逻辑收到有效的中断请求信号时,向 CPU 发出高电平信号 INT,请求中断服务。

(5) 在中断允许的情况下(IF=1),CPU 接受中断请求 INT,并发出中断响应信号 $\overline{\text{INTA}}$,对 8086/8088 CPU,将连续发出两个 $\overline{\text{INTA}}$ 脉冲。

(6) 当 8259A 接到来自 CPU 的第一个 $\overline{\text{INTA}}$ 脉冲时,就把允许中断的最高优先级请求位置入 ISR,并把 IRR 中的相应位复位。如果工作在级联方式下,而且设备的优先级最高,则主控 8259A 将送出级联地址 $\text{CAS}_0 \sim \text{CAS}_2$,将其加载至从属 8259A 上。

(7) 在第二个 $\overline{\text{INTA}}$ 脉冲,对单独使用或是级联方式下从属的 8259A,将其中断向量发送至数据总线。

(8) CPU 从数据总线上获取中断向量码，转移到相应的中断处理程序。

(9) 中断结束时，通过在中断处理程序中向 8259A 发送一条 EOI(中断结束)命令，使 ISR 相应位复位，或在 AEOI(自动中断结束)方式下，由 8259A 在第二个 $\overline{\text{INTA}}$ 脉冲的后沿自动将 ISR 相应位复位。

级联线 $CAS_0 \sim CAS_2$ 是 8259A 相互间连接用的专用总线，用来构成 8259A 的主—从式级联控制结构。当 8259A 作为主设备时，$CAS_0 \sim CAS_2$ 是输出信号；当 8259A 作为从设备时，它们是输入线。编程时设定的 8259A 的从设备标志保存在级联缓冲器内，系统中全部 8259A 级联线的对应端互连。在中断响应期间，主 8259A 把所有申请中断的从设备中优先级最高的 8259A 的从设备标志输出到级联线 $CAS_0 \sim CAS_2$ 上，从 8259A 把这个设备标志与级联缓冲器内保存的从设备标志进行比较。在后续的 $\overline{\text{INTA}}$ 脉冲期间，被选中的 8259A 从设备把中断向量送到数据总线上。这个中断向量也是在编程时预先设定的，保存在控制逻辑部件内。

8.4.2　Intel 8259A 的外部特性

Intel 8259A 是双列直插式芯片，其外围引脚排列如图 8.8 所示。

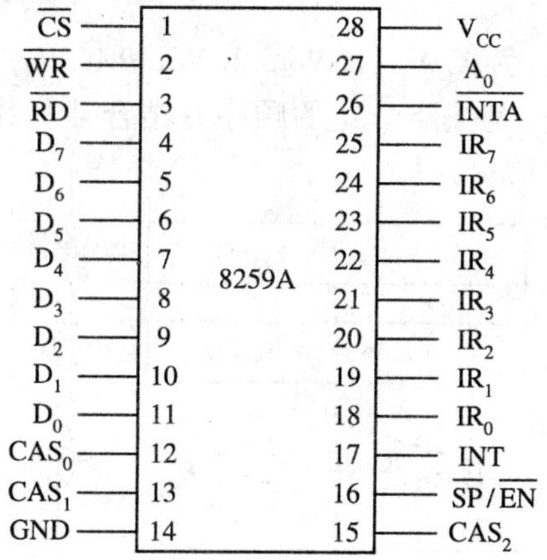

图 8.8　8259A 的外围引脚排列

在上图中，各引脚的名称如下：

$D_0 \sim D_7$：双向 8 位双数总线。

$\overline{\text{RD}}$：读输入信号。

$\overline{\text{WR}}$：写输入信号。

A_0：地址选择输入。

$\overline{\text{CS}}$：片选输入。

$CAS_0 \sim CAS_2$：级联线。

$\overline{\text{SP}}/\overline{\text{EN}}$：双功能线。8259A 工作在缓冲方式时，该引脚输出低电平控制信号，用来控制系统总线与 8259A 数据引线之间的数据缓冲器，使中断向量码能在第二个 $\overline{\text{INTA}}$ 周期正常从 8259A 输出。当 8259A 工作在级联方式时，该引脚为输入，$\overline{\text{SP}} = 1$，设定 8259A 为主控器；$\overline{SP}=0$，设定 8259A 为从属部件。

$\mathbf{IR_0 \sim IR_7}$：中断请求输入。

$\mathbf{INT}$：8259A 向 CPU 输出的中断请求端，与 CPU 的 INTR 引脚相连。

$\overline{\mathbf{INTA}}$：中断响应输入端，接收 CPU 向 8259A 输入的中断响应信号。

8.4.3 Intel 8259A 的控制字和编程

8259A 是可编程控制器，它根据 CPU 的命令进行工作。通过对控制字的编程控制，来初始化和控制 8259A 工作方式，使其完成规定的功能。CPU 对 8259A 的控制命令分为两类：一类是初始化控制字(ICW)，另一类是操作命令字(OCW)。8259A 共有 7 个控制字，其中 4 个是初始化控制字，3 个是操作控制字。

8259A 的编程分为两部分：一是初始化编程，它是通过初始化控制字来完成对 8259A 初始状态的设定，在计算机加电初始化时由 BIOS 完成的；二是操作方式的编程，它是通过操作命令字来控制 8259A 的工作方式，操作命令字可在 8259A 初始化后的任何时间写入。

1. 8259A 的初始化控制字及初始化编程

初始化控制字 ICW(Initialization Control Word)是在计算机启动的过程中设定完成的，计算机启动起来后，8259A 就按初始设定的状态工作。

1) 8259A 初始化的顺序

8259A 有四个初始化控制字 ICW_1、ICW_2、ICW_3 和 ICW_4，由于 8259A 只有一根地址线，因此对各个控制字的操作是按照一定的顺序并结合某些数据位来进行寻址设置的。8259A 初始化的顺序如图 8.9 所示。

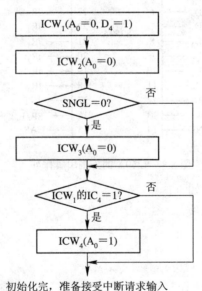

初始化完，准备接受中断请求输入

图 8.9 8259A 的初始化顺序

2) 各初始化控制字的功能

(1) ICW_1 的控制字格式如图 8.10 所示。

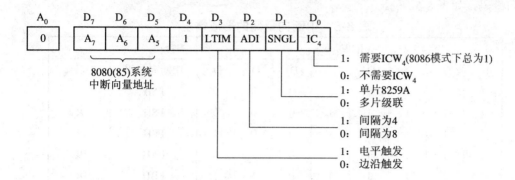

图 8.10 ICW$_1$ 的格式

A$_0$=0、D$_4$=1：是 ICW$_1$ 的标志。只要 CPU 向 8259A 发送一条 A$_0$=0 和 D$_4$=1 的命令时，这条命令就被译码为对 ICW$_1$ 进行操作。它启动 8259A 的初始化过程，产生下列动作：清除 IMR，把最低优先级分配给 IR$_7$，把最高优先级分配给 IR$_0$，将从设备标志置成 7，清除特殊屏蔽方式，设置读 IRR 方式。

A$_7$～A$_5$：在 8080(85) 系统中为中断向量地址位，在 8086/8088 系统中不用。

LTIM：中断输入寄存器的触发方式。0 为边沿触发，中断输入信号上升沿时被识别并送入 IRR。1 为电平触发，中断输入信号为高电平即可进入 IRR。这两种触发方式都要求高电平的请求信号在置位 IRR 相应位后一直保持，直到中断被响应为止。

ADI：设定 8080(85) 方式下的中断向量地址间隔的字节数，1 为 4 字节，0 为 8 字节。在 8086/8088 方式下此位不用。

SNGL：单个器件/级联方式指示。1 表示系统中只有一个 8259A，0 表示级联方式。

IC$_4$：该位用于设定有无 ICW$_4$。1 表示使用 ICW$_4$，在 8086/8088 方式下，必须使用 ICW$_4$。0 表示不用 ICW$_4$，此时 ICW$_4$ 所选择的全部功能位都置成 0。

(2) ICW$_2$ 在 8086/8088 方式下，提供 8 个中断源的中断向量码。ICW$_2$ 的高 5 位 T$_7$～T$_3$ 在初始化编程时设置，初始化低 3 位由 8259A 用中断源的编号填写。在 8080(85) 方式下，ICW$_2$ 是中断向量地址的 A$_{15}$～A$_8$ 位，低位地址在 ICW$_1$ 的 A$_7$～A$_5$ 中。

ICW$_2$ 的命令字格式如图 8.11 所示。

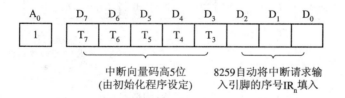

图 8.11 ICW$_2$ 的格式

ICW$_2$ 利用 A$_0$=1 和初始化的次序来寻址。在 8086/8088 系统中，初始化控制字 ICW$_2$ 是比较重要的，它确定了 8259A 外接中断源的起始中断向量码，并实现了每个中断源中断向量码的自动生成。下面举例说明中断向量码的形成情况。

在初始化编程时要保持 ICW$_2$ 的低三位为 "0"，如设定 ICW$_2$ 为 "11111000"（F8H）。如果某一中断源 IR$_n$ 有中断请求，将 n 填入 ICW$_2$ 的低 3 位，与高 5 位共同组成该中断源的中断向量码，如表 8-5 所示。

表 8-5　中断向量码的形成情况

ICW$_2$								中断向量码	中断源
D$_7$	D$_6$	D$_5$	D$_4$	D$_3$	D$_2$	D$_1$	D$_0$		
1	1	1	1	1	0	0	0	F8H	
1	1	1	1	1	0	0	0	F8H	IR$_0$
1	1	1	1	1	0	0	1	F9H	IR$_1$
1	1	1	1	1	0	1	0	FAH	IR$_2$
1	1	1	1	1	0	1	1	FBH	IR$_3$
1	1	1	1	1	1	0	0	FCH	IR$_4$
1	1	1	1	1	1	0	1	FDH	IR$_5$
1	1	1	1	1	1	1	0	FEH	IR$_6$
1	1	1	1	1	1	1	1	FFH	IR$_7$

(3) ICW$_3$ 用于 8259A 的级联，若系统中只有一片 8259A，则不用 ICW$_3$；若 8259A 工作于级联方式，则需要用 ICW$_3$ 设置 8259A 的状态。是否需要 ICW$_3$，取决于 ICW$_1$ 中的 SNGL 位的状态。在级联方式下，主控 8259A 的 ICW$_3$ 表示 8259A 的级联结构，ICW$_3$ 中被置位的位表示对应的 IR$_n$ 输入端接有从属 8259A，并与从属 8259A 的 INT 输出端相连。在中断响应过程中，如果从属 8259A 发出中断请求的优先级最高，则中断向量由相应的从设备 8259A 发送。主控 8259A 的 ICW$_3$ 格式如图 8.12 所示。

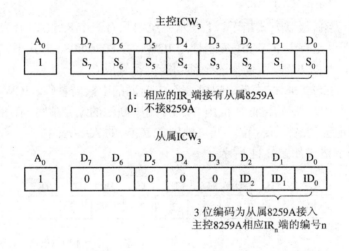

图 8.12　ICW$_3$ 的格式

对于从设备 8259A，ICW$_3$ 中低 3 位是从设备标志代码，它等于主设备对应 IR 输入端的编码。在中断响应过程中，主设备把 IR$_n$ 的编码 n 送上级联线 CAS$_2$～CAS$_0$，从设备把它与自己的从设备标志进行比较，并把比较结果相等的从设备的中断向量送到数据总线上。从设备的 ICW$_3$ 格式如图 8.12 所示。

ICW$_3$ 利用 A$_0$=1 和 ICW$_1$ 中 SNGL=1 及初始化顺序寻址。

(4) ICW$_4$ 只有在 ICW$_1$ 的 IC4=1 时才使用，其格式如图 8.13 所示。

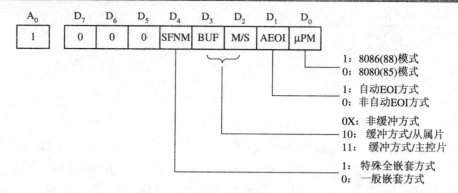

图 8.13   ICW$_4$ 格式

μPM：CPU 类型选择，为 1 时用于 8086/8088 系统中，为 0 时则工作于 8080/8085 系统中。

AEOI：选择是否为自动中断结束方式。为 1 时为自动中断结束方式；为 0 时不用自动中断结束方式,此时必须在中断服务程序中使用 EOI 命令,使 ISR 中最高优先权的位复位。

M/S：在缓冲方式下有效，决定 8259A 作为主设备还是作为从设备工作。当 BUF=1 和 M/S=1 时，8259A 按主设备工作；当 BUF=1 和 M/S=0 时，8259A 按从设备工作。如果在非缓冲方式下，M/S 位不起作用。

BUF：用于指示 8259A 是否工作在缓冲方式，由此决定了 8259A 的 SP/EN 端的功能。为 1 时，8259A 工作于缓冲方式，$\overline{SP}/\overline{EN}$ 用作允许缓冲器接收/发送的输出控制信号 $\overline{EN}$；为 0 时，8259A 不工作于缓冲方式，$\overline{SP}/\overline{EN}$ 用作主设备/从设备选择的输入控制信号 $\overline{SP}$。

SFNM：这一位用来选择 8259A 在级联方式下是否工作于特殊全嵌套方式。如果主设备编程时设置 SFNM=1，即为特殊全嵌套方式，它可确保从设备的中断输入实现真正的完全嵌套优先权结构。如果 SFNM=0，表示 8259A 工作于一般全嵌套方式。

ICW$_4$ 利用 A$_0$=1、IC$_4$=1 和初始化的顺序寻址。

2. 8259A 的控制命令字及操作方式编程

对 8259A 初始化完成后就进入工作状态,准备好接受中断源的中断请求信号。在 8259A 工作期间，可通过操作命令字 OCW(Operating Command Word)来使它按不同的方式进行操作，8259A 操作命令字可在初始化后的任何时刻写入 8259A。操作命令字共有三个：OCW$_1$、OCW$_2$、OCW$_3$。

1) 8259A 操作命令字的寻址

当初始化完成后，对 8259A 操作命令字的寻址是通过 8259A 的地址线 A$_0$ 和某些数据位结合来进行的。具体寻址条件如下：

当 A$_0$=1 时，寻址 OCW$_1$；

当 A$_0$=0，D$_4$=0，D$_3$=0 时，寻址 OCW$_2$；

当 A$_0$=0，D$_4$=0，D$_3$=1 时，寻址 OCW$_3$。

2) 8259A 的操作命令

(1) OCW$_1$。当 A$_0$=1 时，可寻址 OCW$_1$。OCW$_1$ 是中断屏蔽命令字，其格式如图 8.14 所示。

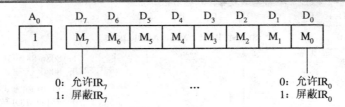

图 8.14   OCW$_1$ 的格式

OCW$_1$ 用来设置 8259A 的屏蔽操作，OCW$_1$ 的每一位对应中断屏蔽寄存器 IMR 的相应屏蔽位，通过 OCW$_1$ 对 IMR 进行置位和复位操作。M$_7$～M$_0$ 代表 8 个屏蔽位，用来控制 IR 输入的中断请求信号，如果某一位 M 为 1，它就屏蔽对应的 IR 中断请求(即 M$_0$=1 屏蔽 IR$_0$，M$_1$=1 屏蔽 IR$_1$ 等)。如果 M=0，则清除屏蔽状态，允许对应的 IR 输入信号产生 INT 输出，请求 CPU 进行服务。

(2) OCW$_2$。当 A$_0$=0，D$_4$=D$_3$=0 时可寻址 OCW$_2$。OCW$_2$ 用于控制中断结束、优先权循环等操作。OCW$_2$ 命令或方式的选择以位的组合格式来设置，而不是按位设置。OCW$_2$ 的格式和各位的功能如图 8.15 所示。

A$_0$	D$_7$	D$_6$	D$_5$	D$_4$	D$_3$	D$_2$	D$_1$	D$_0$
0	R	SL	EOI	0	0	L$_2$	L$_1$	L$_0$

IR的级别编码

R	SL	EOI	
0	0	1	一般EOI(正在服务的ISR复位)
0	1	1	特殊EOI(L$_0$～L$_2$指定的ISR复位)
1	0	1	一般EOI, 正在服务的IR优先级置为最低
1	0	0	自动EOI下置循环优先级
0	0	0	自动EOI下清循环优先级
1	1	1	特殊EOI, 正在服务的IR优先级置为最低
1	1	0	不执行EOI, L$_0$～L$_2$指定的优先级置为最低
0	1	0	无操作

图 8.15   OCW$_2$ 的格式

R：优先权循环控制位。R=1 为循环优先权，R=0 为固定优先权。

SL：选择指定的 IR 级别位。SL=1，操作在 L$_2$～L$_0$ 指定的编码级别上执行；SL=0，L$_2$～L$_0$ 无效。

EOI：中断结束命令位，在非自动中断结束命令情况下，EOI=1 表示中断结束命令，它使 ISR 中最高优先权位复位；EOI=0 则不起作用。

L$_0$～L$_2$：指定操作起作用的 IR 级别码。当 SL=1 时，L$_0$～L$_2$ 指定的级别编码才起作用。以上各位的组合功能见图 8.15 所示。

(3) OCW$_3$。当 A$_0$=0，D$_4$=0，D$_3$=1 时，寻址 OCW$_3$。OCW$_3$ 主要控制 8259A 的中断屏蔽、查询和读寄存器等状态。OCW$_3$ 的格式及各位功能如图 8.16 所示。

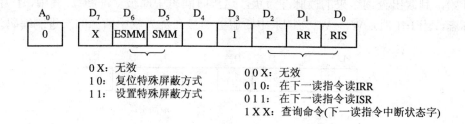

图 8.16 OCW₃ 的格式

ESMM：允许或禁止 SMM 位起作用的控制位。ESMM 为 1 时允许 SMM 位起作用，为 0 时禁止 SMM 位起作用。

SMM：设置特殊屏蔽方式选择位。与 ESMM 位共同起作用，如图 8.16 所示。

P：查询命令位。P=1 时，8259A 发送查询命令；P=0 时，不处于查询方式。OCW₃ 设置查询方式以后，随后送到 8259A RD 端的读脉冲作为中断响应信号，读出最高优先权的中断请求 IR 级别码。

RR：读寄存器命令位。RR=1 时允许读 IRR 或 ISR，RR=0 时禁止读这两个寄存器。

RIS：读 IRR 或 ISR 选择位。其具体功能如图 8.16 所示。

8.4.4 Intel 8259A 的工作方式

8259A 通过编程可以设置各种工作方式，因而能适应不同系统环境的要求。

1. 中断屏蔽方式

8259A 有两种形式的屏蔽方式：一般屏蔽方式和特殊屏蔽方式。

1) 一般屏蔽方式

在正常情况下，当一个中断请求被响应时，8259A 将禁止同级和较低优先级的中断请求，这就是一般屏蔽方式。

2) 特殊屏蔽方式

在一些特殊的场合，如需要均等服务，此时就需要对中断的优先权进行动态管理，一般屏蔽方式就不能满足要求。另外，如果一个高级别的中断源持续中断请求，就会使某些优先级较低的中断源长时间得不到服务，等等。这就是引入特殊屏蔽方式的原因。在特殊屏蔽方式下，使用 OCW₁ 让某个屏蔽位置位时，就禁止在这一级上再次产生中断，而允许其他较高或较低的未屏蔽的优先级产生中断。这样通过 OCW₁ 对 IMR 的操作控制，就可以有选择地允许或禁止某些中断。特殊屏蔽方式由 OCW₃ 来设置，当 ESMM=1、SMM=1 时就可设置此种方式；当 ESMM=1、SMM=0 时即可清除。

2. 查询方式

8259A 也可以用查询方式来检查请求中断的设备。当 CPU 关中断时，中断输入信号将不起作用，那么对设备的服务就可通过软件查询来实现。查询命令是通过 OCW₃ 中 P=1 发出的，8259A 接到查询命令后，把随后的一次 CPU 读操作当作中断响应信号，如果有中断请求，就把 ISR 相应的位置位，并读出该中断级别，如图 8.17 所示。从发出查询命令的写脉冲开始，到读出查询结果的读脉冲为止，这段时间里中断被"冻结"。其中，I 为有无中断的标志，当 I=1 时，$W_2 \sim W_0$ 为请求中断服务的最高优先权中断源的二进制编码。

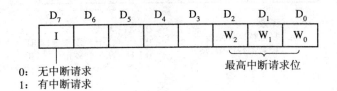

图 8.17   查询方式读出的中断状态字

3. 优先级方式

8259A 对优先级的控制是通过操作命令字 OCW_2 来设置的，它有两种优先级方式：

1) 固定优先级方式

当 8259A 初始化完成后，就为固定优先级方式，即 8 个中断请求的优先级从高到低依次为：$IR_0 \rightarrow IR_1 \rightarrow IR_2 \rightarrow IR_3 \rightarrow IR_4 \rightarrow IR_5 \rightarrow IR_6 \rightarrow IR_7$，$IR_0$ 优先级最高，IR_7 优先级最低，该顺序固定不变。

2) 循环优先级方式

循环优先级方式是将 8 个中断源 $IR_0 \sim IR_7$ 按固定顺序构成一个闭合的环，具体有两种实现方法。

(1) 自动优先级循环。该方法规定刚被服务过的中断源优先级最低，其他中断源的优先级将依闭合环顺序变化。例如，CPU 对 IR_3 中断服务结束后，8259A 的 8 个中断源优先顺序由高到低为 IR_4、IR_5、IR_6、IR_7、IR_0、IR_1、IR_2、IR_3。这种工作模式可通过 OCW_2 来设置。

(2) 指定循环优先级。该方法规定在 OCW_2 中指定的中断源优先级最低，其他中断源的优先级将按闭合环顺序变化。例如，设置 OCW_2 的 R=1，SL=1，EOI=0，则 OCW_2 中 $L_2 \sim L_0$ 所对应的中断源级别最低。假如 $L_2L_1L_0$ 编码为 010，即指定 IR_2 的优先级最低，8 个中断源的优先级顺序将变为：IR_3、IR_4、IR_5、IR_6、IR_7、IR_0、IR_1、IR_2。

另外，优先权也可以在执行 EOI 命令时进行改变，只要设置 OCW_2 的 R=1，SL=1，EOI=1，同样也使 OCW_2 中 $L_2 \sim L_0$ 所对应的中断源级别最低。

循环优先级控制使 8259A 在中断控制过程中可以灵活地改变各中断源的优先顺序，使每个中断源都有机会得到及时的服务。

4. 嵌套方式

嵌套方式用来进行优先级控制，8259A 的嵌套方式有两种形式。

1) 全嵌套方式(一般嵌套方式)

在 8259A 初始化完成后，就处于固定中断优先权方式。全嵌套方式是指当 CPU 正在对某中断源进行服务时，在中断服务程序完成之前，将会屏蔽同级或更低级中断源的中断请求，只有优先权比它高的中断源的中断请求才能被响应(CPU 已开中断)。这种方式一般用在单片使用 8259A 或级联方式下的从属 8259A 上。

2) 特殊全嵌套方式

8259A 以级联方式工作时，要求主控制器 8259A 在对一个从属 8259A 送来的中断进行服务的过程中，还能够对同一个从属 8259A 上另外的中断源进行中断服务，这就需要采用特殊的全嵌套模式。特殊全嵌套方式是为实现多重中断而专门设置的，这种方式与全嵌套方式的工作情况基本相同，不同点有以下两个方面。

(1) 在级联方式下的主控制器 8259A 上，它允许同级优先权之间中断。这样，如果 CPU 响应了从属 8259A 某一中断源的中断请求后，这个从属 8259A 上优先权高于正在服务的中断源，另一个中断请求也可以得到响应。

(2) 如果主控 8259A 的某一端接有从属 8259A，这个中断源要退出中断服务程序前，必须检查它是否是这个从属 8259A 中惟一的中断源，只有在惟一的情况下才能送一个 EOI 命令至主 8259A，以结束此从属 8259A 的中断。检查的办法是送一个一般 EOI 命令给从属 8259A，当它的 ISR 为 0 时，说明它的中断源是惟一的。

5. 中断结束方式

8259A 中的内部服务寄存器 ISR 用来记录哪一个中断源正在被 CPU 服务，当中断结束时，必须给 8259A 一个命令，以清除 ISR 的相应位。8259A 有两种中断结束方式。

1) 自动结束方式(AEOI)

这种方式不需要 EOI 命令，对 8086/8088 系统，8259A 在第 2 个 $\overline{INTA}$ 脉冲的后沿自动执行使 ISR 的相应位复位。由于这种方式在中断服务过程中使 ISR 相应位复位，就有可能响应优先级更低的中断，因此不适合有中断嵌套的情况。

2) 非自动结束方式(EOI)

这种方式是在中断处理程序中提供一条 EOI(中断结束)命令，使 8259A 中的 ISR 相应位复位。如果是级联方式，则必须送两个 EOI 命令，第一个先送从属 8259A，第二个送主控 8259A，特别是在特殊嵌套的情况下，必须按此次序发送。

EOI 命令由 OCW_2 来设置，有两种形式。

(1) 一般中断结束命令(EOI)。该命令对正在服务的中断源的 ISR 复位。当 8259A 工作在全嵌套方式时，且刚被 CPU 服务的中断源优先级最高，此时就可以使用该命令对正在服务的中断源的 ISR 复位。一般 EOI 命令通常放置在中断返回指令之前。

(2) 特殊中断结束命令(SEOI)。该命令对指定中断源的 ISR 复位。在特殊的全嵌套方式下，8259A 可能无法确定刚被服务过的中断源的级别，此时就可用 SEOI 命令，通过 OCW_2 中的 $L_2 \sim L_0$ 来指定 ISR 中要复位的位。但如果该位在特殊的屏蔽模式中由 IMR 屏蔽，则不能使用 SEOI 命令。

6. 缓冲方式

当 8259A 以级联方式用在一个大的系统下时，就要求对数据总线进行驱动缓冲。缓冲方式就是用来设定系统总线与 8259A 数据总线之间是否需要进行缓冲。

(1) 非缓冲方式。在指定非缓冲方式时，$\overline{SP}/\overline{EN}$ 作为输入，用来识别 8259A 是主控制器还是从属控制器。

(2) 缓冲方式。此方式下 $\overline{SP}/\overline{EN}$ 为输出，$\overline{EN}$ 作为允许缓冲器发送/接收的控制信号。

7. 读 8259A 的状态

CPU 可以读出 8259A 内部的 IRR、ISR、IMR 寄存器的状态，以便进行有关分析处理。

1) 读中断请求寄存器 IRR

IRR 中保存着申请中断的各输入级。若 $A_0=0$，OCW_3 的 RR=1、RIS=0，则可用读命令读取 IRR 的状态。若输出一个 OCW_3，令其中 RR=1、RIS=1，则用读命令可以读入中断服务寄存器 ISR 的状态，其中既可以看到在服务过程中中断源的情况，也可以看到是否处于中断嵌套的情况。

2) 读中断服务寄存器 ISR

ISR 的内容为正在服务的各个中断优先级，在中断响应或中断结束命令 EOI 时，ISR 的内容被修改。使 $A_0=0$，OCW_3 的 RR=1、RIS=1，则可用读命令读取 ISR 的状态。

3) 读中断屏蔽寄存器 IMR

IMR 内容是被屏蔽的各中断请求级。当 $A_0=1$ 时，则可用读命令读取 IMR 的状态。

另外，如果 OCW_3 发出查询命令(P=1)，同时又发出了读寄存器命令(RR=1)，则查询优先于读寄存器。当查询操作完成后，再执行读寄存器操作。

8. 8259A 的级联

一个 8259A 最多可以直连 8 个中断源，当系统中的中断源超过 8 个时，就需要进行 8259A 的级联，如图 8.18 所示。

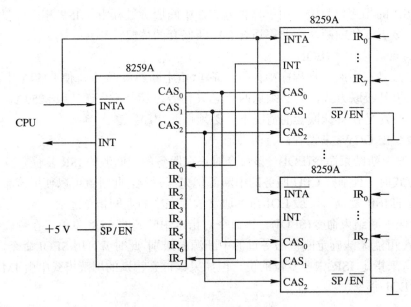

图 8.18   8259A 的级联

在级联方式下，与 CPU 相连的 8259A 称为主控制器，与主控 8259A 相连的下一层的 8259A 称为从属控制器。从属控制器的 INT 输出端接到主控制器的 IR 输入端，由从属中断源的中断请求通过主控 8259A 向 CPU 申请。主控 8259A 的三条级联线 CAS_2、CAS_1、CAS_0 与从设备的对应端相连，用来选择从属 8259A。因此，在图示的情况下，系统最多可管理 64 个优先级的中断。如果某一从属 8259A 的中断请求被 CPU 响应，在中断响应周期里，主控 8259A 将其对应 IR 输入端的编码作为对从属 8259A 进行识别的地址，送到 CAS_2、CAS_1、CAS_0 级联线上，被选中的从属 8259A 将接收 $\overline{INTA}$ 信号，并把其中断向量送上数据总线。

级联方式下的每个 8259A 都必须有一个各自完全独立的初始化过程，以设置各自的工作状态。在中断结束时，要发两次 EOI 命令，分别使主控 8259A 和相应的从属 8259A 执行中断结束命令。当处于级联方式时，为了保证从属 8259A 正常的中断请求，主控 8259A 应设置为特殊全嵌套方式，从属 8259A 则应选用一般全嵌套方式。当中断服务程序结束时，必须用软件来检查被服务的中断是否是从属控制器中惟一的一个中断请求。为此，先向从设备发一个一般的中断结束命令 EOI，清除已完成服务的 ISR 位，然后再读出 ISR 内容，检查它是否为 0，如果 ISR 的内容为 0，则向主设备发一个 EOI 命令，以结束从属设备的中断。

8.4.5　Intel 8259A 的应用举例

1. 中断接口的设计

将单片 8259A 接入 8088 系统中，设计其端口地址为 FFF0H 和 FFF1H，其具体连接如图 8.19 所示。8259A 由于只有一根地址线，因此它在系统中只占用两个端口地址。8259A 内部的 7 个命令寄存器和 3 个状态寄存器的寻址是将这两个端口地址结合操作命令、特定数据位、严格的写入次序等来实现对 8259A 内部寄存器的寻址，如表 8-6 所示。

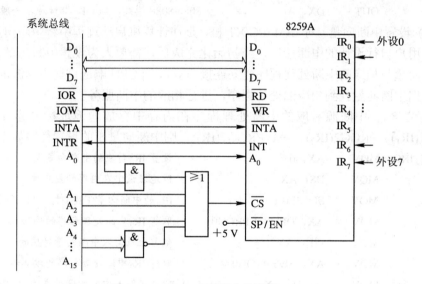

图 8.19　8259A 在系统中的连接

表 8-6　8259A 内部寄存器的寻址控制

A_0	D_4	D_3	$\overline{RD}$	$\overline{WR}$	操　作
0			0	1	读 ISR、IRR 及中断状态寄存器
1			0	1	读 IMR
0	0	0	1	0	写 OCW_2
0	0	1	1	0	写 OCW_3
0	1		1	0	写 ICW_1
1			1	0	写 OCW_1、ICW_2、ICW_3、ICW_4

2. 中断程序的编写

当把 8259A 接入系统后，就需要编写该接口的中断程序。中断程序由两个部分组成：中断接口的初始化程序和中断处理程序。我们以图 8.19 为例，来说明中断程序的编写。

1) 初始化中断控制器 8259A

初始化包括两个方面，一是初始化 8259A 的初始状态，二是完成中断向量表的设置。

(1) 初始化 8259A。由于 8259A 的 ICW 有严格的写入次序，因此，编程时必须根据其规定的初始化顺序对四个 ICW 进行初始化操作。

针对图 8.19，其初始化程序如下：

8259A:	MOV	DX, 0FFF0H	; 8259A 口地址，$A_0=0$
	MOV	AL, 13H	; 初始化字 "00010011" 送 ICW_1
	OUT	DX, AL	; 单片，边沿触发，需要 ICW_4
	MOV	DX, 0FFF1H	; 8259A 口地址，$A_0=1$
	MOV	AL, 0F8H	; 初始化字 "11111000" 送 ICW_2
	OUT	DX, AL	; 设置起始中断向量码(IR0)为 F8H
	MOV	AL, 03H	; 初始化字 "00000011" 送 ICW_4
	OUT	DX, AL	; 8086/8088 模式，AEOI，非缓冲，一般全嵌套方式

(2) 设置中断向量。对 IBM-PC/XT 机，是在计算机启动过程中将中断向量表写入内存的。对用户自行设计的中断接口，当初始化完成后，需要人为设置中断向量表，以使设计的中断向量与相应的中断处理程序建立连接。这样，当 CPU 响应这些中断源的中断请求时，便能根据中断向量找到相应的处理程序，进行相应的中断服务。

假设 8 个中断源对应的中断处理程序在内存中存放的地址标号为 PROG0(IR_0)、PROG1(IR_1)、PROG2(IR_2)、…、PROG7(IR_7)，则中断向量表的设置程序如下：

INT_IR0	MOV	AX, 0	; 设置 IR_0 对应的中断向量表
	MOV	DS, AX	; 段地址设定在内存的最底端
	MOV	SI, 3E0H	; IR_0 的中断向量(F8H)对应的内存地址 "4*F8"
	MOV	AX, OFFSET PROG0	; 取得 IR_0 中断处理程序的偏移地址
	MOV	[SI], AX	; 偏移地址写入中断向量对应的 "4*F8" 地址处
	MOV	AX, SEG PROG0	; 取得 IR_0 中断处理程序的段地址
	MOV	[SI+2], AX	; 段地址写入中断向量对应的 "4*F8+2" 地址处

如果设置 IR_1 对应的中断向量表，根据 ICW_2，IR_1 对应的中断向量为 F9H，只要将上述程序的 F8H 换为 F9H，PROG0 换为 PROG1，即可完成 IR_1 对应中断向量表的设置。

依此类推，IR_7 对应的中断向量表设置程序应为：

INT_IR7	MOV	AX, 0	; 设置 IR_7 对应的中断向量表
	MOV	DS, AX	; 段地址设定在内存的最底端
	MOV	SI, 3FCH	; IR_7 的中断向量(FFH)对应的内存地址 "4*FF"
	MOV	AX, OFFSET PROG7	; 取得 IR_7 中断处理程序的偏移地址
	MOV	[SI], AX	; 偏移地址写入中断向量对应的 "4*FF" 地址处
	MOV	AX, SEG PROG7	; 取得 IR_7 中断处理程序的段地址
	MOV	[SI+2], AX	; 段地址写入中断向量对应的 "4*FF+2" 地址处

当然，用户也可以利用 DOS 的 25H 功能调用来设置中断向量表，其调用方法为

功能号→AH

中断向量→AL

中断处理程序段地址→DS

中断处理程序偏移地址→DX

INT 21H

如对 IR$_0$，在 DOS 下设置中断向量表的程序为

MOV AH，25H

MOV AL，0F8H

MOV DX，SEG PROG0

MOV DS，DX

MOV DX，OFFSET PROG0

INT 21H

2) 编写中断处理程序

中断处理程序用来完成对中断源的具体服务，在中断处理程序中，通过对 OCW 的设置，可以使 8259A 在各种方式下工作。为了便于分析，我们利用 IBM-PX/XT 机的 8259A，并将中断源简化成开关 S，通过 IRQ$_7$ 来申请中断，如图 8.20 所示。

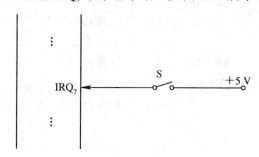

图 8.20 利用开关申请中断

当用户每按下一次开关时，即相当于从 IRQ$_7$ 端向计算机内部的 8259A 发送一次中断请求，该中断的服务是将"THIS IS A IRQ7 INT"显示在屏幕上。在 IBM-PC/XT 系统中 IRQ$_7$ 对应的中断向量为 0FH，中断控制器 8259A 在系统中的地址为 20H、21H。

中断程序设计如下：

DATA SEGMENT

MESS DB 'THIS IS A IRQ7 INT!', 0AH, 0DH, '$'

DATA ENDS

CODE SEGMENT

    ASSUME CS:CODE,DS:DATA

START: MOV AX,CS

    MOV DS,AX

    MOV DX,OFFSET INT7

    MOV AX,250FH   ; 设中断程序 INT$_7$ 的类型号为 0FH

```
              INT       21H                    ; 设置中断向量表
              CLI                              ; 关中断
              IN        AL,21H                 ; 读中断屏蔽寄存器
              AND       AL,7FH                 ; 开放 IRQ₇ 中断
              OUT       21H,AL                 ; 写 OCW₁
              MOV       CX,10                  ; 定中断循环次数为 10 次
              STI                              ; 开中断
    LL:       JMP       LL
    INT7:     MOV       AX,DATA                ; 中断服务程序
              MOV       DS,AX
              MOV       DX,OFFSET MESS
              MOV       AH,09                  ; 显示每次中断的提示信息
              INT       21H
              MOV       AL,20H                 ; 写 OCW₂ 写
              OUT       20H,AL                 ; 发出 EOI 结束中断
              LOOP      NEXT
              IN        AL,21H                 ; 读中断屏蔽寄存器
              OR        AL,80H                 ; 关闭 IR₇ 中断
              OUT       21H,AL                 ; 写 OCW₁
              STI                              ; 开中断
              MOV       AH,4CH                 ; 返回 DOS
              INT       21H
    NEXT:     IRET                             ; 中断返回
    CODE      NDS
              END       START
```

习 题 8 ✍

8.1　什么是中断？中断方式与程序查询方式有什么区别？

8.2　简述中断的处理过程。画出中断处理的流程图。

8.3　说明 8086/8088 CPU 响应中断的条件。

8.4　确定中断优先级有哪两种方法？它们各有什么特点？

8.5　简述 8086/8088 的内部中断和外部中断两类中断的区别。

8.6　什么是中断向量？什么是中断向量表？

8.7　对 8086/8088 系统，怎么通过中断向量表得到中断处理程序的入口地址？

8.8　中断向量表在内存中的什么位置？

8.9　什么是非屏蔽中断？什么是可屏蔽中断？它们的主要区别是什么？8086/8088 CPU 的 NMI 和 INTR 两个输入端有什么区别？

8.10　IMR 和 IF 有什么区别？

8.11 简述 8259A 的主要功能？8259A 怎么用一根地址线实现对内部 7 个控制字的寻址操作？

8.12 8259A 的初始化控制字(ICW)和操作命令字(OCW)的编程在什么时候进行？

8.13 简述 8259A 的中断结束方式。

8.14 简述 8259A 的优先级控制方式。

8.15 如何编写中断程序？

第 9 章   定时与计数接口电路

在微型计算机及应用中常有定时或计数的需要，例如产生实时时钟，定时对动态存储器刷新，时间延时以及控制扬声器发声等。如果由 CPU 来定时或计数，则 CPU 在计数和定时过程中就不能进行其他工作，就会引起微机效率降低、性能下降。定时/计数器接口电路可以代替 CPU 完成这项工作。本章将首先介绍定时/计数的基本概念，然后着重讨论 Intel 系列的 16 位可编程定时/计数器 8253/8254 的性能和结构、外部性能，以及控制字和编程、工作方式和应用。

9.1   定时/计数的基本概念

所谓定时/计数就是通过硬件或软件的方法产生一个时间基准，以此来实现对系统的定时或延时控制。要实现定时或延时控制，有三种主要方法：软件定时、纯硬件定时及可编程的硬件定时/计数器。

1. 软件定时

执行每条指令都需要时间，执行一个程序段就需要一个固定的时间，通过适当地挑选指令和安排循环次数可以实现软件定时。这种方法要完全占用 CPU 的时间，因而降低了CPU 的利用率。

2. 纯硬件定时

采用固定的电路实现定时。如采用小规模集成电路 555，外接电阻和电容构成单稳延时电路。这样的定时电路简单，而且通过改变电阻和电容，可以使定时在一定的范围内调整。但它由纯硬件来完成，给使用带来不便。

3. 可编程硬件定时/计数器

这是目前在控制系统中广泛使用的方法，它通过编程来控制电路的定时值及定时范围，功能强，使用灵活。在计算机系统中，像定时中断、定时检测、定时扫描等等都是用可编程定时器来完成定时控制的。

Intel 系列的 8253、8254 就是常用的可编程定时/计数器。

9.2   可编程定时/计数器 Intel 8253/8254

9.2.1   Intel 8253 的主要性能和内部结构

1. Intel 8253 的主要性能

Intel 8253-PIT(Programmable Interval Timer)，即可编程间隔计数器有 3 个独立的 16 位

计数器，每个计数器都可以按照二进制或 BCD 码进行计数，计数速率可达 2 MHz(8254 为 10 MHz)，每个计数器有 6 种工作方式，可编程设置和改变。Intel 8253 可用在多种场合，如方波发生器、分频器、实时时钟、事件计数等方面。

2. Intel 8253 的内部结构

Intel 8253 的内部结构如图 9.1 所示。

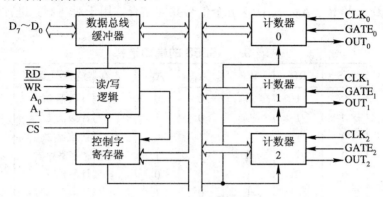

图 9.1 Intel 8253 的内部结构

1) 数据总线缓冲器

它与 CPU 的数据总线相连，是 8 位双向三态缓冲器。CPU 通过这个缓冲器对 8253 进行读/写操作。

2) 控制字寄存器

此寄存器只能写入而不能读出。在 8253 初始化时，由 CPU 写入控制字来设置计数器的工作方式。

3) 计数器

计数器 0、计数器 1、计数器 2 是三个完全独立、结构相同的计数器，每一个都是由一个 16 位的可预置的减法计数器构成。

9.2.2 Intel 8253 的外部性能

Intel 8253 的外部引脚如图 9.2 所示。

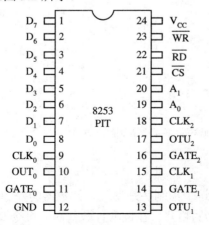

图 9.2 Intel 8253 的外部引脚图

GATE：门控信号，当 GATE 为低电平时，禁止计数器工作；GATE 为高电平时，才允许计数器工作。

CLK：计数脉冲输入。

OUT：脉冲输出。当计数到"0"时，从 OUT 端输出信号，输出信号的波形取决于工作方式。

$\overline{CS}$、$\overline{RD}$、$\overline{WR}$、A_0、A_1：这五个信号共同结合，用于对 8253 进行端口操作，如表 9-1 所示。

表 9-1　8253 的端口选择

$\overline{CS}$	$\overline{RD}$	$\overline{WR}$	A_1	A_0	寄存器选择和操作
0	1	0	0	0	写计数器 0
0	1	0	0	1	写计数器 1
0	1	0	1	0	写计数器 2
0	1	0	1	1	写控制字寄存器
0	0	1	0	0	读计数器 0
0	0	1	0	1	读计数器 1
0	0	1	1	0	读计数器 2
0	0	1	1	1	无操作(三态)
1	×	×	×	×	禁止(三态)
0	1	1	×	×	无操作(三态)

9.2.3　Intel 8253 的控制字和编程

在 8253 的初始化编程中，CPU 通过向 8253 的控制字寄存器写入控制字来设置其工作方式。其格式如图 9.3 所示。

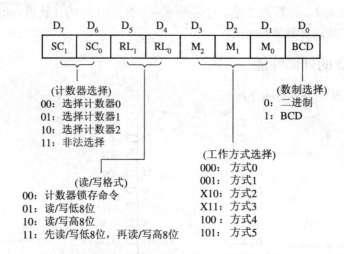

图 9.3　8253 的控制字

SC₁、SC₀：这两位决定这个控制字是哪一个计数器的控制字。

RL₁、RL₀：设置数据读/写格式。在读取计数值时，可令 $RL_1=0$、$RL_0=0$，先将写控制字时的计数值锁存，然后再读取。

M$_2$、M$_1$、M$_0$： 设置每个计数器的工作方式。

BCD： 用于选择每个计数器的计数制。在二进制计数时，计数初值的范围是 0000H～FFFFH，其中 0000H 是最大值，代表 65 536。在 BCD 码计数时，计数初值的范围是 000～9999，其中，0000 是最大值，代表 10 000。

9.2.4　Intel 8253 的工作方式

Intel 8253 的每个计数器都有 6 种工作方式，这 6 种方式的主要区别在于输出的波形不同、计数过程中 GATE 信号对计数操作的影响不同、启动计数器的触发方式不同等。

1. 方式 0——计数结束后输出由低变高

该方式的波形如图 9.4 所示，其特点是：

(1) 写入控制字后，OUT 输出端变为低电平。当写入计数初值后，计数器开始减 1 计数。在计数过程中 OUT 一直保持为低电平，直到计数为 0 时，OUT 输出变为高电平。此信号可用于向 CPU 发出中断请求。

(2) 计数器只计数一遍。当计数到 0 时，不恢复计数初值，不重新开始计数，且输出一直保持为高电平。只有在写入新的计数值时，OUT 才变低电平，并开始新的计数。

(3) GATE 是门控信号，GATE=1 时允许计数，GATE=0 时禁止计数。在计数过程中，如果 GATE=0 则计数暂停，当 GATE=1 后接着计数。

(4) 在计数过程中可改变计数值。若是 8 位计数，在写入新的计数值后，计数器将按新的计数值重新开始计数。如果是 16 位计数，在写入第一个字节后，计数器停止计数，在写入第二个字节后，计数器按照新的计数值开始计数。如图 9.5 所示。

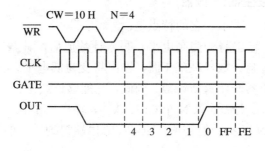

图 9.4　方式 0 波形

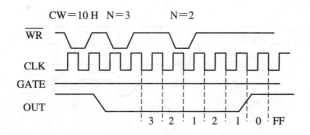

图 9.5　方式 0 计数过程中改变计数初值

2. 方式1——可编程序的单拍脉冲

方式1的波形如图9.6所示，其特点是：

(1) 写入控制字后，输出OUT将保持为高电平，计数由GATE启动。GATE启动之后，OUT变为低电平，当计数到0时，OUT输出高电平，从而在OUT端输出一个负脉冲，负脉冲的宽度为N个(计数初值)CLK的脉冲宽度。

(2) 当计数到0后，不用送计数值，可再次由GATE脉冲启动，输出同样宽度的单拍脉冲。

(3) 在计数过程中，可改变计数初值，此时计数过程不受影响。如果再次触发启动，则计数器将按新输入的计数值计数。

(4) 在计数未到0时，如果GATE再次启动，则计数初值将重新装入计数器，并重新开始计数。

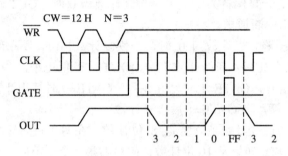

图9.6   方式1波形

3. 方式2——频率发生器(分频器)

方式2的波形如图9.7所示，它的特点是：

(1) 写入控制字后，输出将变为高电平。写入计数值后，计数立即开始。在计数过程中输出始终为高电平，直至计数器减到1时，输出将变为低电平。经过一个CLK周期，输出恢复为高电平，且计数器开始重新计数。因此，它能够连续工作，输出固定频率的脉冲。

(2) 如果计数值为N，则每输入N个CLK脉冲，输出一个脉冲。因此，相当于对输入脉冲的N分频。通过对N赋不同的初值，即可在输出端得到所需的频率，起到频率发生器的作用。

(3) 计数过程可由门控脉冲控制。当GATE=0时，暂停计数；当GATE=1，自动恢复计数初值，重新开始计数。

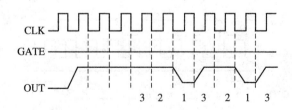

图9.7   方式2波形

(4) 在计数过程中可以改变计数值，这对正在进行的计数过程没有影响。但在计数到 1 时输出变低，经过一个 CLK 周期后输出又变高，计数器将按新的计数值计数。

4. 方式 3——方波发生器

方式 3 的波形如图 9.8 所示，它的特点是：

(1) 输出为周期性的方波。若计数值为 N，则输出方波的周期是 N 个 CLK 脉冲的宽度。

(2) 写入控制字后，输出将变为高电平，当写入计数初值后，就开始计数，输出仍为高电平；当计数到初值一半时，输出变为低电平，直至计数到 0，输出又变为高电平，重新开始计数。

(3) 若计数值为偶数，则输出对称方波；如果计数值为奇数，则前(N+1)/2 个 CLK 脉冲期间输出为高电平，后(N−1)/2 个 CLK 脉冲期间输出为低电平。

(4) GATE 信号能使计数过程重新开始，GATE=1 允许计数，GATE=0 禁止计数。停止后 OUT 将立即变高电平，当 GATE 再次变高以后，计数器将自动装入计数初值，重新开始计数。

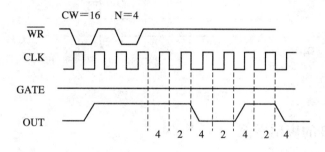

图 9.8　方式 3 波形

5. 方式 4——软件触发选通

方式 4 的波形如图 9.9 所示，这种方式的特点是：

(1) 写入控制字后，输出为高电平。写入计数值后立即开始计数(相当于软件触发启动)，当计数到 0 后，输出一个时钟周期的负脉冲，计数器停止计数。只有在输入新的计数值后，才能开始新的计数。

(2) 当 GATE=1 时，允许计数，而 GATE=0，禁止计数。GATE 信号不影响输出。

(3) 在计数过程中，如果改变计数值，则按新计数值重新开始计数。如果计数值是 16 位，则在设置第一字节时停止计数，在设置第二字节后，按新计数值开始计数。

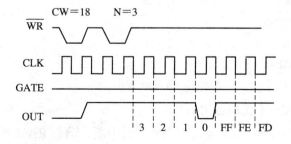

图 9.9　方式 4 波形

6. 方式 5——硬件触发选通

方式 5 的波形如图 9.10 所示，这种方式的特点是：

(1) 写入控制字后，输出为高电平。在设置了计数值后，计数器并不立即开始计数，而是由门控脉冲的上升沿触发启动。当计数到 0 时，输出一个 CLK 周期的负脉冲，并停止计数。当门控脉冲再次触发时才能再计数。

(2) 在计数过程中如果再次用门控脉冲触发，则使计数器重新开始计数，此时输出还保持为高电平，直到计数为 0，才输出负脉冲。

(3) 如果在计数过程中改变计数值，只要没有门控信号的触发，不影响计数过程。当有新的门控脉冲的触发时，不管是否计数到 0，都按新的计数值计数。

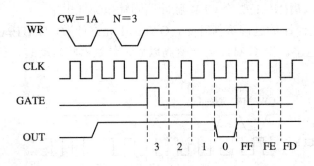

图 9.10   方式 5 波形

9.2.5 Intel 8253 的应用举例

1. 初始化 8253

要使用 8253，必须首先对其进行初始化，初始化有如下两种方法：

(1) 对每个计数器分别进行初始化，先写控制字，后写计数值。如果计数值是 16 位的，则先写低 8 位再写高 8 位。

(2) 先写所有计数器的方式字，再写各个计数器的计数值。如果计数值是 16 位的，则先写低 8 位再写高 8 位。

例如，假设一个 8253 在某系统中的端口地址为 40H～43H，如果要将计数器 0 设置为工作方式 3，计数初值为 3060H，采用二进制计数法，则初始化方法如下：

```
MOV     AL，36H      ; 设置控制字 00110110(计数器 0，方式 3，写两个字节，二进制计数)
OUT     43H，AL      ; 写入控制寄存器
MOV     AX，3060H    ; 设置计数值
OUT     40H，AL      ; 写低 8 位至计数器 0
MOV     AL，AH       ; 
OUT     40H，AL      ; 写高 8 位至计数器 0
```

2. 8253 在 IBM-PC/XT 机的应用

在 IBM-PC/XT 机中，8253 主要提供系统时钟中断、动态 RAM 的刷新定时及喇叭发声控制等功能。8253 的初始化是在计算机启动时由 BIOS 完成的。图 9.11 是 8253 在 IBM-PC/XT 机的应用的示意图。

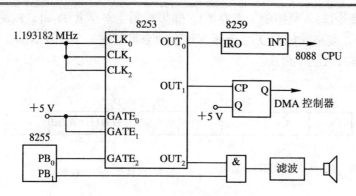

图 9.11　8253 在 IBM-PC/XT 中的连接示意图

从 8284 时钟发生器来的频率 2.386364 MHz 经二分频后作为 8253 三个计数器的时钟输入，8253 在 IBM-PC/XT 中的端口地址为 40H～43H，这三个计数器在系统中的初始化程序如下：

(1) 计数器 0 用于定时中断(约 55ms)。

```
MOV     AL, 36H        ; 计数器 0，方式 3，写两个字节，二进制计数
OUT     43H, AL        ; 控制字送控制字寄存器
MOV     AL, 0          ; 计数值为最大值
OUT     40H, AL        ; 写低 8 位
OUT     40H, AL        ; 写高 8 位
```

(2) 计数器 1 用于定时(15 μs)DMA 请求。

```
MOV     AL,54H         ; 计数器 1，方式 2，只写低 8 位，二进制计数
OUT     43H,AL
MOV     AL,12H         ; 初值为 18
OUT     41H,AL
```

(3) 计数器 2 用于产生约 900 Hz 的方波送至扬声器。

```
MOV     AL,0B6H        ; 计数器 2，方式 3，写两字节，二进制计数
OUT     43H,AL
MOV     AX,0533H       ; 计数初值为 533H
OUT     42H,AL         ; 写低 8 位
MOV     AL,AH
OUT     42H,AL         ; 写高 8 位
```

9.3　Intel 8254 简介

Intel 8254 是 Intel 8253 的改进型，它们在操作方式及引脚排列上完全相同。

相比 8253，8254 主要改进的内容是：

(1) 计数频率高。8254 的计数频率可由直流至 6 MHz，8254-2 可高达 10 MHz，而 8253 最高只能达到 2.6 MHz。

(2) 有读回命令(写入至控制字寄存器)。如果控制字寄存器 $D_7=1$，$D_6=1$，$D_0=0$，即为 8254 的读回命令，其格式如图 9.12 所示。这个命令可以使三个计数器的计数值一次锁存，而在 8253 则需要写入三个命令。

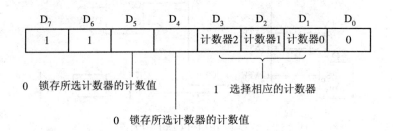

图 9.12　8254 的读回命令

另外，在 8254 中每个计数器都有一个状态字，当要读取时，也可由读回命令进行锁存。其状态字的格式如图 9.13 所示。

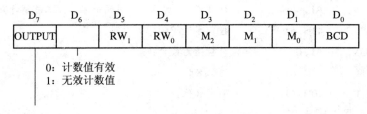

图 9.13　8254 的状态字格式

其中，$D_0 \sim D_5$ 与方式控制字对应位的意义相同，即为写入此计数器的控制字的相应部分。D_7 表示 OUT 引脚的输出状态，D_6 表示计数初值是否已装入减 1 计数器，$D_6=0$ 表示已经装入，可以读取计数器。

习题 9 ✍

9.1　在控制系统中，有哪些计时/定时方法？

9.2　在 8253 每个计数器中有几种工作方式？它们的主要区别是什么？

9.3　为什么 8253 的方式 0 可用作中断请求？

9.4　为什么 8253 的方式 2 具有频率发生器的功能？

9.5　当计数值为奇数的情况下，8253 在方式 3 时的输出波形如何？

9.6　8253 的方式 4 与方式 5 有什么异同？

9.7　怎么对 8253 进行初始化？

9.8 在一个定时系统中，8253 的端口地址范围是 480H～483H，试对 8253 的三个计数器进行编程。其中，计数器 0 工作在方式 1，计数初值为 3680H；计数器 2 工作在方式 3，计数初值为 1080H。

9.9 一个 8253 的端口地址范围是 480H～483H，给它提供 2 MHz 的时钟，要求产生 1 KHz 的方波输出，试编程实现。

第 10 章　并行和串行接口电路

在计算机中，CPU 和外部设备要进行数据传输，必须采用接口电路完成 CPU 和外部设备之间的数据信息传输，通常采用的接口电路有并行通信接口和串行通信接口。本章首先讨论并行通信和串行通信接口的一般概念、原理、结构和操作规程，然后详细介绍可编程并行接口电路 Intel 8255A 性能和内部结构、外部特性、控制字和编程、工作方式和应用，最后介绍可编程串行接口电路 Intel 8251A 性能和内部结构、外部特性、控制字和编程以及应用。

10.1　概　　述

10.1.1　并行通信

1. 并行接口

并行通信由并行接口来完成。在并行数据传输中，并行接口连接 CPU 与并行外设的通道，并行接口中各位数据都是并行传输的，它以字节(或字)为单位与 I/O 设备或被控对象进行数据交换。并行通信以同步方式传输，其特点是：传输速度快；硬件开销大；只适合近距离传输。一个并行接口中包括状态信息、控制信息和数据信息。

1) 状态信息

状态信息表示外设当前所处的工作状态。

2) 控制信息

控制信息是由 CPU 发出的，用于控制外设接口的工作方式以及外设的启动和停机等。

3) 数据信息

CPU 与并行外设数据交换的内容。

状态信息、控制信息和数据信息，通常都是通过数据总线传送，这些信息分别在外设接口中的不同端口中存取。所谓端口是指可以由 CPU 读、写的寄存器，这些端口分别是状态端口、控制端口和数据端口，它们分别用来存放状态信息、控制信息和数据信息。对于一个外设接口，常常需要几个端口才能满足和协调外部设备的工作与要求，图 10.1 是一个典型的并行接口与 CPU、外设的连接图。

2. 并行接口的组成

1) 状态寄存器

状态寄存器用来存放外设的信息，CPU 通过访问这个寄存器来了解某个外设的状态，进而控制外设的工作，以便与外设进行数据交换。

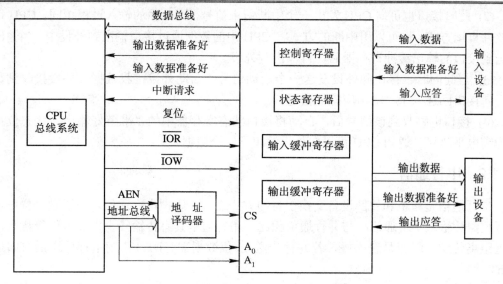

图 10.1 并行接口与 CPU、外设的连接

2) 控制寄存器

并行接口中有一个控制寄存器，CPU 对外设的操作命令都寄存在控制寄存器中。

3) 数据缓冲寄存器

在并行接口中还设置了输入缓冲寄存器和输出缓冲寄存器，缓冲器是用来暂存数据的。因为外设与 CPU 交换数据时，CPU 的速度远远高于外设的速度。例如，打印机的打印速度与 CPU 的速度相差不止是一个数量级，在并行接口中设置缓冲器，把要传送的数据先放入缓冲器中，打印机按照安排好的打印队列进行打印，这样可以保证输入、输出数据的可靠性。

3. 数据输入过程

数据输入过程指的是外设向 CPU 输入数据。其数据输入过程如下：

(1) 当外设将数据通过数据输入线送给接口时，先使"输入数据准备好"状态为高电平。然后通过接口把数据接收到输入缓冲寄存器中，同时把"输入应答"信号置成高电平"1"，并发给外设。

(2) 外设接到应答信号后，将撤消"输入数据准备好"的信号。当接口收到数据后，会在状态寄存器中设置"准备好输入"状态位，以便 CPU 对其进行查询。

(3) 接口向 CPU 发出一个中断请求信号，这样 CPU 可以用软件查询方式，也可以用中断的方式将接口中的数据输入到 CPU 中。

(4) CPU 在接收到数据后，将"准备好输入"的状态位自动清除，并使数据总线处于高阻状态，准备外设向 CPU 输入下一个数据。

4. 数据输出过程

数据输出过程指的是 CPU 向外设输出数据。其数据输出过程如下：

(1) 当外设从接口接收到一个数据后，接口的输出缓冲寄存器为"空"，使状态寄存器的"输出数据准备好"状态位置成高电平"1"，这表示 CPU 可以向外设接口输出数据，这个状态位可供 CPU 查询。

(2) 此时接口也可向 CPU 发出一个中断请求信号,同上面的输入过程相同,CPU 可以用软件查询方式,也可以用中断的方式将 CPU 中的数据通过接口输出到外设中。当输出数据送到接口的输出缓冲寄存器后,再输出到外设。

(3) 与此同时,接口向外设发送一个启动信号,启动外设接收数据。外设接收到数据后,向接口回送一个"输出应答"信号。

(4) 接口电路收到该信号后,自动将接口状态寄存器中的"准备好输出"状态位重新置为高电平"1",通知 CPU 可以向外设输出下一个数据。

10.1.2 串行通信

串行通信是微机和外部设备交换信息的方式之一,所谓串行通信,是通过一位一位地进行数据传输来实现通信。与并行通信相比,串行通信具有传输线少,成本低等优点,适合远距离传送。缺点是速度慢,若并行传送 n 位数据需时间 T,则串行传送的时间最少为 nT。

1. 串行接口的组成

串行接口是通过系统总线和 CPU 相连,串行接口部件的典型结构如图 10.2 所示。主要由控制寄存器、状态寄存器、数据输入寄存器和数据输出寄存器四部分组成。

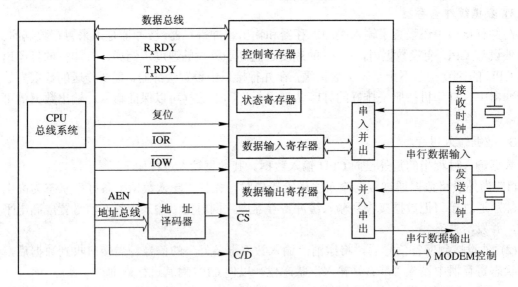

图 10.2 串行接口与 CPU、外设的连接

1) 控制寄存器

控制寄存器用来保存决定接口工作方式的控制信息。

2) 状态寄存器

状态寄存器中的每一个状态位都可以用来标识传输过程中某一种错误或当前传输状态。

3) 数据寄存器

(1) 数据输入寄存器:在输入过程中,串行数据一位一位地从传输线进入串行接口的移位寄存器,经过串入并出(串行输入并行输出)电路的转换,当接收完一个字符之后,数据就从移位寄存器传送到数据输入寄存器，等待 CPU 读取。

(2) 数据输出寄存器：在输出过程中，当 CPU 输出一个数据时，先送到数据输出寄存器，然后，数据由输出寄存器传到移位寄存器，经过并入串出(并行输入串行输出)电路的转换一位一位地通过输出传输线送到对方。

串行接口中的数据输入移位寄存器和数据输出移位寄存器，是为了和数据输入缓冲寄存器和数据输出缓冲寄存器配对使用的。

在学习串行通信方式时，很有必要了解一下有关串行通信中的一些基本概念，这里仅做简单介绍。

2. 串行通信中使用的术语

1) 发送时钟和接收时钟

把二进制数据序列称为比特组，由发送器发送到传输线上，再由接收器从传输线上接收。二进制数据序列在传输线上是以数字信号形式出现，即用高电平表示二进制数 1，低电平表示二进制数 0。而且每一位持续的时间是固定的，在发送时是以发送时钟作为数据位的划分界限，在接收时是以接收时钟作为数据位的检测标准。

(1) 发送时钟：串行数据的发送由发送时钟控制，数据发送过程是把并行的数据序列送入移位寄存器，然后通过移位寄存器由发送时钟触发进行移位输出，数据位的时间间隔可由发送时钟周期来划分。

(2) 接收时钟：串行数据的接收是由接收时钟来检测，数据接收过程是传输线上送来的串行数据序列由接收时钟作为移位寄存器的触发脉冲，逐位进入移位寄存器

2) DTE 和 DCE

(1) 数据终端设备(Data Terminal Equipment，DTE)是对属于用户所有联网设备和工作站的统称，它们是数据的源或目的地址，或者即是源又是目的。例如，数据输入/输出设备，通信处理机或各种大、中、小型计算机等。DTE 可以根据协议来控制通信的功能。

(2) 数据电路终端设备或数据通信设备(Data Circuit Terminating Equipment 或 Data Communication Equipment，DCE)，前者为 CCITT 标准所用，后者为 EIA 标准所用。DCE 是对网络设备的统称，该设备为用户设备提供入网的连接点。自动呼叫/应答设备、调制解调器 Modem 和其他一些中间设备均属 DCE。

3) 信道

信道是传输信息所经过的通道，是连接 2 个 DTE 的线路,它包括传输介质和有关的中间设备。

3. 串行通信中的工作方式

串行通信中的工作方式分为：单工通信方式、半双工通信方式和全双工通信方式。

1) 单工工作方式

在这种方式下，传输的线路用一根线连接，通信的一端连接发送器，另一端连接接收器，即形成单向连接，只允许数据按照一个固定的方向传送，如图 10.3(a)所示。即数据只能从 A 站点传送到 B 站点，而不能由 B 站点传送到 A 站点。单工通信类似无线电广播，电台发送信号，收音机接收信号，收音机永远不能发送信号。

2) 半双工工作方式

如果在传输的过程中依然用一根线连接,在某一个时刻,只能进行发送或只能进行接收。由于是一根线连接,发送和接收不可能同时进行,这种传输方式称为半双工工作方式,如图 10.3(b)所示。半双工通信工作方式类似对讲机,某时刻 A 方发送 B 方接收,另一时刻 B 方发送 A 方接收,双方不能同时进行发送和接收。

3) 全双工工作方式

对于相互通信的双方,都可以是接收器也都可以是发送器。分别用2根独立的传输线(一般是双绞线或同轴电缆)来连接发送信号和接收信号,这样发送方和接收方可同时进行工作,称为全双工的工作方式,如图 10.3(c)所示。全双工通信工作方式类似电话机,双方可以同时进行发送和接收。

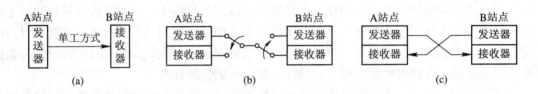

图 10.3 串行通信工作方式

4. 同步通信和异步通信方式

串行通信分为两种类型:一种是同步通信方式,另一种是异步通信方式。

1) 同步通信方式

同步通信方式的特点是:由一个统一的时钟控制发送方和接收方,若干字符组成一个信息组,字符要一个接着一个传送,没有字符时,也要发送专用的"空闲"字符或者是同步字符。同步传输时,要求必须连续传送字符,每个字符的位数要相同,中间不允许有间隔。同步传输的特征是:在每组信息的开始(常称为帧头)要加上1~2 个同步字符,后面跟着 8 位的字符数据。同步通信的数据格式如图 10.4 所示。

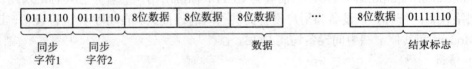

图 10.4 同步通信数据格式

注意:传送时每个字符的后面是否要奇、偶校验,由初始化设同步方式字决定。

2) 异步通信方式

异步通信的特点是:字符是一帧一帧的传送,每一帧字符的传送靠起始位来同步。在数据传输过程中,传输线上允许有空字符。所谓异步通信,是指通信中两个字符的时间间隔是不固定的,而在同一字符中的两个相邻代码间的时间间隔是固定的通信。异步通信中发送方和接收方的时钟频率也不要求完全一样,但不能超过一定的允许范围,异步传输时的数据格式如图 10.5 所示。

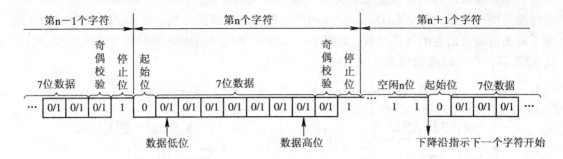

图 10.5　异步通信数据格式

字符的前面是一位起始位(低电平)，之后跟着 5～8 位的数据位，低位在前、高位在后。数据位后是奇、偶校验位，最后是停止位(高电平)。是否要奇、偶校验位，以及停止位设定的位数是 1，1.5 位或 2 位都由初始化时设置异步方式字来决定。

5. 通信中必须遵循的规定

1) 数据格式的规定

通信中，传输字符的格式要按规定写，图 10.5 是异步通信的数据格式。在异步传输方式下，每个字符在传送时，前面必须加一个起始位，后面必须加停止位来结束，停止位可以为 1 位、1.5 位或 2 位。奇、偶校验位可以加也可以不加。

2) 比特率、波特率(Baudrate)

(1) 比特率作为串行传输中数据传输速度的测量单位，用每秒传输的二进制数的位数 b/s(位/秒)来表示。

(2) 波特率是用来描述每秒钟内发生二进制信号的事件数，用来表示一个二进制位数的持续时间。

在远距离传输时，数字信号送到传输介质之前要调制为模拟信号，再用比特率来测量传输速度就不那么方便直观了。因此引入波特率作为速率测量单位，即

$$波特率＝1/二进制位数的持续时间$$

比特率可以大于或等于波特率，假定用正脉冲表示"1"，负脉冲表示"0"，这时比特率就等于波特率。假如每秒钟要传输 10 个数据位，则其速率为 10 波特，若发送到传输介质时，把每位数据用 10 个脉冲来调制，则比特率就为 100 b/s，即比特率大于波特率。

发送时钟与波特率的关系是：时钟频率＝n×波特率(n 可以是 1、16、32、64。n 为波特率因子，是传输一位二进制数时所用的时钟周期数。不同芯片的 n 由手册中给出)。

波特率是表明传输速度的标准，国际上规定的一个标准的波特率系列是：110，300，600，1200，1800，2400，4800，9600，19200。大多数 CRT 显示终端能在 110～9600 波特率下工作，异步通信允许发送方和接收方的时钟误差或波特率误差在 4%～5%。

6. 信号的调制与解调

计算机对数字信号的通信，要求传输线的频带很宽，但在实际的长距离传输中，通常是利用电话线来传输，电话线的频带一般都比较窄。为保证信息传输的正确，普遍采用调制解调器(MODEM)来实现远距离的信息传输，现在还有部分家庭上网仍使用 MODEM 连接。

调制解调器，顾名思义主要是完成调制和解调的功能。调制器(Modulator)可把数字信号转换为模拟信号，解调器(Demodulator)可把模拟信号转换为数字信号。使用 MODEM 实现了对通信双方信号的转换过程，如图 10.6 所示。现在 MODEM 的数据传输速率理论值可达 72 Kb/s，而实际速率仅为 33.6 Kb/s。

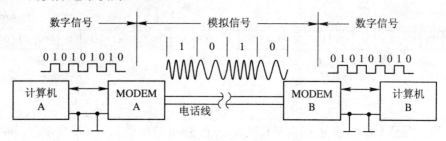

图 10.6   调制与解调过程

10.2   可编程并行接口电路 Intel 8255A

并行接口电路，在早期的微机中与串行口、软盘接口、硬盘接口等都放在一块多功能接口卡上，插在微机的扩展槽上使用。现在这部分电路已在微机的主板上由与 CPU 配套的芯片组北桥来实现其功能。如果要在其他的场合实现并行数据传送，在电路设计时采用专用的接口芯片最为方便。可编程的接口芯片 8255A 是完成并行通信的集成电路芯片。

10.2.1   8255A 的主要性能和内部结构

8255A 是为 Intel 公司的 80 系列微机配套的通用可编程并行接口芯片，具有三个可编程的端口(A 端口、B 端口和 C 端口)，每个端口 8 条线，共有 24 条 I/O 引脚，也可分为 2 组工作，每组 12 条线，并有三种工作方式。

可编程是指可通过软件设置芯片的工作方式，因此这个芯片在与外部设备相连接时，通常不需要附加太多的外部逻辑电路，这给用户的使用带来很大方便。

芯片的主要技术性能如下：

(1) 输入、输出电平与 TTL 电平完全兼容。

(2) 时序特性好。

(3) 部分位可以直接置"1"/置"0"，便于实现控制接口使用。

(4) 单一的+5 V 电源。

8255A 的内部结构框图如图 10.7(a)所示，图 10.7(b)为 8255A 的外引脚图。从图中可以看到，8255A 主要由 4 部分组成。

1. 三个独立的数据口

8255A 的三个数据口分别是 A 端口、B 端口、C 端口，它们彼此独立，都是 8 位的数据口，用来完成和外设之间的信息交换。三个口在使用上有所不同。

1) A 端口

A 端口对应一个 8 位的数据输入锁存器和一个 8 位的数据输出锁存器和缓冲器。因此

A 端口适合用在双向的数据传输场合,用 A 端口传送数据,不管是输入还是输出,都可以锁存。

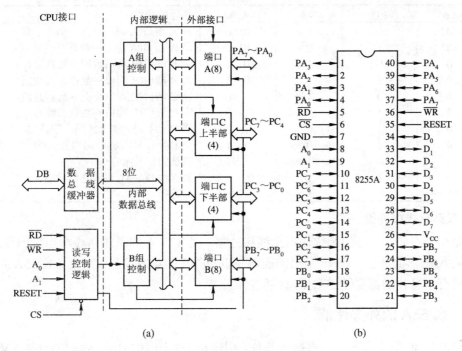

图 10.7 8255 内部结构和引脚图

(a) 8255A 内部结构; (b) 8255A 外引脚图

2) B 端口和 C 端口

这两个口分别是由一个 8 位的数据输入缓冲器和一个 8 位的数据输出锁存器和缓冲器组成。因此用 B 端口和 C 端口传送数据作输出端口时,数据信息可以实现锁存功能;而用作输入口时,则不能对数据实现锁存,这一点在使用中要注意。在实际应用中,A 端口和 B 端口通常作为独立的输入口和输出口,而 C 端口常用来配合 A 端口和 B 端口的工作使用。C 端口分成两个 4 位的端口,这两个 4 位的端口分别作为 A 端口和 B 端口的控制信号和输入状态信号使用。

2. A 组控制电路和 B 组控制电路

控制电路分成 A 组控制和 B 组控制两组,A 组控制电路控制 A 端口和 C 端口的高 4 位($PC_4 \sim PC_7$)。B 组控制电路控制 B 端口和 C 端口的低 4 位($PC_0 \sim PC_3$)。这两组控制电路的作用是:由它们内部的控制寄存器接收 CPU 输出的方式控制命令字,还接收来自读/写控制逻辑电路的读/写命令,根据控制命令决定 A 组和 B 组的工作方式和读/写操作。

3. 读写控制逻辑电路

这部分电路是用来完成对 8255A 内部三个数据口的译码工作,由 CPU 的地址总线 A_1、A_0 和 8255A 的片选信号 $\overline{CS}$ 和 $\overline{WR}$、$\overline{RD}$ 信号组合后产生控制命令,并将产生的控制命令传送给 A 组和 B 组的控制电路,从而完成对数据信息的传输控制。8255A 的控制信号与执行的操作之间的对应关系如表 10-1 所示。

表 10-1 8255A 的控制信号与执行的操作之间的对应关系

$\overline{CS}$	$\overline{RD}$	$\overline{WR}$	$A_1 A_0$	执行的操作
0	0	1	0 0	读 A 端口(A 端口数据→数据总线)
0	1	0	0 0	写 A 端口(A 端口←数据总线数据)
0	0	1	0 1	读 B 端口(B 端口数据→数据总线)
0	1	0	0 1	写 B 端口(B 端口←数据总线数据)
0	0	1	1 0	读 C 端口(C 端口数据→数据总线)
0	1	0	1 0	写 C 端口(C 端口←数据总线数据)
0	1	0	1 1	当 D_7＝1 时，对 8255A 写入控制字
0	1	0	1 1	当 D_7＝0 时，对 C 端口置位/复位
0	0	1	1 1	非法的信号组合
0	1	1	x x	数据线 $D_7 \sim D_0$ 进入高阻状态
1	x	x	x x	未选择

4. 数据总线缓冲器

这是一个双向、三态的 8 位数据总线缓冲器，是 8255A 和系统总线相连接的通道，用来传送输入/输出的数据、CPU 发出的控制字以及外设的状态信息。总之，8255A 与 CPU 之间的所有信息传输都要经过数据总线缓冲器。

10.2.2 8255A 的外部性能

8255A 是 40 条引脚的双列直插式芯片，引脚排列如图 10.7(b)所示。单一的+5 V 电源，使用时要注意它的+5V 电源引脚是第 26 脚，地线引脚是第 7 脚，它不像大多数 TTL 芯片电源和地线在右上角和左下角的位置，除了电源和地线之外，其他引脚的信号按连接的功能可分为两大组。

1. 与 CPU 相连的引脚

RESET(35PIN)：芯片的复位信号，高电平时有效。复位后把 8255A 内部的所有寄存器都清 0，并将三个数据口自动设置为输入口。

$\overline{CS}$ (6PIN)：片选信号，低电平时有效。只有当 $\overline{CS}$ =0 时，芯片被选中，才能对 8255A 进行读、写操作。

$\overline{RD}$ (5PIN)：读信号，低电平有效。只有当 $\overline{CS}$ =0，$\overline{RD}$ =0，才允许从 8255A 的三个端口中读取数据。

$\overline{WR}$ (36PIN)：写信号，低电平有效。只有当 $\overline{CS}$ =0，$\overline{WR}$ =0，才允许从 8255A 的三个端口写入数据或者是写入控制字。

A_1、A_0(8，9PIN)：端口译码信号。用来选择 8255A 内部的三个数据端口和一个控制端口的地址。其中对控制口只能进行写操作。

(1) 当 $A_1 A_0$=00 时，选中 A 端口。

(2) 当 $A_1 A_0$=01 时，选中 B 端口。

(3) 当 $A_1 A_0$=10 时，选中 C 端口。

(4) 当 $A_1 A_0$=11 时，选中控制端口。

A_1、A_0 与读、写信号组合对各端口所执行的操作如表 10-1 所示。

$D_7 \sim D_0$(27～34PIN)：双向三态 8 位数据线，与系统的数据总线相连接。

8255A 的数据线为 8 条,这样 8 位的接口芯片在与 8086 外部数据线为 16 条的 CPU 相连接时,应考虑接口芯片本身对地址的要求。由于在 8086 这样的 16 位外部总线系统中,CPU 在进行数据传输时,低 8 位对应一个偶地址,高 8 位对应一个奇地址。如果将 8255A 的数据线 $D_7 \sim D_0$ 与 8086CPU 的数据总线的低 8 位相连的话,从 CPU 这边看来,要求 8255A 的 4 个端口地址都应为偶地址,这样才能保证对 8255A 的端口的读/写能在一个总线周期内完成,但又要满足 8255A 本身对 4 个端口规定的地址要求是 00,01,10,11。因此将 8255A 的 A_1 和 A_0 分别与 8086 系统总线的 A_2 和 A_1 相连,而将最低位 A_0 总设置为 0。

2. 和外设端相连的引脚

$PA_7 \sim PA_0$(37～40 PIN,1～4PIN):A 端口的输入/输出引脚

$PB_7 \sim PB_0$(25～18 PIN):B 端口的输入/输出引脚

$PC_7 \sim PC_0$(10～13,17～14 PIN):C 端口的输入/输出引脚

10.2.3　8255A 的控制字和编程

由 CPU 执行输出指令,向 8255A 的端口输出不同的控制字来决定它的工作方式。控制字分为两种,分别称为方式选择控制字和端口 C 置 1/置 0 控制字。根据控制寄存器的 D_7 位的状态决定是哪一种控制字。

1. 方式选择控制字

方式选择控制字用来决定 8255A 三个数据端口各自的工作方式,它的格式如图 10.8 所示。它由一个 8 位的寄存器组成。

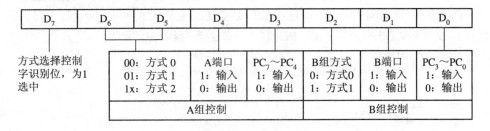

图 10.8　8255A 的方式选择控制字

D_7 位为“1”时,为方式选择控制字的标识位。

D_6、D_5 位决定 A 端口的工作方式,$D_6 D_5$ 位为 00、01、1x 时分别表示 A 端口工作在方式 0、方式 1 和方式 2 下。

D_4 位决定 A 端口工作在输入还是输出方式。D_4 位为 0 时,A 端口工作在输出方式;D_4 位为 1 时,A 端口工作在输入方式。

D_3 位决定用于 A 端口的 C 端口高 4 位 $PC_7 \sim PC_4$ 是作为输入端口,还是作为输出端口。D_3 位为 0 时,$PC_7 \sim PC_4$ 作输出;D_3 位为 1 时,$PC_7 \sim PC_4$ 作输入。

D_2 位用来选择 B 端口的工作方式。D_2 位为 0 时,B 端口工作在方式 0,D_2 位为 1 时,B 端口工作在方式 1。

D_1 位决定 B 端口作为输入还是输出端口。D_1 位为 1 时,B 端口工作在输入方式;D_1 位为 0 时 B 端口工作在输出方式。

D_0 位决定用于 B 端口的 C 端口低 4 位 $PC_3 \sim PC_0$ 作为输入,还是输出。D_0 位为 0 时,

$PC_3 \sim PC_0$ 作输出；D_0 位为 1 时，$PC_3 \sim PC_0$ 作输入。

如果要求 8255A 的 A 端口作输入，B 端口和 C 端口作输出，A 组工作在方式 0，B 组工作在方式 1，用三条指令可完成对芯片工作方式的选择。

```
MOV    AL, 94H       ; 方式选择控制字送 AL
MOV    DX, PortCtr   ; 控制端口地址 PortCtr 送 DX
OUT    DX, AL        ; 方式选择控制字输出给 8255A 的控制端口，完成方式选择
```

2. C 端口置 1/置 0 控制字

8255A 在和 CPU 传输数据的过程中，经常将 C 端口的某几位作为控制位或状态位来使用，从而配合 A 端口或 B 端口的工作。为了方便用户，在 8255A 芯片初始化时，C 端口置 1/置 0 控制字可以单独设置 C 端口的某一位为 0 或某一位为 1。控制字的 D_7 位为"0"时，是 C 端口置 1/置 0 控制字中的标识位，具体的格式如图 10.9 所示。

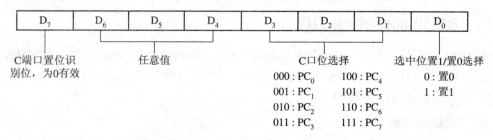

图 10.9　8255A 的 C 端口置 1/置 0 控制字

$D_6 \sim D_4$ 位可为任意值，不影响操作。$D_3 \sim D_1$ 位用来决定对 C 端口 8 位中的哪一位进行操作。D_0 位用来决定对 $D_3 \sim D_1$ 所选择的位是置 1，还是置 0。

例如，要将 C 端口的 PC_3 置 0，PC_7 置 1，可用下列程序段实现。

```
MOV    AL, 06H       ; PC_3 置 0 控制字送 AL
MOV    DX, PortAdd   ; 控制端口地址 PortAdd 送 DX
OUT    DX, AL        ; 对 PC_3 完成置 0 操作
MOV    AL, 0FH       ; PC_7 置 1 控制字送 AC
OUT    DX, AL        ; 完成对 PC_7 置 1 操作
```

10.2.4　8255A 的工作方式

8255A 有三种工作方式，分别称为方式 0，方式 1 和方式 2。其中 A 端口可以工作在三种方式中的任一种；B 端口只能工作在方式 0 和方式 1；C 端口通常作为控制信号使用，配合 A 端口和 B 端口的工作。每种工作方式的具体内容如下所述。

1. 方式 0：基本的输入/输出方式

方式 0 之所以被称为基本的输入/输出方式，是因为在这种方式下，A 端口、B 端口和 C 端口(C 端口分为 2 个 4 位使用)都可提供简单的输入和输出操作，对每个端口不需要固定的应答式联络信号。工作在方式 0 时，在程序中可直接使用输入指令(IN)和输出(OUT)指令对各端口进行读写。方式 0 的基本定义是 2 个 8 位的端口和 2 个 4 位的端口。任何一个端口都可以作为输入或输出，输出的数据可以被锁存，输入的数据不能锁存。

方式 0 的输入时序如图 10.10 所示，输出时序如图 10.11 所示。从输入时序图可以看到，对各信号的要求是：

(1) 地址信号要领先于 $\overline{RD}$ 信号到达，8255A 在 $\overline{RD}$ 信号有效以后，最长经过 250 ns 的时间，就可以使数据在数据总线上得到稳定。

(2) 在一般的微处理器系统中都配备了地址锁存器，保证 CPU 对先发出的地址能够锁存，可以满足地址信号先于 $\overline{RD}$ 信号到达，对于从读信号有效到数据稳定的时间，应由输入设备给予满足。在使用时应注意，方式 0 对输入数据不做锁存。

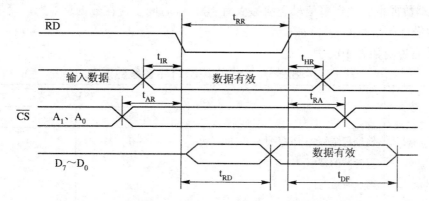

图 10.10　8255A 方式 0 输入时序

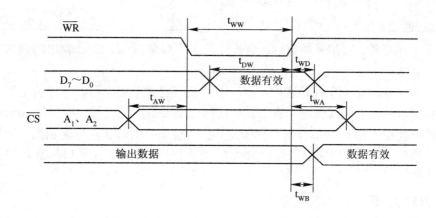

图 10.11　8255A 方式 0 输出时序

各参数的说明如表 10-2 所示。

表 10-2　8255 方式 0 输入时序各参数说明

参　数	说　　明	8255A	
		最小时间/ns	最大时间/ns
t_{RR}	读脉冲的宽度	300	
t_{AR}	地址稳定领先于读信号的时间	0	
t_{IR}	输入数据领先于 $\overline{RD}$ 的时间	0	
t_{HR}	读信号过后数据继续保持时间	0	
t_{RA}	读信号无效后地址保持时间	0	
t_{RD}	从读信号有效到数据稳定的时间		250
t_{DF}	读信号撤除后数据保持时间	10	150

从输出时序图可以看到，为了将数据能可靠地输出到 8255A，对各信号的要求是：

(1) 地址信号必须在写信号 $\overline{WR}$ 之前有效，同时要求在 $\overline{WR}$ 信号有效(也就是为低电平时)期间内，地址信号不能发生变化，要保证一直有效，直到在 $\overline{WR}$ 撤消(变高后)后的 20 ns 时间以后，地址信号才允许发生变化。

(2) 写脉冲 $\overline{WR}$ ($\overline{WR}$ 为低电平时间)的宽度最小要求是 400 ns。

(3) 要求数据也必须在写信号之前最少有 100 ns 时间出现在数据总线上。写信号撤消后，数据的最小保持时间是 30 ns。

各参数的说明如表 10-3 所示。

表 10-3　8255A 方式 0 输出时序各参数说明

参　数	说　明	8255A	
		最小时间/ns	最大时间/ns
t_{AW}	地址稳定领先于读信号的时间	0	
t_{WW}	写脉冲的宽度	400	
t_{DW}	数据有效时间	100	
t_{WD}	数据保持时间	30	
t_{WA}	写信号撤消后的地址保持时间	20	
t_{WB}	写信号结束到数据有效的时间		350

满足上述条件，写信号结束后，最长经过 350 ns 的时间，CPU 输出的数据就可以出现在 8255A 的指定端口。

方式 0 一般用于无条件传送的场合，不需要应答式联络信号，外设总是处于准备好的状态。也可以用作查询式传送，查询式传送时，需要有应答信号。可以将 A 端口、B 端口作为数据口使用。把 C 端口分为 2 部分，其中 4 位规定为输出，用来输出一些控制信息，另外 4 位规定为输入，用来读入外设的状态。利用 C 端口配合 A 端口和 B 端口完成查询式的 I/O 操作。

2. 方式 1：选通输入/输出方式

在这种方式下，当 A 端口和 B 端口进行输入输出时，必须利用 C 端口提供的选通和应答信号，而且这些信号与 C 端口中的某些位之间有着固定的对应关系，这种关系是硬件本身决定的不是软件可以改变的。由于工作在方式 1 时，要由 C 端口中的固定位来作为选通和应答等控制信号，因此称方式 1 为选通的输入/输出方式。方式 1 的基本定义是，分成 2 组(A 组和 B 组)，每组包含一个 8 位的数据端口和 1 个 4 位的控制/数据端口。8 位的数据端口既可以作为输入，也可以作为输出，输入和输出都可以被锁存。4 位的控制/数据端口用于传送 8 位数据端口的控制和状态信息。

1) 选通的输入方式

方式 1 在选通输入方式下对应的控制信号如图 10.12 所示。图 10.13 是方式 1 在选通输入方式的工作时序图。选通输入方式的工作过程是：

当外设的数据已送到 8255A 某个端口的数据线上时，就发出选通输入信号 $\overline{STB}$ ，将数据通过 A 端口或 B 端口锁存到 8255A 的数据输入寄存器，$\overline{STB}$ 信号的宽度至少是 500 ns。$\overline{STB}$ 信号变低后最多经过 300 ns 时间，使输入缓冲器满信号 IBF 变为高电平，如图 10.13

中表示的箭头①。输入缓冲器满意味着将阻止外设输入新的数据，可供 CPU 来查询。在选通输入信号 $\overline{STB}$ 结束后，最多经过 300 ns 时间，向 CPU 发出中断请求信号(要在中断允许的情况下)，如图 10.13 中表示的箭头②，使中断请求信号 INTR 变高，CPU 可以响应中断。当 CPU 响应中断后才发出读信号 $\overline{RD}$，将数据读入到 CPU 中，读信号有效(低电平为有效)后，最多经过 400 ns 时间，$\overline{STB}$ 就清除中断请求，使中断请求信号变低，如图 10.13 中表示的箭头③。当读信号结束后，才使输入缓冲器满信号 IBF 变低，如图 10.13 中表示的箭头④。IBF 变低表明输入缓冲器已空，通知外设可以输入新的数据。

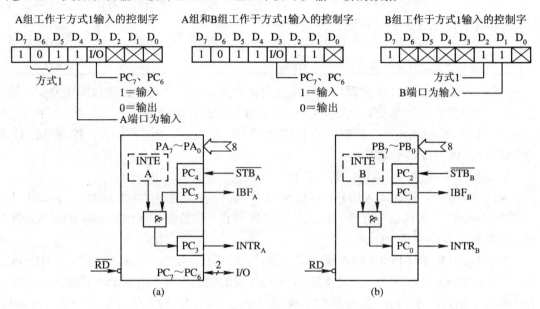

图 10.12　方式 1 选通输入下对应的控制信号

(a) 对 A 端口；(b) 对 B 端口

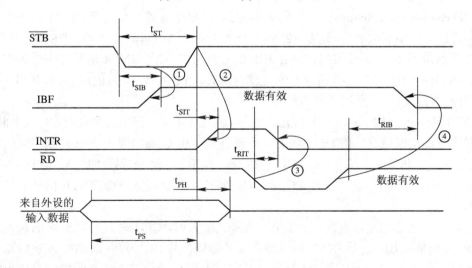

图 10.13　8255A 方式 1 输入时序

各参数说明如表 10-4 所示。

表 10-4　8255A 方式 1 输入时序参数说明

参　数	说　明	8255A 最小时间/ns	最大时间/ns
t_{ST}	选通脉冲的宽度	500	
t_{SIB}	选通脉冲有效到 IBF 有效之间的时间		300
t_{SIT}	$\overline{STB}=1$ 到中断请求 INTR 有效之间的时间		300
t_{PH}	数据保持时间	180	
t_{PS}	数据有效到 $\overline{STB}$ 无效之间的时间	0	
t_{RIT}	$\overline{RD}$ 有效到中断请求撤除之间的时间		400
t_{RIB}	$\overline{RD}$ 为 1 到 IBF 为 0 之间的时间		300

当 8255A 的 A 端口和 B 端口工作在选通输入方式时，对应的 C 端口固定分配，规定是 $PC_3 \sim PC_5$ 分配给 A 端口，$PC_0 \sim PC_2$ 分配给 B 端口，C 端口剩下的 2 位 PC_7、PC_6 可作为简单的输入/输出线使用。控制字的 D_3 位为"1"时，PC_7、PC_6 作输入；控制字的 D_3 位为"0"时，PC_7、PC_6 作输出。

在方式 1 选通输入方式时，各控制信号的意义如下：

$\overline{STB}$ (Strobe)：选通输入信号，低电平有效。A 组方式控制字中对应 PC_4；B 组方式控制字中对应 PC_2。当该信号有效时，从外部设备来的 8 位数据送入到 8255A 的输入缓冲器中，负脉冲宽度最小是 500 ns。

IBF(Input Buffer Full)：输入缓冲器满信号，高电平有效。A 组方式控制字中对应 PC_5；B 组方式控制字中对应 PC_1。这是 8255A 送给外设的联络信号，当 8255A 的输入缓冲区已有一个新数据后，输出这个信号供 CPU 查询。该信号在选通输入信号 $\overline{STB}$ 变低后，300 ns 时间内即变为有效的高电平。在 $\overline{RD}$ 信号撤消后的 300 ns 时间内 IBF 信号才撤消，变为无效的低电平，这样保证了数据传输的可靠性。

INTR(Interrupt Request)：中断请求信号，高电平有效。A 组方式控制字中对应 PC_3；B 组方式控制字中对应 PC_0。这是 8255A 向 CPU 发出的中断请求信号。当 $\overline{STB}$ 信号撤消变为高电平后最多 300 ns 时间内，并且 IBF 信号也为高电平，INTR 信号产生变为有效的高电平。INTR 信号变高后可以请求 CPU 读取数据。当 CPU 发出的 $\overline{RD}$ 信号有效后，400 ns 的时间内 INTR 信号将撤消，变为低电平。

INTE(Interrupt Enable)：中断允许信号，高电平有效。该信号为高时，允许中断请求，为低时则屏蔽中断请求。INTE 的状态是用软件通过由 C 端口置 1/置 0 控制字来控制的，在 A 组中，使 PC_4 置"1"后 $INTE_A$ 变高；在 B 组中，使 PC_2 置"1"后 $INTE_B$ 变高，A 端口和 B 端口才允许中断。如果 PC_4 和 PC_2 都置"0"，与之对应的 INTE 信号为低，则禁止中断。

对于这种选通的输入方式，如果采用查询式输入时，CPU 先查询 8255A 的输入缓冲器是否满了，也就是 IBF 是否为高？如果输入缓冲器满信号 IBF 为高，则 CPU 就可以从 8255A 读入数据。如果采用中断方式传送数据时，应该先用 C 端口置 1/置 0 的控制字使相应的端口允许中断，也就是要使 PC_4 或 PC_2 置 1。

2) 选通的输出方式

方式 1 在选通输出情况下对应的控制信号如图 10.14 所示，图 10.15 是方式 1 选通输出情况下的工作时序图。这种方式的工作过程与选通输入的情况相类似。

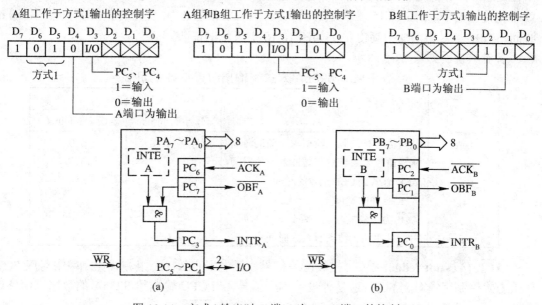

图 10.14　方式 1 输出时 C 端口对 A、B 端口的控制

(a) 对 A 端口；(b) 对 B 端口

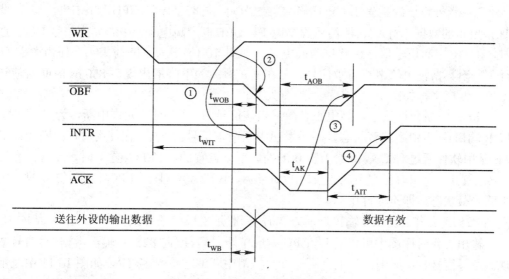

图 10.15　8255A 方式 1 输出时序

当 8255A 的 A 端口和 B 端口工作在选通输出方式时，对应的 C 端口也是固定分配，规定是 PC_3、PC_6、PC_7 分配给 A 端口；PC_2、PC_1、PC_0 分配给 B 端口，剩下的 2 位 PC_4、PC_5 可作为简单的输入/输出线使用。当控制字的 D_3 位为"1"时，PC_4、PC_5 作输入；当控制字的 D_3 位为"0"时，PC_4、PC_5 作输出。

方式 1 选通输出方式时，各控制信号的意义如下：

$\overline{OBF}$ (Output Buffer Full)：输出缓冲器满信号，低电平有效。A 组方式控制字中对应

PC$_7$；B 组方式控制字中对应 PC$_1$，这是 8255A 与外设的联络信号。当 CPU 向 8255A 的端口中传送了数据以后，由 8255A 向外设发出低电平的 $\overline{OBF}$ 信号，通知外设可以把数据取走。由输出指令产生的写信号 $\overline{WR}$ 的上升沿出现后，最多经过 650 ns 时间，将 $\overline{OBF}$ 信号置成有效即变为低电平，如图 10.15 中表示的箭头②。当应答信号 $\overline{ACK}$ 变为有效的低电平后 350 ns 时间，$\overline{OBF}$ 信号撤消变为高电平，如图 10.15 中表示的箭头③。

各参数说明如表 10-5 所示。

表 10-5　8255A 方式 1 输出时序参数说明

参　数	说　明	8255A	
		最小时间/ns	最大时间/ns
t$_{WIT}$	从写信号有效到中断请求无效的时间		850
t$_{WOB}$	从写信号无效到输出缓冲器清的时间		650
t$_{AOB}$	$\overline{ACK}$ 有效到 $\overline{OBF}$ 无效的时间		350
t$_{AK}$	$\overline{ACK}$ 脉冲的宽度	300	
t$_{AIT}$	$\overline{ACK}$ 为 1 到发新的中断请求的时间		350
t$_{WB}$	写信号撤除到数据有效的时间		350

$\overline{ACK}$ (Acknowledge)：数据接收应答信号，低电平有效。A 组方式控制字中对应 PC$_6$；B 组方式控制字中对应 PC$_2$，这是外设的响应信号，当 CPU 输出给 8255A 的数据已由外设接收后，外设就向 8255A 回送一个低电平的应答信号 $\overline{ACK}$。

INTR：中断请求信号，高电平有效。A 组方式控制字中对应 PC$_3$；B 组方式控制字中对应 PC$_0$。当外设已经接受了 CPU 输出的数据后，由 8255A 向 CPU 发出中断请求，要求 CPU 输出新的数据。当 $\overline{ACK}$ 撤消后为高电平，$\overline{OBF}$ 也为高电平，中断允许信号 INTE 也为高时，INTR 中断请求信号被置位为高电平，如图 10.15 中表示的箭头④。作为请求 CPU 进行下一次数据输出的中断请求信号，是在 $\overline{WR}$ 有效的下降沿出现后 850 ns 时间内使它变为无效的低电平，如图 10.15 中表示的箭头①。

INTE：中断允许信号，高电平有效。当该信号为"1"时，允许中断，为"0"时，A 端口(B 端口)处于中断屏蔽状态，即不发出中断请求信号 INTR。在使用时，中断允许信号 INTE 是用软件通过对 C 端口置 1/置 0 的控制字来设置的。当 PC$_6$ 置 1 时，A 端口允许中断；PC$_2$ 置 1，B 端口允许中断。反之，如果 A、B 端口所对应的 PC$_6$、PC$_2$ 置 0 时，则处于中断屏蔽状态，即不允许中断。

当 8255A 工作在方式 1 输出选通方式时，一般是采用中断方式与 CPU 通信。从图 10.15 方式 1 输出工作时序图中可以看到，CPU 响应中断以后，就向 8255A 输出数据，写信号 $\overline{WR}$ 出现。当写信号 $\overline{WR}$ 撤消，其上升沿一方面撤消中断请求信号 INTR，如图 10.15 中表示的箭头①使 INTR 变低，表示 CPU 对上一次中断已经响应过。另一方面使 $\overline{OBF}$ 信号变为有效的低电平，如图 10.15 中表示的箭头②，以通知外设可以接收下一个数据。

实际上，CPU 在发出写信号后要经过最长 350 ns 时间，数据才能出现在端口的输出缓冲器中。当外设收到数据后，便发出一个 $\overline{ACK}$ 信号，$\overline{ACK}$ 信号有效后使 $\overline{OBF}$ 变成无效的高电平，如图 10.15 中表示的箭头③，表示数据已经取走，当前缓冲器空。$\overline{ACK}$ 信号结束时使 INTR 信号变为有效的高电平，如图 10.15 中表示的箭头④，向 CPU 发出中断请求信号，从而开始新的数据输出过程。

3. 方式2：带选通的双向传输方式

在双向的传输方式中，8255A 可以向外设发送数据，同时 CPU 通过这 8 位数据线又接收外设的数据，因此称为双向的传输方式。方式 2 的基本定义是，只能适用于 A 端口，一个 8 位的双向端口(A 端口)和 1 个 5 位的控制端口(C 端口)。A 端口的输入和输出都可以被锁存。5 位的控制端口用于传送 8 位双向端口的控制和状态信息。当 A 端口工作在方式 2 时，由 $PA_7 \sim PA_0$ 作为 8 位数据线，因为要由 C 端口对 A 端口进行控制，所以称为带选通的双向传输方式。C 端口对 A 端口的控制信号分别如图 10.16 和图 10.17 所示。在这种方式下，C 端口中有 5 位 $PC_7 \sim PC_3$ 作为控制信号和状态信息使用，剩下的 3 位 $PC_2 \sim PC_0$ 可作为简单的输入/输出线使用。当控制字的 D_0 位为 1 时，$PC_2 \sim PC_0$ 作输入；当控制字的 D_0 位为 0 时，$PC_2 \sim PC_0$ 作输出。

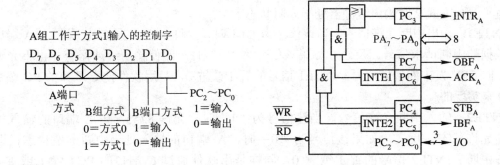

图 10.16　方式 2 时 C 端口对 A 端口的控制信号

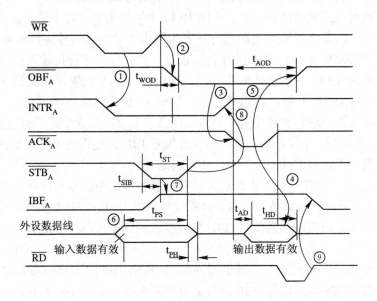

图 10.17　8255A 方式 2 时序

$\overline{\text{STB}}$：选通信号，低电平有效。对应于 PC_4，由外设提供给 8255A。该信号负责把外设送到 8255A 的数据送入输入锁存器。

IBF：输入缓冲器满信号，高电平有效。对应 PC_5，是 8255A 送给 CPU 的状态信息，供 CPU 查询用。当该信号有效时，表示当前已经有一个新的数据送到了输入锁存器中，CPU 可以取走。

$\overline{OBF}$：输出缓冲器满信号，低电平有效。对应 PC_7，由 8255A 发给外设的选通信号，当 $\overline{OBF}$ 有效时，表明 CPU 已经将一个数据写入 8255A 的 A 端口中，通知外设可以取走数据。

INTR：中断请求信号，高电平有效。对应 PC_3，不论 A 端口工作在输入方式还是工作在输出方式，当一个操作完成，并且要进入下一个操作时，8255A 都要向 CPU 发出中断请求信号。

$\overline{ACK}$：数据接收应答信号，低电平有效。对应 PC_6，这是外设对信号 $\overline{OBF}$ 的响应信号，该信号为低电平时，使 A 端口的输出缓冲器打开，送出数据到外设。否则，当该信号为高电平时，方式 2 时输出缓冲器处于高阻状态。

INTE1：输出中断允许信号。当该信号为"1"时，允许 8255A 向 CPU 发出由 A 端口输出数据的中断请求信号。反之，如果该信号为"0"时，即使输出缓冲器空，也不允许 8255A 向 CPU 发中断请求信号。INTE1 信号的置 1 或置 0，是用软件使 C 端口的 PC_6 置 1 或置 0 来实现的。

INTE2：输入中断允许信号。当该信号为"1"时，允许 8255A 中 A 端口的输入处于中断允许状态，反之，如果该信号为"0"时，A 端口的输入处于中断屏蔽状态，即不允许中断。INTE2 信号的置 1 或置 0，同样是用软件通过 C 端口的 PC4 置 1 或置 0 来实现。

通过仔细分析方式 2 的工作时序图 10.17，会发现方式 2 的时序基本相当于方式 1 的选通输入时序和选通输出的时序的组合。从图 10.17 中可以看到，对于输入过程，当外设向 A 端口送来数据时，选通信号 $\overline{STB}$ 也跟着有效变为低电平，选通信号将数据锁存到 8255A 的 A 端口的输入锁存器中。同样也正是由于 $\overline{STB}$ 信号的变低，才使得输入缓冲器满信号 IBF 变为高电平，如图 10.17 中表示的箭头⑦。当选通信号 $\overline{STB}$ 结束，也就是变为高电平时，又使中断请求信号 INTR 有效，变为高电平，如图 10.17 中表示的箭头⑧。当 CPU 响应输入中断，执行输入指令时，会产生 $\overline{RD}$ 信号，在读信号 $\overline{RD}$ 有效期间，将数据从 A 端口读入到 CPU 中。当 $\overline{RD}$ 信号结束后输入缓冲器满信号 IBF 又变为低电平，如图 10.17 中表示的箭头⑨。中断请求信号 INTR 虽然为高也不再起作用。

对于输出过程，当 CPU 响应中断后，在中断服务程序中执行输出指令时，将发出写脉冲 $\overline{WR}$，$\overline{WR}$ 的下降沿使中断请求信号 INTR 变低，如图 10.17 中表示的箭头①。$\overline{WR}$ 信号结束其上降沿使输出缓冲器满信号 $\overline{OBF}$ 变为有效的低电平，如图 10.17 中表示的箭头②。$\overline{OBF}$ 信号送到外设，当外设接到 $\overline{OBF}$ 信号后，发出应答信号 $\overline{ACK}$，如图 10.17 中表示的箭头③。由 $\overline{ACK}$ 信号打开 8255A 的输出缓冲器，使数据出现在 A 端口和数据总线上，$\overline{ACK}$ 信号结束时使输出缓冲器满信号 $\overline{OBF}$ 变为无效的高电平，如图 10.17 中表示的箭头⑤，从而开始下一个数据传输过程。由于方式 2 是双向传输的工作方式，如果一个外设既可以作为输入，又可以作为输出时，采用 8255A 的方式 2 与它相连就十分方便。

各参数的说明如表 10-6 所示。

表 10-6   8255A 方式 2 时序的参数说明

参 数	说 明	8255A	
		最小时间/ns	最大时间/ns
t_{ST}	选通脉冲的宽度	500	
t_{PH}	数据保持时间	180	
t_{SIB}	选通脉冲有效到 IBF_A 有效之间的时间		300
t_{PS}	数据有效到 $\overline{STB_A}$ 无效之间的时间	0	
t_{WOD}	从写信号无效到，$\overline{OBF}$ 有效的时间		650
t_{AOD}	$\overline{ACK}$ 有效到 $\overline{OBF}$ 无效的时间		350
t_{AD}	$\overline{ACK}$ 有效到数据输出的时间		350
t_{HD}	数据保持时间	200	

10.2.5   8255A 的应用举例

8255A 初始化时，先要写入控制字，指定它的工作方式，然后才能通过编程，将总线上的数据从 8255A 输出给外设，或者将外部设备的数据通过 8255A 送到 CPU 中。举一个通过 8255A 把 CPU 中的数据输出到打印机上的例子。图 10.18(a)采用查询方式传送数据，A 端口作为 8 位数据的输出端口，工作在方式 1 输出方式。C 端口作为状态端口和控制端口使用，一般的打印机有 3 个主要的控制状态信号线。BUSY 表示打印机是否处于"忙"状态，高电平有效；$\overline{DATASTB}$ 选通信号，低电平有效，当该信号有效时，将 CPU 的数据

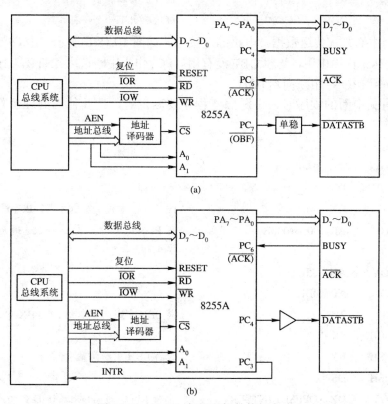

(a)

(b)

图 10.18   8255A 与打印机的接口方式

(a) 查询方式电路图；(b) 中断方式电路图

输出到打印机中；$\overline{ACK}$ 是打印机对主机的应答信号，当打印机接收完字符后发出这个信号。当 $\overline{DATASTB}$ 信号有效时，将 BUSY 信号置为高电平，$\overline{ACK}$ 有效使 BUSY 置为低电平，图中的单稳定用来展宽脉冲，以满足打印机对 $\overline{DATASTB}$ 信号要求的时间宽度。

A 端口地址用 PortA 表示，C 端口地址用 PortC 表示，控制端口地址用 PortCtr 表示。输出 500 个字符程序段如下：

```
        MOV     AL, 0A8H        ; A 端口方式 1 输出，PC4 输入
        MOV     DX, PortCtr     ; 控制口送 DX
        OUT     DX, AL          ; 输出控制字
        MOV     CX, 500         ; 传送 500 个字符
        MOV     DI, Buffer      ; 送字符缓冲区首址
LOOP1:  MOV     AL, [DI]
        MOV     DX, PortA       ; A 端口地址送 DX
        OUT     DX, AL          ; 从 A 端口输出一个字符
        MOV     DX, PonC        ; C 端口地址送 DX
NEXT:   IN      AL, DX          ; 从 C 端口读入打印机状态
        TEST    AL, 10H         ; 测试 BUSY 信号
        JNZ     NEXT            ; 如果打印机忙，等待
        INC     DI              ; 缓冲区首址加 1
        LOOP    LOOP1           ; 继续输出下一个字符
```

如果采用中断方式传送数据，电路的连接形式如图 10.18(b)所示。由 CPU 控制 PC4 产生选通脉冲，PC4 作输出用，这里 $\overline{OBF}$ 没有用。PC3 作为中断请求 INTR，由 $\overline{ACK}$ 信号上升沿产生，使用 IRQ3，中断向量 0BH。

在编写有关中断的程序时，中断服务程序要尽量短，把其他的处理工作都放在主程序中。

程序段如下：

```
        MOV     AL, 0A0H
        MOV     DX, PortCtr
        OUT     DX, AL          ; A 端口，方式 1 输出方式，PC4 作输出
        MOV     AL, 00001000B   ; 置 PC4=1，令 DATASTB = 1 选通无效
        CLI                     ; 关中断
        MOV     AH, 35H
        MOV     AL, 0BH
        INT     21H             ; 将 0BH 中断向量取到 ES、BX 中
        PUSH    ES
        PUSH    BX              ; 保存 0BH 中断向量
        PUSH    DS
        MOV     DX, OFFSET INTSERV  ; 中断子程序的偏移地址送 DX
        MOV     AX, SEG INTSERV
        MOV     DS, AX          ; 中断子程序段地址送 DS
```

```
    ; 设置 0BH 中断向量, 即将 DS, DX 的内容传送到中断向量表中
        MOV     AL, 0BH
        MOV     AH, 25H
        INT     21H
        POP     DS
        MOV     AL, 0DH
        MOV     DX, PortCtr
        OUT     DX, AL              ; 将 PC6 置 "1", 使 INTE 为 "1", 允许 8255A 端口中断
        STI                         ; 开中断, 允许中断请求信号进入 CPU
        ⋮
        CLI
        POP     DX
        POP     DS                  ; 将开始压栈的 ES、BX 的内容弹入 DX 中
        MOV     AL, 0BH
        MOV     AH, 25H
        INT     21H                 ; 恢复 0BH 原中断向量
        STI
        ⋮
中断服务程序
    INTSERV:
        PUSHAD                      ; 通用寄存器进栈
        MOV     AL, CL              ; 打印字符送 AL
        MOV     DX, PortA
        OUT     DX, AL              ; 打印字符送 A 端口
        MOV     AL, 00H
        MOV     DX, PortCtr
        OUT     DX, AL              ; 置 PC4 = 0, 产生选通信号, 使 DATASTB 为低电平
        INC     AL
        OUT     DX, AL              ; 使 PC4=1, 撤消选通信号
        MOV     DX, 20H
        OUT     DX, 20H             ; 发 EOI 命令
        POPAD                       ; 通用寄存器出栈
        IRET                        ; 中断返回
```

10.3 可编程串行接口电路 Intel 8251A

10.3.1 8251A 的主要性能和内部结构

8251A 是可编程的串行通信接口芯片, 它的基本性能如下:

(1) 可工作在同步方式, 也可工作在异步方式。同步方式下波特率为 0~64 000 波特, 异步方式下波特率为 0~19 200 波特。

(2) 在同步方式时, 每个字符可定义为 5、6、7 或 8 位。两种方法实现同步, 由内部自

动检测同步字符或由外部给出同步信号。允许同步方式下增加奇/偶校验位进行校验。

(3) 在异步方式下，每个字符可定义为 5、6、7 或 8 位，用 1 位作奇偶校验。时钟速率可用软件定义为波特率的 1、16 或 64 倍。另外，8251A 在异步方式下能自动为每个被输出的数据增加 1 个起始位，并能根据软件编程为每个输出数据设置 1 位、1.5 位或 2 位停止位。

(4) 能进行出错检测。带有奇偶、溢出和帧错误等检测电路，用户可通过输入状态寄存器的内容进行查询。

8251A 的内部结构框图如图 10.19 所示。从图中可以看出，它由数据总线缓冲器、读/写控制逻辑、发送缓冲器、发送控制器、接收缓冲器、接收控制器、调制/解调器控制逻辑、同步字符寄存器及控制各种操作的方式寄存器等组成。各部件实现的功能如下所示。

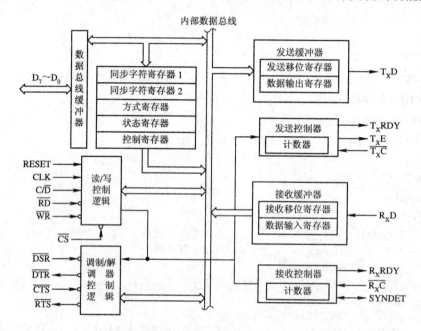

图 10.19　8251A 内部结构原理框图

1) 数据总线缓冲器

数据总线缓冲器通过 8 位数据线 $D_7 \sim D_0$ 和 CPU 的数据总线相连，负责把接收口接收到的信息送给 CPU，或把 CPU 发来的信息送给发送口。还可随时把状态寄存器中的内容读到 CPU 中，在 8251A 初始化时，分别把方式字、控制字和同步字符送到方式寄存器、控制寄存器和同步字符寄存器中。

2) 读/写控制逻辑

读/写控制逻辑接收与读/写有关的控制信号，由 $\overline{CS}$、$C/\overline{D}$、$\overline{RD}$、$\overline{WR}$ 的逻辑电路组合产生出 8251A 所执行的操作，如表 10-7 所示。有关这些信号的具体定义在下一小节讲述。

表 10-7　8251A 的控制信号与执行的操作之间的对应关系

$\overline{CS}$	$\overline{RD}$	$\overline{WR}$	$C/\overline{D}$	执行的操作
0	0	1	0	CPU 由 8251A 输入数据
0	1	0	0	CPU 向 8251A 输出数据
0	0	1	1	CPU 读取 8251A 的状态
0	1	0	1	CPU 向 8251A 写入控制命令

3) 发送缓冲器与发送控制器

发送缓冲器包括发送移位寄存器和数据输出寄存器，发送移位寄存器通过 8251A 芯片的 $T_X D$ 管脚将串行数据发送出去。数据输出寄存器寄存来自 CPU 的数据，当发送移位寄存器空时，数据输出寄存器的内容送给移位寄存器。

发送控制电路对串行数据实行发送控制。发送器的另一个功能是发送中止符(BREAK)，中止符由在通信线上的连续低电平信号组成，它是用来在全双工通信时中止发送终端的，只要 8251A 的命令寄存器的 bit3 为"1"，发送器就始终发送终止符。

4) 接收缓冲器与接收控制器

接收缓冲器包括接收移位寄存器和数据输入寄存器。串行输入的数据通过 8251A 芯片的 $R_X D$ 管脚逐位进入接收移位寄存器，然后变成并行格式进入数据输入寄存器，等待 CPU 取走。接收控制电路是用来控制数据接收工作。

5) 调制/解调器控制逻辑

利用 8251A 进行远距离通信时，发送方要通过调制解调器将输出的串行数字信号变为模拟信号，再发送出去。接收方也必须将模拟信号经过调制解调器变为数字信号，才能由串行接口接收。在全双工通信方式下，每个收、发口都是要连接调制解调器。调制解调器控制电路是专为调制解调器提供控制信号用的。

10.3.2 8251A 的外部性能

8251A 是双列直插式的 28 条引脚封装的集成电路，单一的+5 V 电源(第 26 引脚)，地线(第 4 引脚)。引脚信号如图 10.20 所示。下面分类介绍它的引脚信号。

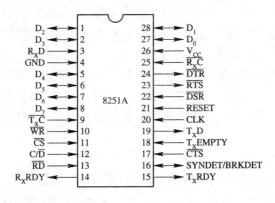

图 10.20 8251A 引脚图

1. 8251A 与 CPU 的接口信号

8251A 与 CPU 的接口信号可以分为五类，具体如下。

1) 双向的数据信号线 $D_7 \sim D_0$

8251A 有 8 条数据线 $D_7 \sim D_0$，D_7 为最高位，D_0 为最低位。8251A 通过这 8 根线和 CPU 的数据总线相连接，实际上，数据线上不只是传输数据，还传输 CPU 对 8251A 的编程命令字和 8251A 送往 CPU 的状态信息。

2) 片选信号 $\overline{CS}$

$\overline{CS}$(输入，11 引脚)为片选信号，低电平有效，芯片被选中才能工作，如果 8251A 未被选中，数据线 $D_7 \sim D_0$ 将处于高阻状态，读/写信号对芯片都不起作用。

　　3) 读/写控制信号

$\overline{RD}$(输入，13 引脚)为读信号，低电平有效。当该信号有效时，并且 $\overline{CS}$ 也为低电平，CPU 可以从 8251A 读取数据或状态信息。

$\overline{WR}$ (输入，10 引脚)为写信号，低电平有效。当该信号有效时，并且 $\overline{CS}$ 也为低电平，CPU 可以向 8251 写入数据或控制字。

$C/\overline{D}$(输入，12引脚)为控制/数据信号，分时复用。用来区分当前读/写的是数据还是控制信息或状态信息。当 $C/\overline{D}$ 为高电平时，系统处理的是控制信息或状态信息，从 $D_7 \sim D_0$ 端写入 8251A 的必须是方式字、控制字或同步字符。当 $C/\overline{D}$ 为低电平时，写入的是数据。

RESET(输入，21 引脚)为复位信号，高电平有效。当该信号为高时，8251A 实现复位功能，内部所有的寄存器都被置为初始状态。

CLK(输入，20 引脚)为主时钟信号，用于芯片内部的定时。对于同步方式，它的频率必须大于发送时钟 $\overline{T_xC}$ 和接收时钟 $\overline{R_xC}$ 的 30 倍。对于异步方式，必须大于它们的 4.5 倍。8251A 的时钟频率规定在 $0.74 \sim 3.1$ MHz 的范围内。

8251A 共有三种时钟信号：CLK、$\overline{T_xC}$ 和 $\overline{R_xC}$。其中发送时钟 $\overline{T_xC}$ 和接收时钟 $\overline{R_xC}$ 由波特率和波特率因子来决定。

　　4) 与发送有关的联络信号

$T_X RDY$(输入，15引脚)为发送器准备好信号，高电平有效。当该信号为高电平时，通知 CPU，8251A 已经准备好发送一个字符，表示 CPU 可以输入数据。所谓发送器准备好，就是控制字的第 0 位 $T_X EN$ 为"1"时，使 8251A 允许发送，并且调制解调器已做好接收准备，发出信号使 8251A 的 $\overline{CTS}$ 信号变低为有效，因此 $T_X RDY$ 为输出缓冲器空与 $\overline{CTS}$ 与 $T_X EN$。$T_X RDY$ 可作为中断申请信号，也可作为查询方式的联络信号使用。

$T_X EMPTY$(输入，18 引脚)为发送器空信号，控制 8251A 发送器发送字符的速度。对于同步方式，它的输入时钟频率应等于发送数据的波特率，对于异步方式，它的频率应等于发送波特率和波特率因子的乘积。

　　5) 与接收有关的联络信号。

$R_X RDY$(输出，14 引脚)为接收器准备好信号，高电平有效。当该信号为高时，表示 8251A 已从外部设备或调制解调器中收到一个字符，等待 CPU 取走。它可以作为中断请求信号或查询联络信号与 CPU 联系。

SYNDET/BRKDET(输入/输出，16 引脚)为同步检测/断缺检测信号，高电平有效。在同步方式下，SYNDET 执行同步检测功能，可以工作在输入状态，也可以工作在输出状态。同步检测分为内同步和外同步两种方式。采用哪种同步方式要取决于 8251A 的工作方式，由初始化时写入方式寄存器的方式字来决定。当 8251A 工作在内同步方式时，SYNDET 作为输出端，是在 8251A 内部检测同步字符。如果 8251A 检测到了所要求的一个或两个同步字符时，SYNDET 输出高电平，表示已达到同步，后续收到的是有效数据。当 8251A 工作在外同步方式时，SYNDET 作为输入端。外同步是由外部其他机构来检测同步字符，当外部检测到同步字符以后,从 SYNDET 端向 8251A 输入一个高电平信号,表示已达到同步,接收器可以串行接收数据。芯片复位时,SYNDET 为低电平。在异步方式下 BRKDET 实现断缺检测功能,当 $\overline{R_xC}$ 端连续收到 8 个 0 信号时,BRK-DET 端呈高电平,表示当前处于数据断缺状态,$\overline{R_xC}$ 端没有收到数据。当 $\overline{R_xC}$ 端收到 1 信号时,BRKDET 端变为低电平。

$\overline{R_xC}$ (输入,25 引脚)为接收器时钟信号,控制 8251A 接收字符的速度。和 $\overline{T_xC}$ 一样,在同步方式时,它的频率等于接收数据的波特率,并由调制解调器供给(近距离不用调制解调器,传送时由用户自行设置)。在异步方式时,时钟频率等于波特率和波特率因子的乘积。

2. 8251A 与外部装置之间的接口信号

8251A 与外部装置进行远距离通信时,一般要通过调制解调器连接。连接的信号可大致分为数据信号和收发联络信号两类。

1) 数据信号

T_xD(输出,19 引脚)为发送数据信号端。CPU 送入 8251A 的并行数据,在 8251A 内部转换为串行数据,通过 T_xD 端输出。

R_xD(输入,3 引脚)为接收数据信号端。R_xD 用来接收外部装置通过传输线送来的串行数据,数据进入 8251A 后转换为并行数据。

2) 发送数据时的联络信号

$\overline{RTS}$(输出,23 引脚)为请求发送信号,低电平有效。这是 8251A 向调制解调器或外设发送的控制信息,初始化时由 CPU 向 8251A 写控制命令字来设置。该信号有效时,表示 CPU 请求通过 8251A 向调制解调器发送数据。

$\overline{CTS}$(输入,17 引脚)为发送允许信号,低电平有效。这是由调制解调器或外设送给 8251A 的信号,是对 $\overline{RTS}$ 的响应信号,只有当 $\overline{CTS}$ 为低电平时,8251A 才能执行发送操作。

3) 接收数据时的联络信号

$\overline{DTR}$ (输出,24 引脚)为数据终端准备好信号,低电平有效。是由 8251A 送出的一个通用的输出信号,初始化时由 CPU 向 8251A 写控制命令字来设置。该信号有效时,表示为接收数据做好了准备,CPU 可以通过 8251A 从调制解调器接收数据。

$\overline{DSR}$ (输入,22 引脚)为数据装置准备好信号,低电平有效。这是由调制解调器或外设向 8251A 送入的一个通用的输入信号,是 $\overline{DTR}$ 的回答信号,CPU 可以通过读取状态寄存器的方法来查询 $\overline{DSR}$ 是否有效。

以上发送数据和接收数据的联络信号,对于远距离串行通信时要通过调制解调器连接,实际上是和调制解调器之间的连接信号。如果近距离传输时,可不用调制解调器,而直接通过 MC1488 和 MC1489 来连接,外设不要求有联络信号时,这些信号可以不用。

例如,$\overline{RTS}$ 可以悬空,但 $\overline{CTS}$ 必须接低电平,否则发送器不工作。道理很简单,这是由于发送器的工作条件是当 $\overline{CTS}$ 有效时,才能使 T_xRDY 成为有效的高电平,使用时可根据实际的情况来决定。如果外设需要一对联络信号就起用一对,需要两对就起用两对。例如,$\overline{DTR}$ 为有效电平可以作为一个 CPU 发出的选通信号,$\overline{DSR}$ 有效可以作为外设的状态信号。

使用 MC1488 和 MC1489 芯片时,传输时的电平是 RS-232 C 标准电平,所能传输的最大距离是 30 m,一般不超过 15 m。数据传输的波特率低于 20 000 波特。

10.3.3 8251A 编程地址

从表 10-7 看到,8251A 实际上只需要两个端口地址:一个用于数据端口,一个用于控制端口。数据输入端口和数据输出端口可合用一个端口;状态端口和控制端口也可合用一个端口。只用读信号 $\overline{RD}$ 和写信号 $\overline{WR}$ 即可区分是数据输入还是数据输出,是状态端口还是控制端口,状态端口只能读不能写。这样在具体的硬件设计时可简化电路连接。

由于 8251A 的 $D_7 \sim D_0$ 通常与数据总线的低 8 位相连,又由于低 8 位的数据线是和内存的偶地址相连,因而 8251A 的数据用偶地址传送正好和内存的低 8 位数据相对应。读写时,当地址总线的 $A_0=0$ 时,必定选中偶地址;$A_0=1$ 时,选定奇地址。因而对 8251A 编程时必须使 A_0 总是为 0。但 C/$\overline{D}$ 端要求两种状态,C/$\overline{D}$=1 要求选中数据输入/输出寄存器;C/$\overline{D}$=0 要求选中方式寄存器,同步字符寄存器、控制寄存器和状态寄存器。C/$\overline{D}$ 端要求有 0 和 1 两种电平,为满足这种要求,又要保持 A_0 总是为 0,因此将地址线的 A_0 和 C/$\overline{D}$ 相连接,片选 $\overline{CS}$ 通过地址译码得到,$\overline{RD}$ 、$\overline{WR}$ 分别与控制总线的 $\overline{IOR}$ 和 $\overline{IOW}$ 相连。

完成上述连接,异步方式如图 10.21 所示,同步方式如图 10.22 所示。

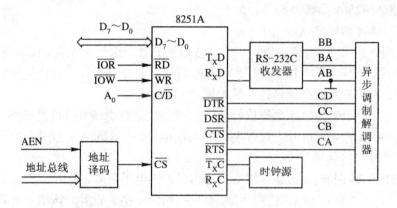

图 10.21 8251A 异步通信方式的连接

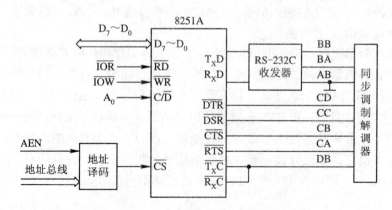

图 10.22 8251A 同步通信方式的连接

异步方式时，T_XRDY 和 R_XRDY 作为中断申请信号使用，与外部中断源连接；同步方式时，T_XRDY 和 R_XRDY 与调制解调器连接。如果工作在查询方式，均由 CPU 执行输出指令向奇地址端口写入命令指令，使其开始进行输入/输出工作。

8251A 初始化编程的流程如图 10.23 所示。初始化编程主要是对 8251A 的方式寄存器、控制寄存器和状态寄存器进行编程设置，下面做具体介绍。

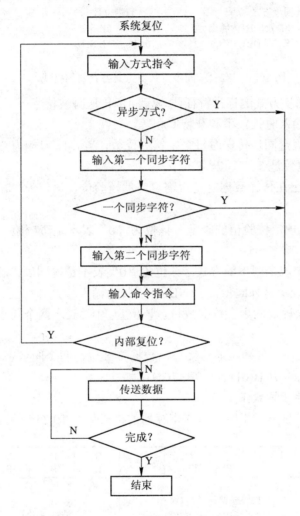

图 10.23　8251A 初始化编程流程图

10.3.4　8251A 的控制字

1. 方式寄存器

方式寄存器是 8251A 在初始化时，用来写入方式选择字用的。方式选择有两种：同步方式和异步方式。方式寄存器有 8 位，最低 2 位全为 0 时表示是同步方式，最低 2 位不全为 0 时表示是异步方式。具体格式如下。

1) 8251A 工作在同步方式下

当 8251A 工作在同步方式下时，方式寄存器的格式如图 10.24 所示。

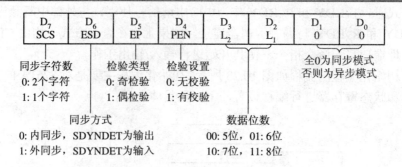

图 10.24   8251A 同步方式下方式寄存器的格式

(1) D_1D_0=00 是同步方式的标志特征，表示同步传送时波特率因子为 1，此时芯片上 T_XC 和 R_XC 引脚上的输入时钟频率和波特率相等。

(2) $D_3D_2(L_2L_1)$是规定同步传送时每个字符的位数，当 L_2L_1 对应为 00、01、10、11 时，分别表示传输字符的位数是 5、6、7、8 位。

(3) D_4(PEN)是规定在传输数据时是否需要奇偶校验位，该位为"1"表示有校验位，为"0"则无校验位。

(4) D_5(EP)是用来规定校验位的类型，该位为"0"表示是奇校验，为"1"表示是偶校验。

(5) D_6(ESD)是用来规定同步的方式，该位为"0"表示是内同步，芯片的 SYNDET 引脚为输出端；为"1"表示是外同步，SYNDET 引脚为输入端。

(6) D_7(SCS)是用未规定同步字符的数目，该位为"0"表示两个同步字符，为"1"表示一个同步字符。

例如，要求 8251A 作为外同步通信接口，数据位 8 位，两个同步字符，偶校验，其方式选择字应为十六进制的 7CH(01111100B=7CH)。

2) 8251A 工作在异步方式下

当 8251A 工作在异步方式下时，方式寄存器的格式如图 10.25 所示。

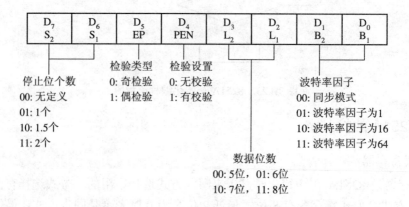

图 10.25   8251A 异步方式下方式寄存器的格式

(1) D_1D_0(B_2B_1)不全为 0 的情况表示是异步方式，当 B_2B_1=01 时，规定波特率的因子为 1；B_2B_1=10 时，规定波特率因子为 16；B_2B_1=11 时，规定波特率因子为 64。

(2) $D_3D_2(L_2L_1)$是规定在异步传送时每个字符的位数，与同步方式下的数据位数规定相同。

(3) D_4(PEN)是规定在异步传输时是否需要校验位，与同步方式下的规定相同。

(4) D_5(EP)是用来规定异步方式时，数据校验的类型，与同步方式下的规定相同。

(5) $D_7D_6(S_2S_1)$是用来规定异步方式时，停止位的个数。为了和同步方式相区别，当$D_7D_6=00$时，没有定义停止位的个数；当$D_7D_6=01$时，表示 1 个停止位；当$D_7D_6=10$时，表示 1.5 个停止位；当$D_7D_6=11$时，表示 2 个停止位。

例如，要求 8251A 芯片作为异步通信，波特率为 64，字符长度 8 位，奇校验，2 个停止位的方式选择字应为十六进制的 DFH(11011111lB=DFH)。

2. 控制寄存器

对 8251A 进行初始化时，按上面的方法写入了方式选择字后，接着要写入的是命令字，由命令字来规定 8251A 的工作状态，才能启动串行通信开始工作或置位。这样就要对控制寄存器输入控制字，控制寄存器的格式如图 10.26 所示。控制寄存器也是 8 位，每位的定义如下：

(1) D_0(T_XEN)：允许发送选择。只有当D_0=l 时，才允许 8251A 从发送端口发送数据。

(2) D_1(DTR)：该位与调制解调器控制电路的$\overline{\text{DTR}}$端有直接联系，当工作在全双工方式时，D_0、D_2位要同时置 1，D_1才置 1，由于 DTR=1 从而使$\overline{\text{STB}}$端被置成有效的低电平，通知调制解调器或 MC1488 芯片等器件，CPU 的数据终端已经就绪，可以接收数据了。

(3) D_2(RxEN)：允许接收选择。只有当D_2=1 时，才允许 8251A 从接收端口接收数据。

(4) D_3(SBRK)：当该位被置 1 后，使串行数据发送管脚 T_XD 变为低电平，输出"0"信号，表示数据断缺，而当处于正常通信状态时，SBRK=0。

(5) D_4(ER)：当该位被置 1 后，将消除状态寄存器中的全部错误标志，PE、OE、FE这三位错误标志由状态寄存器的D_3、D_4、D_5来指示。

(6) D_5(RTS)：该位与调制解调器控制电路的请求发送信号$\overline{\text{RTS}}$有直接联系，当D_5位被置 1，由于 RTS=1，从而使$\overline{\text{ACK}}$输出有效的低电平，通知调制解调器或 MC1489 芯片等器件，CPU 将要通过 8251A 输出数据。

调制解调器控制电路的$\overline{\text{DTR}}$和$\overline{\text{RTS}}$的有效电平不是由 8251A 内部产生，而是通过对控制字的编程来设置，这样可便于 CPU 与外设直接联系。

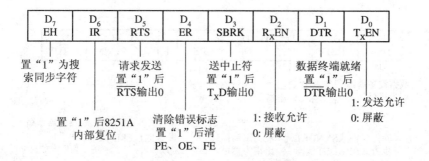

图 10.26　8251A 的控制寄存器格式

(7) D_6(IR)：当该位被置 1 后，使 8251A 内部复位。当对 8251A 初始化时，使用同一个奇地址，先写入方式选择字，接着写入同步字符(异步方式时不写入同步字符)，最后写入的才是控制字，这个顺序不能改变，否则将出错。但是，当初始化以后，如果再通过这个奇地址写入的字，都将进入控制寄存器，因此控制字可以随时写入。如果要重新设置工作方式，写入方式选择字，必须先要将控制寄存器的 D_0 位置 1，也就是说内部复位的命令字为 40H 才能使 8251A 返回到初始化前的状态。当然，用外部的复位命令 RESET，也可使 8251A 复位，而在正常的传输过程中 D_6=0。

(8) D_7(EH)：该位只对同步方式才起作用。当 D_7=1 时表示开始搜索同步字符，但同时要求 D_2(R_XEN)=1，D_4(ER)=1，同步接收工作才开始进行。也就是说，写同步接收控制字时必须使 D_7、D_4、D_2 同时为 1。

3. 状态寄存器

状态寄存器是反映 8251A 内部工作状态的寄存器，只能读出，不能写入。CPU 可用 IN 指令来读取状态寄存器的内容。状态寄存器的格式如图 10.27 所示。状态寄存器也是 8 位，每位的定义如下：

(1) D_0(T_XRDY)：D_0=1 是发送准备好标志，表明当前数据输出缓冲器空。要注意的是，这里状态位 D_0 的 T_XRDY 和芯片引脚上的 T_XRDY 的信号不同，这是状态位的 T_XRDY 不受输入信号 $\overline{CTS}$ 和控制位 T_XEN 的影响；而芯片引脚上的 T_XRDY 必须在数据输出寄存器空，并且调制解调器控制电路的 $\overline{CTS}$ 端也为低电平时，控制寄存器的 D_0(T_XEN)=1 时才有效。

(2) D_1(R_XRDY)：接收器准备好信号，该位为"1"时，表明接口已接收到一个字符，当前正准备输入 CPU 中。当 CPU 从 8251A 输入一个字符时，R_XRDY 自动清 0。

(3) D_2：(T_XEMPTY)，同 8251A 的 18 脚说明。

(4) D_6：(SYNDET/BRKDET)，同 8251A 的 16 脚说明。

(5) D_7(DSR)：数据终端准备好标志，当外设(调制解调器等)已准备好发送数据时，就向 $\overline{DSR}$ 端发出低电平信号，使 $\overline{DSR}$ 有效。此时 DSR 位被置 1。

上面 D_1、D_2、D_6、D_7 这 4 位的状态与 8251A 芯片外部同名管脚的状态完全相同，反映这些管脚当前的状态。

(6) D_3(PE)：奇偶出错标志位，PE=1 时，表示当前产生了奇偶错，但不终止 8251A 工作。

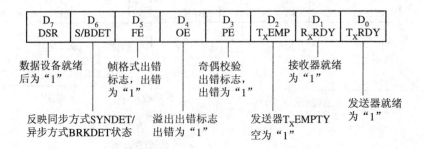

D_7 DSR	D_6 S/BDET	D_5 FE	D_4 OE	D_3 PE	D_2 T_XEMP	D_1 R_XRDY	D_0 T_XRDY

数据设备就绪后为"1"　　帧格式出错标志，出错为"1"　　奇偶校验出错标志，出错为"1"　　接收器就绪为"1"

反映同步方式SYNDET/异步方式BRKDET状态　　溢出出错标志出错为"1"　　发送器T_XEMPTY空为"1"　　发送器就绪为"1"

图 10.27 8251A 的状态寄存器格式

(7) D$_4$(OE): 溢出出错标志位，在接收字符时，如果数据输入寄存器的内容没有被 CPU 及时取走，下一个字符各位已从 R$_X$D 端全部进入移位寄存器，然后进入数据输入寄存器，这时，在数据输入寄存器中，后一个字符覆盖了前一个字符，因而出错，这时 D$_4$ 位被置 1。

(8) D$_5$(FE): 帧格式出错标志位，只适用于异步方式。在异步接收时，接收器根据方式寄存器规定的字符位数、有无奇偶校验位、停止位位数等，都由计数器计数接收，若停止位不为 0，说明帧格式错位。字符出错，此时 FE=1。

上面的 PE=1，OE=1 和 FE=1 只是记录接收时的三种错误，并没有终止 8251A 工作的功能，由 CPU 通过 IN 指令读取状态寄存器来发现错误。

10.3.5 8251A 编程应用举例

1. 同步方式下的初始化

同步方式下 8251A 的工作特点是：发送方和接收方是同一时钟源。也就是说数据和发送时钟(或接收时钟)是同步的，图 10.22 是同步方式下的连接。

检测同步字符分为内同步方式和外同步方式两种。如果是内同步方式，靠 8251A 自身检测，检测到同步字符后，从芯片的 16 管脚 SYNDET 输出一个有效的高电平信号。如果是外同步方式，则由调制解调器或有关设备来检测同步字符，当检测到同步字符后，调制解调器通过芯片的 16 管脚 SYNDET 给 8251A 一个信号，通知 8251A 已经实现同步。

例如，要求 2 个同步字符，外同步，奇校验，每个字符 8 位，方式选择字应是：01011100B=5CH。工作状态要求出错标志复位。启动发送器和接收器，控制字应是 10110111B=B7H。第一个同步字符为 A5H，第二个同步字符为 E7H(2 个同步字符也可以是相同的)。

编程初始化时，先用内部复位命令将 40H 送入 8251A 奇地址，复位后重新写入奇地址，程序段如下：

```
        MOV     AL，40H
        OUT     PortE，AL        ; 40H 写入奇地址 PortE，使 8251A 复位
        MOV     AL，5CH
        OUT     PortE，AL        ; 设置方式选择字
        MOV     AL，0A5H
        OUT     PortE，AL        ; 写入第一个同步字符
        MOV     AL，0E7H
        OUT     PortE，AL        ; 写入第二个同步字符
        MOV     AL，0B7H
        OUT     PortE，AL        ; 设置控制源，启动发送器和接收器。
```

2. 异步方式下的初始化

异步方式下 8251A 的工作特点是：发送方和接收方的时钟是不一样的，图 10.21 是异步方式下的连接。

例如，要求异步方式下，波特率因子为 16，8 位数据，1 位停止位，方式选择字应是 01011101B=5DH。在异步方式下输入 50 个字符，采用查询状态字的方法，在程序中需对

状态寄存器的 R_XRDY 位进行测试，查询 8251A 是否已经从外设接收了一个字符。如果收到，D_1 位 R_XRDY 变为 "1"。CPU 用输入指令从偶地址端口取回数据送入内存缓冲区中，当 CPU 读取字符后，R_XRDY 自动复位，变为 "0"。除检测 R_XRDY 位以外，还要检测 D_3 位(PE)、D_4 位(OE)、D_5 位(FE)是否出错，如果出错，转错误处理程序，工作状态的要求同上边的同步方式相同。

```
              MOV    AL，40H
              OUT    PortE，AL        ; 复位 8251A
              MOV    AL，50H          ;
              OUT    PortE，AL        ; 写入异步方式选择字
              MOV    AL，37H
              OUT    PortE，AL        ; 控制字写入奇地址 PortE
              MOV    DI，0            ; 变址寄存器置 "0"
              MOV    CX，32H          ; 送入计数初值 50 个字符
INPUT:        IN     AL，PortE        ; 读取状态字
              TEST   AL，02H          ; 测试状态字第 2 位 RxRDY
              JZ     INPUT           ; 8251A 未收到字符则重新取状态字
              IN     AL，PortO        ; RxRDY 有效，从偶地址口 PortO 输入数据
              MOV    DX，Buffer       ; 缓冲区首址送 DX
              MOV    [DX+D1]，AL      ; 将字符送入缓冲区
              INC    DI              ; 缓冲区指针加 1
              IN     AL，PortE        ; 再读状态字
              TEST   AL，38H          ; 测试有无三种错误
              JNZ    ERROR           ; 有错转出错处理
              LOOP   INPUT           ; 没错，又不够 50 个字符，转 Input
              JMP    EXIT            ; 如已输入 50 个字符，则转结束
ERROR:
EXIT:
```

习 题 10 ✍

10.1　当数据从 8255A 的 C 端口往数据总线上读出时，8255A 的几个控制信号 $\overline{CS}$、A_1、A_0、$\overline{RD}$、$\overline{WR}$ 分别是什么？8255A 的方式选择控制字和置 1/置 0 都是写入控制端口的，那么他们是由什么来区分的？

10.2　8255A 有哪几种基本工作方式？简述各种方式的特点和基本功能。

10.3　8255A 的方式 0 一般使用在什么场合？在方式 0 时，如果使用应答方式进行联络，应该怎么办？

10.4　当 8255A 工作在方式 2(中断)时，CPU 是如何来区分输入/输出的？

10.5　下图为一个 8088 计算机系统的打印机部件的连接简图。8255A 作为打印机接口，

端口 PA 工作于方式 1，输出打印字符，端口 PB 作其他用途，方式 0 输入。打印机的简单工作过程为：CPU 从 8255A 的端口 PA 输出一个待打印字符，然后程控 PC₇ 输出一个负脉冲，将字符数据送入打印机；打印机输出完此字符，通过 $\overline{ACK}$ 回送一个响应信号，通知 CPU 可以送另一个字符。已知 8255A 的端口地址为 220H～223H，试编写 8255A 的初始化及打印存于字符缓冲区 BUF 处 32 个字符的程序。

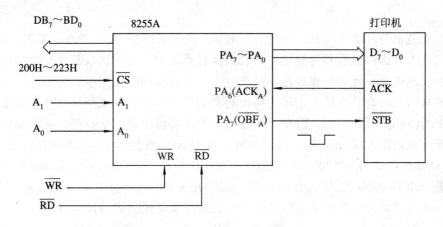

图 10.28　打印机部件连接简图

10.6　设 8255A 的 4 个寻址地址号为 0060H～0063H，试编写下列各种情况下的初始化程序。

(1) 将 A 组和 B 组设置成方式 0，A 口、B 口为输入，C 口为输出。

(2) 将 A 组工作方式设置成方式 2，B 组为方式 1，B 口作为输出。

(3) 将 A 口、B 口均设置成方式 1，均为输入，PC6 和 PC1 为输出。

(4) A 口工作在方式 1，输入；B 口工作在方式 0，输出；C 口高 4 位配合 A 口工作，低 4 位为输入。

10.7　设 8251A 的控制端口和状态端口地址为 03FBH，数据输入/输出口地址为 03F8H，输入 100 个字符，并将字符放在 Buffer 所指的内存缓冲区中。请写出这段程序。

第 11 章　开关量与模拟量接口技术

　　工业监测与控制是微机应用的重要领域，在机电设备、航天飞机、军事装备、仪器仪表等方面，微机都得到了广泛应用。在系统中，计算机采集被控制对象的参数和状态信息，经过处理后再将结果输出，作为系统的控制和管理信息。无论是计算机输入的是状态信息，还是输出的控制信号，都可以概括为两种物理量，即开关量(瞬变信息)和模拟量(渐变信息)。本章主要讨论开关量和模拟量的一般概念、开关量的输入/输出接口、模拟量的 8 位 D/A 转换器 DAC0830/0831/0832 与 12 位 D/A 转换器 DAC1208/1209/1210 的接口技术和性能参数、模拟量的 8 位 A/D 转换器 ADC0809 与 12 位 A/D 转换器 AD574A/AD674A 的接口技术和性能参数，最后以多通道数据采集系统为例使读者掌握开关量与模拟量的接口技术。

11.1　概　　述

11.1.1　开关量

　　开关量的输入/输出是微机应用系统常常遇到的问题。在微机应用系统中，通常要引入一些开关量的输出控制(如继电器的通/断)及状态量的反馈输入(如机械限位开关状态、控制继电器的触点闭合等)。这些控制动作都和强电(大电流、高电压)控制电路联系在一起，合理地设计和应用十分重要。如果应用不当就会对微机应用系统造成严重干扰，导致微机系统不能正常工作。

　　强电控制电路与微机应用系统共地，是引起干扰的一个很重要的原因。由于强电控制电路与微机应用系统的接地线存在着一定的电阻，且微机应用系统各器件的接地和电源接地之间也存在着一定大小的连线电阻，在平常工作时，流过的电流较小，这种电阻上的压降几乎可以忽略不计，系统各器件的地和电源地可以认为是同一电位；但是，如果在某一瞬时，有大电流流过，那么该电阻上的压降就不能忽略了。这些压降就会叠加到微机应用系统各个器件上，从而造成危害极大的脉冲干扰。如图 11.1 所示。

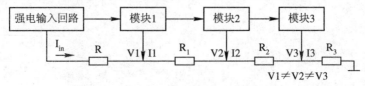

图 11.1　大电流干扰地电平示意图

　　消除上述干扰的最有效方法是使微机应用系统主机部分的接地和强电控制电路的接地

隔开，不让它们在电气上共地。微机应用系统主机部分的控制信息以某种非电量(如光、磁等)形式传递给强电控制电路，实现电信号的隔离，从而消除强电干扰。目前，最常见的是采用光电隔离器或继电器隔离，其中光电隔离器件体积小、响应速度快、寿命长、可靠性高，因而获得了广泛的应用。

11.1.2 模拟量

模拟量输入/输出通道是微型计算机与控制对象之间的一个重要接口，也是实现工业过程控制的重要组成部分。在工业生产中，需要测量和控制的物理量往往是连续变化的量，如电流、电压、温度、压力、位移、流量等。为了利用计算机实现对工业生产过程的自动监测和控制，首先要能够将生产过程中监测设备输出的连续变化的模拟量转变为计算机能够识别和接受的数字量。其次，还要能够将计算机发出的控制命令转换为相应的模拟信号，去驱动模拟调节执行机构。这样两个过程，都需要模拟量的输入和输出通道来完成。

模拟量输入/输出通道的结构如图 11.2 所示，下面分别介绍输入和输出通道中各环节的作用。

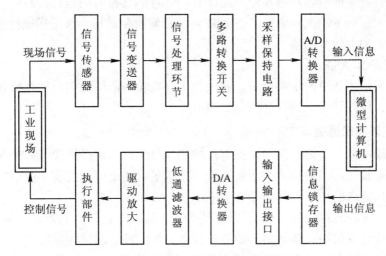

图 11.2 模拟量的输入/输出通道结构图

1. 模拟量的输入通道

典型的模拟量输入通道由以下几部分组成。

1) 传感器

传感器是用于将工业生产现场的某些非电物理量转换为电量(电流、电压)的器件。例如，热电偶能够将温度这个物理量转换成几毫伏或几十毫伏的电压信号，所以可用它作为温度传感器；而压力传感器可以把物理量压力的变化转换为电信号，等等。

2) 变送器

一般来讲，传感器输出的电信号都比较微弱，为了易于与信号处理环节衔接，就需要将这些微弱电信号转换成一种统一的电信号，变送器就是实现这一功能的器件。它将传感器的输出信号转换成 0~10 mA 或 4~20 mA 的统一电流信号或者 0~5 V 的电压信号。

3) 信号处理环节

信号处理环节主要包括信号的放大及干扰信号的滤除。它将变送器输出的信号进行放大或处理成符合 A/D(Analog to Digital)转换器需要的信号。另外，传感器通常都安装在现场，环境比较恶劣，其输出常叠加有高频干扰信号。因此，信号处理环节通常是低通滤波电路，如 RC 滤波器或由运算放大器构成的有源滤波电路等。

4) 多路转换开关

在生产过程中，要监测或控制的模拟量往往不止一个，尤其是数据采集系统中，需要采集的模拟量一般比较多，而且不少模拟量是缓慢变化的信号。对这类模拟信号的采集，可采用多路模拟开关切换，使多个模拟信号共用一个 A/D 转换器进行采样和转换，以降低成本。

5) 采样保持电路

在数据采样期间，保持输入信号不变的电路称为采样保持电路。由于输入模拟信号是连续变化的，而 A/D 转换器完成一次转换需要一定的时间，这段时间称为转换时间。不同的 A/D 转换芯片，其转换时间不同。对于变化较快的模拟输入信号，如果在转换期间输入信号发生变化，就可能引起转换误差。A/D 转换芯片的转换时间越长，对同样频率模拟信号的转换精度的影响就越大。所以，在 A/D 转换器前面要增加一级采样保持电路，以保证在转换过程中，输入信号的值不变。

6) 模数转换器 A/D

这是模拟量输入通道的中心环节，它的作用是将输入的模拟信号转换成计算机能够识别的数字信号，以便计算机进行分析和处理。

2. 模拟量的输出通道

计算机的输出信号是数字信号，而有些控制执行元件要求提供模拟的输入电流或电压信号，这就需要将计算机输出的数字量转换为模拟量，这个过程的实现由模拟量的输出通道来完成。输出通道的核心部件是 D/A(Digital to Analog)转换器，由于将数字量转换为模拟量同样需要一定的转换时间，因此要求在整个转换过程中待转换的数字量必须保持不变。而计算机的运行速度很快，其输出的数据在数据总线上稳定的时间很短，因此，在计算机与 D/A 转换器之间必须加一级锁存器以保持数字量的稳定。D/A 转换器的输出端一般还要加上低通滤波器，以平滑输出波形。另外，为了能够驱动执行器件，还需要设置驱动放大电路将输出的小功率模拟量加以放大，以足够驱动执行元件动作。

11.2　开关量接口

11.2.1　光电子器件

光电技术应用于计算机系统是当前一种较新的趋势，在信号传输和存储等环节中，可有效地应用光信号。例如，在电话与计算机网络的信息传输，声像演播用的 CD 或 VCD，计算机光盘 CD−ROM，甚至于在船舶和飞机的导航装置、交通管理设备中均采用现代化的光电子系统。光电子系统的突出优点是，抗干扰能力较强，传输速率极高，而且传输损耗小，工作可靠。它的主要缺点在于，光路比较复杂，光信号的操作与调制需要精心设计。光信号和电信号的接口需要一些特殊的光电转换器件，下面分别予以介绍。

1. 光电二极管

光电二极管的结构与 PN 结二极管类似，但在它的 PN 结处，通过管壳上的一个玻璃窗口能接收外部的光照。这种器件的 PN 结在反向偏置状态下运行，它的反向电流随光照强度的增加而上升。图11.3(a)是光电二极管的代表符号，图11.3(b)是它的等效电路，而图11.3(c)则是它的工作特性曲线。

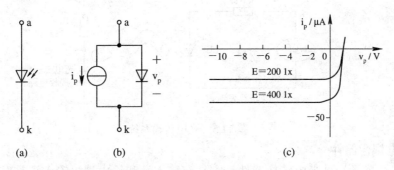

图 11.3　光电二极管电路

(a) 符号；(b) 等效电路；(c) 特性曲线

光电二极管的主要特点是，它的反向电流与光照度成正比，灵敏度的典型值为 0.1 μA/lx(lx 为勒克斯，是光照度 E 的单位)数量级。

光电二极管可用来测量光信号，是将光信号转换为电信号的常用器件。

2. 发光二极管

发光二极管通常是使用元素周期表中Ⅲ、Ⅴ族元素的化合物，如砷化镓、磷化镓等所制成的。当这种管子通以电流时将发出光来，这是由于电子与空穴直接复合而放出能量的结果。其光谱范围比较窄，波长由所使用的基本材料而定。图 11.4 表示发光二极管的代表符号。几种常见发光材料的主要参数如表 11-1 所示。发光二极管常用来作为显示器件，除单个使用外，也常做成七段式矩阵式器件，单管工作电流一般在几毫安至几十毫安之间。

图 11.4　发光二极管

表 11-1　发光二极管的主要参数

颜色	波长/nm	基本材料	正向电压，(10 mA 时)/V	光强(10 mA 时,张角±45°)/mcd*	光功率/μW
红外	900	砷化镓	1.3～1.5		100～500
红	655	磷砷化镓	1.6～1.8	0.4～1	1～2
鲜红	635	磷砷化镓	2.0～2.2	2～4	5～10
黄	583	磷砷化镓	2.0～2.2	1～3	3～8
绿	565	磷化镓	2.2～2.4	0.5～3	1.5～8

注：cd(坎德拉)是发光强度的单位。

发光二极管的另一种重要用途是将电信号变为光信号，通过光缆传输，然后再用光电二极管接收，再还原电信号。图 11.5 表示一发光二极管发射电路通过光缆驱动一个光电二极管电路。在发射端，一个 0～5 V 的脉冲信号通过 300 Ω 的电阻作用于发光二极管(LED)，这个驱动电路可使 LED 产生数字光信号，并作用于光缆。由 LED 发出的光约有 20% 耦合到光缆。在接收端，传送的光中约有 80% 耦合到光电二极管上，以致在接收电路的输出端复原为 0～5 V 电平的数字信号。

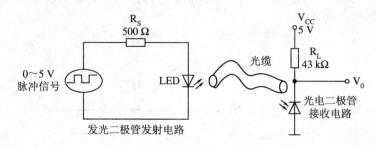

图 11.5   光电传输系统

3. 光电耦合器件

光电耦合器是一种光电转换器件，它具有输入端和输出端。输入端是发光器件，输出端是光接收器件。当输入端加电信号时，此电信号使输入端的发光器件发光，而这种光信号被输出端的光电接收器接收并转换成电信号。由这种"电→光→电"的转换过程实现了输入电信号和输出电信号之间的隔离。这就是光电耦合器的基本工作原理。

1) 光电耦合器的基本性能

将发光二极管和光敏器件封装在一起就成为光电耦合器，光电耦合器件的种类很多，但其基本原理是完全一样的。典型光电耦合器(简称光耦)的电路原理如图 11.6 所示。

图中光电耦合器件由两部分组成：发光二极管和光敏三极管。当发光二极管通过一定电流时它就会发光，该光被光敏三极管接收，就使它的 c、e 两端导通。当发光二极管内没有电流流过时，就没有光照射到光敏三极管，从而使三极管截止，c、e 两端开路。用此方法就可以将逻辑值以光的有、无方式从左端传到右端。

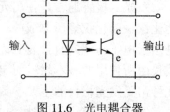

图 11.6   光电耦合器

光电耦合器具有 10 MΩ 的隔离电阻和仅几个 pF 的电容。这种光电耦合器的特点是体积小，寿命长，无触点，抗干扰性强。根据材料和制造工艺的不同有多种光电耦合器件，目前使用最广泛的是 GaAsLED ——光电三极管型或光电二极管型。较早的器件是一个光电耦合器封装于一个塑封壳内，而新的器件可将四个光电耦合器封装于一个双列直插式塑封组件壳内，形成集成光电耦合器。

2) 光电耦合器的基本参数

光电耦合器的参数可分为输入参数、输出参数和传输特性参数三部分。

(1) 输入特性：表征光电耦合器输入参数集合。

① 最大允许输入电流 I_{FM}：超出这个值时引起 PN 结温升过高，造成发光二极管损坏。一般 I_{FM} 可达 50 mA，平时使用 10～20 mA。电流过小则发光不够，光电耦合器不能正常

工作。

② 正向压降 V_F: 在 I_F=10 mA 时，$V_F \leqslant 1.3$ V，在设计电路时要考虑这个因素。

③ 反向击穿电压 BV_R: 发光二极管的反向击穿电压比普通二极管低，一般 BV_R 在 10～20 V，使用时应控制在 5 V 以内。由于
发光二极管的反向击穿电压 BV_R 较小，因此，为了防止使用时接错电压极性或者其他偶然因素而引进的反向电压造成发光二极管击穿，往往在输入端加入一只反向二极管 V，用以保护光电耦合器。为了防止长线输入干扰，往往加上 RC 电路。完整的输入电路如图 11.7 所示。

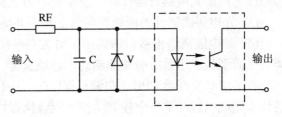

图 11.7　光电耦合器输入电路

④ 反向漏电流 I_R: 光电耦合器的发光二极管在加反向电压时有一固定反向小电流，称之为反向漏电流 I_R，一般在 V_R=3 V 时，I_R 不大于 50 μA。

(2) 输出特性：表征光电耦合器输出参数集合。

① 暗电流：在输入端不加输入电流时，输出端的光电流称为暗电流(I_{ceo})，输出端在 20 V 工作电压下，$I_{ceo} \leqslant 0.1$ μA。

② 输出端工作电压 V_E: 光电耦合器输出端工作电压是指当输出端暗电流不超过一定值时，输出端所能加的最高电压。当输出端暗电流不超过 0.1 μA 时，工作电压最高为 30 V，一般为 20 V。在电路中使用时不得超过手册上给出的工作电压的 70%。

③ 击穿电压 BV_{CEO}: 输出端的击穿电压是输出端工作电压继续提高后而产生击穿时的电压。对于 GD210 系列，以二极管输出的耦合器为例，击穿电压即为输出端光电二极管的反向击穿电压，一般可大于 100 V。对于 4N 系列和 GD310 系列光电耦合器，输出端击穿电压即为输出端光电三极管的集—射极之间的击穿电压 BV_{CEO}。

④ 光电流 I_E: 给光电耦合器输入端注入一定的工作电流(一般 10 Ma)，使 GaAs-LED 发光；输出端加上一定的工作电压(一般为 10 V)，输出端产生的电流即为光电流。光电二极管型光电耦合器的光电流为 300 μA 左右；而光电三极管型光电耦合器的光电流可达 10 mA。

⑤ 输出最大允许电流 I_{CM}: 指发光二极管电流 I_F 增加而 I_c 不再增加时的集电极电流。额定值为 20 mA，但使用时不要超过 10 mA。

⑥ 最大允许功耗 P_{CM}: 为光电三极管的输出电流与其压降的乘积，一般为 150 mW。

(3) 传输特性：光电耦合器的传输特性表征光电耦合器输入端与输出端的关系。

① 传输比：在 I_E=10 mA、V_{CE}=10 V 时，传输比约为 0.1～1.5。

② 隔离阻抗：一般大于 10 MΩ。

③ 极间耐压：极间耐压可达 500 V。

④ 极间电容：极间电容小于 2 PF。

⑤ 响应时间：$t_r \leqslant 3$ μs，$t_f \leqslant 4$ ms，因此频率很高时不易使用，频率低于 100 kHz(甚至低于 50 kHz)时才能可靠地使用，即顶宽和底宽最好大于 10 μs。

3) 应用注意事项

(1) 由于光电耦合器件在工作过程中需要进行"电→光→电"的两次物理量的转换，

这种转换是需要注意响应时间的，因而输入/输出速率有一定限制，按器件不同一般在几十至几百千赫兹。

(2) 当光电隔离器件的一端具有高电压时，为避免输入与输出之间被击穿，要选择合适绝缘电压的光电耦合器件。一般常见的为 0.5～10 kV。

(3) 光电隔离器件的两边在电气上是不共地的。特别是供电电源，两边都应是独立的。

(4) 光电隔离输出接口通常用于对大功率执行机构的控制，这种控制要求非常可靠。为了使微型机应用系统确知控制动作已经执行，一般每一个控制动作执行后，应有一个相应的状态信息反馈给 CPU。在编写程序时，应使控制动作和反馈检测互锁，即在一个控制动作未完成以前，下一个控制动作不应该执行。

(5) 由于一般光电耦合器件的输入/输出特性是非线性的，因此不适用于模拟量的输入/输出接口。模拟量的隔离应在 A/D 转换后进行。

11.2.2　开关量输入接口电路

如前所述，光电隔离输入通常用于控制动作的状态反馈。这种反馈可能是电信号形式，也可能是机械触点的断开或闭合形式。这里，我们假定状态反馈形式是继电器触点的断开或闭合。光电隔离输入接口电路如图 11.8 所示。

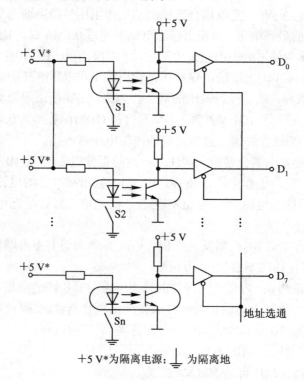

图 11.8　光电隔离输入接口电路实例

当继电器的触点闭合时，5 V 电源经限流电阻为发光二极管提供一个工作电流。为使该发光二极管正常发光，流过它的工作电流一般要求为 10 mA 左右。发光二极管发出的光使光敏三极管导通，从而使光敏三极管的集电极(c)变成低电平，再经三态反相缓冲器，变成高电平送到 CPU 的数据总线上。三态缓冲器为光电隔离器件与 CPU 总线提供一个数据缓冲，只有 CPU 的地址选通信号加到该缓冲器的选通端时，光电隔离器件的状态才能通过数据总线读到 CPU。

作为开关量输入/输出元件的光电耦合器的输入电路，可直接用 TTL 门电路或触发器驱动。在采用 MOS 电路时不能直接驱动，而要加 TTL 的三极管驱动，其电路形式如图 11.9 所示。

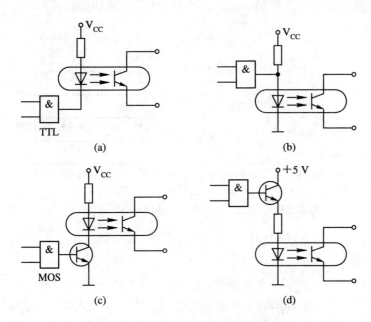

图 11.9　光电耦合器的几种输入电路

驱动光电耦合器的门电路，不能再驱动其他的负载。如前所述，光电耦合器在接收长距离信号及防止反向击穿时应附加上反向二极管和阻容电路。做为开关量输入时，光电耦合器的输出电路可直接驱动 DTL、TTL、HTL、MOS 电路等，也可通过晶体管来驱动，对于 GaAs LED 光电三极管型可直接驱动。其电路图如图 11.10 所示。

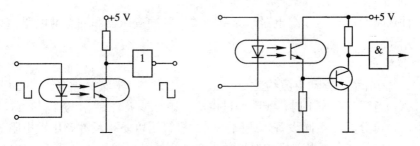

图 11.10　光电耦合器输出驱动电路

光电耦合器可代替继电器、变压器、斩波器等用于电路隔离或开关电路。此外，它还可用于 D/A 转换、逻辑电路、长线传输、过流保护、高压控制、电平匹配、线性放大等许多方面。

开关量向微型计算机的输入有两种方法；一种是把一些开关量组成输入端口，由微型计算机的输入指令进行输入；另一种是对于要求紧急处理的一些开关量输入，必须通过"或逻辑"产生中断请求，由中断处理程序具体查询是哪种请求后，再作具体处理。

11.2.3 开关量输出接口电路

开关量输出装置的逻辑结构如图 11.11 所示。由图可知，开关量输出接口由四部分组成，即缓冲寄存器、驱动放大电路、输出部件以及控制译码电路。

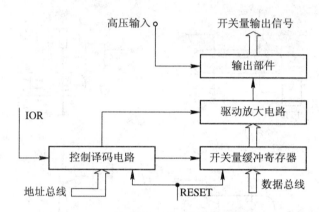

图 11.11   开关量输出接口的逻辑结构

1. 缓冲寄存器

缓冲寄存器的每一位表示一个开关量，用"0"和"1"区分通/断或有/无。寄存器的字长等于数据总线位数，可容纳同样多的开关量数目。每个寄存器给一个地址，由控制译码器提供一个选通信号，开关量数目被字长除得的整数即为寄存器的数目。例如，对 16 位计算机，若有 64 个开关量输出，则需要四个寄存器(16 位)和四套相应电路(每套 16 路)。

2. 驱动放大电路

因为有些输出电路要求比较大的电流(例如，继电器需 20 mA 电流)，所以需要驱动放大电路。一般采用辅助操作接口中的总线驱动器元件即可。

3. 输出部件

输出元件通常有四种，即继电器、光电开关、脉冲变压器和固态继电器。其电路原理如图 11.12 所示。

1) 继电器输出

如图 11.12(a)所示，驱动电流约为 20 mA，电压为+5 V，输入高压约为 24～30 V，电流为 0.5～1 A。当开关量为 1 时，线圈通过电流，触点被吸合。V_{F1} 与 V_0 接近，输入线 V_{F2} 一般可公用，也可分开接不同设备。线圈并联二极管用以防止反冲。压敏电阻为齐纳二极管，起到防止冲击、打火、去干扰和保护触点等作用。继电器用于负载重、速度慢的情况。

2) 光电开关输出

光电开关电路如图 11.12(b)所示，一般要求驱动电流为 20 mA，宽度 20 μs，用于负载较轻的使用情况。

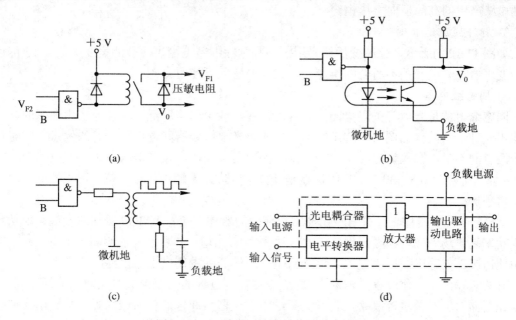

图 11.12　几种常用输出部件的电路结构

　　光电隔离输出接口，一般是 CPU 和大功率执行机构(如大功率继电器、电机等)之间的接口，控制信息通过它才能送到大功率的执行机构。CPU 与继电器之间的接口如图 11.13 所示，它是光电隔离输出接口的一个实例。

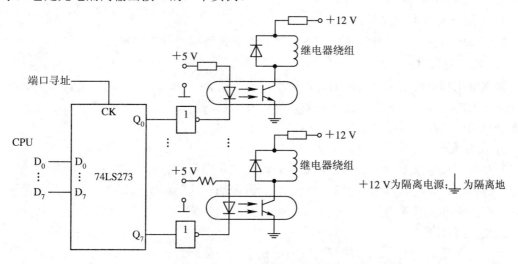

图 11.13　光电隔离输出接口电路实例

　　图中输出控制用一块 8 位锁存器进行缓冲，然后再经一块反相器与发光二极管的一端相接。该反相器可以用 OC 门，也可以用吸收电流较大的 TTL 门(如 71LS240)。当继电器的工作电流不太大时，光敏三极管的集电极可以串接一个继电器线圈，以直接驱动继电器工作。当所接的继电器的工作电流较大时，需要加一级驱动放大电路(可以用一级前置继电器，也可以用一级晶体管放大电路)。与继电器线圈并联的二极管起阻尼作用，它在继电器断电时，为在线圈中的工作电流提供一个低电阻通路，以保护光敏三极管不致于被继电线圈电感产生的高的反向电压击穿。

3) 脉冲变压器输出

如图 11.12(c)所示，脉冲变压器多用于高频脉冲调制型输出。脉冲宽度可为 2～5 μs。脉冲变压器在光电开关不适合的快速、负载轻的情况下使用。

4) 固态继电器

固态继电器是光电开关隔离的扩展应用，在工业上用途广泛，是性能较为理想的开关量输出元件，其结构如图 11.12(d)所示。它兼有光电耦合器和继电器二者的优点，同时克服了两者的不足。输入为 TTL 电平，输入电流小于 1 mA，输出电压为 24～1200 VDC(或AC)，输出电流为 0.5～30 A。它的优点是开关速度快，无触点，无火花，可靠性好；缺点是价格稍贵。

此外，VFBT 器件是开关量输出非常有前途的器件。随着 VMOS 器件的发展，中功率和大功率高压场效应管已经出现。VMOS 采用 V 形沟道，其特点是能够高频工作，在低输入电流情况下能输出高压大电流。这种新型专用的开关量集成电路已经广泛应用。

开关量输出的工作过程是，微型计算机根据控制过程的需要形成对应的开关量控制率，或事先存储对应开关量控制字，将开关量送入寄存器后即可产生对应的开关量输出。特别需要注意的是，加电时必须保持寄存器为零，不能使寄存器为任意状态而造成事故。对开关量输出有严格的时间要求时，要加定时器计时，保证精确时序和开关量输出时间周期。对于重要的开关量输出，可用三个寄存器中的对应位表示同一个开关量，经三取二决定逻辑控制开关量输出，以进一步提高其可靠性。

4. 应用注意事项

需要说明的是，在某些特殊情况下，需要在上述框图的基础上加以改进。

1) 输出特性不符

输出电压和电流不符合共同的输出标准，要求比 24 V 或 27 V 更高的交直流电压，或者要求很大的电流时，采用二级继电器，即由开关量的输出再驱动强电继电器，由强电继电器触点构成通断完成这些要求。

2) 高可靠性

有些开关量输出要求特别可靠，要用外界一些条件直接进行控制，这样可在缓冲寄存器后加逻辑电路。用这些条件参与控制，然后再推动驱动器和输出部件。这种开关量输出被称为有条件开关量输出。

3) 速度和时序

有些开关量输出要求严格的开关时间或某个开关接通后延迟指定时间，以使另一开关量接通。在微型计算机程序不能用于精确计时的情况下，开关量输出部分需加硬件定时计数器来处理这个问题。

4) 引入手动控制

还有一些人工直接干预的开关量输出，可将操作键的输入信号与缓冲寄存器输出信号相"或"再送驱动电路和输出部件，这样不通过微型计算机便可进行手动控制。

尽管还有这样那样的情况需要处理，总的说来开关量输出的逻辑关系是比较简单的，重要的是确保其工作的可靠性。

11.3　模拟量接口

在工业过程控制中，经常要对温度、压力、流量、浓度和位移等物理量进行计算机控制。通常，先用传感器测量这些物理量，得到与之相应的模拟电流或模拟电压，再通过 A/D 转换器(ADC)转换为相应的数字信号，送入数字计算机处理，因此 ADC 常被看成是编码装置(因为转换后的数字信号是以编码形式送入数字系统的)。计算机处理后的结果是数字量，若用它去控制伺服电机等模拟量执行机构，则需通过 D/A 转换器(DAC)转换为相应的模拟信号，去驱动执行机构工作，因此 DAC 又常被看成是解码装置。

本节重点介绍几种常用的 DAC 和 ADC 电路。

11.3.1　D/A 转换器

D/A 转换器是一种将数字量转换成模拟量的器件，其特点是接收、保持和转换的是数字信息，不存在随温度和时间的漂移问题，因此电路的抗干扰性能较好。

由于现阶段 D/A 转换器接口设计的主要任务是选择 D/A 集成芯片，并配置相应的外围电路，因此本书不介绍 D/A 转换器的基本原理，而是重点介绍常用的芯片。

1. 8 位 D/A 转换器 DAC0830/0831/0832

DAC0830/0831/0832 是 8 位分辨率的 D/A 转换集成芯片，它具有价格低廉、接口简单及转换控制容易等特点。DAC0830 系列产品包括 DAC0830、DAC0831 和 DAC0832，它们可以完全相互代换。这类产品由 8 位输入锁存器、8 位 DAC 寄存器、8 位 DIA 转换电路及转换控制电路组成，能和 CPU 数据总线直接相连，属中速转换器，大约在 1 μs 内将一个数字量输入转换成模拟量输出。

1) 特点与主要规范

该类产品采用双缓冲、单缓冲或直接数字输入，与 12 位 DAC1230 系列容易互换，且引脚兼容，可用于电压开关方式，电流建立时间为 1 μs，8 位的分辨率，功耗低，只需 20 mW，采用+5～+15 V 单电源供电，满足 TTL 电平规范的逻辑输入(1.4 V 逻辑域值)，具有 8、9 或 10 位线性度(全温度范围均保证)。图 11.14 给出了 DAC0830 系列芯片的引脚图。

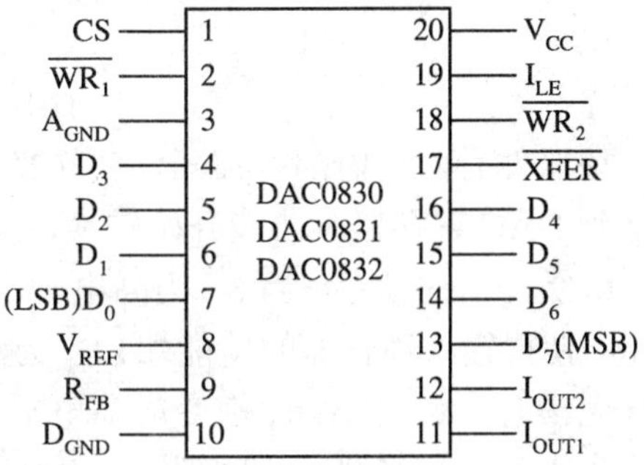

图 11.14　DAC0830/0831/0832 引脚图

2) 引脚功能

$\overline{\text{CS}}$——片选信号输入端，低电平有效。

I_{LE}——数据锁存允许信号输入端，高电平有效。

$\overline{\text{WR}_1}$——输入锁存器写选通信号，低电平有效。它作为第一级锁存信号将输入数据锁存到输入锁存器中。$\overline{\text{WR}_1}$ 必须在 $\overline{\text{CS}}$ 和 I_{LE} 均有效时才能起操控作用。

$\overline{\text{WR}_2}$——DAC 寄存器写选通信号，低电平有效。它将锁存在输入锁存器中可用的 8 位数据送到 DAC 寄存器中进行锁存。此时，传送控制信号 $\overline{\text{XFER}}$ 必须有效。

XFER——传送控制信号，低电平有效。当 $\overline{\text{XFER}}$ 为低电平时，将允许 $\overline{\text{WR}}$ 。

D₀~D₇——8 位数据输入端，D_7 为最高位。

I_OUT1、I_OUT2——模拟电流输出端，转换结果以一组差动电流(I_{OUT1}，I_{OUT2})输出。当 DAC 寄存器中的数字码全为"1"时，I_{OUT1} 最大；全为"0"时，I_{OUT2} 为零。$I_{OUT1}+I_{OUT2}=$ 常数，I_{OUT1}、I_{OUT2} 随 DAC 寄存器的内容线性变化。

R_FB——反馈电阻引出端，DAC0830 内部已有反馈电阻，所以 R_{FB} 端可以直接接到外部运算放大器的输出端，这样，相当于将一个反馈电阻接在运算放大器的输入端和输出端之间。

V_CC——电源电压输入端，范围为+5～+15 V，以+15 V 时工作为最佳。

V_REF——参考电压输入端，此端可接一个正电压，也可接负电压。范围为 – 10～+10 V。外部标准电压通过 V_{REF} 与 T 型电阻网络相连。此电压越稳定，模拟输出精度就越高。

A_GND——模拟地。

D_GND——数字地。

3) 内部结构及工作原理

图 11.15 给出了 DAC0830 内部结构示意图。

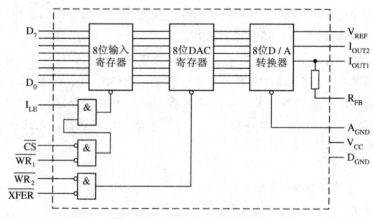

图 11.15　DAC0830 内部结构

该器件有两个内部寄存器，要转换的数据先送到输入锁存器，但不进行转换。只有数据送到 DAC 寄存器时才能开始转换，因而称为双缓冲。I_{LE}、$\overline{\text{CS}}$ 和 $\overline{\text{WR}_1}$ 3 个信号组合控制第一级缓冲器的锁存。当 I_{LE} 为高电平，并且 CPU 执行 OUT 指令时，$\overline{\text{CS}}$ 和 $\overline{\text{WR}_1}$ 同时为低电平，使得输入锁存器的使能端 $\overline{\text{LE}_1}$ 为高电平，此时锁存器的输出随输入变化；当 CPU 写操作完毕时，$\overline{\text{CS}}$ 和 $\overline{\text{WR}_1}$ 都变成高电平，使得 $\overline{\text{LE}_1}$ 为低电平，此时，数据锁存在输入锁存器中，实现第一级缓冲。同理，当 $\overline{\text{WR}_1}$ 和 $\overline{\text{WR}_2}$ 同时为低电平时，$\overline{\text{LE}_2}$ 为高电平，第一级缓冲器的数据送到 DAC 寄存器；当 $\overline{\text{XFER}}$ 和 $\overline{\text{WR}_2}$ 中任意一个信号变为高电平时，这个数据被锁存在 DAC 寄存器中，实现第二级缓冲，并开始转换。

4) 工作方式

DAC0830 系列芯片在以上几个信号的不同组合控制下，可实现双缓冲、单缓冲和直通三种工作状态。

(1) 双缓冲方式。所谓双缓冲方式，就是把 DAC0830 的输入锁存器和 DAC 寄存器都接成受控锁存方式。这种方式适用于多路 D/A 同时进行转换的系统。因为各芯片的片选信号不同，可由每片的片选信号 $\overline{CS}$ 与 $\overline{WR_1}$ 分时地将数据输入到每片的输入锁存器中，每片的 I_{LE} 固定为+5 V，$\overline{XFER}$ 与 $\overline{WR_2}$ 分别连在一起，作为公共控制信号。数据写入时，首先将待转换的数字信号写到 8 位输入锁存器，当 $\overline{WR_1}$ 与 $\overline{WR_2}$ 同时为低电平时，数据将在同一时刻由各个输入锁存器将数据传送到对应的 DAC 寄存器并锁存在各自的 DAC 寄存器中，使多个 DAC0830 芯片同时开始转换，实现多点控制。双缓冲方式的优点是，在进行 D/A 转换的同时，可接收下一个转换数据，从而提高了转换速度。

设输入锁存器的地址为 200H，DAC 寄存器的地址为 201H，则完成一次 D/A 转换的参考程序片段如下：

```
MOV    DX，200H     ; 送输入锁存器地址
OUT    DX，AL       ; AL 中的数据送输入锁存器
MOV    DX，201H     ; 送 DAC 寄存器地址
OUT    DX，AL       ; 数据写入 DAC 寄存器并转换
```

最后一条指令，表面上看来是把 AL 中的数据送 DAC 寄存器，实际上这种数据传送并不真正进行，该指令只起到打开 DAC 寄存器使输入锁存器中的数据通过的作用。

(2) 单缓冲方式。如果应用系统中只有一路 D/A 转换，或虽然是多路转换但不要求同步输出时，可采用单缓冲方式。所谓单缓冲方式，就是使 DAC0830 的输入锁存器和 DAC 寄存器有一个处于直通方式，另一个处于受控的锁存方式。一般将 $\overline{WR_2}$ 和 $\overline{XFER}$ 接地，使 DAC 寄存器处于直通状态，I_{LE} 接 +5 V，$\overline{WR_1}$ 接 CPU 的 $\overline{IOW}$，$\overline{CS}$ 接 I/O 地址译码器的输出，以便为输入锁存器确定地址。在这种方式下，数据只要一写入 DAC 芯片，就立即进行 D/A 转换，省去了一条输出指令。执行下面几条指令就能完成一次 D/A 转换：

```
MOV    DX，200H     ; DAC0830 的地址为 200H
OUT    DX，AL       ; AL 中数据送 DAC 寄存器
```

(3) 直通方式。当 I_{LE} 接 +5 V，$\overline{CS}$、$\overline{WR_1}$、$\overline{WR_2}$ 及 $\overline{XFER}$ 都接地时，DAC0830 处于直通方式，输入端 $D_7 \sim D_0$ 一旦有数据输入就立即进行 D/A 转换。这种方式不使用缓冲寄存器，不能直接与 CPU 或系统总线相连，可通过 8255 与之相连接。

5) 输出方式

DAC0830 为电流输出型 D/A 转换器，要获得模拟电压输出时，需要外接一个运算放大器。

(1) 单极性模拟电压输出。如果参考电压为+5 V，则当数字量 N 从 00H 至 FFH 变化时，对应的模拟电压 V_O 的输出范围是 $-5 \sim 0$ V，如图 11.16 所示。

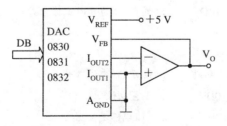

图 11.16　单极性输出方式

(2) 双极性模拟电压输出。如果要输出双极性电压，则需在输出端再加一级运算放大器作为偏移电路，如图 11.17 所示。当数字量 N 从 00H 至 FFH 变化时，对应的模拟电压 V_O 的输出范围是 -5～+5 V。

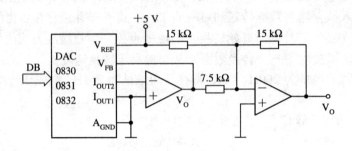

图 11.17 双极性输出方式

6) 应用举例

【例 11-1】   锯齿波的产生。

锯齿波发生器电路结构如图 11.18 所示。

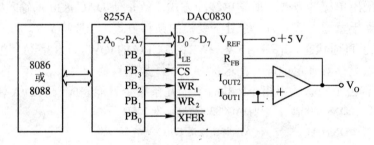

图 11.18   DAC0830 锯齿波发生器电路

控制程序清单如下：

```
            ; 8255A 初始化
            MOV     DX，0E003H      ; 8255A 的控制端口地址
            MOV     AL，80H         ; 设置 8255A 的方式字
            OUT     DX，AL
            ; B 口控制 DAC 的转换
            MOV     DX，0E001H      ; 8255A 的 B 口地址
            MOV     AL，10H         ; 置 0830 为直通工作方式
            OUT     DX，AL
            ; 生成锯齿波
            MOV     DX，0E000H      ; 设置 DAC 端口号
            MOV     AL，0H          ; 设置初值
    L1:     OUT     DX，AL          ; 向 DAC 送数据
            INC     AL             ; 输出数据加 1
```

```
          NOP                              ; 延时
          JMP        L1
```

通过 AL 加 1，可得到正向的锯齿波。如要得到负向的锯齿波，则只要将程序中的 INC AL 改为 DEC AL 即可。可以通过延时的办法改变锯齿波的周期，若延迟时间较短，则可用 NOP 指令来实现；若延迟时间较长，则可用一个延时子程序。延迟时间不同，波形周期不同，锯齿波的斜率就不同。

【例 11-2】　三角波的产生。

在原有硬件电路的基础上，换用下述程序即可产生三角波。

```
          MOV        DX，0E000H
          MOV        AL，0H          ; 输出数据从 0 开始
    L2:   OUT        DX，AL
          INC        AL             ; 输出数据加 1
          JNZ        L2             ; AL 是否加满？未满，继续
          MOV        AL，0FFH        ; 已满，AL 置全 "1"
    L3:   OUT        DX，AL
          DEC        AL             ; 输出数据减 1
          JNZ        L3             ; AL 是再减到 "0"？不是，继续
          JMP        L2
```

2. 12 位 D/A 转换器 DAC1208/1209/1210

DAC1208 系列 D/A 转换器有 DAC1208、DAC1209 和 DAC1210 三种类型，它们都是与微处理器直接兼容的 12 位 D/A 转换器。其基本结构与 DAC0830 系列相似，也是由两级缓冲寄存器组成，因此可不添加任何接口逻辑而直接与 CPU 相连。它们的主要区别是线性误差不同。

1) 特点与主要规范

该类器件可与所有的通用微处理器直接相连，可采用双缓冲、单缓冲或直接数字输入，逻辑输入符合 TTL 电压电平规范(1.4 V 逻辑域值)，特殊情况下能独立操作(无 μPC)。1 μs 的电流稳定时间，12 位的分辨率，具有满量程 10 位、11 位或 12 位的线性度(在全温度范围内保证)，低功耗设计，只需要 20 mW。参考电压为 −10～+10 V，+5～+15 V 为单电源。

2) 内部结构及工作方式

DAC1208 系列芯片为标准 24 脚双列直插式(DIP24)封装，其内部结构如图 11.19 所示。从图中可以看出，DAC1208 系列芯片的逻辑结构与 DAC0830 系列的相似，也是双缓冲结构，主要区别在于它的两级缓冲寄存器和 D/A 转换器均为 12 位。为了便于和应用广泛的 8 位 CPU 相连，12 位数据输入锁存器分成了一个 8 位输入锁存器和一个 4 位输入锁存器，以便利用 8 位数据总线分两次将 12 位数据写入 DAC 芯片。这样 DAC1208 系列芯片的内部就有 3 个寄存器，需要 3 个端口地址。为此，内部提供了 3 个 $\overline{LE}$ 信号的控制逻辑。由于其逻辑结构和各引脚功能与 DAC0830 系列芯片的相似，因此我们只讨论 12 位数据输入锁存器与处理器 8 位数据总线的相连问题，其他的不再赘述。

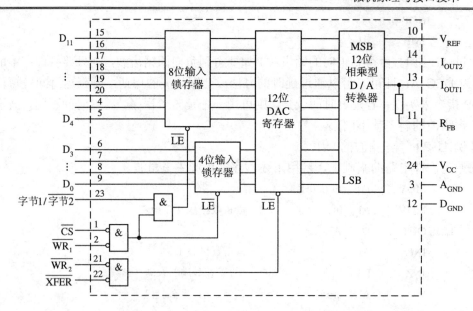

图 11.19   DAC1208 系列内部结构及引脚分布图

和 DAC0830 一样，$\overline{CS}$ 和 $\overline{WR}$ 用来控制输入锁存器，$\overline{XFER}$ 和 $\overline{WR}$ 用来控制 DAC 寄存器，但是，为了区分 8 位输入锁存器和 4 位输入锁存器，增加了一条高/低字节控制线(字节 1/$\overline{字节2}$)。在与 8 位数据总线相连时，DAC1208 系列芯片的输入数据线高 8 位 $D_{11} \sim D_4$ 连到数据总线的 $D_7 \sim D_0$，低 4 位 $D_3 \sim D_0$ 连到数据总线的 $D_7 \sim D_4$(左对齐)，图 11.20 给出了 DAC1208 系列芯片与 IBM-PC 总线的连接。12 位数据输入需由两次写入操作完成，设高/低字节控制信号字节 1/$\overline{字节2}$ 的端口地址(即 DAC1208 系列的高 8 位输入锁存器和低 4 位输入锁存器的地址)分别为 220H 和 221H，12 位 DAC 寄存器的端口地址(即选通信号 $\overline{XFER}$)为 222H，由地址译码电路提供。由于 4 位输入锁存器的 $\overline{LE}$ 端只受 $\overline{CS}$ 和 $\overline{WR_1}$ 控制，因此当译码器输出端 $\overline{Y_0}$ =0，使高/低字节控制线信号为 "1" 时，若 $\overline{IOW}$ 为有效信号，则两个输入锁存器都被选中；而当译码输出端 $\overline{Y_1}$ =0，使高/低字节控制线信号为 "0" 时，若 $\overline{IOW}$ 为有效信号，则只选中 4 位输入锁存器。可见两次写入操作都使 4 位输入锁存器的内容更新。如果采用单缓冲方式(即直通方式)，则在 12 位数据不是一次输入的情况下，边传送边转换会使输出产生错误的瞬间毛刺。因此，DAC1208 系列的 D/A 转换器必须工作在双缓冲方式下，在送数时要先送入 12 位数据中的高 8 位数据 $D_{11} \sim D_4$，并在 $\overline{WR_1}$ 上升沿将数据锁存，实现高字节缓冲，然后再送入低 4 位数据 $D_3 \sim D_0$，并在 $\overline{WR_1}$ 上升沿将数据锁存，实现低位字节缓冲。当译码器输出端 $\overline{Y_2}$ =0 且 $\overline{IOW}$ =0(即 $\overline{WR_2}$ =0)时，12 位数据一起写入 DAC1208 系列的 DAC 寄存器，并在 $\overline{WR_2}$ 上升沿将数据锁存，开始 D/A 转换。

若 BX 寄存器中低 12 位为待转换的数字量，下列程序段可完成一次转换输出：

```
START:  MOV     DX，220H      ; DAC 的基地址
        MOV     CL，4
        SHL     BX，CL        ; BX 中 12 位数向左对齐
        MOV     AL，BH
        OUT     DX，AL        ; 写入高 8 位
```

```
INC     DX
MOV     AL，BL
OUT     DX，AL          ；写入低 4 位
INC     DX
OUT     DX，AL          ；启动 D/A 转换，AL 中为任意数
HLT
```

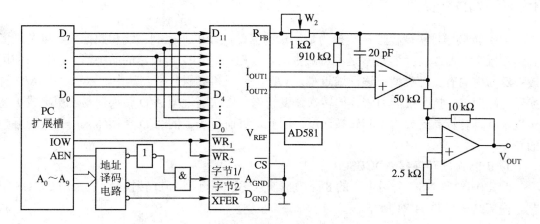

图 11.20　DAC1208 系列芯片与 IBM-PC 总线的连接

3. D/A 转换器接口技术性能

D/A 转换器输入的是数字量，经转换后输出的是模拟量，有关 D/A 转换器的技术性能很多，这里不作详细说明，只对几个与接口有关的主要技术性能参数进行介绍。

1) 分辨率

分辨率指 D/A 转换器能够转换的二进制数的位数。位数越多，分辨率越高。分辨率越高，转换时对应数字输入信号最低位的模拟信号电压值就越小，也就越灵敏。

例如，一个 D/A 转换器能够转换 8 位二进制数，若转换后的电压满量程是 5 V，则它能分辨的最小电压为 20 mV(5 V÷256)。如果是 10 位分辨率的 D/A 转换器，对同样的转换电压，则它能分辨的最小电压为 5 mV(5 V÷1024)。

2) 转换时间

转换时间指从数字量输入到完成转换，且输出达到最终值并稳定为止所需的时间。不同型号的 D/A 转换器，其转换时间不同。电流型 D/A 转换较快，一般在几 μs 到几百 μs 之内；电压型 D/A 转换较慢，取决于运算放大器的响应时间。

3) 精度

精度指 D/A 转换器实际输出电压与理论值之间所存在的最大误差。D/A 转换器的精度有绝对精度与相对精度之分。将 D/A 转换器的失调误差调整至零，并将转换器的最大输出调节至满量程值，那么此时 D/A 转换器对应于不同输入数码时各点模拟输出电平与理想的输出值之间的最大偏差即为转换器的相对精度。如果不对失调误差调零和不校正转换器的输出满量程值，那么此时测得的即为 D/A 转换器的绝对精度。

D/A 转换器的精度通常有两种表示方法：一种是用满量程 V_{FS} 的百分数作为单位，另

一种是以最低位(LSB)作为单位来表示 D/A 转换器的精度。例如，一个 N 位 D/A 转换器的精度为 1/2 LSB，它指的是转换器的模拟输出电平与其理想输出电平之间的最大可能误差为

$$\frac{1}{2}LSB = \frac{1}{2} \times \frac{V_{FS}}{2^N} = \frac{1}{2^{N+1}} V_{FS}$$

11.3.2 A/D 转换器

A/D 转换器是实现模拟量转换为数字量的器件，在工业控制系统和数据采集以及许多其他领域中，A/D 转换器常常是不可缺少的重要部件。A/D 转换器的品种繁多，目前使用较广泛的主要有三种类型：逐次逼近型、V/F 转换型和双积分型。其中，双积分型 A/D 转换器电路简单，抗干扰能力强，但转换速度较慢；逐次逼近型 A/D 转换器易于用集成工艺实现，且具有较高的分辨率和转换速度。因此，目前市场上的 A/D 转换器采用逐次逼近型的较多。

1. 8 位 A/D 转换器 ADC0809

ADC0809 是 NSC 公司生产的 8 路模拟输入逐次逼近型 A/D 转换器，它采用 CMOS 工艺。内部结构如图 11.21 所示。

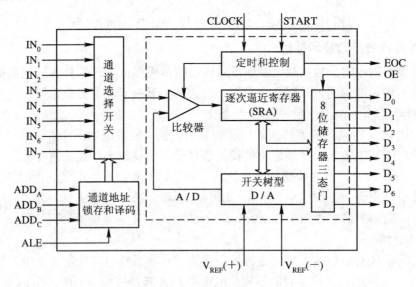

图 11.21 ADC0809 原理图

芯片内除含有 8 位逐次逼近型 A/D 转换器外，还有 8 通道多路转换器和 3 位地址锁存和译码器，以实现对 8 路输入模拟量 $IN_0 \sim IN_7$ 的选择。当地址锁存允许信号 ALE 有效时，将 3 位地址 $ADD_C \sim ADD_A$ 锁入地址锁存器中，经译码器选择 8 路模拟量中的一路通过 8 位 A/D 转换器转换输出。由于输出端具有三态输出锁存缓冲器，因此可以直接与 CPU 系统总线相连接。ADC0809 可用单 5 V 电源工作，模拟信号输入范围为 0～5 V，输出与 TTL 兼容。

1) ADC0809 芯片的引脚

图 11.22 是 ADC0809 芯片的引脚图，其引脚功能介绍如下：

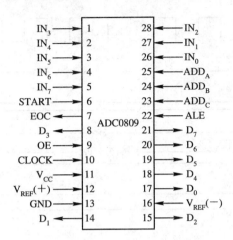

图 11.22   ADC0809 引脚图

IN$_0$~IN$_7$——8 路模拟输入信号。通过 ADD$_A$、ADD$_B$ 和 ADD$_C$ 3 个地址译码来选通一路。

D$_0$~D$_7$ A/D——转换后的 8 位数字量输出。其中，D$_7$ 为最高位，D$_0$ 为最低位。

ADD$_C$~ADD$_A$——8 路模拟开关的 3 位地址选通输入端，以选择对应的输入通道。ADD$_C$ 为高位地址，**ADD$_A$** 为低位地址。

ALE——地址锁存允许信号。当 ALE 为上升沿时，ADD$_C$~ADD$_A$ 地址状态送入地址锁存器。使用时，该信号常和 START 信号连在一起，当 START 端为高电平时，同时将通道地址锁存起来。

START A/D——转换启动信号。此信号由 CPU 执行输出指令产生。START 为上升沿时，所有内部寄存器清 0；START 为下降沿时，开始进行 A/D 转换，在 A/D 转换期间，START 应保持低电平。

EOC——转换结束信号。转换开始后，该信号变为低电平；经过 64 个时钟周期后转换结束，该信号变为高电平。EOC 信号可作为对 CPU 的中断请求信号或 DMA 传送，也可作为 CPU 查询的信号。

OE——输出允许信号。当该信号为高电平时，打开输出缓冲器三态门，转换结果输出到数据总线上；当该信号为低电平时，输出数据线呈高阻态。在中断方式下，该信号为 CPU 发出的中断请求响应信号。

EOC 和 OE 两个信号可以连在一起表示 A/D 转换结束。

CLOCK——时钟输入信号。时钟频率范围为 10~1280 kHz，典型值为 640 kHz，可由 CPU 时钟分频得到。当时钟频率为 1280 kHz 时，转换速率为 50 μs；当时钟频率为 640 kHz 时，转换速率为 100 μs。

V$_{REF}$(+)，V$_{REF}$(-)——参考电压输入信号。一般地，V$_{REF}$(+)与主电源 V$_{CC}$ 相连，V$_{REF}$(-)与模拟地 GND 相连。

2) ADC0809 的工作时序

ADC0809 的工作时序如图 11.23 所示。

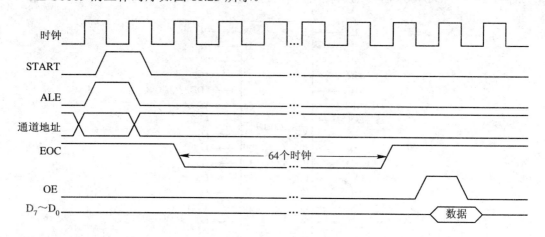

图 11.23 ADC0809 工作时序图

2. 12 位 A/D 转换器 AD574A/AD674A

AD574A/AD674A 是美国 AD 公司的产品，为 12 位逐次逼近型 ADC 芯片。AD574A 和 AD674A 的引脚、内部结构和外部特性完全相同，只是 AD574A 的转换时间为 35 μs，AD674A 的转换时间为 12 μs。现以 AD574A 芯片为例进行介绍。

AD574A 芯片内部有模拟和数字两种电路，模拟电路为 12 位 D/A 转换器，数字电路则包括性能比较器、逐次比较寄存器、时钟电路、逻辑控制电路和数据三态输出缓冲器，可进行 12 位或 8 位转换。12 位的输出可一次完成(与 16 位的数据总线相连)，也可先输出高 8 位，后输出低 8 位，分两次完成。

1) AD574A 的外部引脚

AD574A 的外部引脚如图 11.24 所示。引脚功能如下：

+5 V——数字逻辑部分供电电源。

12/$\overline{8}$——数据输出方式选择。高电平时双字节输出，即输出为 12 位；低电平时单字节输出，分两次输出高 8 位和低 4 位。

$\overline{CS}$——片选信号。低电平有效。

A_0——转换数据长度选择。在启动转换的情况下，A_0 为高时进行 8 位转换，A_0 为低时进行 12 位转换。

$R/\overline{C}$——读数据/转换控制信号。高电平时可将转换后的数据读出，低电平时启动转换。

CE——芯片允许信号。用来控制转换或读操作。

以上各控制信号的作用见表 11-2 所示。

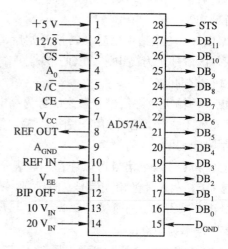

图 11.24 AD574A 引脚图

表 11-2　AD574A 控制信号功能表

CE	$\overline{CS}$	$R/\overline{C}$	$12/\overline{8}$	A_0	功　能
0	×	×	×	×	禁止
×	1	×	×	×	禁止
1	0	0	×	0	启动 12 位转换
1	0	0	×	1	启动 8 位转换
1	0	1	接 1 脚	×	允许 12 位并行输出
1	0	1	接 15 脚	0	允许高 8 位输出
1	0	1	接 15 脚	1	允许低 4 位加上尾随 4 个 0 输出

V_{CC} 和 V_{EE}——模拟部分供电的正电源和负电源，其范围为 ±12 V 或 ±15 V。

REF OUT——+10 V 内部参考电压输出，具有 1.5 mA 的带负载能力。

A_{GND}——模拟信号公共地。它是 AD574A 的内部参考点，必须与系统的模拟参考点相连。

REF IN——参考电压输入，与 REF OUT 相连可自己提供参考电压。

BIP OFF——补偿调整，接至正负可调的分压网络，以调整 ADC 输出的零点。

$10V_{IN}$——模拟信号输入端。输入电压范围是，单极性工作时输入 0～10 V，双极性工作时输入 −5～+5 V。

$20V_{IN}$——模拟信号输入端。输入电压范围是，单极性工作时输入 0～20 V，双极性工作时输入 −10～+10 V。

DGND——数字信号公共地。

DB_{11}～DB_0——数字量输出。

STS——转换状态输出。转换开始时及整个转换过程中，STS 一直保持高电平；转换结束，STS 立即返回低电平。可用查询方式检测此电位的变化，来判断转换是否结束，也可利用它的下降沿向 CPU 发出中断申请，通知 CPU A/D 转换已经完成，可以读取转换结果。

2) AD574A 两种模拟输入方式

AD574A 有单极性和双极性两种模拟输入方式，其接线如图 11.25 所示。

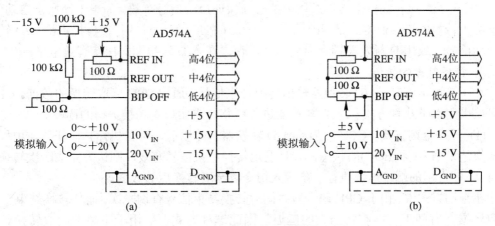

图 11.25　AD574A 输入接线图

(a) 单极性输入；(b) 双极性输入

3. A/D 转换器与 CPU 的接口

A/D 转换器有多种型号，但是不管哪种型号的 A/D 转换芯片，它对外的引脚都是类似的，所涉及的主要信号为模拟输入信号、数据输出信号、启动转换信号和转换结束信号。由于 A/D 转换器的型号不同，因此与 CPU 的连接方式也有所不同。

1) 接口形式

A/D 转换器的接口形式大体上可分为以下两种：

(1) 与数据总线直接交换信息。当 A/D 转换芯片内部带有可控输出三态门时，它们的数据输出端可直接与系统数据总线相连。如 ADC0804、ADC0809 和 AD574A 等。当转换结束后，CPU 通过执行一条输入指令产生读信号，打开三态门，将数据读到数据总线上。

(2) 通过 I/O 接口芯片或三态门锁存器与 CPU 的数据总线连接。有一类 A/D 转换器内部不带三态输出或内部有三态输出门，但不受外部控制，而是由 A/D 转换电路在转换结束时自动接通，如 AD570 和 ADC1210 等。这类芯片的数据输出线不能直接与系统的数据总线相连，在 A/D 转换芯片与 CPU 之间需外接三态缓冲器或可编程并行接口电路(如 8255A)，从而实现 A/D 转换器与 CPU 之间的数据传输。

对于 8 位以上的 A/D 转换器和系统连接时，要考虑 A/D 转换器的输出数字量位数与系统总线位数相匹配的问题。如果系统数据总线位数大于 A/D 转换器输出数字量的位数，则数据的读入可一次性完成；若系统数据总线位数小于 A/D 转换器输出数字量的位数(例如，10 位以上的 A/D 转换器)，为了能和 8 位字长的 CPU 相连接，需增加读/写控制逻辑电路，把 10 位以上的数据按字节分时读出。对于内部不含读/写控制逻辑电路的 A/D 转换器，在和 8 位字长的 CPU 相连接时，应外加三态门对转换后的数据进行锁存，然后再按字节分时读入 CPU。

2) 启动转换信号

A/D 转换器要进行转换需由外部控制启动转换信号，这一启动转换信号可由 CPU 提供。通常启动信号有两种形式，不同型号的 A/D 转换器，要求的启动信号也有所不同。对 ADC0804、ADC0809 和 ADC1210 等芯片，要求用脉冲信号来启动，由 CPU 执行输出指令，发出一符合要求的脉冲信号作为启动信号以启动 A/D 转换器进行转换。对 AD570 及 AD574A 等芯片，要求用电平作为启动信号。当符合要求的电平加到控制转换的输入引脚时，立即开始转换，在整个转换过程中都必须保证启动信号有效。如果中途撤走启动信号，则会终止转换的进行而得到错误的结果。为此，CPU 一般通过并行接口提供给 A/D 转换芯片启动信号，或用 D 触发器锁存启动信号，使之在 A/D 转换期间保持有效电平。

3) 转换数据的传送

A/D 转换结束时，A/D 转换器输出转换结束信号，通知 CPU 读取转换的数据。CPU 一般可以采用以下几种方式和 A/D 转换器进行联络，来实现对转换数据的读取。

(1) 程序查询方式。CPU 在启动 A/D 转换器工作以后，可去执行其他任务，由程序测试转换结束信号(如 EOC)的状态。一旦发现转换结束信号有效，则认为完成一次转换，然后对 ADC 占用的端口地址执行一条输入指令以读取转换后的数据。

在查询方式中，由于 CPU 隔一段时间对转换结束信号查询一次，而从转换结束到 CPU 读取数据，时间上可能有相当大的延迟，因此这种方式一般用于不急于读取转换结果的场合。

(2) 中断方式。A/D 转换结束后，送出一转换结束信号(如 EOC)，此信号可作为中断请求信号，送到中断控制器的中断请求输入端。CPU 响应中断后，在中断服务程序中执行输入指令，CPU 读取转换数据。

中断方式的特点是 A/D 转换器和 CPU 能并行工作，效率较高，硬件接口简单。但是，由于在中断方式中，要经历响应中断、保护现场、恢复现场及退出中断等一系列环节，因此，需占用一定的时间，如果 A/D 转换时间较短，则用中断方式便失去了优越性。

(3) 固定延时等待方式。当 CPU 发出启动转换信号后，执行一个固定的延时程序，此程序执行完毕，A/D 转换也正好结束，于是 CPU 读取数据。采用这种方式的特点是接口简单，但要预先精确地计算一次转换所需要的时间，CPU 的等待时间较长。

(4) DMA 方式。用转换结束信号(如 EOC)作为 DMA 的请求信号，使系统进入 DMA 周期，通过 DMA 控制器将 A/D 转换结果直接送入指定的内存，而不需要 CPU 干涉。这种方式接口电路复杂，成本高，适用于高速大数据量采集的场合。

4. ADC 连接举例

1) CPU 与 8 位 ADC 的连接

设 8 位 A/D 转换器与 CPU 之间采用查询方式工作，分别对 8 路模拟信号轮流采样一次，并将采样结果存入数据段 BUFFER 开始的数据区中。可选用 ADC0809 作 A/D 转换器，如图 11.26 所示。由于 ADC0809 内部具有三态输出锁存器，因此其 8 位数据输出引脚能同系统的数据总线直接连接。$ADD_C \sim ADD_A$ 与地址总线的 $A_2 \sim A_0$ 相连，用于选通 8 路模拟输入通道中的一路。设 8 路模拟输入通道的 I/O 端口地址为 300H~307H。由于 ADC0809 无片选信号，因此需由地址译码器的输出与 $\overline{IOW}$ 经过或非门控制 ADC0809 的启动信号 START 和地址锁存信号 ALE，使得锁存模拟输入通道地址同时启动 A/D 转换。$\overline{IOR}$ 经或非门控制输出使能端 OE。因为转换结束时，在 EOC 引脚输出一个由低变高的转换结束信号，故采用查询方式时，该信号为转换结束状态标志。设状态标志端口地址为 308H，此引脚经过三态门与 D_0 相连，因此，启动转换后，只要不断查询 D_0 位是否为 1，即可知道转换是否结束。

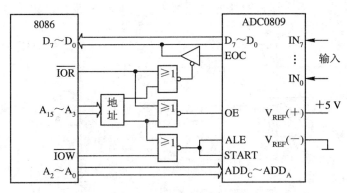

图 11.26　ADC0809 工作于查询方式的连接

用 ADC0809 实现上述数据采集的程序片段如下：

```
MOV    BX，BUFFER        ；置数据缓冲区首址
MOV    CX，08H           ；设置通道数
MOV    DX，300H          ；通道 IN0 口地址
```

L1:	OUT	DX, AL	; 启动 A/D 转换(AL 可为任意数)
	PUSH	DX	; 保存通道号
	MOV	DX, 308H	; 指向状态口地址
L2:	IN	AL, DX	; 读 EOC 状态
	TEST	AL, 01H	; 转换是否开始
	JNZ	L2	; 若未开始，等待
L3:	IN	AL, DX	; 再读 EOC 状态
	TEST	AL, 0lH	; 转换是否结束
	JZ	L3	; 若未结束，等待
	POP	DX	; 转换结束，恢复通道号
	IN	AL，DX	; 读取转换数据
	MOV	[BX], AL	; 转换结果送缓冲区
	INC	DX	; 指向下一个输入通道
	INC	BX	; 指向下一个缓冲单元
	LOOP	L1	; 判断 8 路模拟量是否全部采样完毕

若采用中断方式读取转换后的数字量，则可将 ADC0809 的 EOC 引脚接至中断控制器 8259 的 IR_0，当 ADC0809 转换结束时，EOC 为高电平，向 CPU 发出中断请求。编程时，首先要使 CPU 打开中断，同时将读数的程序段安排在中断服务程序中。

2) CPU 与 12 位 ADC 的连接

图 11.27 为 AD547A 完成 12 位转换并与 16 位 CPU 相连的原理图。此时，AD574A 的 $12/\overline{8}$ 引脚接+5 V。启动转换时，CE=1，$\overline{CS}$=0，R/$\overline{C}$=0，A_0=0；读取数据时，CE=1，$\overline{CS}$=0，R/$\overline{C}$=1，A_0 为任意。DB_{11}～DB_0 及 STS 分别通过两个 8 位输入三态缓冲器与 CPU 的数据总线 D_{15}～D_4 及 D_0 相连。CPU 通过输出锁存器 Q_0 端输出一个负脉冲后，启动 AD574A，同时 STS=1。然后，CPU 通过相应的地址驱动三态门，检测 STS 的状态。当 STS=0 时，表示 A/D 转换结束。当 R/$\overline{C}$=1 时，AD547A 处于数据输出状态。由于图中两个三态缓冲器 74LS244 的隔离作用，因此 AD547A 的输出数据不会因与数据总线接通而影响数据总线。CPU 检测到 STS 为 0 后，通过对相应的地址进行读操作，即可驱动三态门，并将 A/D 转换结果读入 CPU。

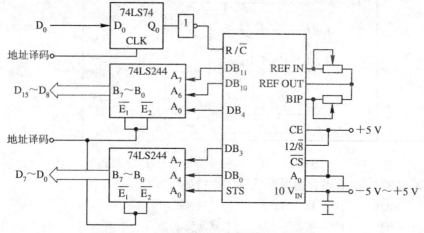

图 11.27　AD574A 与 16 位数据总线的接口

5. A/D 转换器的性能参数

不同的 ADC 厂家用各自的参数来说明自己产品的性能，且各参数之间并非严格一致。有时描述的是同一性能，但所用的术语不同；有时参数的意义相同，但数据单位不同。为方便用户选择 ADC 芯片，下面我们对一些常用的性能参数做一简单介绍。

1) 分辨率

A/D 转换器的分辨率的含义与 DAC 的分辨率一样，通常也可用位数来表示。A/D 转换器的位数越长，分辨率越高。

2) 绝对精度

绝对精度是指 ADC 转换后所得数字量代表的模拟输入值与实际模拟输入值之差。通常以数字量最低位所代表的模拟输入值 V_{LSB} 作为衡量单位。

3) 转换时间

ADC 完成一次对模拟量的测量到数字量的转换所需的时间称为转换时间。它反映了 ADC 转换的速度，转换时间的倒数称为转换速率。ADC 芯片按速率分档次的一般约定是：转换时间高于 1 ms 的为低速，1 ms~1 μs 的为中速，低于 1 μs 的为高速，转换时间小于 1 ns 的为超高速。

此外，ADC 还有输入电压范围等参数，在选用时务必挑选参数合适的芯片，并注意性能价格比。

11.4 多通道数据采集系统

11.4.1 数据采集系统

数据采集系统专门用来采集外部工艺参数与设备状态，一般的状态参数为开关量，工艺参数为模拟量。对开关量采集较为简单，直接可以通过数据输入端口进行采集，对模拟量采集则需要放大外部模拟量，然后对其采样保持与 A/D 转换，最终转化成计算机可以处理的数字量。一个完整的数据采集系统如图 11.28 所示。

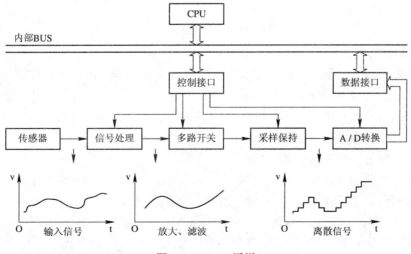

图 11.28 A/D 通道

数据采集系统包括传感器、信号处理电路(放大、滤波)、多路转换开关(AMUX)、采样保持器(S/H)、A/D 转换器(ADC)、I/O 接口电路和计算机。在实际应用中，数字采集系统也称为 A/D 通道或模拟通道。

1. 多路模拟开关 AMUX

由于计算机在任一时刻只能接收一路模拟量信号的采集输入，当有多路模拟量信号时需通过模拟转换开关，按一定的顺序选取其中一路进行采集。一般 AMUX 有 2^n 个输入端，N 个控制选择端，一个输出端。对 N 个控制选择端 (即地址) 进行译码，选中某一个开关闭合。AMUX 的一般性能要求是开关通导电阻小，断开电阻无穷大，转换速度快等。

例如，CD4051 就是一种常用的 8 路模拟开关，其内部结构如图 11.29 所示。使用两块 CD4051 亦可构成 16 路模拟开关。

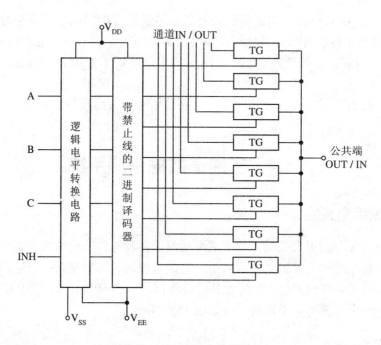

图 11.29　CD4051 内部结构

2. 采样保持器

由于进行一次 A/D 转换需要一定的时间，如果 A/D 转换速度远大于模拟输入信号的变化，可以认为在 A/D 转换瞬间，输入模拟量不变化，因此，模拟信号可以直接送入 A/D 转换器。如果信号变化较快，为了保证转换精度，需在 A/D 转换之前加一级采样保持电路，使模拟信号在转换期间保持不变。

采样保持器的工作原理如图 11.30 所示，当开关 S 闭合时，输入电压 V_{IN} 对电容 C 充电。保持时，开关断开，电容电压可保持一段时间稳定。采样和保持两个状态的转换由外部控制信号控制。采样保持器的主要性能指标有以下两个：

(1) 孔径时间：从发出保持命令到采样开关断开的延迟时间。

(2) 采样时间：从发出采样命令到 S/H 的输出电压转为为数字量输出值所需要的时间。

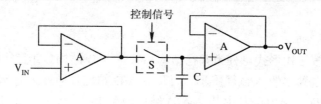

图 11.30　采样保持电路

11.4.2　数据处理系统

　　数据处理系统可以说是一个复杂的系统。按照整个系统设计的目的和要求而不同，数字处理系统在系统结构、数据处理的方法，甚至工作原理等方面有着很大的差异。例如，在智能化仪器仪表中，数据处理是对采集到的数据进行分析、分类、统计和计算，以求得准确的测量值；在图像处理中，是对采集到的数据进行分析、分类、统计和数学模拟，以生成被测对象的模拟图像；在自动控制中，则是对采集到的数据进行分析、计算，以求得最佳控制量，然后通过四个输出通道传送给执行机构，以实施对被控对象的控制。由于本书主要介绍的是"微机原理与接口技术"，因此下面仅介绍自动控制中 D/A 输出通道中的一些基本知识。

　　在计算机自动控制中，一个完整的数据处理系统应包括计算机、I/O 接口电路、D/A 转换器、多路模拟开关、信号保持器等，其组成如图 11.31 所示。

　　计算机通过对采集到的数据进行分析计算，求得最佳控制量，通过数据接口电路传送给 D/A 转换器。D/A 转换器将数字控制量转换成模拟信号，经多路开关送保持器。由于设置有多路转换开关，因此可以实现多路控制，亦称为多参数或者多变量控制。保持器用来维持输出信号的值不变，可以是电容器、继电器开关、电动机等器件或设备。

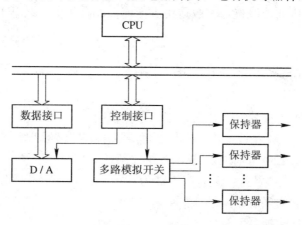

图 11.31　D/A 通道

11.4.3　多路模拟通道

　　为了实现多点数据采集及多点数字控制，模拟通道一般设计成多通道结构，以满足不同数据采集控制系统的要求。由于一个完整的数据采集与处理系统既包含数据采集输入，又包含数据处理输出，因此在多个模拟通道中也包含两个部分，即多通道模拟输入和多路模拟输出。

1. A/D 多路输入通道

A/D 多路通道按结构形式可分为并行结构和共享 A/D 结构。并行结构是指每一路模拟输入中均设置有各自独立的 A/D 转换器,而共享 A/D 结构是通过多路模拟开关,使多路模拟信号共享一路 A/D 转换器。其中共享 A/D 结构如图 11.32 所示。

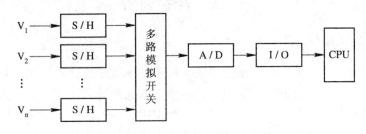

图 11.32   共享 A/D 通道

并行结构使用多路 A/D 转换器,因而结构复杂,成本高,但其速度快,适用于高速度应用系统。共享 A/D 结构仅用一路 A/D 转换器,因而结构简单,成本低。由于对多路模拟信号进行分时采样和转换,因而速度低,适用于低速应用系统。

2. D/A 多路输出通道

D/A 多路通道按结构也分为并行结构和共享 D/A 结构。并行结构是在多路输出通道中每一路均设置各自独立的 D/A 转换器。而共享 D/A 结构是多路输出共享一路 D/A 转换器。在并行结构中,计算机将输出数据送往各路 D/A 转换器,各路可以并行工作,因而速度快,实时响应效果好,一般适用于高速控制系统中。而在共享 D/A 结构中,计算机将输出数据送给 D/A 转换器,待转换结束再将模拟信号送往对应保持器。只有 D/A 转换结束,计算机才能输出下一数据,因而速度慢,一般适用于低速控制系统中。共享 D/A 结构如图 11.31 所示。

习 题 11 ✐

11.1   什么是 D/A 转换器?有什么作用?举例说明。

11.2   D/A 转换器有哪些技术指标?什么因素影响这些指标?

11.3   试说明 DAC1208 的基本组成,各组成部件的作用,以及工作过程。

11.4   8 位 D/A 转换器芯片,其输出设计为 0 V~+5 V。当 CPU 分别送出 80H、40H、10H 时,对应的输出各为多少?

11.5   什么是 A/D 转换器?有什么作用?举例说明。

11.6   A/D 转换器与 CPU 之间采用查询方式和采用中断方式下,接口电路有什么不同?

11.7   编写 8 通道 A/D 转换器 0809 的测试程序。

11.8   DAC0830 有哪几种工作方式?每种方式适用于什么场合?

11.9   采用直通方式,利用 DAC0832 产生锯齿波,波形范围 0~5 V。

11.10   ADC 中的转换结束信号 EOC 起什么作用?

第12章 人机接口技术

要实现微机系统的智能化，就要用到人机接口技术，人机接口是通过人机交互设备来实现的。计算机常用的人机交互设备(又称外部设备)通常可分为输入设备与输出设备两类，通过这些设备可以实现人机之间的信息交换。本章将着重讨论微机系统中键盘的工作原理和接口技术、显示器的工作原理和 LED 数字显示技术、打印机的基本工作原理、磁盘存储器的工作原理和接口技术，以及光存储设备的读写原理与主要技术指标。

12.1 概　　述

人机接口技术，指的是计算机和人之间信息交互的连接与控制方式，通过人机接口技术可以实现计算机与外设之间的信息交换。

12.1.1 人机交互设备分类

人机交互设备是计算机系统中最基本的设备之一，是人和计算机之间建立联系、交换信息的外部设备，常见的人机交互设备可分为输入设备和输出设备两类。

1. 输入设备

输入设备是人向计算机输入信息的设备，按输入信息的形态可分为字符(包括汉字)输入、图形输入、图像输入及语音输入等设备。常见的输入设备有：

(1) 键盘。这是人向计算机输入信息的最基本的设备，人们可以通过按键向计算机输入数字、字母、特定字符和命令。

(2) 鼠标。鼠标器是一种光标指点设备，通过移动光标进行操作选择以实现操作控制，在操作鼠标器时，光标可在屏幕的画面上随意移动，从画面上的菜单中选择命令或其他操作，具有操作直观、简单的特点，是图形用户界面下必备的操作工具。

(3) 扫描仪。扫描仪是继键盘和鼠标之后的第三代计算机输入设备，它是将各种形式的图像信息输入计算机的重要工具。

2. 输出设备

输出设备是直接向人们提供计算机运行结果的设备。常见的输出设备有：

(1) 显示器。显示器是将电信号转换成视觉信号的一种装置，可以以字符、图形、图像等方式显示计算机处理信息的结果，它与键盘一起构成最基本的人机对话环境。键盘输入的命令和数据能立即在显示器上显示出来，计算机工作时的状态信息和处理结果也由显示器及时显示出来。

(2) 打印机。打印机将计算机的处理结果以字符或图形的形式印刷到纸上，便于人们阅读和保存，是计算机最基本的输出设备。

除上述常用的人机交互设备外，高档微机系统中还有语音输入/输出设备、手写联机输入设备等新型人机交互设备，可改善人机交互界面，促进计算机在各领域中的普及与应用。

12.1.2　人机接口的功能

人机接口是计算机同人机交互设备之间实现信息传输的控制电路。主机和外设之间进行信息交换为什么一定要通过接口呢？这是因为主机和外设在信息形式和工作速度上具有很大的差异，接口正是为了解决这些差异而设置的。如图 12.1 为常见的主机、人机接口、外设的连接示意图。

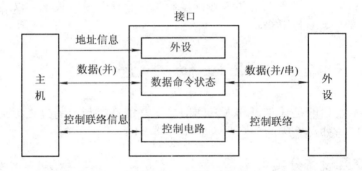

图 12.1　接口与主机、外设间的连接示意图

从图 12.1 中可以看出，接口要分别传送数据信息、命令信息和状态信息，数据信息、命令信息和状态信息都通过数据总线来传送。大多数计算机都把外设的状态信息视为输入数据，而把命令信息看成输出数据，在接口中分别设置各自相应的寄存器，并赋以不同的端口地址，使各种信息能分时地使用数据总线传送到各自的寄存器中去。所谓串行接口和并行接口，是指外设和接口一侧的传送方式，而在主机和接口一侧，数据总是并行传送的。

人机接口电路通常要完成两个任务：一个是信息形式的转换，把外界信息转换成计算机能接受、处理的信息，或把计算机处理后的信息转换成外部设备能显现的形式；另一个是计算机与人机交互设备之间的速度匹配，也就是完成信息交换速率与传输速率的匹配控制问题。

有的人机交互设备本身能独立完成信息形式的转换任务，如键盘和打印机，人机接口只需完成速度匹配任务即可；而另一些人机交互设备不具备信息形式转换功能，人机接口不仅要完成速度匹配任务，还要完成信息形式的转换任务。

12.2　键盘与键盘接口

键盘是输入设备，人们通过它可以向计算机输入信息。键盘按获取键码的方式，分为两类：非编码键盘及编码键盘。

12.2.1 非编码键盘接口

非编码键盘主要用软件来识别按键、获取键值，主要有线性键盘和矩阵键盘两种，相对而言其硬件简单。

1. 非编码键盘基本工作原理

1) 线性键盘

线性键盘是最简单的键盘，如图 12.2 所示，其中，每一个键对应 I/O 端口的一位，无键闭合时各位均处于高电平。当有一个键按下时就使对应位接地而成为低电平，而其他位仍为高电平。这样，CPU 只要通过端口检测端口中哪一位为 "0"，便可判别出对应键已经按下。这种键盘结构简单，只在仅有几个键的小键盘中使用。当键盘上的键较多时，用这种方法设计键盘，占用端口太多。

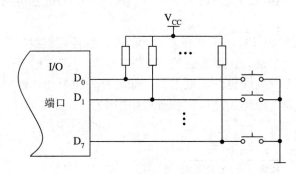

图 12.2　线性键盘示意图

2) 矩阵式键盘

通常用的键盘是矩阵式结构，如图 12.3 所示。如果有一 $M \times N$ 个键的键盘，若采用简单键盘设计方法，则需要 $M \times N$ 位端口，而采用矩阵式结构以后，便只要 $M+N$ 位端口。图 12.3 为一个 8×8 键盘，有 64 个键。只要用两个 8 位 I/O 端口即可。

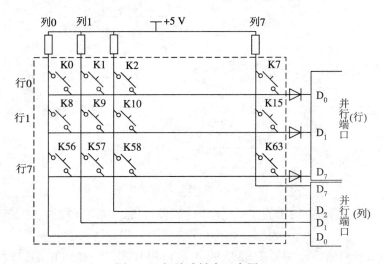

图 12.3　矩阵式键盘示意图

矩阵式键盘工作时，就是按照行线和列线上的电平来识别闭合键的。如果 K7 号键按下，则第 0 行线和第 7 列线接通而形成通路，如果第 0 行线接为零电位，则由于键 K7 的闭合，会使第 7 列线也输出零电位。

识别矩阵式键盘闭合键的方法有两种：行扫描法与行反转法。其中采用行扫描法识别闭合键时，要求矩阵式键盘的行线和列线分别接在输出和输入端口。注意，图 12.3 中行线接输出端口，列线接输入端口。

行扫描法识别闭合键的原理是：先通过行端口输出数据，使第 0 行接低电平，其余行为高电平；然后从列端口读入列线状态，检查是否有列线为低电平。如果有某条列线变为低电平，则表示第 0 行和此列线相交的位置上的键被按下。如果没有任何一条列线为低电平，则说明第 0 行上没有键被按下。然后，向下一行端口输出数据，使该行为低电平，检测列线，如此往下逐行扫描，直到最后一行。在扫描过程中，当发现某一行有键闭合时，用此时从行端口输出的值和从列端口读入的值合成键号，根据键号再判断出是哪个键被按下了。

在实际应用中，为提高 CPU 的工作效率，一般先快速检查键盘中有无键按下，如有键按下，再具体识别是哪一个键。快速检查的方法是：先向行端口送出全"0"，使所有行同时接低电平。再检查是否有列线也处于低电平。如果有列线为 0，则表明有键按下，再用行扫描法来确定具体位置。矩阵式键盘识别流程如图 12.4 所示。

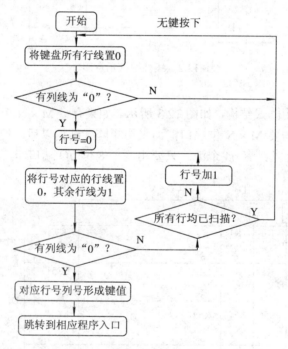

图 12.4 行扫描法软件流程图

【例 12-1】 根据图 12.3 的 8×8 键盘的硬件连接，利用行扫描法把闭合键的键值放入 AX。

假设行端口和列端口分别接在 8255 的 A 端口和 B 端口，8255 的端口地址分别为 PA、PB、PC、PCTRL。程序如下：

```
CODE      SEGMENT
MAIN      PROC      FAR
          ASSUME CS: CODE
START:    PUSH      DS
          XOR       AX，AX
          PUSH      AX
          MOV       AL，82H        ; 设置 8255 工作方式，端口 A、B 为
          MOV       DX，PCTRL      ; 工作方式 0，端口 A 为输出端口，
          OUT       DX，AL         ; 端口 B 为输入端口
          MOV       DX，PA
          MOV       AL，00H
          OUT       DX，AL         ; 使所有行线为 0
          MOV       DX，PB
          IN        AL，DX         ; 读入列值
          CMP       AL，0FFH
          JZ        X3            ; 无键按下，则退出
          MOV       CL，0FEH       ; 设置行号
X0:       MOV       DX，PA
          MOV       AL，CL
          OUT       DX，AL         ; 使行号对应的行线为 0
          MOV       DX，PB
          IN        AL，DX
          CMP       AL，0FFH       ; 有无列线为 0
          JNZ       X2            ; 有，则保存键值
X1:       SHL       CL，1          ; 没有则扫描下一行
          JC        X0            ; 8 行全部扫描完? 没有则继续扫描
          JMP       X3
X2:       MOV       AH，CL         ; 键值送入 AX
X3:       RET
MAIN      ENDP
CODE      ENDS
END       START
```

2. 行反转法识别闭合键的原理

采用行反转法识别闭合键时，要求矩阵式键盘的行线和列线分别接在可编程输入与输出端口。例如图 12.3 中行线接可编程并行接口 8255 的 A 端口，列线接 B 端口。识别键时，先使行端口工作在输出方式，列端口工作在输入方式。然后使行端口输出全"0"，再从列端口读入列线数据(列值)，如有列线位为"0"，则表明有键按下。然后再使行端口作为输入端口，列端口作为输出端口，把刚才读入的列值从列端口输出，再从行端口读入行值，

把该数据和刚才从列端口读入的列值合成键号，根据键号再判断是哪行哪列的键被按下了。

【例 12-2】 根据图 12.3 的 8×8 键盘的硬件连接，利用行反转法识别闭合键的键值。行端口和列端口分别接在 8255 的 A 端口和 B 端口。

8255 的端口地址分别为 PA、PB、PC、PCTRL。程序如下：

```
        CODE      SEGMENT
        MAIN      PROC      FAR
                  ASSUME CS: CODE
        START:    PUSH      DS
                  XOR       AX, AX
                  PUSH      AX
; 设置 8255 工作方式，端口 A、B 为工作方式 0
; 端口 A 为输出端口，端口 B 为输入端口
                  MOV       AL，82H
                  MOV       DX，PCTRL
                  OUT       DX，AL
                  MOV       DX，PB
                  IN        AL，DX
                  MOV       BL，AL          ; 读入并保存列值
                  CMP       AL，0FFH        ; 有无列线为 0
                  JZ        X1             ; 没有则跳转到 X1
                  CALL      DELAY          ; 延时
; 设置 8255 工作方式，端口 A、B 为两工作方式 0
; 端口 A 为输入端口，端口 B 为输出端口
                  MOV       AL，90H
                  MOV       DX，PCTRL
                  OUT       DX，AL
                  MOV       DX，PB
                  MOV       AL，BL
                  OUT       DX，AL          ; 输出读入的列值
                  MOV       DX，PA
                  IN        AL，DX          ; 读入行值
; 键值送入 AX，AH 中为行值，AL 中为列值
                  MOV       AH，AL
                  MOV       AL，BL
        X1:       RET
        MAIN      ENDP
        CODE      ENDS
                  END       START
```

程序中 CALL DELAY 指令的作用是延时以消除键的抖动。由于键盘的结构及操作员

的操作，当一个键被按下或释放以后，键往往要闭合断开几次才能稳定闭合或释放，这段时间一般不大于 10 ms。对操作员来说极短，但对 CPU 来说很长，又可能引起识别出错。因此在识别键时必须去抖动。可以用硬件的方法去抖动，但软件去抖动也非常容易，只要延时一段时间等抖动消失以后再读入键码，就可以消除抖动对识别键的影响。

12.2.2　编码键盘接口

　　矩阵式结构的键盘使接口引线大大减少，但当键盘的行或列线多于 8 条时，则键盘与主机的接口以及键的扫描和识别的复杂性随之增加。在这种情况下，需要对键盘的行线或列线或者行线和列线都进行编码后通过接口再送往微计算机。这时键扫描和识别的方法及相应的硬件连接也相应有所改变。一种常用方法是硬件计数器扫描方法，其具体原理可参阅相关书籍。

1. IBM-PC 微机键盘及接口技术

图 12.5 为 IBM-PC 微机键盘及键盘与主机系统接口框图。

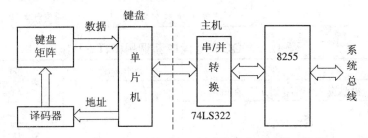

图 12.5　IBM-PC 微机键盘及键盘与主机系统接口框图

　　图 12.5 左侧为 IBM-PC 编码式键盘，它主要由单片微机和键盘矩阵构成。单片计算机控制键盘的扫描和识别。键接通和断开时，键盘单片微机根据键的位置发出两个不同的扫描码，扫描码的最高位为 "0"，表明键闭合；为 "1"，表明键放开。在键被识别之后，键盘以串行通信方式把键的扫描码而非 ASCII 码送给微机系统。

　　主机部分键盘接口由两部分构成：一部分是以 74LS322 为主的串—并变换逻辑，另一部分是 8255 并行接口芯片。74LS322 将键盘送来的串行数据变为并行数据送入 8255 并行接口的 A 口，8255 是与系统数据总线直接接口的。当 74LS322 接收完一个扫描码时，向 CPU 发中断申请，CPU 响应中断从 8255 读取扫描码。BIOS 程序将扫描码转换为字符码。大部分键盘的字符码为标准的 ASCII 码，没有 ASCII 码的键，如 Alt 和功能键(F1～F10)，字符码为 0；其他非 ASCII 码键则产生一个指定的操作，如屏幕打印等。转换后的字符码及扫描码存储在 ROMBIOS 的键盘缓冲区中。键盘缓冲区的结构如下：

```
0040:001A BUFF_HEAD     DW  ?              ; 键盘缓冲区首地址
0040:001C BUFF_TAIL     DW  ?              ; 键盘缓冲区末地址
0040:001E KB_BUFFER     DW  16   DUP(?)    ; 键盘缓冲区
0040:003E KB_BUFFR_END  LABEL   WORD
```

　　键盘缓冲区是一个队列。当 BUPF_HEAD 和 BUFF_TAIL 相等时，表明键盘缓冲区空，当 CPU 要获取键盘输入时，就调用 BIOS 键盘例行程序，按接收顺序从缓冲区内取出字符码及扫描码。当缓冲区满时，如此时又按键盘，BIOS 就不再处理，只发出 "嘀" 的声音。

键盘与主机通过 4 芯接口电缆相连。4 根信号线分别为+5V、GND、Keyboard Data 和 Keyboard Clock。其中 Keyboard Data 为键盘送往主机的串行数据，Keyboard Clock 为发送串行数据的时钟。

2. 键盘 I/O 程序设计

在 IBM-PC 机中，BIOS 和 DOS 中断提供了主机与键盘通讯的中断功能调用。BIOS 的 INT 16H 提供了基本的键盘操作。DOS 的 INT 21H 也提供了键盘功能调用，它可以读入单个字符，也可读入字符串。BIOS 和 DOS 提供的键盘功能调用见表 12-1 和表 12-2。

表 12-1   BIOS 键盘中断调用(INT 16H)

AH	功　能	返回参数
0	从键盘读入一字符	AL=字符码 AH=扫描码
1	读键盘缓冲区的字符	如 ZF=0，AL=字符码 AH=扫描码 如 ZF=1，缓冲区空
2	读键盘状态字节	AL=键盘状态字节

表 12-2   DOS 键盘中断调用(INT 21H)

AH	功　能	调用参数	返回参数
1	从键盘读入一字符并回显在屏幕上		AL=字符
6	读键盘字符	DL=0FFH	AL=字符(若准备好) AL=0(未准备好)
7	从键盘读入一字符，不回显		AL=字符
8	从键盘读入一字符，不回显		
	检测 Ctrl-Break		AL=字符
A	从键盘读入字符串到缓冲区	DS:DX=缓冲区首址	
B	读键盘状态		AL=0FFH，有键入 AL=00H，无键入
C	清除键盘缓冲区，并调用一种键盘功能	AL=键盘功能号(1，6，7，8，A)	

BIOS INT 16H 的 02H 功能能够读取状态字节，状态字节反映了 Shift、Ctrl、Alt、NumLock、ScrollLock、CapsLock 和 Ins 这些不具备 ASCII 码的键的状态。具体含义见图 12.6 所示。

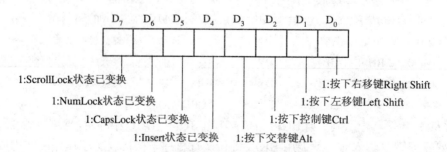

图 12.6   键盘状态字节的格式

【例 12-3】 分别利用 DOS 和 BIOS 键盘中断功能调用编程。要求：检测功能键 F1。如有 F1 键按下，则转 HELP 执行。

用 BIOSINT16H 中断 00 号功能调用编程。或采用 DOS 的 INT21 中断 07 号功能调用编程。由于功能键没有 ASCII 码，在采用 DOS INT 21H 键盘功能调用读键盘输入时，如果有功能键输入，那么返回的字符码都为 00H。因此采用 DOS INT 21 键盘功能调用读功能键输入时，必须进行两次 DOS 功能调用。第一次回送 00，第二次回送扫描码。

程序代码如下：

```
X0:      MOV     AH，07
         INT     21H        ; 等待键盘输入
         CMP     AL,0       ; 是否为功能键
         JNE     X0         ; 不是，继续等待
FKEY:    MOV     AH,07H
         INT     21H
         CMP     AL,3BH     ; 是 F1?
         JNE     X0         ; 不是，继续等待
HELP:
           ⋮
```

BIOS 键盘中断(16H)，它能同时回送字符码和扫描码，比较适合于要使用功能键和变换键的程序设计。而对于一般简单的键盘操作，用 DOS INT 21H 提供的键盘中断服务更合适。

12.3 显 示 器

显示是重要的人机交互方式，通过显示设备可以以字符、图形和表格等形式表现计算机数据处理的结果。显示设备可分为阴极射线管 CRT 显示器、等离子显示器 PD、发光二极管 LED、液晶显示器 LCD、场致发光显示器 ELD、电致变色显示器 ECD 和电泳显示器 EPID 等。显示器按原理可分为两类：主动显示类如 CRT 显示器、发光二极管 LED；被动显示类如液晶显示器 LCD。

12.3.1 CRT 显示器及接口

CRT(Cathode-Ray Tube)显示终端是 20 世纪 70 年代发展起来的技术。早期的显示终端内没有微处理器，到了 70 年代末期，超大规模集成电路技术不断成熟，使得微处理器占据了高性能和低价位两方面的优势，这样，目前的显示终端几乎都用了微处理器，甚至有些终端还用了两个或更多的微处理器。CRT 显示终端含有 CPU 的控制系统，这是当前 CRT 技术的一个重要特点。

1. CRT 显示器的工作原理

CRT 显示器主要部分就是阴极射线管。阴极射线管由阴极、栅极、加速极和聚焦极以及荧光屏组成。阴极用来发射电子，所以，阴极也叫电子枪。阴极发射的电子在栅极、加

速极、聚焦极和第二阳极产生的电场的作用下，形成具有一定能量的电子束，射到荧光屏
上荧光粉使其发光产生亮点，从而达到显示的目的。

为了在整个屏幕上显示出字符或图形，必须采用光栅扫描方式。CRT 显示器中有水平
和垂直两种偏转线圈，电子枪产生的电子束通过水平偏转线圈产生的磁场后从左到右作水
平方向移动，到右端之后，又立刻从左端开始；电子束通过垂直偏转线圈产生的磁场后从
上到下作垂直方向移动，到底部之后，又从上面开始扫描。由于电子束从左到右、从上到
下有规律地周期运动，在屏幕上会留下一条条扫描线，这些扫描线形成了光栅，这就是光
栅扫描。如果电子枪根据显示的内容产生电子束，就可以在荧光屏上显示出相应的图形或
字符。

光栅扫描方法一般有两种，一种是逐行扫描，一种是隔行扫描。隔行扫描时，要两次
才能扫完一帧。一次对所有奇数行进行扫描；一次对所有偶数行进行扫描。

对于黑白显示器来说，内部仅仅有一个电子束；对于彩色显示器来说，内部有红(R)、
绿(G)、蓝(B)3 个电子枪发射 3 个电子束，在早期的彩色图形显示方式(CGA)中这 3 个电子
束和亮度信号 I 通过组合，以 TTL 电平传输，可以得到 16 种颜色。而现在的超级视频彩
色图形显示方式(SVGA)中，以 0～0.8 V 的模拟信号传输，可以实现真彩 32 位彩色显示，
即 4G 种颜色。

2. CRT 显示器接口

显示器接口是 CPU 通过三总线送来的要显示的信息转换成使 CRT 显示器能稳定显示
的各种 CRT 控制信号。在 IBM PC 系列微机中，CPU 与显示器之间的接口电路就是显示适
配器(显示卡)。早期的显示适配器有两种：单色显示适配器和彩色/图形适配器。它们都是
以 PC 机插件板的形式安装在主机 I/O 通道插座上。

图 12.7 为显示适配器原理框图。对于单色显示适配器来说，它由 CRT 控制器(CRTC)、
显示缓冲器、数据锁存器、字符发生器、字符移位寄存器、图形移位寄存器等组成。对于
彩色显示适配器，在上述基础上，再加上色彩编码器、选色和综合扫描、工作方式控制、
时序产生与控制、合成彩色产生器等。

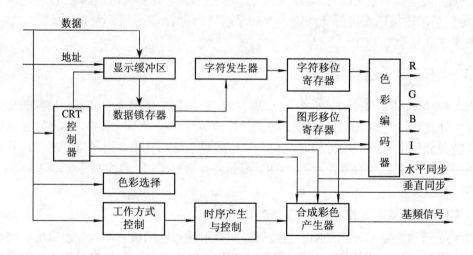

图 12.7 显示适配器原理框图

1) 单色显示适配器

● 视频控制器(CRTC)MC6845CRT

MC6845CRT 控制器是一个可编程的画面显示控制芯片，可用作执行光栅扫描和存储变换控制的显示器接口。MC6845 产生显示器扫描控制信号、显示缓冲区地址和字符发生器 ROM 地址。扫描控制信号包括垂直同步信号 VS 和水平信号 HS；显示缓冲区地址由MC6845 中的线性地址发生器产生；字符发生器地址由列控制逻辑产生。

MC6845 是可编程接口芯片，其可编程内容包括指定每个字符的点阵和光栅数、每行字符数、光标的形式等。MC6845 芯片内的 19 个寄存器分别保存上述控制参数，其中 18 个数据寄存器由 1 个地址寄存器索引。

MC6845CRT 控制器由水平定时发生器、垂直定时发生器、线性地址发生器和光标控制逻辑等组成。它能完成显示控制的大部分工作，在 IBM-PC 系列机中，显示适配器是以 MC6845 为核心器件。

● 显示缓冲器

显示缓冲器是显示缓冲存储器的简称，也称显存。CPU 所要显示的数据通过数据总线按先后次序存入显示缓冲器。一般偶数地址单元存字符的 ASCII 码，奇数地址单元存字符的属性。字符属性有前景、背景、亮度和闪烁。所谓前景和背景，指的是黑色背景白色字符或白色背景黑色字符。字符属性字节的含义如图 12.8 及表 12-3 所示。

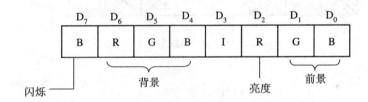

图 12.8   单色属性代码的定义

表 12-3   单色字符属性功能

背景 R G B			前景 R G B			属性功能
0	0	0	0	0	0	不显示
0	0	0	0	0	1	加下划线
0	0	0	1	1	1	黑底白字
1	1	1	0	0	0	白底黑字

● 字符发生器

字符发生器的功能是产生所要显示的字符的点阵数据。它主要由控制逻辑电路、字符库和字符产生电路组成。

字符库用来存放字符的点阵数据，通常字符点阵库也叫字符发生器，一个存储单元存一个字符中一行数据。对于 8×8 点阵的字符，一个字符占 8 个字节。图 12.9 为字符"A"的点阵形式。

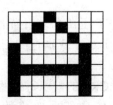

图 12.9   字符 A 的点阵形式

IBM-PC 的字符发生器采用 8 KB ROM 存放字符的点阵数据。显示时，由 CRTC 提供缓冲器的地址，将要显示字符的 ASCII 码逐个读出，经数据锁存器到字符发生器。CRTC 向字符发生器提供行地址后，字符发生器将点阵数据中的每行数据依次送到移位寄存器。属性数据和来自移位寄存器的点阵数据被送到视频逻辑，视频输出信号由适配器发出，送至显示器显示。

字符发生器中除字符库外，也可以设置汉字库。由于汉字笔划较多，所以每个汉字一般至少用 16×16 点阵表示，考虑字间隔和行间隔后，每个汉字一般至少要用 16×18 点阵表示，这样每个汉字的点阵占用 36 个地址单元。汉字库所需存储容量很大，往往采用外存储设备来存储汉字库。计算机需要显示汉字时，从外存储设备上读入汉字点阵码输入显示器，以显示汉字。

2) 单色显示适配器 I/O 端口

IBM-PC 机分配给单色显示适配器的输入/输出口地址为 3B8H、3BAH、3B4H 和 3B5H。对相应端口操作可设定显示器工作方式以及工作参数。

(1) CRT 控制寄存器。CRT 控制寄存器用于控制显示器的工作方式。端口地址为 3B8H。8 位控制字含义如图 12.10 所示。

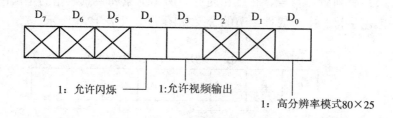

图 12.10　CRT 控制寄存器格式

(2) CRT 状态寄存器。CRT 状态寄存器用于保存 CRT 的工作状态信息。其端口地址为 3BAH，CPU 可以用输入指令读取 CRT 状态字，状态字含义如图 12.11 所示。

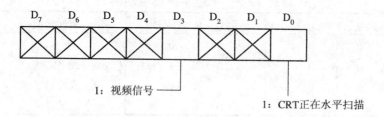

图 12.11　CRT 状态寄存器格式

其中，CRT 正在水平扫描信息用于访问显示缓冲区时对当前 CRT 工作状态的判断。只有在 CRT 处于水平或垂直回扫时，才能向显示缓冲区写入字符及其属性，以免引起屏幕显示混乱。

(3) CRT 的索引寄存器。CRT 的索引寄存器是 MC6845 的内部地址寄存器。它用于寻址 MC6845 内部的 18 个数据寄存器，其端口地址为 3B4H。该寄存器含义如图 12.12 所示。CPU 要访问 MC6845 中的任何寄存器，首先要使用 OUT 指令向索引寄存器送出索引值，再通过 CRT 的数据寄存器(端口地址为 3B5H)送出各种参数。

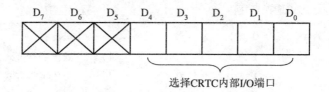

图 12.12　CRT 地址索引寄存器格式

(4) CRT 数据寄存器。CRT 的数据寄存器即是 MC6845 的数据寄存器，其 I/O 地址为 3B5H。CPU 按索引寄存器内容寻址 MC6845 的数据寄存器 $R_0 \sim R_{17}$。

3) 彩色/图形适配器

彩色/图形适配器也是以 MC6845 为核心部件，从图 12.7 中可以看出与单色显示适配器相比，彩色显示适配器多了几个电路。下面加以说明。

(1) 工作方式控制。在彩色显示适配器中有一个工作方式选择寄存器作为工作方式控制。在 IBM-PC 机中，其端口地址为 3D8H。

彩色/图形显示器在彩色/图形适配器支持下，有两种工作方式：字母数字方式(字符方式)和图形方式。

● 字符方式

显示器以字符为单位在屏幕上显示字母和数字。在低分辨率显示方式下，屏幕可显示 40×25 个字符，在高分辨率显示方式下，屏幕可显示 80 × 25 个字符。

● 图形工作方式

在图形方式下，通过控制各点的亮度或颜色，显示出图形。IBM-PC 支持两种图形显示方式：高分辨率方式和中分辨率方式。

在高分辨率方式下，每屏显示 640(列)× 200(行)点，每点可取黑白两种颜色。

在中分辨率方式下，每屏显示 320(列)× 200(行)点，每点可取两类 4 种颜色。

图 12.13 为工作方式选择寄存器各位的含义。其低 6 位有效。除第 3 位用于表示视频信号输出的允许与否、第 5 位表示字符方式下的闪烁属性外，其余 4 位都用于表示显示器的工作方式。各种工作方式下方式选择寄存器的设定如表 12-4 所示。

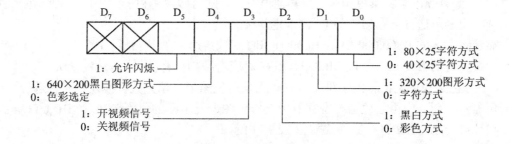

图 12.13　工作方式选择寄存器格式

表 12-4 彩色显示器常用操作方式

方式选择寄存器								操 作 方 式
X	X	X	X	0	X	X	X	关显示
X	X	1	0	1	1	0	0	40×25 黑白字符方式
X	X	1	0	1	0	0	0	40×25 彩色字符方式
X	X	1	0	1	1	0	1	80×25 黑白字符方式
X	X	X	0	1	0	0	1	80×25 彩色字符方式
X	X	X	0	1	1	1	0	320×200 黑白图形方式
X	X	X	0	1	0	1	0	320×200 彩色图形方式
X	X	X	1	1	1	1	0	640×200 黑白图形方式

(2) 显示缓冲器。彩色/图形适配器的显示缓冲区为 16 KB，在 IBM-PC 机中，其起始地址为内存中的 B8000H。在彩色字符方式下，其显示缓冲区结构与单色显示缓冲区类似，字符的 ASCII 码保存于偶数地址单元，而彩色属性字节保存于奇数地址单元。彩色属性代码的含义如图 12.14 所示。其中背景亮度由彩色选择寄存器的 D_4 位决定。表 12-5 为 I、R、G、B 与颜色的对应关系。

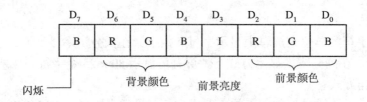

图 12.14 彩色属性代码的定义

在图形方式下，显示缓冲区不是按字节与显示内容对应，而是一个字节对应多个显示点图像。在高分辨率方式下，每个字节对应 8 个显示点，即一个二进制位对应一个点，这个二进制位被称为像素。像素值决定屏幕对应显示点的亮与不亮。亮为 1，不亮为 0。在中分辨率下，每个字节对应 4 个显示点，即两个二进制位对应一个点。两位二进制数可确定 4 种颜色，表示为 00～03，这样在中分辨率下的每个像素就可以具有彩色属性。当此两位为 00 时，像素颜色与背景色相同，为其他值时，分别对应两个色彩组中的一种颜色，色彩组的选择由彩色选择寄存器中的 D_5 位确定。

显示缓冲区的 B800:0000H 到 B800:1F3FH 对应屏幕的偶数扫描行(0，2，…，198)；而显示缓冲区的 B800:2000H 到 B800:3F3FH 对应奇数扫描行(1，3，…，199)。

(3) 彩色选择。无论彩色字符显示方式还是彩色图形显示方式都涉及到彩色选择设定。在彩色显示适配器中由彩色选择寄存器确定彩色图形显示器的色彩选择，在 IBM-PC 机中，其端口地址为 3D9H，寄存器格式如图 12.15 所示。

在不同的工作方式下，彩色选择寄存器各位的含义有些差别：

D_0～D_3，在彩色字符方式下，代表屏幕上矩形显示区外部边界颜色：(在彩色字符显示方式下，每个字符本身的显示颜色以及它所在屏幕上的底色，并不是由彩色选择寄存器中的 I、R、G、B 所决定的，而是由每个字符的属性字节的内容所决定)。而在 320×200 分辨率图形方式下，表示背景的亮度和颜色。I、R、G、B 可以组合成表 12-5 所示的 16 种不同颜色。

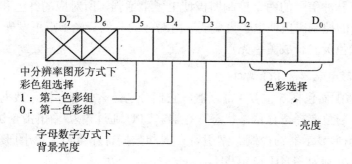

图 12.15   彩色选择寄存器格式

表 12-5   I、R、G、B 对应的颜色

R	G	B	I	颜色	R	G	B	I	颜色
0	0	0	0	黑	0	0	0	1	灰
0	0	1	0	蓝	0	0	1	1	浅蓝
0	1	0	0	绿	0	1	0	1	浅绿
0	1	1	0	青	0	1	1	1	浅青
1	0	0	0	红	1	0	0	1	浅红
1	0	1	0	品红	1	0	1	1	浅品红
1	1	0	0	棕	1	1	0	1	黄
1	1	1	0	灰白	1	1	1	1	白

D_4 在字符方式下用来选择背景亮度，它和字符属性字节中的 $D_4 \sim D_6$ 一起决定背景的颜色。D_5 在 320×200 彩色图形方式下，不同像素值对应选择第一色彩组和第二色彩组的颜色，如表 12-6 所示。

表 12-6   彩色图形方式下像素的颜色

像素值	第一色彩组	第二色彩组
00	背景色	背景色
01	绿	青
10	红	品红
11	棕	白

(4) 色彩编码。彩色选择寄存器内的值和显示缓冲器内的彩色属性码送到色彩编码器。

在色彩编码器内合成后，输出 R、G、B、I 四个控制信号，其中，R、G、B 三个信号去控制彩色 CRT 三个控制栅极；I 信号控制 CRT 的亮度。例如，如果显示缓冲器输出的属性字节(来自奇数单元)为 0EH，那么色彩编码器输出端上的 R 和 G 端有脉冲信号，B 端无脉冲信号，结果，有脉冲信号的两个控制栅极使电子束增强，所对应的红色和绿色荧光小点发光，无脉冲信号的控制栅极使电子束变弱，所对应的蓝色荧光小点不发光。根据表 12-5 的规定，红色和绿色荧光合成黄色光点。

4) 彩色/图形适配器的 I/O 端口

彩色/图形适配器包括 5 个 I/O 寄存器，它们分别是索引寄存器、数据寄存器、工作方式选择寄存器、彩色选择寄存器、状态寄存器。CPU 通过输入/输出指令访问这些寄存器，以完成对彩色/图形显示器的控制。索引寄存器和数据寄存器与单色/图形适配器的作用相同。其端口地址分别为 3D4H 和 3D5H。

工作方式选择寄存器、彩色选择寄存器在前面已做了说明，在此不再赘述。

状态寄存器用于标志彩色图形显示器的工作情况。其中 2 位用于光笔标志。状态寄存器的端口地址为 3DAH，格式如图 12.16 所示。

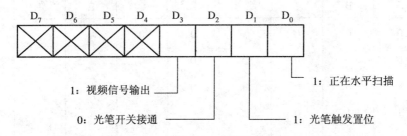

图 12.16　彩色/图形适配器状态寄存器格式

其中，D_0 位和 D_3 位的含义与单色显示器一样。D_0 位用来指出 CRT 显示器是否处在水平扫描或垂直扫描的回扫期，若是，则 CPU 可以向显示缓冲区中送入新的显示信息而不影响屏幕画面；D_3 位是字符显示时视频输出信号的瞬间状态，目的是检查是否有视频信号输出，以便于系统的故障诊断与分析。

5) 显示适配器与 CRT 的接口

显示适配器与 CRT 的接口从其信号形式可分为两大类：数字信号接口和模拟信号接口。所谓数字信号接口，即显示适配器送往 CRT 显示器的信号为数字信号。如前所述的彩色显示适配器，它用数字信号 I、R、G、B 来控制显示的色彩，只能显示 16 色。要增加显示的颜色数，必须增加接口信号线，这使得接口信号不易规范。以前的 CGA 和 EGA 显示系统采用的就是这种 TTL 方式的 9 针数字信号接口。

目前，绝大部分显示系统采用的是模拟信号接口。在模拟信号接口中，显示适配器只需三路信号线向 CRT 显示器传送表征显示颜色的 R、G、B 模拟信号，模拟信号的幅值在 0～5 V 之间，不同的幅值表示不同的颜色深度。由于模拟信号的连续性，这三个信号可以组合出无限的颜色。目前的 VGA 和 TVGA 显示系统采用的就是这种 15 针模拟信号接口。

图 12.17 为模拟显示原理图。其中视频 DAC 把表示颜色的数字信号转换为模拟信号后向模拟显示器输出。

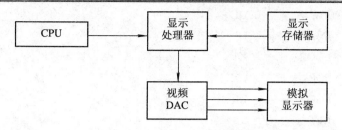

图 12.17　模拟显示原理图

3. CRT 显示器 I/O 程序设计

在了解了单色、彩色/图形适配器后，在 CRT 显示器 I/O 程序设计时，可直接对适配器各 FO 端口编程，从而完成某种显示功能。也可以直接对显存操作，以加快显示速度。另外，在 IBM-PC 系统中，也可利用系统提供的 BIOS 和 DOS 有关显示器 I/O 的中断功能调用，进行显示器 I/O 程序设计。下面举例来说明显存操作和 BIOS 中断功能。

【例 12-4】　直接在屏幕上显示 16 行不同颜色的字符 '9'。

```
STACK   SEGMENT
        DB          256      DUP(?)
STACK   ENDS
CODE    SEGMENT
MAIN    PROC        FAR
        ASSUME      CS: CODE,SS: STACK
START:  PUSH            DS
        MOV         AX, 0
        PUSH        AX
        MOV         AX，STACK
        MOV         SS，AX
        MOV         AX，03H
        INT         10H              ; 调用 BIOS 中断，设置 80×25
                                     ; 彩色文本方式
        MOV         DX,3D9H
        MOV         AL,19H
        OUT         DX,AL            ; 设置彩色选择寄存器
        MOV         AX,0B800H
        MOV         ES,AX
        MOV         DI,00H           ; ES:DI 指向显存
        MOV         CX,10H           ; 设置 16 行记数器
        MOV         AX，0039H         ; 设置显示字符及显示属性
X0:     INC         AH               ; 改变显示属性
        PUSH        CX
        MOV         CX，80
X1:     MOV         ES: [DI], AX     ; 写显存(一行)
```

```
            INC       DI
            INC       DI
            LOOP      X1
            POP       CX
            LOOP      X0
            RET
MAIN        ENDP
CODE        ENDS
            END       START
```

12.3.2 LED 数字显示技术

1. LED 的工作原理

发光二极管简称为 LED(Light Emitting Diode)，它是一种应用很普遍的显示器件，LED 数码管是由七段发光二极管组成的，如图 12.18(a)所示，这七段发光管分别称为 a、b、c、d、e、f、g，有的产品还附带有一个小数点 DP。通过 7 个发光段的不同组合，可以显示 0～9 和 A～F 共 16 个字母数字及其他特殊字符。如当 a、b、c 段亮，则显示 7；当 a、b、c、d、e、g 段亮，显示 d。

LED 可以分为共阳极和共阴极两种结构，如图 12.18(b)、(c)所示。

图 12.18(b)为共阳极结构，数码显示端输入低电平有效，当某一段得到低电平时，便发光，例如，当 a、b、g、e、d 为低电平，而其他段为高电平时，则显示数字 "2"。

图 12.18(c)为共阴极结构，数码显示端输入高电平有效，当某段处于高电平时便发光。

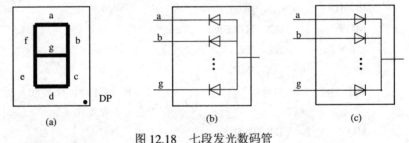

图 12.18　七段发光数码管

2. LED 显示器接口

图 12.19 是采用并行接口 8255A 的 LED 显示器接口电路。CPU 通过 8255A 的 I/O 端口向 LED 显示器传输七段码。

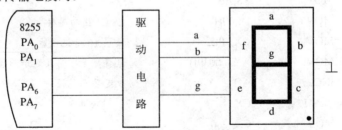

图 12.19　采用 8255 并行接口的 LED 接口示意图

为了在 LED 上显示数据，首先必须把显示数据转换为 LED 的 7 位显示代码，要实现这种转换可以采用两种方法：一是采用专用芯片，即采用专用的带驱动器的 LED 段译码器，比如 CD4511，可以实现对 BCD 码的译码，但不能对大于 9 的二进制数译码。CD4511 有 4 位显示数据输入，7 位显示段输出，3 位控制信号输入。使用时，只要将 CD4511 的输入端与主机系统输出端口的某 4 个数据位相连，而 CD4511 的 7 位的输出直接与 LED 的 a～g 相接，便可实现对 1 位 BCD 码的显示。具体电路如图 12.20 所示。

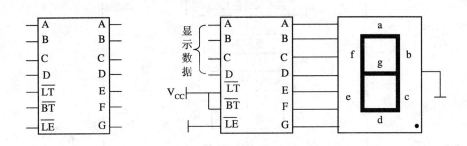

图 12.20　采用 CD4511 的 LED 显示电路

另一种常用的办法是软件译码法。在软件设计时，根据硬件在数据段定义 0～F 共 16 个数字(也可以为 0～9 或其他符号)的显示代码表,在程序中利用 XLAT 指令进行软件译码。假设用一位共阳极 LED 来显示数据，显示数字'0'时，a、b、c、d、e、f 六段发光，故连接 a、b、c、d、e、f 段的信号应为低电平，而其他段不发光，即为高电平。如果 a、b、c、d、e、f、g 分别与 D_0、…、D_6 数据信号线相连，那么数字'0'的显示代码为 11000000B。依此类推，可以得出其他数字或符号的显示代码。0～F 的显示代码表就可以按 0～F 的顺序定义如下：

DISPCODE　DB　0COH，0F9H，… 06H，0EH；

利用 8086 的换码指令 XLAT，可方便地实现数字到显示代码的译码。

假设要显示的数据存放在 BL 的低四位中，利用下面几条指令就可实现软件译码。

MOV	AL，BL	; 把要显示的数据送入 AL
AND	AL，0FH	; 屏蔽无用位
LEA	BX，DISPCODE	; 显示代码表的首地址送 BX
XLAT		; 换码，相应的显示代码即被存入 AL

3. 多位 LED 显示

实际使用时，往往要用几个 LED 实现多位显示。如果每一个 LED 占用一个独立的 I/O 端口，那么该系统将占较多的硬件资源。通常采用以下设计方案：

硬件上所有 LED 的同名段都连在一起，由同一个 I/O 端口(段端口)控制，每个 LED 的控制端分别连接到另外一个或几个 I/O 端口(位控制端口，端口数由 LED 的个数决定)的相应位，在软件上用扫描方法逐个点亮和熄灭 LED，利用人的视觉暂留来实现多位 LED 显示。只要保证每个 LED 在一秒内显示 25 次以上，就能实现多位 LED 显示。图 12.21 就是这种方案的软件实现流程。

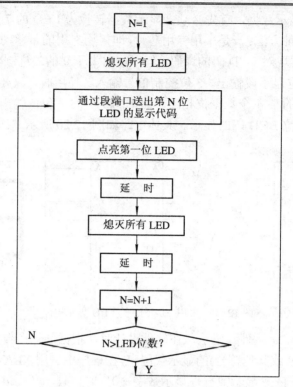

图 12.21   多位 LED 显示流程图

【**例 12-5**】   图 12.22 为利用 8255A 实现 8 位 LED 显示的硬件连接。其中 PA 作为段控制端口，PB 作为位控制端口。从图中可以看到，如要点亮某个 LED(共阳极结构)，只需使连接该 LED 控制端的三极管导通即可，即使 PB 的相应位为高电平。编程实现在 8 位 LED 上显示 99-8-20。

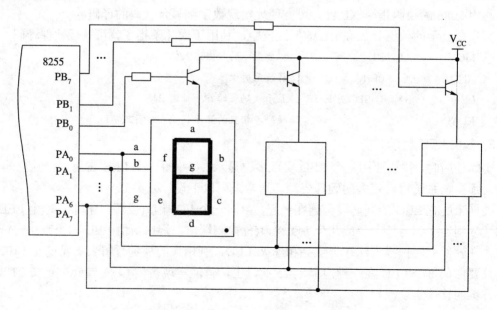

图 12.22   多位 LED 显示系统硬件连接图

假设 8255 的端口地址为 PA、PB、PC、PCTRL，程序如下：

```
DATA      SEGMENT
DISP      DB        0C0H，0P9H，0A6H，0B0H
          DB        99H，92H，82H，0F8H，0FPH，90H
          DB        0BFH
DATA      DB        9，9，10，8，10，2，0
DATA      ENDS
STACK     SEGMENT
STK       DB  256  DUP(?)
STACK     ENDS
CODE      SEGMENT
MAIN      PROC      FAR
          ASSUME    CS:CODE,DS:DATA,SS:STACK
START:    PUSH      DS
          XOR       AX，AX
          PUSH      AX
          MOV       AX，DATA
          MOV       DS，AX
          MOV       AX，STACK
          MOV       SS，AX
          MOV       DX，PCTRL    ；设置 8255 工作方式
                                ；PA、PB 端口工作方式为 0，输出
          MOV       AL，80H
          OUT       DX，AL
          MOV       DX，PB
          MOV       AL，00       ；关显示
          OUT       DX，AL
X0:       LEA       SI，DATA
          MOV       CH，08
          MOV       CL，01H
          LEA       BX，DISP
X1:       MOV       AL，[SI]
          XLAT
          MOV       DX，PA       ；取显示数据，换码，送显示码
          OUT       DX，AL
          MOV       AL，CL       ；点亮 LED
          MOV       DX，PB
          OUT       DX，AL
          CALL      DELAY0       ；延时
          MOV       AL，00        ；关 LED
```

```
            OUT     DX, AL
            CALL    DELAY1      ; 延时
            SHL     CL, 1       ; 指向下一位 LED
            INC     SI          ; 指向下一个显示数据
            DEC     CH          ; 8 位 LED 都显示完?
            JNZ     X1          ; 显示下一位 LED
            JMP     X0          ; 重新从第一位 LED 开始显示
            RET
    MAIN    ENDP
    CODE    ENDS
            END     START
```

12.4　打印机接口技术

　　打印机是计算机系统的主要输出设备之一。打印机的种类繁多,从和主机的接口的方法上分,有并行打印机和串行打印机;从打印方式上分,有击打式打印机和非击打式打印机;从打印字符的形式上分,有点阵式和非点阵式打印机。目前进入市场的主要有针式打印机、喷墨打印机和激光打印机。

12.4.1　打印机的基本工作原理

1. 击打式打印机基本工作原理

　　击打式点阵式打印机通过打印头中的若干根打印针打印出字符。一个打印头通常有 7、9、16 或 24 根打印针。这些打印针在垂直方向上排成一排或两排,当载有打印头的小车从左往右运动时,由线圈和衔铁组成的驱动电路根据打印信息驱动打印针撞击打印色带和打印纸,从而打出一行字符。

2. 非击打式打印机基本工作原理

　　非击打式打印机包括激光打印机、喷墨打印机、热敏打印机、热升华打印机等。常用的是激光打印机和喷墨打印机。

　　激光打印机采用电子印刷技术,利用激光根据打印信息在光导鼓上产生由静电荷形成的潜像,光导鼓经过放有与潜像极性相反的墨粉盒时,墨粉就会被形成潜像的静电荷区吸引,形成墨粉可见像。然后靠静电吸引力或机械压力转印到普通纸上。

　　喷墨打印机根据其墨水滴形成、控制墨水滴偏转的方式不同,有多种形式。下面以电荷控制式喷墨打印机说明其工作原理。喷墨打印机在打印时,被充电极充电的墨水在墨水泵的高压作用下进入喷嘴,通过喷嘴形成一束极细的高速射流,射流通过高频振荡器断裂成连续均匀的墨水滴流,经过偏转电极产生的磁场时墨水滴流产生偏转,然后落在纸上,形成一点。墨水滴在纸上的位置(上下)与墨水滴所带电荷有关。

12.4.2　打印机适配器

　　IBM-PC/XT 系统可以配置两种打印机适配板驱动点阵式打印机。一种是独立的并行打印机适配板，用这种适配板时，主机通过端口 378H～37AH 和打印机进行通信；另一种是和单色显示器适配电路组合在一起的单色显示器/并行打印机适配器，用这种适配器时，主机和打印机的通信端口地址为 3BCH～3BEH。这两种适配器有关打印机的适配电路以及和打印机的连线都是相同的，两者的差别仅在于端口地址不同。下面针对前一种打印机适配器进行说明。

打印机适配器的逻辑结构比较简单，如图 12.23 所示。命令译码器根据 CPU 送来的信号在适配器内部产生相应的控制信号。数据锁存器用来暂存 CPU 送来的打印数据，并送往打印机打印，同时又把打印数据回送到总线缓冲器 1，供 CPU 在必要时读取。控制锁存器用来锁存控制命令，而控制驱动器则根据控制命令的内容产生相应的驱动信号送到打印机，同时也送到总线缓冲器 2，供 CPU 读取。状态寄存器用来暂存来自打印机的状态信息。

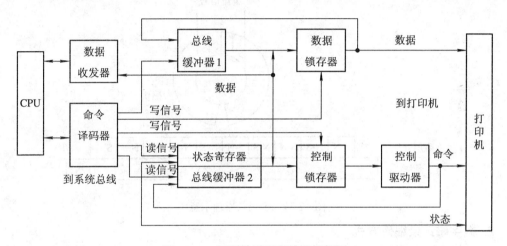

图 12.23　打印机适配器的逻辑框图

12.5　磁盘存储器

磁记录技术发明于上个世纪，已有近百年的历史了。1947 年磁记录开始用来记录数字信息。之后，随着计算机技术的发展及对大容量、高存取速度的外存储器的需求，促使数字磁记录技术得到迅速发展。采用数字磁记录技术的外存储设备目前在计算机系统中得到了广泛应用。本节主要介绍硬磁盘及其接口技术。

12.5.1　磁盘记录原理

1. 磁表面存储的基本原理

任何一个磁记录过程都可以看成是一个电磁转换的过程，这个过程是通过磁头和与其作相对运动的磁记录介质(或称为媒体)的相互作用来实现的。如图 12.24 所示。

其中，磁头是由铁芯和铁芯上的线圈等组成。铁芯的下方，靠近记录介质的地方开有很窄的一条缝隙，称为前隙。磁性记录介质涂敷在非磁性衬底上。当磁头线圈中通以电流时，就在铁芯及前隙附近空气中产生磁场，使磁头下方的磁性记录介质被磁化。磁化状态随电流的变化而变化。这样，电流所代表的信息(可以是声音、图像，数码等)，就通过磁性介质永久地保存下来。当需要将这些信息再现时，介质上已记录信息的磁化单元在磁头下运动，使通过磁头线圈中的磁通发生变化。根据电磁感应定律，它可使线圈中感应出电动势并转化成电流。再经一系列变换，则可还原为原来输入的信息(如声音、图像、数码等)。

根据记录信号的不同，磁记录可分为模拟磁记录和数字磁记录两种。

(1) 模拟磁记录：被记录的信号是连续的模拟信号，记录介质上留下的是连续的正弦波磁化分布。

(2) 数字磁记录：被记录的信号是脉冲信号，记录介质上留下的是一连串等距或不等距的饱和磁化翻转。这种磁记录主要要求磁化翻转快、读出可靠、重写性好等，多用于计算机外存储设备中的数字信号记录。

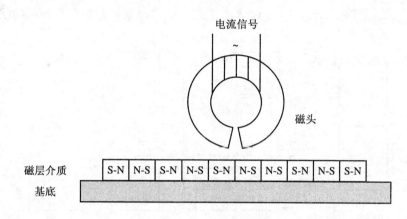

图 12.24　磁记录原理示意图

2. 数字磁记录编码方式

在进行数字磁记录时，信息的写入是一个电磁转换过程。它将二进制数据按特定规律转换成相应的磁化反转，这种规律称为记录编码。记录编码对外存储设备的数据记录密度、读出可靠性和存储速度有较大的影响。

主要的记录编码方式有：遇 1 就翻转的不归零制(NRZ1)、调频制(FM)与改进调频制(MFM)和三单元调制码等。有关编码方式的具体内容，本书不做详细讨论。

12.5.2　硬磁盘及接口技术

1. 硬磁盘概述

硬磁盘是微机(PC)系统配置中必不可少的外存，其存储容量大且存取速度高。传统的软盘驱动器中，读写磁头与盘片接触在一起，以便读写数据。在硬盘驱动器中，磁头和盘片是非接触式的。主轴驱动系统使盘片高速旋转，通常达 3600～10 000 r/min，从而在盘片表面产生一层气垫，磁头便浮在这层气垫上。磁头与盘片间具有 pm 级的空隙。值得注意的是，硬盘在各项指标上都高于软盘，其技术发展也更加迅速。

目前硬盘适配器提供两种最常用的接口总线标准：一种是 IDE 集成驱动器电子接口；另一种是 SCSI 小型计算机系统接口。这两种标准总线接口在不断地升级，以适应发展的需要。硬磁盘驱动器同样也配有上述总线接口。这样在电缆连接上就十分方便。驱动器同样由三大功能系统组成，只是在性能上比软盘驱动器要高得多。

　　磁盘存储技术发展非常迅速。读者可以看到，配有 160 GB 硬磁盘的 PC 机，其价格还是很便宜的，而在几年前还是很昂贵的。

　　目前，250 GB 硬盘是很常见的。其平均寻道时间在 5 ms 以下，数据传输速率可达几十MB/s。其他性能，如 MTBF 在几十万到上百万小时；误码率、体积、重量、功耗等指标都是很好的。所以，随着硬盘技术的发展，用它来存取数字视频信号也是一种可选择的方法。

2. 硬磁盘驱动器的组成结构及工作原理

　　图 12.25 为硬磁盘驱动器(以下简称 HDD)的组成结构示意图。它主要由磁头定位系统、主轴系统、控制及读写电路组成。

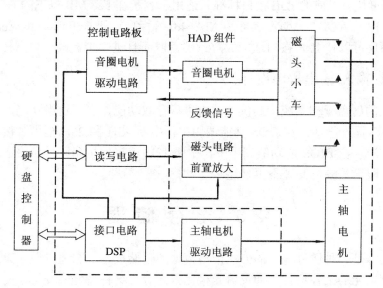

图 12.25　硬盘驱动器逻辑结构框图

　　目前 HDD 普遍采用温彻斯特技术。该技术有两个特点：一是采用全密封的头盘组件(HDA)，即把盘片、磁头、磁头小车等全部密封在一超净的盘盒内，主轴电机直接带动盘片旋转。二是采用轻质浮动磁头，在 HDD 工作时，靠盘片旋转时产生的气流浮在盘片上，磁头与盘片的间隙只有亚微米级。

3. 硬盘控制器

　　与软盘控制器相同，硬盘控制器是 HDD 与 CPU 之间的接口。随着磁记录技术和集成电路技术的飞速发展，目前的 HDD 已部分包括了以前的硬盘控制器的功能。因此硬盘控制器与 HDD 的划分方法很多，在此不再叙述。

　　无论何种分法，作为硬盘控制器，通常应该具备以下主要功能：

　　(1) 接收主机 CPU 的命令，并对命令进行译码，以产生相应的控制信号，控制 I-IDD 完成相应的操作。

　　(2) 向 CPU 提供命令执行结果及各种状态信息。

　　(3) 完成主机与 HDD 间的 DMA 数据传输。

　　1) 硬盘控制器与 CPU 的接口

　　硬盘控制器中的 I/O 接口控制逻辑，实现硬盘控制器与 CPU 的连接及信息的传递，除地址线及数据线以外，接口中还用到了其他一些控制及状态信号线，这里不一一列出。

2) 硬盘控制器与 HDD 的接口

在早期的 HDD 产品中，硬盘控制器与 HDD 的接口标准采用的是 ST506/412，而后又采用了 ESDI、IDE、SCSI 接口标准。采用 ST506/412 标准的产品已淘汰，而 ESDI 用得很少。目前普遍采用的是 SCSI 和 IDE 标准。

SCSI 标准并不是 HDD 的接口标准，而是一种系统级的标准通用接口标准。但它主要用于磁盘与主机的信息交换，同时也用于 CD-ROM、SCANNER、计算机网络、多媒体系统等。

目前硬盘控制器与 HDD 的接口标准大多采用 IDE 标准。IDE 接口采用 16 位数据并行传输，工作速度快。以前的 IDE 接口标准只适用于容量在 528 MB 以下的 HDD。为克服这个限制，又提出了 ATA-2、ATA-3.X 及 ATA-4.0 等标准，即 E-IDE(Enhanced IDE)标准。这些新标准不仅可以使 IDE 接口适应大容量硬盘，而且进一步提高了数据传输速度。

12.5.3　磁盘输入/输出程序设计

IBM-PC 的磁盘操作系统，提供了一组磁盘存取功能，利用这组功能，我们可以方便地进行磁盘 I/O 程序设计。在 DOS 功能调用中，中断 25H 和 26H 提供了按磁盘扇区号来绝对寻址的方法。在 BIOS 的功能调用中，中断 13H 也提供按扇区号和磁道号来进行读写操作的功能。限于篇幅，此处不再赘述。

12.6　光存储器

光存储技术是一种通过光学的方法读写数据的存储技术，它通过激光束产生的能量，改变一个存储单元的某种特性，如反射光极化方向等，这种特性的变与不变对应于存储二进制数据 0、1。检测这种存储单元性质的变化，就可以读出光盘上存储的数据。相对于利用磁通变化和磁化电流进行读写的磁盘而言，用光学方式读写信息的圆盘称为光盘，以光盘为存储介质的存储器称为光盘存储器。

1. 光盘存储器的类型

(1) CD-ROM 光盘。CD-ROM(Compact Disc Read Only Memory)，即只读型光盘，又称固定型光盘。它由生产厂家预先写入数据和程序，使用时用户只能读出，不能修改或写入新内容。

(2) CD-R 光盘。CD-R 光盘采用 WORM(Write Only Read Many)标准，光盘(WORM)只能写入一次数据，然后任意多次读取数据，主要用于档案存储。

(3) CD-RW 光盘。CD-RW 光盘也称可擦写光盘(E 或 R/W，亦即 Erasable 或 Rewritable)，或称可重写光盘，像硬盘一样可任意读写数据，主要用于开发系统及大型信息系统中。

(4) DVD-ROM 光盘。DVD 代表通用数字光盘(Digital Versatile Disc)，简称高容量 CD。事实上，任何 DVD-ROM 光驱都是 CD-ROM 光驱，即这类光驱既能读取 CD 光盘，也能读取 DVD 光盘。DVD 除了密度较高以外，其他技术与 CD-ROM 完全相同。

2. 光盘存储器的组成

光盘存储器由光盘控制器和光盘驱动器及接口组成。

光盘控制器主要包括数据输入缓冲器、记录格式器、编码器、读出格式器、数据输出缓冲器等部分。

光盘驱动器主要包括主轴电机驱动机构、定位机构、光头装置及电路等。其中光头装置部分最复杂，是驱动器的关键部分。

3. CD-R 光盘的读写原理

CD-R 光盘的写入是利用聚焦成 1 μm 左右的激光束的热能，使记录介质表面的形状发生永久性变化而完成的，所以只能写入一次，不能擦除和改写。

计算机送来的数据，先在光盘控制器内调制成记录序列，然后变成相应的记录脉冲信号。该脉冲信号在电流驱动电路内变成电流，送到激光器。激光器以 20 mW 左右的功率发光，并聚焦成 1 μm 左右的微小光点，落在记录介质表面上，CD-R 光盘上有一个有机染料刻录层，激光可以对该层的一个微小的区域加热，烧透染料层使其不透明，即打出一个微米级的凹坑。有凹坑代表写入 "1"，无凹坑代表写入 "0"。

读出时，用比写入功率低的激光束(约几毫瓦)，连续照射在光盘上。由于有凹坑处的反射光弱，无凹坑处的反射光强，根据这一原理，当激光照射到光盘后，由光检测器将介质表面反射率的变化转变为电信号，经过数据检测、译码后送入到计算机中，即可读出光盘上记录的信息。由于读出光束的功率仅是写入光束功率的 1/10，因此不会融出新的凹坑。

CD-R 的盘片有金碟、绿碟、蓝碟 3 种，它们主要因记录层和反射层采用的材料不同而呈现出不同的颜色。

4. CD-RW 光盘的读写原理

CD-RW 光盘是利用激光照射引起记录介质的可逆性物理变化来进行读写的，光盘上有一个相位变化刻录层，所以 CD-RW 光盘又称为相变光盘。

相变光盘的读写原理是利用存储介质的晶态、非晶态可逆转换，引起对入射激光束不同强度的反射(或折射)，形成信息一一对应的关系。

写入时，利用高功率的激光聚焦于记录介质表面的一个微小区域内，使晶态在吸热后至熔点，并在激光束离开瞬间骤冷转变为非晶态，信息即被写入。

读出时，由于晶态和非晶态对入射激光束存在不同的反射和折射率，利用已记录信息区域的反射与周围未发生晶态改变区域的反射之间存在着明显反差的效应，将所记录的信息读出。

擦除时，利用适当波长和功率的激光作用于记录信息点，使该点温度介于材料的熔点和非晶态转变温度之间，使之产生重结晶而恢复到晶态，完成擦除功能。

可写的 CD-R、CD-RW 的母盘灌制过程大致是相同的，它们也都是采用激光刻片机蚀刻玻璃基板。不过因为没有存放数据，对玻璃基板不作凹槽的蚀刻，而只是利用程序的精密控制来刻出螺旋状轨迹。模具制造完成后再用聚碳酸脂生产塑胶基片，喷上铝或钛的反射涂层；为了实现数据写入，CD-R 和 CD-RW 盘片还必须再喷涂上一层对激光敏感的化学物质，当在 CD-R 和 CD-RW 上刻写数据时，高强度的激光会令这些物质发生物理变形或化学变性，产生许多存储数据的凹痕或突起，以此实现数据的写入。

5. 主要技术指标

从多媒体计算机来讲，配置可以读出激光唱盘和激光视盘的 CD-ROM 驱动器是首当其冲的任务。针对光盘及其驱动器的选择,这里给出它们的主要技术指标。

(1) 尺寸。标准的 CD-ROM 和 CD-DA 盘片的直径均为 120 mm,中心装卡孔为 15 mm,厚度为 1.2 mm。对于其他光盘而言,大到 800 cm 小到 30 cm 的都有。

(2) 存储容量。不同存储格式的 CD-ROM 光盘的容量略有不同,有 580 MB 和 680 MB 两种,可以存放一个多小时的数字音乐或动态压缩图像,当然,也可以用来存放文字和软件。由于光盘的种类繁多,其他光盘的容量有的小一些,但也有很大的。例如,采用 SD(超密度)技术的光盘,一张盘上的容量有数吉字节之多。

(3) 数据传输速率。早期的 CD-ROM 驱动器的传输速率为 150 KB/s。很快出现了双倍速的光盘驱动器,传输速率为 150 KB/s 的两倍,即 300 KB/s。经过多年升级,光盘驱动器产品达到了红色激光的极限速度 56 倍速。

(4) 缓冲器的大小。为了提高光盘驱动器的效率,光驱都配有缓冲区。缓冲区就是光盘驱动器中的 RAM 区。数据由光盘读出后暂存于缓冲区中。缓冲区的大小直接影响到光驱的性能。原则上讲,缓冲区的容量愈大愈好。一般有 64 KB、128 KB、256 KB,也有 1 MB 或更大的缓冲区容量。

(5) 平均存取时间。单速 150 KB/s 光驱存取信息所需要的平均时间为 350 ms。四倍速光驱的平均存取时间大约在 100～160 ms。显然,平均存取时间的减少意味光驱从 CD-ROM 光盘读取的速度更快。因此,平均存取时间也是光驱的一个重要技术指标。

(6) 接口类型。目前,光盘驱动器的接口常用的有如下两种类型。

• ATAPI(AT Attachment Packet Interface)标准。这是光盘驱动器的一种接口标准。它是从对磁盘驱动器接口总线的改进而得来的。目前,有一部分光盘驱动器采用这种接口。

• IDE(Integrated Drive Electronics Interface)标准。IDE 是光驱使用最多的接口标准。目前微机主板使用增强型 IDE,即 E-IDE。使光盘驱动器的连接更方便。

(7) 支持软件。当前用在微机上的光盘驱动器可在不同的操作系统之下工作。现在所见到的光驱可以工作在如下一种或多种操作系统之下:DOS、Windows、Windows NT、OS/2、Macin-tosh、UNIX、Novell 等。当你配置光盘驱动器时,请注意它在什么操作系统之下工作。

(8) 其他。除了以上所提到的技术指标外,光盘驱动器的技术指标还有 MTBF(平均故障间隔时间)。MTBF 一般可达到几万至十万小时。其他指标如光驱的体积、重量、功耗等指标不再说明。

习题 12 ✍

12.1 简述人机接口计数的概念和功能。人机交互设备的分类有哪些?

12.2 简述 CRT 显示器的工作原理。

12.3 设计一个一位 LED 显示器,并编写程序依次显示 0～F 这 16 个字符。

12.4 目前用于硬盘或光盘驱动器的接口总线有哪两种?

12.5 简述硬磁盘驱动器的组成结构及硬盘控制器的功能。

12.6 光盘驱动器的主要技术指标有哪些?

12.7 试说明 CD-ROM 光盘驱动器的组成和 CD 的读写原理。

第 13 章　微机应用系统设计与实现

通过前面章节知识的学习和掌握，我们可以根据实际应用需求，分析设计出相应的微机应用系统。微机应用系统是指依靠微机进行监测、监控、数据采集、数据处理和信息管理的系统，读者需要经过大量实践环节熟练掌握。在本章中，我们以微机应用系统设计与实现为核心，首先介绍微机应用系统的一般概念、构成、设计原则和要求、基本内容和步骤，以及系统的硬件集成和软件集成方法，然后通过两个实例使读者进一步了解和掌握微机应用系统设计与开发的相关知识。

13.1　概　　述

由于大规模集成电路的飞速发展，计算机日趋微型化，其性能价格比也大为提高。因而微型计算机的应用越来越广泛。微机不但在理、工、农、文教、卫生、国防科学等方面已得到广泛的应用，而且在办公自动化与家庭生活中也得到了推广和应用。

13.1.1　微机应用的意义

在术语方面，所说的计算机"应用"(Application)有别于"使用"(Use)。所谓"使用"是指在计算机一般环境下，按照说明书操作来完成用户的工作需求。因此"使用"对计算机本身的硬、软件基本不做增减，对使用者的专业要求极为简单。

而"应用"的含义将更为广泛，除具有上述的"使用"意义之外，既可能对计算机的硬、软件做相当大的"开发式"增减(如检测通道、执行通道及相应的接口乃至应用软件)与改造，也可能在用户选配的外围设备或器件(硬件)的支持下，对仪器、仪表、装置以及整个工业过程进行检测控制。因此对应用者有更高的专业要求。因此，"应用"是一种设计与创新。

13.1.2　微机应用系统的一般类型

微机的应用一般可分成三种类型，即检测控制型、数据处理型和混合型系统。

1. 检测控制型系统

检测控制型微机应用系统需要检测控制对象的状态参数，对控制对象的状态做出某些推理判断，然后输出信号再去控制执行机构。它不需要做复杂的数学模型的计算工作，但它必须有检测控制对象的传感电路，并且还要将检测到的模拟信号(连续的电压或电流值)转换成数字信号(量化的数字量)，即通过模/数转换(A/D)来实现工作目的。

如果执行机构要求开关量驱动，则需要输出开关量(如继电器)，如执行机构是模拟量驱动，则计算机需要将数据经过数/模转换(D/A Convertor)成模拟量，由输出模拟量对驱动机构进行控制。

2. 数据处理型系统

数据处理型微机应用系统是指输入数据量比较大(几十、几百、甚至成千上万个数据)，数据输入后需要按照一定规律进行分类、排序(列表)、折算(如线性化)、换算(如求均值、方差等)，然后再送入有关的数学模型进行繁杂运算的计算机系统。这类系统为了便于人机对话，必须配有 CRT 显示器和键盘。某些情况下还可增设若干个带有电传打字机的终端机。

3. 混合型系统

混合型应用系统即以上二者的复合型形式。它一方面既有很多数据输入，并需要对输入数据进行相应的运算、分析和处理，另一方面又要根据处理的结果去控制相应的对象，以达到整个系统的预期目的。

13.2 系统设计的原则与步骤

13.2.1 微机应用系统的一般构成

微机应用系统由硬件系统(微机+控制电路)和软件系统(系统软件+应用软件)两大部分构成。

1. 应用系统的硬件组成

微机应用系统的硬件的一般构成框图如图 13.1 所示。由图可以看到，应用系统由如下几大部分组成。

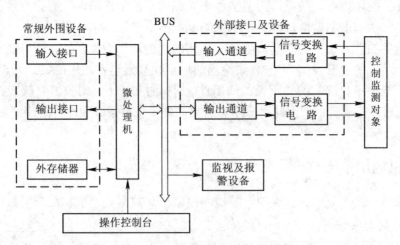

图 13.1 微机应用系统硬件的一般组成

1) 微机

微机是整个应用系统的核心，其他所有设备都要在它的控制和管理下进行工作，又称系统为系统主机。在系统控制或监测过程中，主机能自动接收或采集被控对象的各种信息。

在微机内，按人们事先安排好的程序，对采集到的信息进行加工运算和分析判别，并做出相应的处理和控制决策，以信息形式再回送给执行结构，控制执行机构动作，从而实现对被控或被测对象的自动控制与管理。微机中的程序和有关的初始数据是人们事先编排好的。在操作前，通过输入设备将其输入或使用读写器固化在 ROM 中。一旦系统被引导启动，微机就会按顺序取出一条条所存贮的指令执行。于是系统就会按人们预先设想的规律，一步一步地完成整个系统的控制和监测过程。

应用系统中的微处理机可以由前面提到的 8088 或其他 CPU 构成，也可以由单板机、单片机、数字信号处理器(DSP)等构成。

2) 常规外围设备

常规外围设备是微机应用系统中必不可少的，按其功能可以分成三类。

(1) 输入设备：主要用于程序和数据的输入，常见的有纸带阅读机、键盘、鼠标器和光笔等。

(2) 输出设备：主要用于程序处理后的信息或数据的输出。它把处理过的各种信息和数据，以人们能够直观接受的外形(如字符、数字、图形)提供给操作人员，以便操作人员能及时了解微机内部及整个应用系统的工作情况。常见的输出设备有打印机、记录仪和显示器等。

(3) 外存贮器：主要用来存贮程序及有关的数据，如磁带机、磁盘(硬盘和软盘)、光盘等。

3) 外部接口电路

外部接口设备是应用系统与被控或被测对象之间进行信息变换和信息传递的设备。它包括输入接口和输出接口电路。接口电路通常应具备以下特征：

(1) 数据传输通道：它能为微机提供一个输入/输出数据的通道，用于快速传输数据。

(2) 信息格式的匹配与变换：接口应具备输入/输出信息，实现信息格式的匹配与变换功能，如 A/D、D/A 转换，串—并、并—串转换及其他信息格式的转换等。

(3) 输入/输出电平匹配：微机的输入/输出电平往往是 TTL 电平，而被控对象所要求的输入/输出电平的规格较多，为此，接口应具备电平转换功能。

(4) 负载匹配：微机的输出负载能力是比较小的，为了使系统能够控制大功率的被控对象，接口也应具备驱动和功率放大的能力。

(5) 同步：微机的工作速度是比较高的，而一般受控对象所要求的控制速率却较低。这样，为了使微机的工作速度和外界受控对象所要求的控制速度相匹配，就要由接口电路的同步机构来实现内、外部系统的速度同步。

尽管对微机接口电路要求较多，但并不是每种接口都具备上述所有功能。接口要求功能的多少往往视接口连接的对象而定。目前各器件生产厂家都生产了配套的输入/输出接口芯片，因此使接口设计变得比较容易，通常只要做少量的硬件工作就可以将微机与被控或被测对象连接起来。

4) 操作控制台及监视报警设备

微机应用系统在正常工作时，并不需要人直接参与。但是无论如何，必须使人—机保持密切的联系。这是因为系统在运行过程中，操作人员需要对运行状态进行监视和了解。系统发生故障时，必须能自动报警，尔后，操作人员可以通过控制台上的按键干预。另外，当需要修改控制程序和控制参数时，同样也要通过控制台上的键盘对系统的工作进行干预。

根据上述要求，操作控制台应包含控制键盘、面板显示和报警显示器等。在某些系统中，为了调试和工作方便，在控制台上还装有手动转换装置，以便在人工方式时，对被控对象进行操纵。

2. 应用系统的软件构成

要使微机应用系统能正常工作，就必须在微机内存中存放一定的程序。系统管理需要程序，对某些对象进行控制和监测也需要程序。可以这么说，微机应用系统的硬件是系统的躯体，而软件(即各种程序和数据的集合)是整个系统的灵魂。不同的控制对象和不同的控制任务，在系统软件构成上会有很大区别。一般来说，只有系统软硬件协同设计完成以后，才能完全确定如何配置系统的软件。但是，这并不意味着系统的软件构成是不可捉摸的。一般根据其功能，软件系统大体可以分成以下几个部分。

1) 用户程序

在微机应用系统中，对每个控制对象或控制任务都一定配有相应的控制程序，这些程序用来完成对各被控对象的不同控制。例如，我们要控制一台机床，对构件进行切削加工，就必须配备一个切削加工程序。通常这种为了各种应用目的(控制、监测等)而编制的程序称为应用程序或用户程序。编写应用程序的工作一般都由用户自己开发完成。用户可以根据微机应用系统的资源配备情况，确定使用何种语言来编写用户程序，既可以用高级语言也可以用汇编语言。高级语言功能强，且比较近似于人们日常生活用语习惯，因此比较容易编写。而用汇编语言编写的程序则具有执行速度快、对硬件及端口操作灵活、占用存储器少的特点。目前，人们通常用高级语言和汇编语言混合编程的方法来编写用户程序。在微机应用系统中，用户程序是一个用于对被控对象进行直接控制的程序。因此，它将对控制对象产生决定性的影响，即用户程序的优劣，会给系统的精度、可靠性及工作效率带来致命的影响。

2) 常用子程序库

一个微机应用系统的基本功能要受到硬件结构和系统拥有的资源的限制。例如，一般不能用硬件进行数制变换和数据采集等，而这样一些功能是应用系统要经常用到的。为此，我们采用子程序的方式来满足系统用户程序的要求。所谓子程序，就是将一些特定功能编成一个个专用程序段，放在子程序库中，系统需要使用时，可以随时调用。子程序库中的子程序都编成标准的形式，一般都要规定入口参数、入口地址、出口参数等。只要按其规定，即可在主程序中随意调用。

3) 操作系统

一般从商家买来的微机都配有操作系统。操作系统是一个系统管理程序，它由多个不同功能和作用的程序模块组成，形成一个程序的集合体，用于控制、管理微机系统的软硬件资源，提供用户操作和使用的接口。在应用系统中，各程序模块之间存在着复杂的逻辑关系和时间关系，它们之间不仅有运行的独立性，而且还有运行的并行性。随着系统控制过程的发展，在某一个时刻可能出现多个任务的不同请求，这就形成了几个程序同时要求运行的情况，这种情况称为任务对微机资源的竞争。在这种情况下，系统必须实时响应这些请求，根据轻重缓急，妥善地处理好这种竞争，使对系统的所有请求都得到相应的满足。除此之外，操作系统还要对其他资源，如外围设备、内存等进行管理，还要对人—机通信进行管理和帮助等。在某些较小型的微机中(如单板机)，由于受到硬件资源的限制，不可能配备操作系统那样规模的系统程序，而通常配备一个能提供最基本操作环境的驻留监控程序。当然，这种驻留监控程序的规模也和系统有关，其功能强弱也各不相同。

总之，操作系统将给人们使用微机系统提供了一个方便的使用环境。

13.2.2 应用系统的设计原则和要求

微机应用系统的基本设计原则和要求，在不同规模和要求的系统中大体是相同的。因此，这些共同的原则和要求在设计前或设计过程中都必须予以很好的考虑。

1. 操作性能要好

微机应用系统的操作性能好，就是指系统的人—机界面要友好，操作起来简单、方便，并且便于维护。为此，在设计整个系统的硬件和软件时，应处处为用户想到这一点。在设计系统软件时，就应该考虑配备什么样的软件和环境能降低操作人员对某些专业知识的要求。前面已经提到，系统中的某些用户程序是要由用户自己编写的。例如，在数控设备中，加工切削程序往往要由操作人员来编写或进行修改。如果这样的用户程序是用汇编语言编写的，那么对操作人员来说，就必须熟悉相应微机的汇编指令和程序设计的基本知识，否则是难于胜任的。这种软件设计方案必然会限制微机应用系统的推广和应用。

事实上，如果我们在系统上配上高级语言，特别是配上像工业控制中常用的数控语言，那么加工程序的编制就非常容易，一般操作人员就能很快掌握。这样就有利于微机应用系统的推广和应用。对硬件方面的要求也一样，例如，系统的控制开关不能太多、太复杂，操作顺序要尽量简单等。另外，尽管微机应用系统的可靠性较高，但是不能理想地认为它不会发生故障。一旦出现故障，如何能尽快地排除，这也是系统设计时要考虑的问题。从软件角度来说，系统应配置自检或诊断程序，以便在故障发生时，能用程序来查找故障发生的部位，以缩短排除故障的时间；从硬件角度来说，零部件的配置应便于操作人员检修。

当然，还有一些其他要求。例如，控制台要便于操作人员工作，显示器的颜色要和谐等等，凡是涉及人—机对话的问题都应逐一加以考虑。

2. 通用性好，便于扩展

通常一个微机应用系统在工作时都能同时控制几台设备。但是，在大多数情况下，各个设备的控制要求往往是有差别的。另外，所控制的设备也不是一成不变的，而是要经常不断地进行更新。这样，就要求系统不仅能适应各种不同设备的要求，而且也要考虑在设备更新时，整个系统不需要做大的改动就能马上适应新的配置。因此，系统就需要有好的通用性，而且在必要时能灵活地进行扩展。微机应用系统要达到这样的要求，就必须尽可能地采用标准化设计。例如，尽可能采用通用的系统总线结构，像采用 STD 总线、AT 总线、MULTIBUS 总线等。在需要扩充时，只要增加一些相应的接口卡就能实现对所扩充的设备进行控制。另外，接口部件尽量采用标准的通用的大规模集成电路芯片。在考虑软件时，只要速度允许，就尽可能把接口硬件部分的操作功能用软件来替代。这样在改变被控设备时，就无需变动或较少变动硬件，只需要改变软件就行了。

系统的各项设计指标留有一定的余量，也是可扩充的首要条件。例如，微机的工作速度如果在设计时不留有一定余量，那么要想再进行系统扩充是完全不可能的。其他指标，如电源功率、内存容量、输入/输出通道、中断等也应留有一定的余量。

3. 可靠性高

对任何微机应用系统来说，尽管各种各样的要求很多，但可靠性是最突出和最重要的一个基本要求。因为，一个系统能否长时期安全可靠地正常工作，对一个工厂来说将要影响到整个装置、整个车间，乃至整个工厂的正常生产。一旦发生故障，就会造成整个生产过程的全面混乱甚至瘫痪，从而引起严重后果，所以对可靠性有很高的要求。特别是作为控制核心的微机，其可靠性要求则更高。

人们通常采用多微机系统形式来构成一个应用系统，就是将应用系统分成若干个功能模块，每个功能模块由一个微机来进行控制，并将各个微机用网络连接起来，构成一个多机系统。这样，功能分散了，危险也相应地分散了。即使工作过程中某一台微机发生了故障，也不至于使整个系统瘫痪。当前常见的形式有下面两种。

1) 采用双机系统

在这种系统中，用两台微机作为系统的核心控制器。由于两台微机同时发生故障的概率很小，从而大大提高了系统的可靠性。

双机系统中两台微机的工作方式，常见的有以下两种。

(1) 备份机工作方式。在这种方式中，一台微机投入系统运行，另一台虽然也同样处于运行状态，但是它是脱离系统的，只是作为系统的一台备份机。当投入系统运行的那一台微机出现故障时，通过专门的程序和切换装置，自动地把备份机切入系统，以保持系统正常运行。被替换下来的微机经修复后，就变成系统的备份机，这样可使系统不因主机故障而影响系统的正常工作。

(2) 主—从工作方式。这种方式是两台微机同时投入系统运行。在正常情况下，这两台微机分别执行不同的任务。如一台微机可以承担系统的主要控制工作，而另一台可以执行诸如数据处理等一般性的工作。当其中一台发生故障时，故障机能自动地脱离系统，另一台微机就自动地承担起系统的所有任务，以保证系统的正常工作。

2) 采用多微机集散控制

这种系统结构是目前提高系统可靠性的一个重要发展趋势。在过去，如上所述，计算机控制主要倾向于采用集中控制的方案，即根据系统的控制任务和要求，选择一台适当功能的计算机来承担系统的全部任务。这样做，一旦主机发生故障就会影响整个系统。随着微机的出现，以及它的硬件价格不断地下降，已有可能把系统的所有控制任务分散地由多台微机来承担。为了保持整个系统的完整性，再用一台适当功能的微机作为上一级的管理主机，对多台分散的下一级微机进行监督和管理。这就组成了一个两级多机分布式应用系统，如图 13.2 所示。图中第一级有多台微机分别对各被控对象进行控制，而上一级的微机通过总线与下一级的微机相连接，并对它们实施管理和监督。

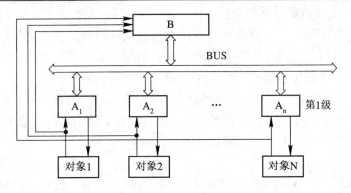

图 13.2 多微机集散控制示意图

多级分布式应用系统可以使微机的故障对系统所产生的影响减至最小。如果第一级中某一台发生故障，其影响是很小的一个局部。如果上一级管理机发生了故障，则下一级微机仍可以独立维持对被控对象的控制，直到上一级管理机排除故障为止。

有关微机应用系统可靠性的问题是一个十分重要而又复杂的课题。可靠性设计应包括硬件的、软件的、电源的、环境的及电磁兼容性的设计等等，详细内容请读者参阅有关资料。

4. 设计周期短、价格便宜

在研制微机应用系统时，应考虑的一个重要因素是设计周期短、价格便宜。目前科学技术发展十分迅速，各种新的技术和产品不断出现，这就要求所设计的微机应用系统能跟上形势的发展。如果研制周期太长，会使产品失去竞争能力和实用价值。所以，微机应用系统不能搞大而全，应考虑实际情况来确定系统的设计规模。这样既可以缩短设计周期又可以降低系统的设计费用。在进行系统设计时，要仔细核算以降低整个系统的成本，在保证功能和性能的前提下，低的价格才有竞争力。

5. 对环境的适应性要好

在开发微机应用系统时，一定要考虑到其应用环境，保证在现场的环境下可靠地工作。例如，有的地方电源电压波动很大，有的地方环境温度变化剧烈，有的地方湿度很大，有的地方振动很厉害，而有的工作环境有粉尘、盐雾、腐蚀等等。这些外界因素在系统设计中必须加以考虑，采用必要的措施保证微机应用系统安全可靠地工作。

13.2.3 微机应用系统设计的基本内容和步骤

微机应用系统设计的内容和步骤虽然由于系统规模、控制对象、主机选择等不同而有所差异，但设计的主要内容及大致步骤一般是类同的。

1. 系统引入微机的必要性——成本控制

在设计微机应用系统之前，首先要估价一下引入微机以后会给用户带来多少经济效益和社会效益，即估价成本高低，系统性能改善程度，系统的通用性、可靠性、可维护性等方面。最后再确定是否在系统中引入微机。一般地说，如果在三年内能收回引入微机应用系统所花的成本，采用微机就是合理的。若采用微机应用系统能取得降低工作人员的劳动强度，避开有污染和有害环境，保证人身安全等社会效益时，则引入微机也是十分必要的。

2. 需求分析——确定系统的功能

需求分析是在仔细了解用户需求的基础上进行的。因此，首先必须详细了解用户的需求。调查用户要利用微机应用系统实现的功能。例如，对于测量系统，应该了解要测量的参数是什么，采用什么传感器，信号大小与形式，放大器要求，测量精度，如何显示，如何输出结果等。对于控制系统，还要仔细调查用户的要求、工艺过程、控制精度等等。此外，在了解用户要求完成测控功能的同时，还必须认真了解未来微机应用系统的工作环境，包括电源的稳定性，干扰大小以及环境的温度、湿度等等。

总之，开发设计人员一定要非常认真仔细地进行需求调查，必须强调需求调查和分析是后续工作的依据，其后所做的一切都是以满足用户需求为目的的。针对用户的需求，仔细分析测控对象的工作过程，明确微机系统应如何去做，用时间和控制流图来描述这些工作过程。

3. 选择基本微机系统——硬件系统设计

在设计微机应用系统时，通常总是先选择一个最基本的微机系统，然后对它进行扩展，并配上相应的软件，从而形成一个实用的应用系统。由于微机是整个应用系统的核心，所以它的选择是否合适，将对整个系统产生决定性的影响。基本微机系统选择中应考虑的依据大致有以下四个方面。

1) 微处理器的字长

微处理器的字长会直接对系统精度、指令多少、寻址能力、处理速度等产生影响，由此必然导致应用领域的不同。一般来说，微处理器的字长愈长，对数据处理愈有利，处理速度也可以进一步提高。但是，并不是字长愈长愈好，在选择时，应根据应用实际情况及性能价格比综合考虑。

2) 微处理器的工作速度

微处理器的工作速度一般取决于系统的主频，目前常见的是几百兆赫到几千兆赫。速度的选择应使其与被控对象的要求相适应或稍留一点余量，过高的要求会给系统的安装和调试带来不必要的困难。因为在高速工作时，引线之间的串扰及信号延时是非常令人头痛的问题。

3) 系统结构对环境的适应性

不同的微机系统对环境的适应能力是不同的。例如，市面上出售的一般 IBM-PC 微机，通常只能适用于办公室或实验室这样的室内环境，如果将它用于工业控制环境就会产生诸多问题。在工业控制领域中，最好选用具有工业控制总线(STD 总线)的工控机。因为它具有抗振、抗干扰等优良性能，能较好地适应工业领域的恶劣环境。

4) 尽量选用有较多软件支持的机型

开发一个微机应用系统，其很重要的一部分工作是开发软件。如果所选择的微机系统有较多的软件支持，这无疑会大大有利于应用系统的软件开发，这样可以节省大量的人力、物力和开发时间。

当然，除上述几个方面外，外围设备配置情况、总线扩展方便与否、体积大小、重量等也都是通常要考虑的因素。

4. 确定整个应用系统的硬件结构——硬件系统设计

在基本微机系统选定以后，就可以根据被控对象的具体要求来确定系统的结构。

1) 通道划分及输入/输出方式的确定

根据被控对象所要求的输入/输出参数的数目，就可以确定整个系统应该有几个输出通道。当然，有的通道可以由几个被控设备共用，由硬件(或软件)来输入/选择切换。另外，根据被控对象要求，确定采用哪一种输入/输出方式更合适。一般说来，采用中断方式处理器效率较高，但硬件费用会稍高一些，而查询方式硬件价格较低，但处理器效率比较低，速度较慢。在一般小型的应用系统中，由于速度要求不高，控制的对象也较少，此时，大多采用查询方式。

2) 内存分配

一般基本微机系统都对内存分配作了具体的规定。用户在使用已有的内存区时，应注意不要使用户程序占用微机系统的基本工作区。如果用户认为内存不够，需要进行扩展，那么应按说明书的要求，在空余的内存区进行扩展。根据需求分析，设计者可以估计出未来的系统大约要占多大的 ROM 用以存放用户程序和不变的数据，需要多少 RAM 用以存放经常要改变的数据。从而在留有一定余量的基础上，可以确定内存的大小。此后，根据系统设计方便，可以对选定的 ROM 和 RAM 分配内存地址。

3) 确定接口和外设

除了专用外设，可以购买现成的设备。对于应用系统中所需的测控部件，如有合适的也尽量购买成品部件。若需自己设计开发，那就需要根据用户的要求仔细加以确定。例如，根据系统要求的精度，该选用多少位的 A/D 和 D/A 变换器，根据所需求的力矩大小决定选择什么样的步进电机等等。

4) 选择电源

微机应用系统的故障多发点就包括电源部分。根据系统的硬件配置，可以粗略估计系统电源需要几组，各为多少伏，它们的容量是多少。同时，还要考虑对电源采用必要的可靠性措施，如滤波、稳压、防雷电、防浪涌等。

5) 系统总线的选择

系统总线的选择对通用性和可扩展性具有很重要的意义。目前常见的系统总线有 STD 总线、AT 总线、VME 总线、MULTIBUS 总线等。外接口总线有 IEEE-488 总线、RS-232C 总线、CENTRONIC 总线等。采用标准化总线，可对系统设计带来很多方便。

6) 确定系统的机械结构

最终研制的系统是要放在控制台中的，在硬件设计时，也要考虑将来系统的机械结构。例如，显示器、控制按钮、键盘、手动操作杆、鼠标等通常放在控制台上面；主机、放大器、驱动器放在控制台中间；而电源、继电器、电机等大功率设备放在控制台底下或放在另外的机箱中。

5. 确定软件框架及流程——软件系统设计

在硬件结构确定的基础上，考虑与之相配合的软件框架，确定软件的组成模块。例如，对于微机控制系统，主要应包括系统初始化模块、人机界面模块、参数采集模块、控制算法模块、控制信号输出模块、显示打印模块、出错及状态越限报警模块、自检诊断模块等等。根据用户的要求，将这些模块有机地联系在一起，形成粗略的系统软件流程图。同时，对软件的大致方案写出文字和流程图组成的文档。在硬件及软件方案确定之后，应对方案进行认真讨论，必要时邀请有关方面的专家对方案进行认真论证和审定，以确保方案的正确性。只有方案本身合理、正确，后面的工作才有意义。

6. 硬件和软件的具体设计——系统实现

1) 硬件的具体设计

(1) 硬件规划：在硬件系统上合理地划分模块，即将硬件系统划分成若干相对独立的部件。例如，将复位信号产生、时钟、CPU 及总线形成作为一个模块，将内存(ROM，RAM)作为一个模块，将接口分为几个模块，这些模块均可以采用电路板的形式实现。其他的如电源、各外设分别划分给专人负责完成设计或购置。

(2) 各模块(电路板)的逻辑设计：选择具体的元器件、译码器等集成电路芯片，画出在方案中确定的总线之下的各电路原理图。

在进行逻辑设计时，特别注意信号的有效性要求。例如，有的器件要求高电平(或低电平)有效，而有的要求上升沿有效或下降沿有效。其他如器件的工作电压，使用环境，驱动能力等各方面，在设计选择器件时也要仔细考虑。在进行电路的逻辑设计时，还必须仔细考虑将来电路板工作的可靠性，增加如滤波、限额控制等各种措施。同时，在进行具体设计时，就要考虑将来如何进行调试。

(3) 电路板设计：现在有许多功能很强的 CAD、PROTEL、EDA、PCAD 等工具软件，为我们进行电路板设计创造了条件。在这些工具软件的支持下，可以很快地按电路板的尺寸大小设计出电路板的加工图。

(4) 加工电路板：目前国内可加工双面及多层电路板。在研制开发阶段，如果允许采用双面电路板，只要将加工图交给有关厂家就行了。甚至将逻辑图交给厂家，厂家就可以加工出合格的电路板。

(5) 安装、调试：在加工好的电路板上安装元器件，并进行调试。调试单块电路板使其正常工作。

(6) 硬件各部件(各模块)进行联调：将构成微机应用系统的各模块，逐块连在一起进行调试，直到将所有部件全部连接在一起，并确信它们已基本正常工作。

有关调试的问题，留待下一节说明。

2) 软件的具体设计

(1) 划分模块：对于一个稍具规模的系统来说，常将软件划分成若干个相对独立的模块，分给多个软件开发人员同时研制，其目的就在于缩短研制时间。

(2) 确定各模块的详细要求：最基本的问题是系统的输入/输出问题，按照微机的被控对象确定哪些设备和器件应该在系统中以什么方式与主机进行信息传递。另外，最大的数据速率、平均速率、误差校验过程、输入/输出状态指示、字长、格式要求、时钟及选通脉冲等都是需要具体考虑的问题。另一个重要问题是处理要求(或控制要求)，我们必须确定对输入的数据进行怎样的处理及处理的顺序。对过程控制来说，往往工作顺序要求相当苛刻，什么时候发送数据，什么时候接收数据，对于一般硬件设备，都需要一定的时序关系，为保证微机与外部设备同步，通常要用锁存电路和定时选通电路来协调，程序长短及数据量多少都将决定内存容量和缓冲区的大小，这一切都与处理要求密切相关。剩下的一个问题是如何进行出错处理。为此，我们需要事先确定出错误处理方案，详细地列出各种错误图像以及显示错误的方法。出错处理最常用的办法是使系统重启动。

概括而言，在程序开发之前要确定的问题是：输入/输出、时间限制、处理要求、精确度、内存容量、出错处理和各程序之间的关系等。

(3) 确定程序设计方法：一旦与系统有关的问题已经确定，用户程序开发的下一步就是程序设计。在程序设计过程中，采用合理的程序设计结构是一个技术关键。一般程序设计采用下面几种技术：

① 模块化设计：这种方法是把一个大程序分成若干个小的程序模块，对它们进行独立设计和编程，然后分别进行调试，最后把它们连接为一个大程序。模块是按功能加以划分的，这种划分的程序模块能够形成在以后工作中所要用到的程序库。

模块化编程有许多明显优点，它缩短了查错和测试的程序长度，并且为其他程序提供了可以重复使用的基本程序。其缺点是：各模块连接时，参数传递费时并占用内存，另外，需要进行模块级和主程序级的两级调试。

② 自上至下的程序设计：这种方法是在程序设计时，先从系统一级的程序(主程序)开始设计，从属的程序或子程序用一些程序代号来表示。当主程序编好之后，再将各代号展开成从属的程序或子程序，最后完成整个系统程序的设计。

这种设计的优点是设计、测试和连接同时按一条线索进行，所出问题可以较早地发现并解决。其测试能够完全按真实的系统环境进行，无须测试程序。它是将程序设计、手工编程和测试等几个步骤结合到一起的研制软件的方法。其缺点是这种设计方法不能充分发挥硬件在软件设计中的作用，其树形结构会使上一级错误对整个程序产生灾难性的影响。

③ 结构程序设计：以标准的结构进行编程，就是结构程序设计。有三种逻辑简单的结构便于掌握，而且可以编出满足任何要求的程序。这三种结构是：线性结构、条件结构和循环结构。

总之，在确定程序设计方法和采用合适的程序语言的基础上，可使程序的开发事半功倍。目前，在工业控制微机应用系统中，常采用高级语言与汇编语言混合编程的方法，这样可以充分发挥两种语言的优点，使编程方便且效率高。在很小的(单片机)系统中，也有只用汇编语言编程的，这种软件一般比较简单。

(4) 编写代码：在确定了具体的程序设计方法之后，就可以编制用户程序了。编制用户程序可以用高级语言、汇编语言或两者混合使用。对于一个工业控制系统，由于资源有限，速度要求又较高，故实际用户程序的子功能多采用汇编程序完成，而主程序又多以 C 语言来设计。这样既利用了汇编语言速度快的特点以满足系统的速度要求，又利用了 C 语言功能强、实现容易的特点以提高程序质量。例如，用 C 语言可以很方便地编制出良好的用户界面，使操作者可以很快地掌握系统的使用方法。

同时，在编程中，尤其是用汇编语言编程，由于是在指令级上进行的，因此，要特别注意细节，每一步都要小心谨慎，尽可能少出现错误。例如，用符号来表示地址、常数、标志等会带来方便，但尽可能不采用容易混淆的符号；应尽量使程序短小易懂；关键问题要加以注释。

(5) 查错：即使是一个很熟练的程序员，在编写程序时，尤其是编写较大的程序时，都很难不出现错误。查错是解决这一问题的有效手段，同时它也是程序设计过程中所必须经过的一个步骤。对于一个微机应用系统来说，查错通常比较困难，这是因为微处理器的内部寄存器都在 CPU 内，程序执行时不能直接发现寄存器的内容，软件和硬件关系密切，程序执行过程有严格的定时关系，而且在实时应用中不能得到足够的数据等，这一切都增加了微机系统查错的困难。下面我们介绍几个常用的查错手段。

① 汇编(或编译)程序。利用汇编(MASM)程序，可以给出汇编语言源程序中的语法错误及其他明显的错误。同样，利用高级语言的编译程序也会给出一些语法方面的错误。但是，它们并不能找出程序中的逻辑错误。

② 逻辑分析仪和在线仿真器。这两种测试仪器可以帮助我们查找软件及硬件的错误(故障)。

③ 列表校正和手工校正。手工校正在程序设计中通常作为必要的补充查错手段。对整个程序，尤其是较长的程序进行手工校正要花费大量的时间和精力，但对于程序的某些部分，这样做又是必不可少的。

④ 第三方检查。有时请第三者仔细阅读出错的程序，对照校正表认真分析，可以较容易地发现错误。

(6) 测试：测试和查错是紧密相连的。测试的本质就是在一组特定的测试条件下，进行查错的后续步骤。测试方法和测试条件的选择关系到测试成功与否，在许多微处理机工业控制系统中，程序的实时输入很难控制和模拟，而且各部分联系都很紧密，因而选择合适的测试条件是件非常复杂的工作。有关测试手段和测试数据的选择在软件工程中学习，此处不再介绍。

在此特别说明，在软件开发中，无论是汇编语言还是高级语言，都可以用 DEBUG(动态调试工具)进行查错和进行一般的测试。有了这个工具，将给软件及硬件开发带来一定的方便。

7. 软、硬件联调——系统调试

在硬件系统和软件系统分别进行设计并调试的基础上，将硬件和软件放到同一系统中进行联调，又称集成测试。在联调中往往是逐步进行的，逐个硬件模块和软件模块进入系统，使它们进入正常工作。如果某一模块有问题，则可集中注意力加以解决，直至整个系统通过测试。

8. 实验室模拟运行——离线仿真

将整个联调好的系统在实验室中模拟现场的运行，此步骤称为离线仿真。这时，可由人工输入模拟信号(电压)，用仪表(例如万用表、示波器等)对输出进行指示，使系统连续运行。

在实验室模拟运行过程中，设计人员必须仔细观察运行过程中的各种状态，对任何不正常情况必须仔细分析其原因。必要时，可人为地制造一些干扰，以便观察系统的可靠性，亦可将电源拉偏，观察系统的适应能力等等。

9. 现场调试、试运行

将所研制的系统放到用户现场，接上用户的常规及专用外设，对专用外设进行逐一调试，使它们进入正常状态。然后，执行用户程序，由用户使用，完成用户提出的功能，使系统进入试运行状态。在试运行过程中，开发者与使用者需要密切配合，仔细观察并记录系统运行的状态。如发现问题，要认真分析，务求尽快解决。在试运行过程中，系统的设计开发人员要认真编写大量的文件、资料。例如，研制项目的背景、研制报告、技术报告、使用维护手册、软件资料、硬件图纸、标准化规范、用户使用报告等等。

10. 验收或鉴定——系统性能评估

在用户使用半年或更长时间之后，若用户和设计者均对系统的性能感到满意，即可组织验收或鉴定，使设计工作完结。否则，依据需要修改设计，重新开发。微机应用系统设计和开发步骤的简要流程如图 13.3 所示。

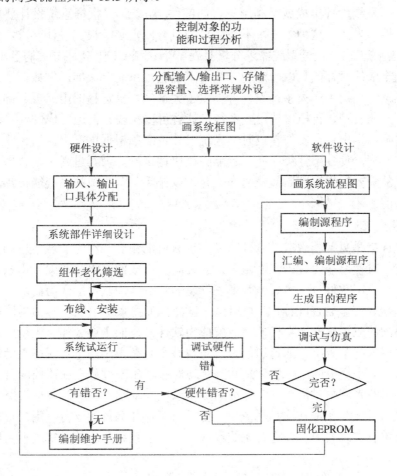

图 13.3 微机应用系统设计步骤示意图

13.2.4 系统集成

在前面叙述微机应用系统设计时，无论是硬件系统还是软件系统，主要是以自己的设计来实现系统的硬、软件。这在那些具有特殊要求的场合，在必须这样做的情况下，只能参考上面所提到的步骤完成用户所要求的微机应用系统设计。目前，硬件系统集成、软件系统集成以及网络集成已成为工程技术的流行方法。

对应用于工业现场实现对生产过程监控的微机应用系统，其硬件系统多采用系统集成的方法来实现。对大型的网络(如城域网)，常采用网络集成，包括网络的硬件、软件均采用集成方式。在这里我们仅就工业企业的小型监控系统来说明系统集成的方法。

1. 硬件系统集成

技术的发展已经提醒我们，在进行微机应用系统设计时，不必什么都从元器件级上进行设计。这是因为，前人及许多厂家为应用系统设计者提供了大量的、经过使用证明是稳定可靠的半成品。设计人员完全可以合理地利用这些半成品，以更快的速度、更低的代价构成微机应用系统。如果说元件级上的设计是要求厨师从种菜、养猪做起的话，则系统集成是要求厨师将已配好的原料加工成为一盘佳肴。

微机应用系统硬件集成就是利用已有的部件(半成品)，根据系统设计要求，构成微机应用系统硬件。当然，这种集成决不是简单的组合，它必须根据设计要求，满足所规定的性能指标。集成工作是经过系统需求分析且在整个系统的硬、软件方案均已确定后进行的。因此，系统集成的目标就是以既定的方案为基础进行系统合成的。例如，现在有众多的工业控制机厂家，它们为广大系统设计者提供了大量的可供选择的电路板、部件等产品，也提供大小不一的机箱、机柜供选用。系统设计者可以比较方便地构成硬件系统。

这里需强调指出，在硬件集成时，系统设计者必须根据厂家提供的说明书，彻底弄清它们的工作原理，使各部件集成在一起能够很快调试好，使其进入正常状态。而且，一旦某部件出现故障要能很快判断故障的部位并加以排除。若集成的系统能正常工作，则后面的工作将如前所述。

2. 软件集成

软件集成就是直接将现成的软件产品通过有机的集合与组织实现应用的目的。单台微机应用系统的时代已成为过去，而由多台微机联网组成的网络分布式应用系统成为需要。例如数据库、应用软件包、多媒体等多种信息的综合应用软件已成为商品，大型应用系统开发都需要集成许多软件(包括工具软件)。包含在工业系统中的设备种类繁多，每种设备各自安装不同的应用软件，有机的集成就成为软件开发的主要工作。大型应用系统则是在单台微机应用系统基础上，通过通信方式实现整个系统内不同子系统的无缝链接并配合工作，从而形成一个更大的逻辑整体来达到实现对整个生产过程全面监控的目的。

在一些工业系统中，常以广泛使用的操作系统为基础，也可以说是将操作系统(DOS，Windows 或其他 OS)集成在应用系统中。由于有了操作系统的支持，用户程序的开发和设计就变得简单和省时省力。在进行系统设计时，若以系统集成的方式进行，则会收到事半功倍的效果。

13.3　微机应用系统设计实例

本节通过两个实际应用的例子，向读者介绍微机应用系统的分析与设计过程。

13.3.1　微机信号发生器的分析与设计

【例 13-1】　利用微机制作信号发生器。

通过在微型计算机中扩展 A/D、D/A 通道和信号变换设备，形成多种信号发生器的硬件环境。通过软件编程使用 DAC0832 产生不同波形，然后利用 ADC0809 采集这个波形并以图形方式在显示器上显示。本例以产生锯齿波为例，说明系统分析设计的全过程。当然，若在软件设计上稍做修改，也可以产生方波、三角波信号等。

1. 硬件设计分析

设计提示：D/A 转换送出的模拟量信号，再用 A/D 将其取回并转换成数字量数据。对于 D/A 和 A/D 转换器的工作原理，可参考 D/A 和 A/D 章节部分，这里不做说明。以图形方式显示各种波形，必须熟悉和掌握微型计算机显示器的图形编程方法，具体可用 BIOS 的 INT 10H 调用来实现。根据上述分析，依据前面介绍的设计原则和设计步骤，分析设计系统的硬件连接。参考电路如图 13.4 所示。其中：

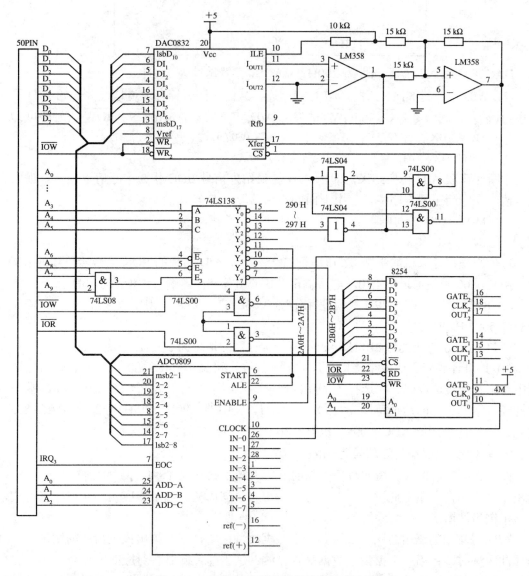

图 13.4　微机信号发生器的硬件参考电路

(1) D/A 电路采用双缓冲工作方式，用 $\overline{CS}$ 片选信号确定输入寄存器和 DAC 寄存器的端口地址，进行两次写操作便可以完成数据传送和转换。第一次 $\overline{CS}$ 有效，完成将数据线上的数据锁存到输入寄存器；第二次 $\overline{CS}$ 有效，完成将输入寄存器中的数据锁存到 DAC 寄存器实现 D/A 转换。D/A 电路用通用双运放 LM358 实现电流到电压的转换。D/A 输出为双极性，电压输出范围是 $-5\sim+5$ V，电压输出与数字量的应关系如表 13-1 所示。

表 13-1　电压输出与数字量的对应关系

数字量	电压输出
00H	-5 V
⋮	⋮
80H	0 V
⋮	⋮
FFH	$+5$ V

DAC0832 输入寄存器地址为 290H，DAC 寄存器地址为 291H。

(2) A/D 电路将 START 端和 ALE 端相连，从而可同时锁存通道地址并开始 A/D 采样转换。其输入控制信号为 $\overline{CS}$ 和 $\overline{IOW}$，故启动 A/D 转换只要能发出 $\overline{CS}$ 和 $\overline{IOW}$ 信号即可。如：

```
MOV  DX，2A0H          ; ADC0809 的端口地址
OUT  DX，AL            ; 启动 A/D
```

采用中断法读取 A/D 转换结果，即用 A/D 转换结束信号 EOC 作为中断请求信号，提出中断申请，在中断服务程序中，使用下面的指令读取 A/D 转换的结果：

```
MOV  DX，2A0H
IN   AL，DX
```

可使用微型计算机的中断 IRQ_3(串行口 2 不用)，A/D 芯片的 EOC 信号接总线的 IRQ_3。
ADC0809 采集通道用 IN0，电压输出范围是 $0\sim+5$ V，端口地址为 2A0H。

(3) 8254 用通道 0 对 CPU 主频进行分频(8086CPU 主频为 4 MHz，分频后产生 ADC0809 所需的 500 kHz 时钟)。

8254 通道 0 的地址为 2B0H，8254 控制寄存器的地址为 2B3H。

(4) 地址译码器完成各个接口芯片的地址选择，可采用 74LS138 译码器，也可用逻辑门电路来实现线选译码。在选择各个端口地址时一定不能与 IBM-PC 系统中的 I/O 端口地址冲突。本例选择的地址范围为 290H～2B7H。其中的 290H～291H 分配给 DAC0832，2A0H～2A7H 分配给 ADC0809，2B0H～2B3H 分配给 8254。

2. 软件设计(以锯齿波信号为例)

D/A 数据端送出的锯齿波数据由 80H(0 V)开始，每次增 1，顺序递增到 0FFH(+5 V)，输出 1 个锯齿波。重复此过程，可以连续输出多个锯齿波。显示器应初始化成图形方式，再显示锯齿波图形。

A/D 采集来的锯齿波图形放置到一个数据缓冲区中，同时画出该锯齿波的图形点。数据缓冲区满时，将第一个锯齿波数据从数据缓冲区去掉，同时将对应的图形点抹掉。将数据缓冲区中其余锯齿波数据顺序前移一个位置，并将其余锯齿波图形点的显示也顺序前移一个位置，这样可得到一个向前移动的锯齿波图形显示，使得演示的波形更加直观。

主程序流程图如图 13.5 所示，中断服务程序流程图如图 13.6 所示。

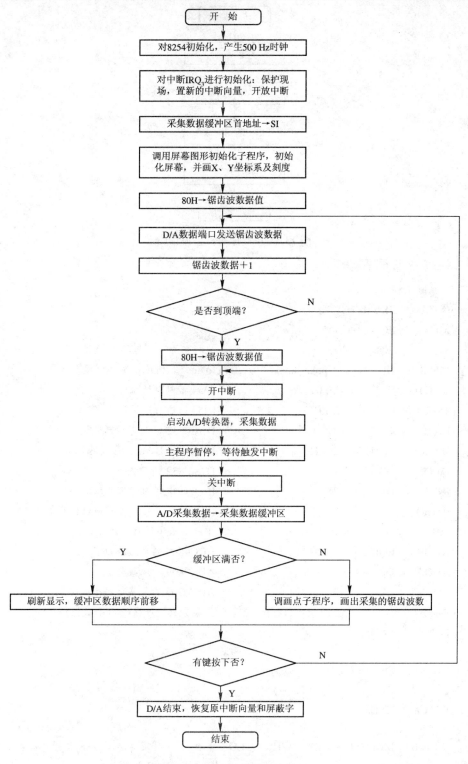

图 13.5 锯齿波主程序流程图

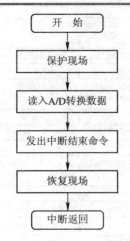

图 13.6   中断服务程序流程图

3. 锯齿波参考程序

```
;  系统主程序
DATA      SEGMENT
X0        EQU       155
Y0        EQU       155                          ; 坐标系原点坐标(X0，Y0)
MESS      DB          'press any key to return to dos.'， 0DH，0AH; 提示信息
TMCTL     EQU       2B3H                         ; 8254 控制口地址
TMRO      EQU       2B0H                         ; 8254 通道 0 地址
INPR      EQU       290H                         ; DAC0832 输入寄存器地址
DACR      EQU       291H                         ; DAC0832 DAC 寄存器地址
DAIN      DB        ?                            ; DAC0832 的 D/A 数据
INT3S     DW        ?                            ; IRQ₃ 的中断向量段地址保存单元
INT3O     DW        ?                            ; IRQ₃ 的中断向量偏移地址保存单元
IMR       DB        ?                            ; 中断屏蔽字保存单元
ADDR      EQU       2A0H                         ; ADC0809 的片选地址
ADDA      DB        ?                            ; ADC0809 的采集数据
COUNT     DW        0                            ; ADC0809 的采集数据个数
BUFF      DB        240  DUP(? )                 ; 采集数据缓冲区(240 个数据)
DATA      ENDS

STACK     SEGMENT
          DB        100 DUP(? )
STACK     ENDS

WRICH     MACRO     CHAR，WH，COLOR      ; 写字符定调用(CHAR 为字符，WH 为位置，
                                         ; COLOR 为颜色)
          MOV       AH，02H             ; 置光标位置功能调用
          MOV       DX，WH              ; 光标位置为 WH
```

```
              MOV      BH，00H
              INT      10H                  ; 显示功能调用
              MOV      AH，09H               ; 写字符功能调用
              MOV      AL，CHAR              ; 显示字符送 AL
              MOV      BL，COLOR             ; 置字符颜色
              MOV      CX，1                 ; 字符长度为 1
              INT      10H
WRICH         ENDM

CODE          SEGMENT
              ASSUME CS: CODE  DS: DATA，SS: STACK
START:        MOV      AX，DATA
              MOV      DS，AX
              CLI                           ; 关中断
              MOV      DX，TMCTL
              MOV      AL，00110110B
              OUT      DX，AL                ; 8254 初始化
              MOV      DX，TMRO
              MOV      AL，08H               ; 计数低位字节，计数初值为 8
              OUT      DX，AL
              MOV      AL，00H               ; 计数高位字节置 0
              OUT      DX，AL
              MOV      AL，0BH
              MOV      AH，35H
              INT      21H                  ; 取 IRQ₃ 的中断向量并保存在 INT3O
              MOV      INT3S，ES             ; 和 INT3S 单元
              MOV      INT3O，BX
              PUSH     DS
              MOV      DX，OFFSET  ADINT
              MOV      BX，SEG     ADINT
              MOV      DS，BX
              MOV      AL，0BH
              MOV      AH，25H
              INT      21H                  ; 设置新的 IRQ₃ 中断向量
              POP      DS
              IN       AL，21H
              MOV      IMR，AL               ; 保存中断屏蔽字
              AND      AL，11110111B
              OUT      21H，AL               ; 开放 IRQ₃ 中断
              MOV      SI，OFFSET  BUFF
              CALL     INIT                 ; 屏幕图形初始化
```

```
                  MOV      DAIN，80H                  ; 锯齿波初值 80H 送 DAIN
        BEGIN:    MOV      AL，DAIN
                  MOV      DX，INPR
                  OUT      DX，AL                     ; 锯齿波值送 DAC0832 输入寄存器
                  MOV      DX，DACR
                  OUT      DX，AL                     ; 锯齿波值送 DAC0832 DAC 寄存器
                  INC      DAIN
                  JNZ      QQQ
                  MOV      DAIN，80H
        QQQ:      STI                                 ; 开中断
                  MOV      DX，ADDR
                  OUT      DX，AL                     ; 启动一次 A/D 转换
                  HLT                                 ; 等待中断
                  CLI
                  INC      COUNT                      ; 采集数据个数+1
                  MOV      AL，ADDA                   ; 取 A/D 采集数据
                  MOV      BX，COUNT
                  MOV      BYTE PTR [ SI + BX ]，AL    ; 将 A/D 采集数据送数据缓冲区
                  CMP      COUNT，240
                  JB       DRAW
        ; 以下程序为采集数据缓冲区满的处理，在显示器上抹掉缓冲区中第一个数据的显示
        ; 将缓冲区中 2 ~ 240 位置的数据顺序向前移动一个位置
                  MOV      BX，1                      ; 从采集数据缓冲区的
        ; 第一个数据处开始处理
        BUFDR:    MOV      AL，00                     ; 点的颜色为黑色
                  CALL     DPT                        ; 从显示器上抹掉第一个点
                  MOV      AL，BYTE PTR [ SI + BX + 1 ]
                  MOV      BYTE PTR[SI+BX]，AL         ; 将采集数据缓冲区的数据
                  MOV      AL，0FFH                    ; 顺序前移一个位置，并置点的
                  CALL     DPT                        ; 颜色为白色，调用画点子程序
                  INC      BX
                  CMP      BX，240
                  JNE      BUFDR
                  MOV      COUNT，239
                  JMP      NEXT
        DRAW:     MOV      AL，0FH                     ; 显示缓冲区未满时，
                  MOV      BX，COUNT                   ; 直接显示采集的数据
                  CALL     DPT
        NEXT:     MOV      AH，06H
                  MOV      DL，0FFH                    ; 判断是否有键按下
                  INT      21H
```

```
            JZ      BEGIN                       ; 没有按键，则继续
    OVER:   PUSH    DS
            MOV     DX，INTSO
            MOV     BX，INT3S
            MOV     DS，BX
            MOV     AL，0BH
            MOV     AH，25H
            INT     21H                         ; 恢复原 IRQ₃ 中断向量
            POP     DS
            MOV     AL，IMR
            OUT     21H，AL                      ; 恢复原中断屏蔽字
            STI
            MOV     AH，4CH
            INT     21H                         ; 返回 DOS
    ; 中断服务子程序

    ADINT   PROC    NEAR                        ; A/D 中断服务程序
            PUSH    AX
            PUSH    DX
            PUSH    DS
            MOV     AX，DATA
            MOV     DS，AX                       ; 送数据段地址；确保中断服务程序
            MOV     DX，ADDR                     ; 对数据段中的变量正确寻址
            IN      AL，DX                       ; 读入 A/D 数据并送 ADDA 单元
            MOV     ADDA，AL
            MOV     AL，20H
            OUT     20H，AL                      ; 送 EOI 命令
            POP     DS
            POP     DX
            POP     AX
            IRET                                ; 中断返回
    ADINT   ENDP

    DPT     PROC    NEAR                        ; 画点子程序
            PUSH    AX
            PUSH    BX
            PUSH    CX
            PUSH    DX
            MOV     CX，X0                       ; 点的列位置(CX)为 BX+X0
            ADD     CX，BX
            MOV     DH，00
```

```
        MOV      DL，BYTEPTR[SI+BX]    ; 取缓冲区中的数据
        SHR      DX，1                 ; DX/2
        MOV      BX，DX                ; DX 值送 BX
        MOV      DX，Y0-1              ; 点的行位置为 Y0-1-BX
        SUB      DX，BX                ; 减 1 是为了避免将点画到坐标轴上
        MOV      AH，0CH               ; 画点
        INT      10H
        POP      DX
        POP      CX
        POP      BX
        POP      AX
        RET
DPT     ENDP


INIT    PROC     NEAR                 ; 初始化屏幕子程序
        MOV      AH，00                ; 设置显示器工作方式为 EGA/VGA
        MOV      AL，0EH               ; 显示模式为 640×200×16
        INT      10H
        WRICH    '∧'，0112H，0FH       ; 显示坐标系的两个箭头
        WRICH    '>'，124CH，0FH
        MOV      AH，0CH               ; 写像素功能调用
        MOV      AL，0FH               ; 颜色为白色
        MOV      CX，X0
        MOV      DX，Y0
DRAX:   INT      10H                  ; 画坐标系的 X 轴
        INC      CX
        CMP      CX，614
        JNZ      DRAX
        MOV      DX，Y0
        MOV      CX，X0
DRAY:   INT      10H                  ; 画坐标系的 Y 轴
        DEC      DX
        CMP      DX，8
        JNZ      DRAY
        MOV      AH，0CH
; 以下为显示坐标系上 X、Y 轴的刻度
        MOV      AL，0FH
        MOV      CX，X0-4              ; 给定 Y 轴刻度初值，画第一个
        MOV      DX，25                ; 刻度，长度为 4 点
YBJ:    INT      10H
        INC      CX
```

```
            CMP      CX，X0
            JNZ      YBJ
            MOV      CX，X0-4           ; 在 Y 轴画间隔为 26
            ADD      DX，26             ; 长度为 4 点的 5 条刻度线
            CMP      DX，Y0
            JB       YBJ
            MOV      CX，X0+80          ; 给定 X 轴刻度初值，画第一个
            MOV      DX，Y0+2           ; 刻度，长度为 2 点
XBJ:        INT      10H
            DEC      DX
            CMP      DX，Y0
            JNZ      XBJ
            MOV      DX，Y0+2           ; 在 X 轴上，画间隔为 80
            ADD      CX，80             ; 长度为 2 点的 7 条刻度线
            CMP      CX，600
            JB       XBJ
            WRICH  'V'，0112H，0FH       ; 显示坐标系的 Y 轴标识 V
; 行列位置为(01H，12H)，
; 白色
WRICH  '0'，1412H，0FH                  ; 显示原点标识
WAICH  'T'，144CH，0FH                  ; 显示 X 轴标识 T
WAICH  'l'，14Ldh，0FH                  ; 显示 X 轴的刻度
WRICH  '2'，1427H，0FH
WRICH  '3'，1431H，0FH
WRICH  '4'，143BH，0FH
WRICH  '5'，1445H，0FH;
WRICH  '2'，0D12H，0FH                  ; 显示 Y 轴的刻度值
WRICH  '5'，0312H，0FH
            PUSH     DS
            POP      ES
            MOV      AX，1200H          ; 显示字符串功能调用
            LEA      BP，MESS           ; ES: BP 指向提示信息
            MOV      CX，35             ; 提示信息长度
            MOV      BL，0FH            ; 黑底，白字
            MOV      DX，1600H          ; 从 16H 行 00 列开始
            INT      10H               ; 显示功能调用
            RET
INIT        ENDP
CODE        ENDS
            END      START
```

13.3.2　城市交通管理控制系统分析与设计

【例13-2】　城市交通管理控制系统分析与设计。

城市交通管理中十字路口交通灯的控制对车辆运行效率及安全十分重要。传统管理利用人工定时切换方式，控制过程不灵活。采用计算机控制具有实时、高效、灵活和安全等优点，可为城市交通管理带来极大的经济效益和社会效益。

1. 控制要求及系统分析

城市交通管理中，十字路口的交通灯布局情况如图 13.7 所示。

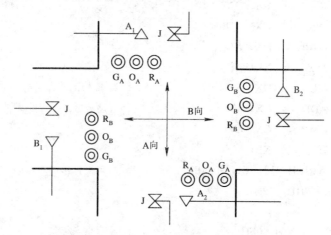

图 13.7　十字路口的交通灯控制

交通管理系统中，要求对十字路口的交通灯进行定时转换控制，这种灯光控制的规律可归结如下：

(1) 纵向(A 向)与横向(B 向)的交通灯定时 60 秒交换红绿灯一次。

(2) 灯光有三种颜色：红、黄、绿(图 13.7 中的 R、O、G)，每次交换时要求在黄色灯亮时停留 3 秒钟。

(3) 一路在 60 秒内过车完后超过 6 秒无车继续过时，如另一路有车在等待，则自动提前交换灯色。交换过程也得先在黄灯处停留 3 秒。

(4) 在紧急车辆(如消防车、救护车等)通过时，四边街口均显红灯，以便只许紧急车辆通过，其他车辆暂停行驶。紧急车辆过后自动恢复原来的灯色标志。

还可以提出更多的要求。不过，上述四点基本要求已足以说明交通灯控制问题对计算机提出的要求是什么。这种控制方式具有如下的特点：

第一，这是一个开环控制系统，即无反馈的程序控制。

第二，开关量输入和开关量输出。图 13.7 中的车辆检测传感器(A1、A2 及 B1、B2)，是光电开关式的，所以送入计算机的信息是开关量。计算机控制交通灯的通断是通过继电器的，所以也是开关量输出。

第三，有提前换灯信号功能，即一路的车辆能够申请另一路中断绿灯而让其通行。不过这是有条件的，即必须是被请求的一路已有 6 秒钟无车通过才会响应；硬件电路设置为 IRQ_5 实现。

第四，有紧急车辆检测功能。当图 13.7 中的紧急车辆检测传感器(J)检测到有紧急车辆要通过时，立即发出紧急中断讯号(也是开关量)。这种中断请求不必等到被请求的一路已无车通过，而是无条件地停止其他车辆通过。这里中断设置为 IRQ_3，它的优先级高于 IRQ_5。

2. 系统硬件结构设计

十字路口的交通灯控制应用系统的计算机控制硬件结构框图如图 13.8 所示，图中各部分的内容及功能分述如下。

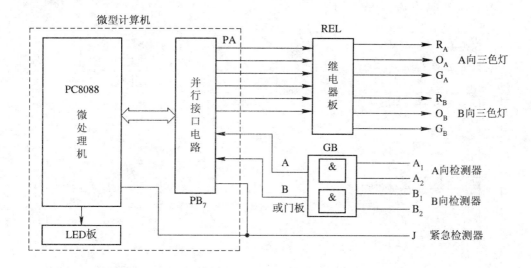

图 13.8 交通灯控制系统结构框图

微型计算机是系统的核心，它具有下列最基本的组件：

微处理机：包含 CPU、ROM/RAM 等部件。CPU 是执行程序、接受输入信号并发出控制信号的指挥中心；ROM/RAM 是只读存储器/随机存储器，存放着控制系统的程序和数据，其中的程序是由用户编制的，故称为用户程序。这个程序是根据交通灯控制的需要而由设计者(用户)制定的。

LED：发光二极管显示器(模拟灯光标志)。在编制程序时，此显示器可帮助程序员观察到存储器中所存的内容是否符合所编程序的要求，也可显示控制过程。

并行接口电路：利用 PA 端口连接和控制十字路口的红、黄、绿三色灯，PB 端口连接紧急车辆检测器。

REL：继电器板。其中有六个继电器以提高输出接口的六条输出线的功率，以便控制 A 向及 B 向的交通灯。

R_A、O_A、G_A 为 A 向两个街口的交通灯，红、黄、绿三色各有两个灯。

R_B、O_B、G_B 为 B 向两个街口的交通灯，也是三色各有两个灯。

G_B：门电路板。其中装有两个或门，这实际上是一个门电路组件。其各个与门的输入输出逻辑关系为：$A_1+A_2=A$，$B_1+B_2=B$。

A_1 及 A_2 为放在 A 向两个街口的检测器，只要其中一个为 1(有车要通过)，则 $A=1$，即通知计算机 A 向有车要求通过。

B_1 与 B_2 是放在 B 向两个街口的检测器，其作用和上述检测器是相同的。

J：四个紧急车辆检测器的公共入口，即四个控制器的输出端并联在一起，接至此处。NMI 为 CPU 的一个非屏蔽中断输入端，低电位(即在 J=0 时)有效(表示有紧急车辆要通过)。通过 NMI 端将此信息进入 CPU，从而使 RAM 中正在进行的程序中断，而跳转至让紧急车辆通过的中断服务子程序。当车辆过后，J 恢复为 1，则经由 PC 口的输入线使程序恢复到原来的主程序上去。

交通灯控制系统硬件结构的控制电路设计如图 13.9 所示。

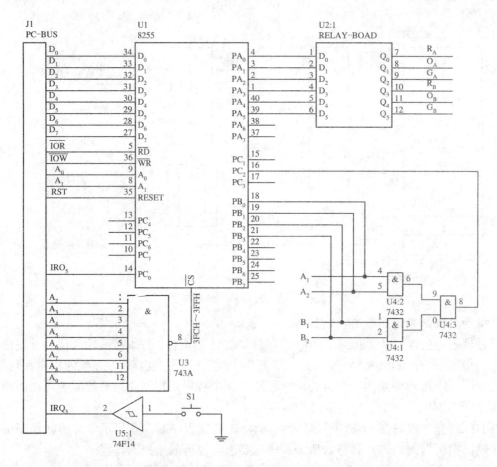

图 13.9　城市交通控制系统的硬件参考电路

3. 系统工作原理

这个系统的工作过程是：

(1) 开始时设 A 向通行(G_A，即 A 向的绿灯亮)，B 向不通(R_B，即 B 向的红灯亮)。这样，通行 60 秒后自动转为 B 向通行(G_B，绿灯亮)，A 向不通(R_A，红灯亮)。这是两个方向都很频繁通车的情况。

(2) 如在 G_A (绿灯)及 R_B(红灯)亮时，A 向并未有车辆通行，等待 6 秒之后，如 B 向有车辆在等待通过，则通过 B_1 或 B_2 使程序跳转，其结果是使灯光自动按次序改变：

　　　G_A 及 R_B 灭；

　　　O_A 及 O_B 亮(3 秒)；

　　　R_A 及 G_B 亮，同时 O_A 及 O_B 灭。

(3) 从此时起 B 向车辆可以通行，60 秒后又自动转为 A 向车辆通行的程序。如无论哪个方向正在通行时，突然来了紧急车辆，不论其方向是否与正在通行的方向相同，则通过 S(S=0) 使程序跳转至让紧急车辆通行的子程序而使 R_A 及 R_B 都亮，此时没有黄灯过渡时期，以便禁止一般车辆继续通行。此时子程序所达到的灯光控制效果为：如本来 G_A 是亮的，则 G_A 由亮转灭，然后 R_A 亮。而原来就是红灯亮(R_B)的 B 向，其红灯 R_B 仍不变。在 A 向和 B 向的红灯全亮时，紧急车辆可以不受交通灯的管制而随意通行。

根据上述控制过程的灯色配置，可以将灯色状态归纳成四个模式(PAD)，表 13-2 作出了这四种模式各自的灯色配置。

表 13-2　灯色配置模式

状　态	G_A	O_A	R_A	G_B	O_B	R_B	十六进制数	说　明
Z_A	1	0	0	0	0	1	21	A 道绿灯，B 道红灯
Z_B	0	0	1	1	0	0	0C	A 道红灯，B 道绿灯
Z_C	0	1	0	0	1	0	12	A 道黄灯，B 道黄灯
Z_J	0	0	1	0	0	1	09	A 道红灯，B 道红灯

4. 系统软件设计

根据上面讨论的交通规则要求，可以设计出如图 13.10 所示的程序流程图。

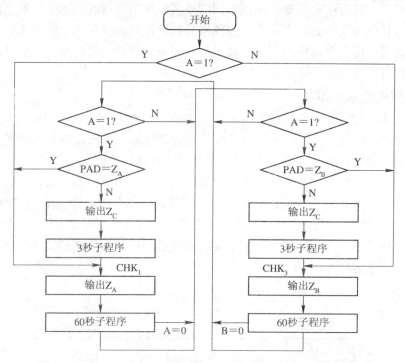

图 13.10　交通灯控制系统软件流程图

程序设计思路如下：

程序开始后，即对 A 向(纵向)进行测试，如 A=1 为真，即 A 向有车要求通过，则程序转至 CHK_1 端而直接输出灯色模式 Z_A，否则输出灯色模式 Z_B(CHK_2 端)。如 A 向及 B 向均无车时，则对 CHK_0 及 CHK_2 进行循环测试，同时维持原来的某一输出状态不变。在循环测试过程中，测试某一方向有车，如 A 向有车，A=1 是真，其控制流程为图中的左半部，则控制过程如下：先检查该 A 向原来是否已处于放行状态(PAD=Z_A)？如 PAD$\neq Z_A$，则在 A 向转为绿灯之前，必须经黄灯的过渡。所以要用 Z_C 子程序和 3 秒子程序，然后调用 Z_A 子程序。如果 PAD=Z_A，则说明该 A 向已处于放行状态，不需经过 Z_C 子程序，而直接由 CHK_1 处进入输出 Z_A 的方框(即 PAD=Z_A)，并等到 60 秒子程序进行完毕后再去进行循环检查。当检出 B=1 为真，即 B 向有车时，其控制流程为图 13.10 中的右半部，其过程和左半部完全一样。

在图 13.10 中的 60 秒子程序方框旁的箭头附注 A=0(或 B=0)的意义是，在 A 向无车时，就转入进行循环测试。为此，必须每隔若干秒(一般为零点几秒)测试一次 A 或 B 是否为 0。如 A 向(或 B 向)始终有车，则 PAD=Z_A(或 PAD=Z_B)，要延续至满 60 秒再转入循环测试程序。

当有紧急车辆通过时，NMI 线有效，则计算机进入紧急车辆程序，此程序一开始就将图 13.10 复位至初始状态，等紧急车辆过完后，才又从"开始"方框进入控制流程。

13.4　虚拟仪器技术

随着微电子技术、计算机软硬件技术和通信技术的发展及其在测量仪器中的应用，推动了测试新理论、新方法及其新的仪器结构的发展。虚拟仪器就是基于计算机的、具有传统仪器功能的软件与硬件的组合体。虚拟仪器具有软件的表现形式，又有实际仪器的功能和形式，因此用户可根据需求的变化，通过增减相应的软件、硬件或修改软件的方法，重新定义或配置出新功能的测量仪器。

1．虚拟仪器的基本结构

通常传统测量仪器是一个能实现特定功能的独立硬件盒子，其功能在制造时就确定了(如示波器、信号发生器等)，而基于相关技术的虚拟仪器，其物理硬件不必限定在同一盒子中，甚至可以分布在现场各处。虚拟仪器包含传统仪器的功能，允许用户自己定义所需功能，具有相当的灵活性和扩充性。虚拟仪器由仪器物理硬件、硬件接口和计算机上运行的虚拟仪器软件三部分构成，如图 13.11 所示。硬件接口部分可由数据采集卡、GPIB 接口、并串行接口、VIX 接口、LAN 接口、现场总线接口等构成，主要负责信号的输入和输出。虚拟仪器的软件是核心的关键部分，用于实现对仪器硬件的通信和控制，对信号进行分析处理，对结果的表达和输出。

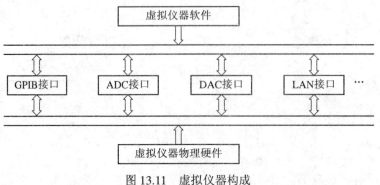

图 13.11　虚拟仪器构成

虚拟仪器具有结构简单、研制周期短、系统可扩充、维护方便、性能价格比好等特点，它与网络和外设连接非常方便，有利于数据处理和数据共享。

2. 虚拟仪器的主要技术

传统仪器由信号采集和控制、信号分析和处理、结果表达和输出三部分组成，虚拟仪器也不例外，它需要能实现信号采集和控制的插卡、接口等硬件支持，同时还需要能实现各种信号分析、处理，以满足多种测试功能的分析软件的支持。

1) 硬件技术

用于直接支持虚拟仪器的硬件有：

(1) 数据采集卡：这是虚拟仪器最基本的功能部件，用于完成被测信号的采集。目前，由于采用了最新的 ASIC 设计和制造技术，利用即插即用(P&P)，可方便快捷地为用户建立数据采集控制应用系统。

(2) GPIB 接口卡：利用 GPIB 接口可方便地将微机与电子仪器连接，以实现相互的数据通信。GPIB 采用 IEEE-488 标准接口总线，1 Mb/s 的通信速率可满足大部分场合的应用需求。在标准状态下，一块 GPIB 接口卡可连接 14 台仪器，以构成较复杂的虚拟仪器系统。

(3) VXI 接口：它是 VME 总线在仪器领域的扩展应用，能在仪器间实现精确的定时和同步。VXI 接口采用 IEEE-1155 标准，通信速率可达 40 Mb/s。VXI 虚拟仪器将复杂仪器环境与现代计算机结构有机地结合起来，使控制实时性大大提高。虚拟仪器软件体系(VISA)作为统一规范的 I/O 接口标准，成了 VXI P&P 软件的基础，其独立的易于使用的 I/O 控制功能集与仪器类型、接口类型、操作平台、网络类型及编程语言无关，用户不必考虑底层 I/O 通信细节，这就大大简化了编程过程，缩短了应用开发周期。

(4) 现场总线技术：通过现场总线接口，可构成复杂的分布式虚拟仪器系统，它比传统的 DCS 系统更节约费用，更容易扩充。

(5) LAN 技术：通过 LAN 端口可以实现虚拟仪器的联网，实现网络资源和数据的共享，通过 LAN 监视和控制远程设备。

2) 软件开发环境

虚拟仪器的软件需要软件开发工具和编程技术的支持。目前常用的虚拟仪器软件开发工具有 Visual C++、C++、Builder C、Visual Basic、Delphi 等，这些语言均可使用动态链接(DLL)技术和对象链接嵌入(OLE)技术将虚拟仪器软件嵌入到应用系统中，从而构成复杂的应用系统。

目前，有许多仪器厂商推出了自己的虚拟仪器开发平台，其代表产品有：

(1) Lab VIEW：由美国 NI 公司开发的图形开发调试和运行程序环境，它为用户提供了简单直观、快速高效的编程平台，用户可通过类似流程图的形式构建自己的虚拟仪器，而不需用户编程。

(2) Lab Windows/CVI：由美国 NI 公司开发的 C 程序交互式生成工具，它提供了所见即所得的图形界面编辑功能，600 多个源代码级仪器驱动程序，为精通 C 语言的人员提供了一种可简化程序开发、支持虚拟仪器软件编写的平台，并允许与 Visual C++、Borland C++、WATCOM C 或 Symanter 联用。

(3) VEE 40：由 HP 公司提供的可视化编程语言，它大大提高了大型复杂系统的开发效率，支持 Windows、HP-UX 等不同平台，带有丰富的仪器支持模块和调用其他语言所开发的程序模块。

虚拟仪器是软硬件技术和诸多新技术相互结合的综合产物，它必将带来测试、监控、控制、信号等各个方面仪器的重大变革，是仪器发展的必然方向。

3. 虚拟仪器软件

虚拟仪器的软件主要由硬件驱动程序、控制软件和图形化用户接口等三部分组成。

(1) 硬件驱动程序：这是虚拟仪器软件的最底层部分，是真正对仪器硬件实现通信和控制的软件层，主要用于实现对测试信号的采集和控制。目前，驱动程序一般是按模块化和与设备无关性编写的，用户可方便地调用各种控制功能，避免了复杂的编程过程和重复开发。

(2) 控制软件：用于实现对测试数据的分析、处理和管理、存储、显示等，处于硬件驱动和图形化用户接口(GUI)之间。它将产生的数据和来自硬件的信息传给 GUI，并接收 GUI 的数据和命令，完成对虚拟仪器的数据的分析和处理，通过驱动程序将用户命令传给硬件。

(3) 图形用户接口：这是用户与虚拟仪器进行交互的模块，用于实现测试结果的正确表达和直观输出显示。它是面向用户设计的，提供有图形和数据的显示控制功能以及受硬件控制的示意图等。

虚拟仪器的面板(人—机交互界面)设计应根据实际仪器面板和用户习惯，做好信息显示和控制按钮的设计，可通过交互界面的菜单功能和状态提示，尽可能给操作者提供有益的帮助信息和提示信息(如操作指导、问题解决方法等)。

4. 虚拟仪器应用

目前，虚拟仪器的应用越来越广泛，在基于计算机的测试、测量、数据采集、监控、控制等方面占有重要的地位。虚拟仪器是计算机硬件、软件技术以及网络通信技术的有效集成，其中软件成了定义、构造虚拟仪器的核心，因此软件技术中的任何新方法都可不同程度地应用到虚拟仪器中，从而推动了测试领域的新技术的发展。

目前，大部分的虚拟仪器开发均在 Windows 下进行，这可用 Windows 下的各种语言直接设计，也可用虚拟仪器开发工具进行(如 Lab VIEW 等)设计。

习 题 13 ✍

13.1 微机应用系统的硬件、软件各由哪些部分组成？各部分的作用是什么？

13.2 在微机应用系统中，接口设备主要完成哪些功能？

13.3 微机应用系统设计的基本要求有哪些？如何提高系统的可靠性？

13.4 叙述微机应用系统设计的基本步骤。

13.5 用户程序的开发步骤包括哪些？

13.6 在教师的指导下，自选一个微机控制系统进行设计与开发，写出设计方案。

附录1　汇编语言常用出错信息

    汇编程序在对源程序的汇编过程中，若检查出某语句有语法错误，随时在屏幕上给出出错信息。如操作人员指定的列表文件名(即.LST)，汇编程序亦将在列表文件中出错的下面给出出错信息，以便操作人员及时查找错误，给予更正。MASM5.0 出错信息格式如下：

    源程序文件行：WARNING ERROR 错误信息码：错误描述信息

其中，错误描述信息码由五个字符组成。第一个是字母 A，表示汇编语言程序出错；接着有一个数字指明出错类别：'2'为严重错误，'4'为严肃警告，'5'为建议性警告；最后三位为错误编号。

错误编号	错　误　描　述
0	Block nesting error 嵌套出错。嵌套的过程、段、结构、宏指令或重复块等非正常结束。例如，在嵌套语句中有外层的结束语句，而无内层的结束语句
1	Extra characters on line 一语句行有多余字符，可能是语句中给出的参数太多
2	Internal error-Register already defined 这是一个内部错误。如出现该错误，请记下发生错误的条件，并使用 Product Assistance Request 表与 Microsoft 公司联系
3	Unknown type specification 未知的类型说明符。例如类型字符拼错，把 BYTE 写成 BIT，NEAR 写成 NAER 等
4	Redefinition of symbol 符号重定义。同一标识符在两个位置上定义。在汇编第一遍扫描时，在这个标识符的第二个定义位置上给出这个错误
5	Symbol is multi defined 符号多重定义。同一标识符在两个位置上定义。在汇编第二遍扫描时，每当遇到这个标识符都给出这个错误
6	Phase error between passes 两次扫描间的遍错。一个标号在二次扫描时得到不同的地址值，就会给出这种错误。若在启动 MASM 时使用/D 任选项，产生第一遍扫描的列表文件，它可帮助你查找这种错误
7	Already had ELSE clause 已有 ELSE 语句。在一个条件块里使用多于一个的 ELSE 语句
8	Must be in conditional block 没有在条件块里。通常是有 ENDIF 或 ELSE 语句，而无 IF 语句
9	Symbol not defined 符号未定义，在程序中引用了未定义的标识符
10	Syntax error 语法错误。不是汇编程序所能识别的一个语句
11	Type illegal in context 指定非法类型。例如，对一个过程指定 BYTE 类型，而不是 NEAR 或 FAR 型
12	Group name must be unique 组名应是惟一的。作为组名的符号又作为其他符号使用

错误编号	错 误 描 述
13	Must be declared during pass 1 必须在第一遍扫描期间定义。在第一遍扫描期间，如一个符号在未定义前就引用，就会出现这种错误
14	Illegal public declaration 一个标识符被非法指定为 PUBLIC 类型
15	Symbol already different kind 重新定义一个符号为不同种类符号。例如，一个段名重新被当作变量名定义使用
16	Reserved word used as symbol 把汇编语言规定的保留字作标识符使用
17	Forward reference illegal 非法的向前引用。在第一遍扫描期间，引用一个未定义符号
18	Operand must be register 操作数位置上应是寄存器，但出现了标识符
19	Wrong type of register 使用寄存器出错
20	Operand must be segment or group 应该给出一个段名或组名。例如，ASSUME 语句中应为某段寄存器和指定一个段名或组名，而不应是别的标号或变量名等
21	Symbol has no segment 不知道标识符的段属性
22	Operand must be type specification 操作数应给出类型说明，如 NEAR、FAR、BYTE 等
23	Symbol already defined locally 已被指定为内部的标识符，企图在 EXTRN 语句中又定义外部标识
24	Segment parameters are changed 段参数被改变。如同一标识符定义在不同段内
25	Improper align/combine type 段定义时的定位类型/组合类型使用出错
26	Reference to multi defined symbol 指令引用了多重定义的标识符
27	Operand expected 需要一个操作数，但只有操作符
28	Operator expected 需要一个操作符，但只有操作数
29	Division by 0 or overflow 除以 0 或溢出
30	Negative shift count 运算符 SHL 或 SHR 的移位表达式值为负数
31	Operand type must match 操作数类型不匹配。双操作数指令的两个操作数长度不一致，一个是字节，一个是字
32	Illegal use of external 外部符号使用出错
33	Must be record field name 应为记录字段名。在记录字段名位置上出现另外的符号
34	Must be record name or field name 应为记录名或记录字段名。在记录名或记录字段名位置上出现另外的符号

错误编号	错 误 描 述
35	Operand must be size 应指明操作数的长度(如 BYTE、WORD 等)。通常使用 PTR 运算即可改正
36	Must be variable, label, or constant 应该是变量名、标号或常数的位置上出现了其他信息
37	Must be structure field name 应该为结构字段名。在结构字段名位置上出现了另外的符号
38	Life operand must segment 操作数的左边应该是段的信息。例如，设 DA1、DA2 均是变量名，下列语句就是错误的："MOV AX，DA1：DA2"。DA1 位置上应使用某段寄存器名
39	One operand must constant 操作数必须是常数
40	Operand must be in same segment or one constant "—"运算符用错。例如"MOV AL，—VAR"，其中 VAR 是变量名，应有一常数参加运算。又如两个不同段的变量名相减出错
41	Normal type operand expected 要求给出一个正常的操作数
42	Constant expected 要求给出一个常数
43	Operand must have segment 运算符 SEG 用错
44	Must be associated with data 在必须与数据段有关的位置上出现了代码段有关的项
45	Must be associated with code 在必须与代码段有关的位置上出现了数据段有关的项
46	Multiple base registers 同时使用了多个基址寄存器，如"MOV AX ，[SI][BP]"
47	Multiple index registers 同时使用了多个变址寄存器，如"MOV AX ，[SI][DI]"
48	Must be index or base register 指令仅要求使用基址寄存器或变址寄存器，而不能使用其他寄存器
49	Illegal use of register 非法使用寄存器出错
50	Value is out of range 数值太大，超过允许值。例如"MOV AL ，100H"
51	Operand not in current CS ASSUME segment 操作数不在当前代码段内。通常指转移指令的目标地址不在当前 CS 段内
52	Improper operand types 操作数类型使用不当。例如，"MOV VAR1，VAR2"。两个操作数均为存储器操作数，不能汇编出目标代码
53	Jump out of range by %ld bytes 条件转移指令跳转范围超过-128~+127 个字节。出错信息同时给出超过的字节数
54	Index displacement must be constant 变址寻址的位移量必须是常数
55	Illegal register value 非法的寄存器值。目标代码中表达寄存器的值超过 7

续表 3

错误编号	错 误 描 述
56	Immediate mode illegal 不允许使用立即数寻址。例如 "MOV DS，CODE" 其中 CODE 是段名，不能把段名作为立即数传送给段寄存器 DS
57	Illegal size for operand 使用操作数大小(字节数)出错。例如，使用双字的存储器操作数
58	Byte register illegal 要求用字寄存器的指令使用了字节寄存器。例如，PUSH，POP 指令的操作数寄存器必须是字寄存器
59	Illegal use of CS register 指令中错误使用了段寄存器 CS。例如，"MOV CS，AX"。CS 不能做目的操作数
60	Must be accumulator register 要求用 AX 或 AL 的位置上使用了其他寄存器。例如，IN，OUT 指令必须使用累加器 AX 或 AL
61	Improper use of segment register 不允许使用段寄存器的位置上使用了段寄存器。如 "SHL DS，1"
62	Missing or unreachable CS 试图跳转去执行一个 CS 达不到的标号。通常是指缺少 ASSUME 语句中 CS 与代码段相关联
63	Operand combination illegal 双操作数指令中两个操作数组合出错
64	Near JMP/CALL to different CS 试图用 NEAR 属性的转移指令跳转到不在当前段的一个地址
65	Label cannot have segment override 段前缀使用出错
66	Must have instruction after prefix 在重复前缀 REP，REPE，REPNE 后面必须有指令
67	Cannot override ES for destination 串操作指令中目的操作数不能用其他段寄存器替代 ES
68	Cannot address with segment register 指令中寻找一个操作数，但 ASSUME 语句中未指明哪个段寄存器与该操作数所在段有关联
69	Must be in segment block 指令语句没有在段内
70	Cannot use EVEN or ALIGN with byte alignment 在段定义伪指令的定位类型中选用 BYTE，这时不能使用 EVEN 或 ALIGN 伪指令
71	Forward needs override or FAR 转移指令的目标没有在源程序中说明为 FAR 属性，可用 PTR 指定
72	Illegal value for DUP count 操作符 DUP 前的重复次数是非法的或未定义
73	Symbol id already external 在模块内试图定义的符号已在外部符号伪指令中说明
74	DUP nesting too deep 操作数 DUP 的嵌套太深
75	Illegal use of undefined operand(?) 不定操作符 "？" 使用不当。例如，"DB 10H DUP(？+2)"
76	Too many variable for structure or record initialization 在定义结构变量或记录变量时，初始值太多

续表 4

错误编号	错 误 描 述
77	Angle brackets required around initialized list 定义结构体变量时，初始值未用尖括号(<>)括起来
78	Directive illegal structure 在结构体定义中的伪指令使用不当。结构定义中的伪指令语句仅两种：分号(;)开始的注释语句和用 DB、DW 等数据定义伪指令语句
79	Override with DUP illegal 在结构变量初始值表中使用 DUP 操作符出错
80	Field cannot be overridden 在定义结构变量语句中试图对一个不允许修改的字段设置初值
81	Override id of wrong type 在定义结构变量语句中设置初值时类型出错
82	Circular chain of EQU aliases 用等值语句定义的符号名，最后又返回指向它自己。如 A　EQU　B；B　EQU　A
83	Cannot emulate coprocessor op code 仿真器不能支持的 8087 协处理器操作码
84	End of file, not END directive 源程序文件无 END 文件
85	Data emitted with no segment 语句数据没有在段内

附录2 动态调试工具软件DEBUG命令表

名称	命令格式	功 能 说 明
A	A[地址]	汇编源程序到指定地址中,仅有偏移地址时段值在CS中
C	C 地址1 L 长度 地址2	比较地址1与地址2开始的"长度"个字节内容,如发现不相等,则显示出地址与内容
D	D 地址 L 长度或 D[地址 末址]	显示指定始址及范围的内容,按字节显示十六进制及字符数。如无参数,则 DS:0 开始显示 128 字节内容,可连续使用 D 接着显示
E	E 地址[数据表]	将数据表中十六进制字节或字符串写入该地址开始的字节中。如无数据表,则显示该字节的内容,然后等待输入一个字节的内容
F	F地址 L 长度数据表或始址末址数据表	将数据表中字节数或字符串填入地址所指范围中,如果数据不够长,则重复使用;如果数据过长,则截断
G	G[=始址][地址]…	从指定始址带断点执行程序。若无始址,则从 CS:IP 开始执行;若无断点,则连续执行。可写 10 个断点[地址]。仅偏移地址时,段值在 CS
H	H 数1 数2	显示出这两个十六进制数的和与差
I	I 端口号	读出并显示该端口内容
L	L[地址[驱动器号]扇区号扇区数]	从指定设备指定扇区号装入"扇区数"个扇区信息到指定内存中。如果只有偏移地址,则默认 CS 的段值;如果无驱动器号(0 为 A,1 为 B),则为默认盘;如果只有地址或无地址,则将 CS:80H 参数区处的文件装入内存指定地址或 CS:100H 处。该文件可用 N 命令指定
M	M 地址1 L 长度地址2或 M 地址1 地址2 地址3	将地址1"长度"的内容传送到地址2中,或将开始地址1至末地址2的内存内容传送到地址为始址的内存中
O	O 端口号值	将指定值输出到指定端口中
P	P=[地址][数]	从指定地址开始追踪执行"数"条语句,每条语句显示1次现场内容(主要是寄存器内容及下一次要执行的语句),但子程序相当于1条语句,连续执行返回才显示。仅偏移地址时,段值在 CS 中;地址省略,从 CS:IP 指示的地址开始"数"省略时,只执行一条语句
Q	Q	退出 DEBUG 系统
R	R[寄存器名]	不带参数时,显示所有寄存器内容的参数。若要对所指寄存器写入,先显示该寄存器内容,然后再作修改。如果只按回车键,则原值不变。寄存器可以整个写入,用 F 作 FLAGS 的名字也可以单个标志写入。以下为所用标志的名字及其值的符号:

标志位名字　　　　OF　DF　IF　SF　ZF　AF　PF　CF

设置(置1)符号　　OV　DN　EI　NG　ZR　AC　PE　CY

清除(置0)符号　　NV　UP　DI　PL　NZ　NA　PO　NC

续表

名称	命令格式	功 能 说 明
S	S 地址 L 长度数据表或 S 地址 1 地址 2 数据表	在指定地址范围检索数据表中的数据。将找到的数据地址全部显示出，否则显示找不到的信息。数据表中的数据可以是十六进制字节数或字符串。必须全部相等才算找到。地址 2 为末址
T	T[=地址][数]	从指定地址开始追踪执行"数"条语句，每条语句显示 1 次现场内容(主要是寄存器内容及下一次要执行的语句)，地址省略，从 CS：IP 指示的地址开始。"数"省略时只执行一条语句
U	U[地址]或 U[地址 1 地址 2]或 U[地址 L 长度]	反汇编，即把内存字节内容按指令解释用半源程序显示出来。无地址时，若无始址，则从 CS：IP 开始执行，仅偏移地址时，段值在 CS 中。无地址范围时，一次显示 32 字节内容。可以连续使用 U 连续输出，且不破坏原 IP 的内容
W	W 地址[驱动器号]扇区号 扇区数或 W[地址]	将指定地址内容写入指定扇区中，无驱动器号时则为默认的驱动器。仅偏移地址时，段值在 CS 中。如无参数或只有地址参数，则按 N 定义的文件存盘。最好在用 W 前使用 N 定义该文件
N	N[驱动器名：][路径名]文件名[.扩展名]	定义文件建立文件控制块，以供 L 与 W 命令使用，所指定文件的说明存放在 CS：80H 参数区 PSP 中

参 考 文 献

[1]　艾德才，等. 微机原理与接口技术. 北京：清华大学出版社，2005.

[2]　周明德，等. 微机原理与接口技术. 北京：清华大学出版社，2002.

[3]　龚尚福，等. 微机原理与接口技术. 西安：西安电子科技大学出版社，2003.

[4]　冯博琴. 微型计算机原理与接口技术. 北京：清华大学出版社，2002.

[5]　聂丽文，等. 微型计算机接口技术. 北京：电子工业出版社，2002.

[6]　仇玉章，等. 32 位微型计算机原理与接口技术. 北京：清华大学出版社，2000.

[7]　郑学坚，等. 微型计算机原理及应用. 北京：清华大学出版社，2000.

[8]　陈建铎，等. 32 位微型计算机原理与接口技术. 北京：高等教育出版社，2000.

[9]　王永山，等. 微型计算机原理与应用. 西安：西安电子科技大学出版社，1999.

[10]　刘甘娜，等. IBM-PC 微机原理及接口技术. 西安：西安交通大学出版社，1998.